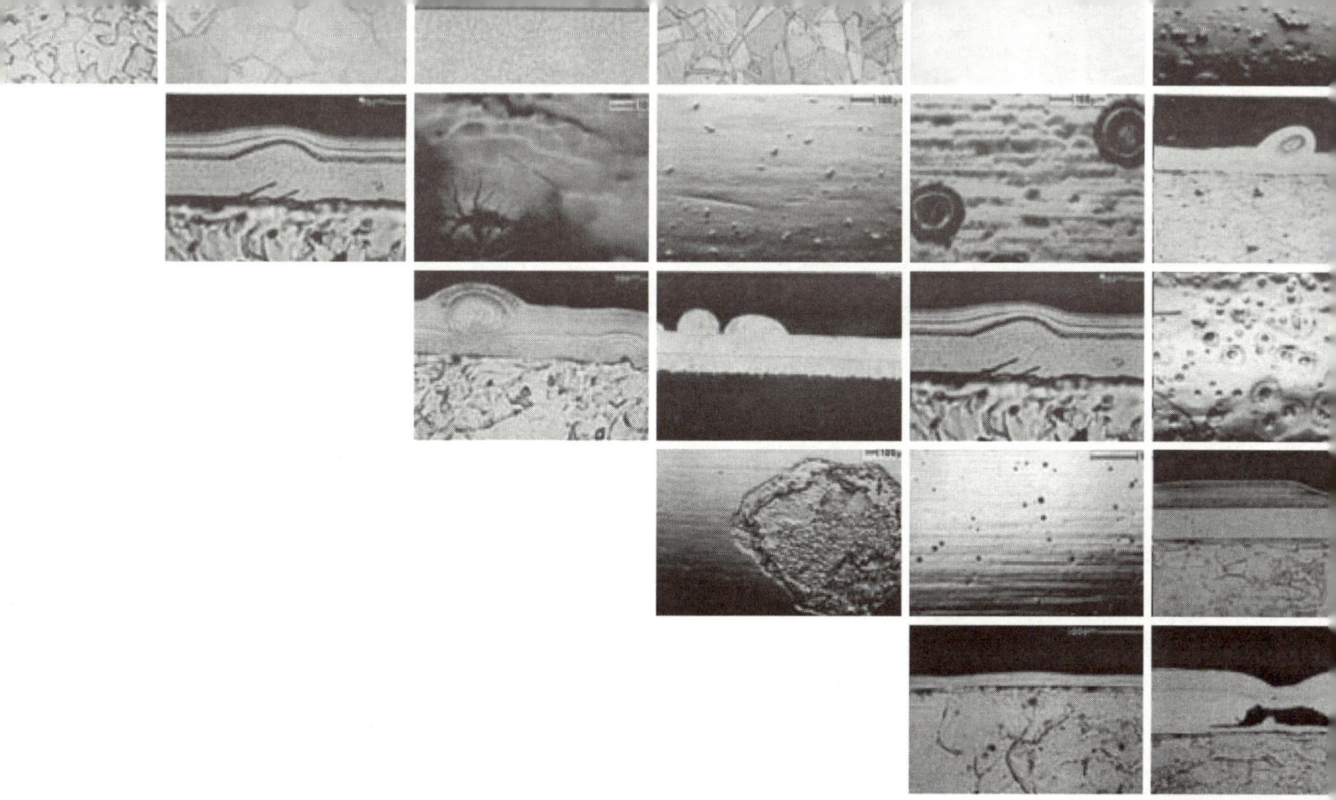
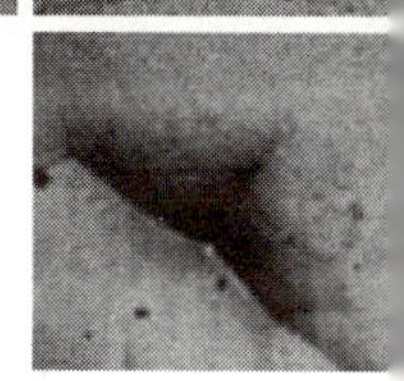

표면처리실무

염희택 · 유황룡 · 박영서 · 황환일 공저

東明社

표면처리실무 개정판

초판 발행 2012년 2월 15일
개정판 발행 2013년 1월 3일
개정판 3쇄 발행 2020년 8월 14일

지은이 염희택 · 유황룡 · 박영서 · 황환일
펴낸이 최국주
펴낸곳 동명사
출판등록 1950년 11월 1일(제1-76호)
주소 (우 10881) 경기도 파주시 회동길 50(문발동)
전화 031-955-7200(대표)~2, 7203(편집부), 7204(물류)
팩스 031-955-7205
전자우편 webmaster@dmsbook.com
홈페이지 www.dmsbook.com

東明社

ISBN 978-89-411-8109-5 93580
값 30,000원

표면처리실무를 편찬하면서

시대는 날이 갈수록 변화의 속도가 빨라지고 있습니다. 따라서 표면처리 분야도 시대적 흐름에 부응해서 전자, 통신의 기술도 섬세해야하고 폭도 넓어지면서 급격히 발전하고 있습니다.

그간 동명사에서 1977년에 출판된 "최신표면처리"는 1983년에 개정하고, 1988년에 전기화학분야를 추가하는 등의 증판을 거듭하였습니다. 그러나 이 책은 현 표면처리의 발전을 뒤따르지 못하면서도, 그 나름대로 교제로 일부 학교에서 사용해 왔습니다. 그러나 현 시점에서 저자 단독으로 개정한다는 것은 시대의 전문성의 부족을 통감하여, 표면처리 교수님들과 함께 새로운 시각에서 "표면처리 실무"라는 새로운 표제하에 30여년 만에 늦은 감이 많으나 출판하게 되었습니다.

근년에 와서는 모든 교수님들은 옛 시대와는 다르게 눈코뜰새 없는 분주한 업무에 얽매어 전문서적을 집필한다는 것이 쉽지는 않습니다. 더욱이 현재로는 집필한다는 것 하나가 학계나 업계에 대한 봉사 정신없이는 그 귀중한 시간을 여기에 퍼붓기에는 너무도 경제적으로 도움도 되지 못합니다.

다행히도, 재능대학의 유황룡교수님, 경기과기대 박영서교수님 및 한국폴리텍II대학 황환일교수님들의 공감된 혈기로 "최신표면처리"의 대부분을 새로 또는 보완하여 "표면처리 실무"라는 표제하에 완성을 보게 되어 감계무량한 마음이 앞섭니다.

물론 이 책의 출판에 동명사 측의 전폭적인 협조로 초판을 출간하게 되었습니다. 그러나, 아직도 내용의 미흡한 점이 많아, 추후 개정과 보완을 할 것을 약속드리며, 여러 저자님들과 동명사에 감사를 드리면서 인사를 마무리 하겠습니다.

2012. 2월 저자 대표 염희택

표면처리실무를 수정하면서

책을 발간 후 독자분 들의 애정 어린 조언으로 책 내용의 오자 및 수정부분을 꼼꼼히 살펴보았습니다. 초판에서 소홀히 한 탓에 곳곳에 수정 및 보완할 사항이 많이 눈에 띄게 되었습니다.

사실 이 책은 "표면처리실무"라는 명칭으로 현장에서 그리고 초보자를 위한 교육의 일환으로 편찬된 것이어서, 내용 설명도 가급적 이해하기 쉽게 저술하였습니다. 예를 들어 전기화학 기초에서 [석출]이라는 단어는 초보자가 쉽게 이해가 힘들 것 같아서 [도금]으로, [전해액] 은 [도금액] 으로 용어를 괄호 내에 첨가 하였습니다.

또한 보완 및 추가해야할 곳을 찾아서 추가 하였습니다. 즉 아연도금에서는 "3가 크로메이트", 주석합금 도금에서는 "무연(Pb-free)솔더도금", 도금액 관리에서는 할셀시험(Hull Cell) 방법, 도금표면 검사법에서는 주사전자현미경(SEM)검사법 등을 추가하였습니다.

끝으로 초판의 미비한 점과 보완점을 충고해 주신 독자 여러분께 진심으로 감사의 뜻을 전합니다.

2012. 9월 저자 대표 염희택

목차

제1장 표면처리 기초지식

제2장 표면처리화학

제3장 연마 및 도금의 전, 후처리

목차

제4장 도금공장의 설비

제5장 전기도금

목 차

목차

제9장 인산염처리법

제10장 양극산화

목차

제12장 도금액의 관리

목차

제13장 도금 표면검사법

제14장 부식

제15장 안전관리 및 위험물 취급법

제 1 장 표면처리 기초지식

1.1 도금 기초지식

1. 서론

소재의 표면을 재조정하여 목적 용도에 알맞게 처리하는 기술은 금속소재에만 국한 된 것은 아니다. 그러나 금속은 다른 소재에 비해 우수한 기계적 성질과 광택성이 있는 미려한 표면을 지니고 있어 이와 같은 좋은 표면성질을 유지하는 것이 산업적으로는 매우 중요하다.

산업기술의 발달에 따라 새로운 기술의 개발과 더불어 금속 및 그 합금의 용도가 구조용 재료뿐만 아니라 각종 기능성 재료로서 매우 중요한 역할을 하고 있다.

대부분의 금속은 대기 및 자연환경에 노출되면 수분, 산소, 반응성 가스 등으로 새로운 화합물이 표면에 형성되면서 금속은 부식에 의하여 단시간에 소모된다. 부식을 방지하기 위해서 방식기술을 발전시키고, 금속자체의 내마모성, 내열성, 내식성을 향상시키는 동시에, 금속표면의 색조와 광택을 아름답게 할 목적으로 여러 가지로 금속의 표면을 처리하고 있으며, 재료의 유용성을 제고하고 제품의 기능성과 수명을 연장하는데 목표를 둔 기술을 표면처리(Surface finishing)라고 한다.

또한 표면처리 기술은 재료의 표면 물성을 물리적, 화학적 또는 전기 화학적으로 처리하여 소재 및 부품의 내구성, 기능성을 개선 또는 창출시킬 뿐 아니라, 미관을 향상시켜 상품의 부가 가치를 제고시키는 기술로서, 일반적으로 물질의 특성과는 다른 재료의 표면특성을 창조, 부여하고자 하는 목적으로 이용하고 있다.

이러한 분야 중에서 습식 표면처리 분야는 제품을 생산하는 공정 중 주로 최종 마감공정으로 이용되며, 공해 유발성, 기술의 다양성, 전문성 및 수주 생산 에 의한 다품종 소량 생산의 특성을 가지고 있다.

또한, 장치 산업적인 성격보다는 타 산업에 비해 설비에 투자비가 적고, 영세 업으로 공장이 운영될 수 있기 때문에 여러 업체들의 난립으로 수주 과정에서 과다경쟁의 현상이 나타나고, 기술의 개발보다는 가격 경쟁에 치중함에 다른 자체적 기술혁신 능력의 결여로 기술 발전이 가일층 정체되고 있다.

그러나 습식 표면처리 산업을 일반 장식용의 액세서리에서부터, 현재 각국의 주요 수출산업인 자동차, 반도체, 전자 · 통신 산업분야는 물론 향후 미래 주도산업으로 주목되는 항공우주산업에 이르기까지 그 주요 핵심부품에 광범위하게 응용되는 분야로서, 기술의 혁신이 크게 필요한 분야이다.

2. 표면처리의 분류

표면처리는 전기도금(Electroplating), 화학도금(Chemical plating), 용융도금(Hot Dipping), 건식도금(Dry plating), 금속용사(Metal Spraying), 금속침투(Metal Cementation), 화성처리(chemical conversion coatings), 양극산화피막(Anodizing), 도장(painting), 라이닝(lining), 표면경화(hardening), 등으로 분류하며 그 종류와 특징을 **표 1-1**에 나타내었다.

표 1-1 금속표면처리 분류

금속표면처리		방법의 개요	용 도
도 금	전기도금	전기 에너지를 이용하여 금속 또는 비금속 소지에 다른 금속의 피막을 만들어주는 방법	장식품, 공업용품 등 용도가 가장 넓다.
	화학도금 (무전해도금)	화학 변화를 이용하여 금속 또는 비금속표면에 다른 금속의 피막을 만들어 주는 방법	플라스틱 제품, 금속 제품
	용융도금	피도금물을 도금하고자 하는 금속의 용융체에 담가서 용융금속의 피막을 만들어 주는 방법	아연 및 주석도강판, 아연도파이프 등
	침투도금	금속에 다른 금속을 확산 침투시켜서 합금의 피막을 만드는 방법	내식 및 내열 등의 목적에 사용
	금속용사	금속표면에 다른 용융금속을 분사(용사)시키면서 피막을 만들어주는 방법	유류 탱크 및 탱크의 내부, 마모된 부분의 보수 등

금속표면처리		방법의 개요	용 도
도 금	음극 스패터링	진공 내에서 +이온의 입자로 음극 물질을 때림으로써 음극 입자가 튕겨나와 진공 내의 물건에 피막을 만든다.	전자 부품, 장신구, 공구 등 금속 및 비금속 위의 금속피막을 형성
	진공증착도금	금속 또는 비금속표면에 다른 금속을 진공내에서 증발시켜 금속 피막을 만드는 방법	각종 플라스틱 장식품, 장신구, 렌즈, 전자제품 등
	이온도금	플라스마로 금속이나 가스를 +로 이온화 시키고 가속하여 음극 소지에 피막을 만드는 방법	각종 금속, TiN, TiC 등으로 내열·내마모성 피막 생성
화성처리		금속표면에 화학 변화를 일으켜서 산화피막 등을 만들어 주는 방법	방식 및 도장하지용 피막, 금속 착색(넓은 의미에서는 양극 산화도 여기에 속한다.)
도 장		금속 표면에 도료를 도포하여 방식과 미관을 좋게 하는 방법	각종 철물의 기계 구조 및 건축물
라이닝		금속표면에 고무나 합성수지 등의 피복을 해 주는 방법	화학장치류, 도금탱크 등
코 팅		금속표면에 합성수지 또는 법랑(enamel), 세라믹 같은 투명 수지피막 또는 유기질 피막을 만드는 방법	금속의 방식, 도금의 색상 유지, 법랑 등
표면경화		금속표면에 탄소나 질소를 침투 시켜 경도가 큰 피막을 만들어 주는 방법	기어 등 내마모성과 경도를 표면에 요하는 부속품 등

3. 도금에 사용되는 단위

표 1-2 도금에 사용되는 단위

구 분	단 위	기 호	비 고
전기	암페어	A	(전류의 단위) 질산은 수용액으로부터 0.001118g/sec의 은을 석출시키는 전류의 세기
	암페어시간	Ah	(전류량) 1A의 전류가 1시간 흘렀을 때 1Ah 라고 한다.
	암페어 퍼 데시미터	A/dm^2	(전류밀도) $1dm^2(100cm^2)$당 흐르는 전류의 세기를 A로 나타낸 것.
	볼트	V	(전압) 1옴의 저항체에 1A의 전류를 흐르게 하는 전압을 1V라고 한다.

구 분	단 위	기 호	비 고
전기	옴	Ω	(전기저항) 0℃, 14.4521g, 106.3cm 의 수은주가 갖는 전기저항을 1Ω이라 한다.
	쿨롬	C	(전류량 단위의 하나) 1A의 전류가 1초동안 흘렀을 때의 전류량
	패러데이	F	(전류량 단위의 하나) 1F=96500 C=26.8Ah
길이	미터	m	1m의 1/100을 1cm라 한다.
	데시미터	dm	1m의 1/10 =10cm
	센티미터	cm	1m의 1/100
	밀리미터	mm	1m의 1/1000
	미크론미터	μ	1m의 1/1000000=1mm의 1/1000
	옹스트롬	Å	10^{-8}cm(0.00000001cm)
	피트	ft	1ft=30.48cm 척이라고도 쓴다.
	인치	in	1in=2.54cm
	밀	mil	길이의 단위의 하나. 0.001in = 0.00254cm
면적	평방미터	m^2	1m×1m의 면적
	평방데시미터	dm^2	100평방cm (10cm×10cm), 도금면적, 음·양극의 면적 등을 나타내는데 쓰인다.
	평방피트	ft^2	1ft×1ft의 면적
	평방인치	in^2	1in×1in의 면적
체적	리터	l	1kg의 순수가 1기압, 4℃일 때 차지하는 체적으로 100.028cm^3에 해당한다.
	밀리리터	ml	1ℓ의 1/1000=1ml=1.00028cm^3(cc)
	씨씨	cc	1cm^3의 체적의 액체를 1cc라고 한다. ($1cm^3$=1cm×1cm×1cm)
	갤런	gal	3.78531
	온스	oz	fluid ounce(액량 온스)는 29.5737cm^3로서 floz라고 쓴다.
	배럴		1배럴=42(미국)gal=158.99l
중량	킬로그램	kg	질량의 단위
	그램	g	4℃의 물 1ml가 1기압에서 나타내는 질량을 1g 이라고 한다.
	밀리그램	mg	1g의 1/1000
	온스	Oz	아버-온스 = 28.3495g으로서 oz라고 쓴다.

구 분	단 위	기 호	비 고
중량	파운드	lb	453.592 g
	캐럿	C	1 캐럿은 0.2g
	그레인	gr	0.0648 = 0.0020833 oz(troy) = 0.0022857 oz
비중	비중 보메	SG 또는 SP · GR Be'	4℃의 물 $1cm^3$의 무게를 1이라하고 다른 물질 $1cm^3$의 무게와 비교한 비율을 말한다. 중액용(물보다 무거운 액) 보메와 경액용(물보다 가벼운 액)보메가 있다.
온도	섭씨	℃	순수의 빙점을 0℃, 비등점을 100℃로 한 것
	화씨	°F	순수의 빙점을 32℃, 비등점을 212℃ 로 하여 그 사이를 180등분한 온도로서, 0℃와는 다음의 관계가 있다. ℃ = 5/9 (°F-32)
농도	그램퍼리터	g/l	1l용액 중에 용해에 있는 용질을 g으로 나타낸 것
	온스퍼갤런	oz/gal	1gal의 용액 중에 용해되어 있는 용질을 oz로 나타낸 것 7.5g/l
	퍼센트	%	백분율
	중량퍼센트	wt %	액량 100g중에 용해해 있는 용질의 g수
	용량퍼센트	vol %	액량 100cc 중에 용해해 있는 다른 용액의 cc수
	노르말	N	규정 농도라고도 한다. 1000cc의 용액에 용해된 용질의 g당량
	데시노르말	0.1N	1/10 규정 농도를 말한다.
	몰	M	용액 1l중에 함유된 용질의 양을 g분자량으로 나타낸 것, 물 농도는 원자가에 관계가 없다.
	페하	pH	용액의 산 또는 알칼리의 강도를 나타내는 수치
	피피엠	ppm	백만분의 1의 양, 용액 1l에 함유된 용질의 mg수(mg/l)

4. 도금 공정

도금 표준공정은 도금 종류에 따라, 각 기업체에 따라 약간의 차이가 있으나 도금 종류별 일반적인 도금공정은 다음과 같다.

1) 구리-니켈-크롬도금

제품 – 연마 – 걸이(락크)에 제품 걸기 – 침지탈지 – 수세 – 전해탈지– 수세 – 활성화처리(산으로 산화물 제거) – 수세 – 시안화구리도금 – 회수수세 – 수세 – 황산구리도금 –

회수수세 – 수세 – 활성화처리 – 수세 – 니켈도금 – 회수수세 – 수세 – 크롬도금 – 회수수세 – 수세 – 열탕수세 – 수세 – 건조

2) 장식용 귀금속(금, 은도금)도금

제품 – 연마 – 걸이에 제품 걸기 – 침지탈지 – 수세 – 전해탈지– 수세 – 활성화처리(산으로 산화물 제거) – 수세 – 시안화구리도금 – 회수수세 – 수세 – 황산구리도금 – 회수수세 – 수세 – 활성화처리 – 수세 – 니켈도금 – 회수수세 – 수세 – 금 또는 은도금 – 회수수세 – 후처리(변색방지처리) – 수세 – 순수 열탕수세 – 건조

3) 아연(랙크)도금

제품 – 연마 – 걸이에 제품 걸기 – 침기탈지 – 수세 – 전해탈지– 수세 – 아연도금 – 회수수세 – 수세 – 질산당금 – 수세 – 크로메이트처리 – 공중방치 – 회수수세 – 수세 – 탕세 – 건조

4) 아연 배럴도금공정

제품 – 연마 – 걸이에 제품 걸기 – 침기탈지 – 수세 – 전해탈지– 수세 – 아연도금 – 회수수세 – 수세 – 질산당금 – 수세 – 크로메이트처리 – 공중방치 – 회수수세 – 수세 – 탕세 – 원심탈수 열풍건조

5) 주석도금

제품 – 연마 – 걸이에 제품 걸기 – 침기탈지 – 수세 – 전해탈지– 수세 – 활성화처리 – 수세 – 주석도금 – 회수수세 – 수세 – 후처리(변색방지처리) – 수세 – 탕세 – 건조

6) 무전해(화학)도금(플라스틱도금의 경우)

제품 – 탈지 – 수세 – 에칭(1차 또는 1, 2차) – 중화 – 감수성부여처리(센시타이징) – 수세 – 촉매화처리(카타리스팅) – 수세 – 가속화처리(액셀러레이션) – 수세 – 화학도금 – 수세 – 전기도금

7) 양극산화처리공정

알루미늄제품 – 연마(기계적 또는 화학연마) – 수세 – 전처리 – 수세 – 아노다이징처리 – 수세 – 착색 – 수세 – 봉공처리(시일링처리) – 수세 – 건조

8) 진공증착(플리스틱상의 경우)

제품 – 전처리 – 진공증착 – 코팅 – 베이킹 – 착색 – 건조 – 포장

9) 착색처리

제품 – 연마(습식, 건식) – 탈지 – 수세 – 산처리 – 수세 – 착색 – 수세 – 탕세 – 수세 – 건조 – 포장

10) 인산염 피막처리

탈지 – 수세 – 산세 – 수세 – 표면조정처리(경정미세화처리) – 피막처리 – 수세 – 표면조정수세(씨링) – 전조 – 도장 등

1.2 도금작업조건

1. 소지금속과 밀착성

1) 도금이 잘 되는 금속

도금할 금속(제품)을 소지금속 또는 하지금속이라고 한다. 금속 재료에서 철강, 구리, 구리합금, 주석, 니켈, 아연 등의 금속면에는 다른 금속을 도금하기가 비교적 쉽고 밀착성도 좋으나 마그네슘, 알루미늄, 스테인리스강, 크롬합금, 규소철 등은 밀착이 좋지 않다. 그러나 진공도금, 메탈리콘 등은 금속이든 비금속인 부도체이든 간에 광범위한 재료에 도금을 할 수 있다. 따라서 밀착이 잘 되지 않는 금속일 때는 도금 전에 특별한 전처리를 할 필요가 있다.

2) 밀착성

완전한 전처리를 한 소지, 즉 소지 면에 유지분이나 산화물 등이 완전히 제거되었을 때, 도금을 한 면과 소지와의 밀착 방법은 다음의 두 가지가 있다.

① 소지의 금속원자와 도금 피막의 금속원자가 상당히 가까워서 마치 결정격자의 서로의 원자간에 인력이 작용하여 결합되고 있는 경우

② 소지와 도금 피막의 금속이 서로 합금이 되어 경계선이 없는 완전한 동일 금속체로 되

는 경우

①에 대해서 우선 하지금속과 도금할 금속의 원자거리가 근접하게 하기 위해서는 하지금속 표면에 이물질이 없어야한다. 따라서 철저한 탈지 및 산처리로 기름기나 산화물을 제거한다. 그 다음에 도금할 금속이 하지금속위에서 광택있는 결정체가 되기 위해서는 질서있게 석출되어야한다, 예를 들어 아연 하지에 황산구리도금을 하게 되면 황산액 중에서는 이온화경향에 의해 다음과 같이 아연이 급속이 용해 이온화 되면서 구리를 치환 석출(도금)하게 한다.

$$\text{Zn(하지금속)} + \text{Cu}^{2+} \rightarrow \text{Zn}^{2+} + \text{Cu(도금)}$$

치환석출시는 질서 없이 금속이온이 급속히 하지금속표면에 석출하게 되어 결정을 이루지 못하고 밀착 없는 도금이 되기 쉽다. 그러나 구리성분이 낮은 시안화구리도금액 중에서 스트라이크(쎈 전류로 엷게 도습하는 것)을하면 시안화액 중에서는 구리이온과 아연이온의 환원전위가 각각 -1.0V와 -1.2V로 근접하므로 치환도금이 되지 않는다. 따라서 이 스트라이크 도금 후에는 황산구리도금이나 니켈도금(황산도금액)을 하여도 밀착이 좋게된다.

만일 하지금속과 치환이 생기지 않는 경우라도, 도금할 금속의 농도가 너무 높으면 역시 치환석출의 우려가 있으므로, 니켈하지일 때라도 은 또는 금을 도금할 때도 이들의 농도가 크면 역시 치환도금이 될 우려가 있으므로 이들 금이나 은의 농도가 낮은 도금액에서 스트라이크를 한 후에 정상 도금액으로 도금을하는 경우가 많다.

2. 도금액 각 성분의 역할

1) 도금용 약품의 역할

도금액을 작성할 때 한 종류만의 약품을 용해시켜서 도금을 하는 경우는 없고, 반드시 두 종류 이상의 약품을 넣어서 여러 가지 역할을 하고 있다. 이와 같이 도금액 중에 약품은 주성분 약품과 부성분약품으로 나눈다.

2) 주성분 약품

도금액 내에 도금을 하려는 금속이온을 넣어 주고 전류를 흘리면, 음극 부근의 금속이온이 석출하고 양극의 금속은 이온으로 녹아서 확산에 의해 음극 부근에 금속이온을 공급해 준다. 왜냐하면 전기에 의한 금속이온의 이동속도는 대단히 느리므로 주로 음극의 금속이온의 공급은 주로 확산에 의하고 있다. 또한 도금액의 주성분으로서는 다음의 조건이 필요하다.

① 도금하고자 하는 금속분을 많이 함유하여야 한다.
② 가격이 싼 금속염일 것
③ 용해도가 높을 것
④ 공기 중이나 수용액 중에서는 도금에 해로운 변질이 되지 않을 것

3) 부(보조)성분 약품

흔히 사용하는 것을 들면 **표 1-3**과 같다.

표 1-3 부(보조)성분 약품과 역할

부성분의 역할	시안화구리 도금액	광택니켈액	시안화 아연액
도금액의 pH를 조정한다.	수산화칼륨, 수산화나트륨, 주석산	황산	수산화나트륨
도금액의 pH를 유지한다.		붕산	
액의 전도도를 높인다.	수산화칼륨, 수산화나트륨, 탄산나트륨	황산, 염화니켈	수산화나트륨
양극의 용해를 좋게 한다.	시안화나트륨, 주석산칼륨, 롯셀염	염화니켈	시안화나트륨, 수산화나트륨
광택 또는 평활성을 좋게 한다.	로단칼리, 아연염, 납염, 유기광택제	부텐데올, 사카린, 나트륨-술폰산 소오다, 유기 광택제	황화소오다, 티오요소, 유기 광택제
도금면의 피트를 방지한다.	피트방지제, 계면활성제	피트방지제, 계면활성제	피트방지제, 계면활성제
도금액 중에 약품을 산화 또는 환원시킨다.	티오황산나트륨	과산화수소	아연분말, 하이포

3. 도금액의 농도, 온도, pH

1) 도금액의 농도

도금액의 농도를 높이면 도금액 중에 금속량이 많아지며 도금속도가 빨라진다. 보통 현장에서는 생산량을 높이기 위해 도금액의 농도를 높여서 사용하는데 장점은 다음과 같다.

① 도금액의 저항이 적어서 전류가 잘 흐르므로 도금 시간이 단축 된다.

② 도금의 색상이 균일 하다.
③ 도금액의 변동이 적다.
④ 도금석출 속도가 빨라진다.

단점으로는 묻어나오는 양이 많아 액의 손실이 크다.

2) 도금액의 온도

도금액에 따라서는 도금액의 온도를 올려줘야 하는 것과 상온, 실온에서 작업하는 경우도 있다. 도금액의 온도를 높이면 액의 저항이 작아져서 같은 전압에서도 전류가 잘 흐르게 되므로 고속도 도금이 가능하며 광택도금에서는 평활성이 증가한다. 반대로 도금액의 온도가 너무 높으면 도금액의 증발이 빠르고 도금액의 농도 변화가 빨라 도금액의 손실이 많아진다.

도금액을 교반하지 않거나 여과하지 않을 경우에는 온도가 높으면 고 전류밀도로 작업이 가능 하지만 도금이 타거나 거친 도금이 되기 쉽다.

온도가 너무 낮을 경우에는 도금액의 저항이 증가하여 전류가 흐르기 힘들기 때문에 양극의 용해가 좋지 않아 광택이 좋지 않고 전력소모도 커지며 도금이 타기 쉽다.

3) pH가 도금에 미치는 영향

① 수소이온지수(pH)란

산성 도금액에서는 일반적으로 pH값이 낮으면(즉 $[H^+]$이 크면) 전류의 흐름이 좋고 광택이 좋으며 유기물에 의한 감도가 작아지나, 고 전류밀도 부분이 타기 쉽고 밀착도 좋지 않으며 피트도 생기기 쉽고 평활성도 저하된다. 그러나 pH값이 너무 높으면(즉 $[H^+]$이 작으면) 전류의 흐름이 적고 극판의 용해도 좋지 않으며, 취성과 내부응력이 크고 거친 도금을 만들어 주는 수산화물의 침전이 생길 우려가 있다.

시안화용(알칼리액) 도금액에서는 일반적으로 pH값이 높을수록 전류의 흐름이 좋고(중성액의 전기저항이 가장 크다)양극의 용해도 잘 되나, 너무 높으면 거칠고 강한 도금이 되기 쉽다. 따라서 도금은 반드시 규정된 pH값의 범위에서 작업해야 한다.

4. 표면장력, 계면활성제

1) 표면장력(surface tension)

물은 부피는 있으나 형태가 없으므로, 용기에 따라서 어떠한 모양으로도 변할 수가 있다.

지금 천장에서 책상 위로 물이 떨어지는 모양을 보면 **그림 1-1**과 같이 천장의 물이 점점 원형으로 된 다음 물이 무거워지면 책상 위로 떨어지며, 이 물이 또한 약간 원형을 이룬다. 특히 책상 위에 먼지가 많을 때는 구형으로 되어 굴러 떨어진다. 이와 같이 액체의 표면은 그 면적을 제일 작게 하려는 힘이 있으며, 같은 크기에서는 구가 가장 작은 표면적을 가지고 있으므로 구상으로 되려고 한다. 이 성질을 표면장력이라고 한다.

표면장력의 크기는 액체의 종류에 따라 다르며 수은이 가장 크고 물, 석유, 알코올의 순서로 작아진다. 표면장력의 크기를 나타내는 데는 dyne/cm이라는 단위를 사용한다.

표면장력의 생성원인으로는 액체의 분자간 인력의 균형이 액면 부근에서 깨지기 때문에 액면 부근의 분자의 위치에너지는 액체 속의 분자보다 더 크다. 이로 인해 액체는 표면적에 비례하는 표면 에너지를 가지게 되는데, 이 에너지를 최소로 만들려는 작용이 표면장력으로 나타난다. 따라서 표면장력은 단순히 액체의 자유표면뿐만 아니라 섞이지 않는 액체의 경계면, 고체와 기체, 고체와 고체의 접촉면 등 표면의 변화에 대한 에너지가 존재할 때 보편적으로 생기는 현상이다. 이 때문에 계면장력이라고도 한다.

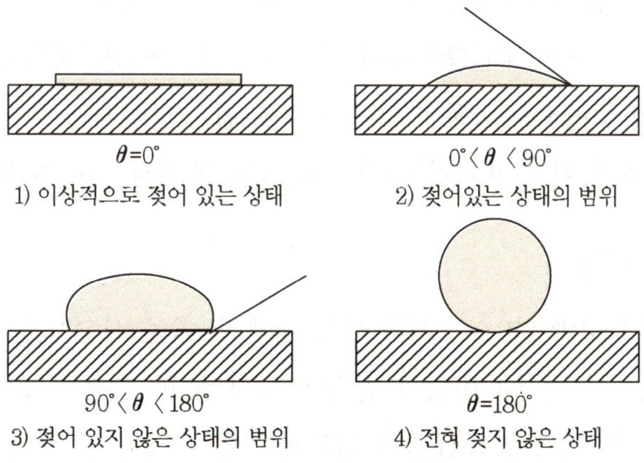

그림 1-1 물의 표면장력

(1) 표면장력의 측정법

표면장력의 측정법에는 여러 가지가 있으나 제일 간단한 방법은 다음과 같다.

① 지름 5인치의 황동선 또는 스테인리스선으로 만든 고리를 액에 담갔다가 수직으로 빨리 꺼내서 액이 고리 내에 막을 만들고 있으면 표면장력이 작은 것이고, 막이 파괴되면 표면장력이 큰 것이다. 이것은 도금액의 표면장력의 강약을 간단히 아는 방법이며, 도금액의 피트 방지제의 적정량은 이것으로 정할 수가 있다.

② **스탈라그모미터법(Stalagmometer method)** : 지름이 상당히 작은관(모세관, 피펫류)을 통해서 일정량의 액체를 방울방울 적하시켜, 이 방울수와 증류수의 방울수를 비교해서 표면장력을 계산하는 방법이다.

$$\text{측정할 액의 표면장력} = \frac{\text{증류수 적하 방울 수}}{\text{측정할 액의 적하 방울 수}} \times \frac{\text{측정할 액의 비중}}{\text{증류수 비중(20℃에서 0.998)}}$$
$$\times 72.75\ \text{dyne/㎝(20℃의 증류수의 값)}$$

2) 계면활성제

(1) 계면활성제

앞에서 간단히 설명한 바 있으나 계면활성제는 표면활성제라고도 하며, 영어로는 surfactant(surface active agent의 약자)라고 한다.

물에 전해질(물에서 +. − 이온으로 분리되는 물질) 인 약품을 넣으면 일반적으로 표면장력이 약간 증가하여, 제품과 액과의 접촉이 완전하지 않으므로, 그 약품의 작용이 충분히 이루어지지 않게 된다. 이 때 계면활성제의 일정량을 넣게 되면, 액의 표면장력이 감소하여 제품과 약품의 접촉이 좋아져서 약품의 사용 목적을 쉽게 달성시킬 수가 있다. 이 때 계면활성제를 필요 이상으로 넣어도 효과가 증가하지 않고 오히려 해롭게 될 때가 많다.

(2) 계면활성제의 구조

계면활성제는 **그림 1-2**와 같이 한 개의 분자 내에 한 쪽은 친수기(물과 잘 혼합되는 부분)와 다른 쪽은 소수기 또는 친유기(물과 잘 혼합되지 않고, 기름과 잘 혼합되는 부분)라는 두 부분으로 되어 있다. 이것을 도금액에 넣으면 **그림 1-3**와 같이 물체(공기)와 물, 물과 기름의 접촉 부분에 집중해서 표면장력이 저하되는 동시에 기름과 물, 물과 물체(공기)와의 접촉을 좋게 하여 준다.

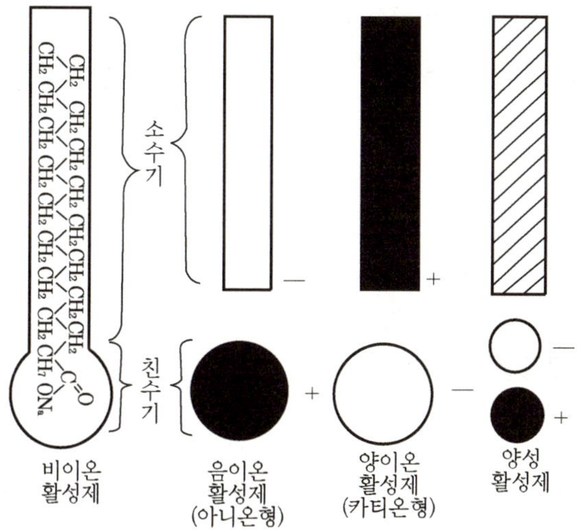

그림 1-2 계면활성제의 구조

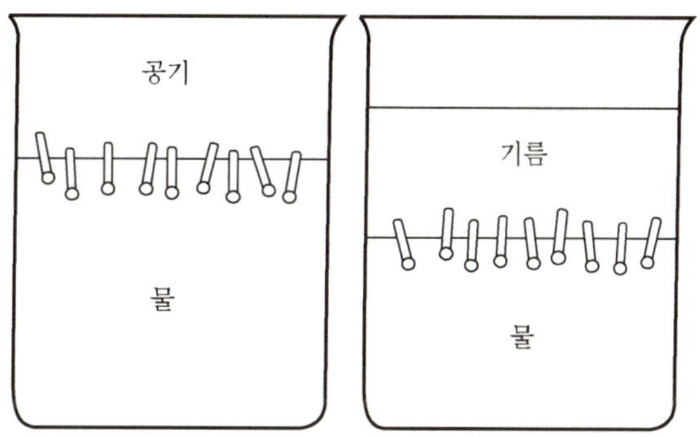

그림 1-3 계면활성제의 분자의 계면배열

(3) 계면활성제의 종류

계면활성제의 종류에는 일반적으로 다음의 4가지가 있다.

① **음이온활성제 :** 분자 중의 소수기가 음이온(anion)이 되고, 친수기가 양이온(cation)으로 되어 있는 활성제를 말한다. 예를 들면 황산화유, 고급알코올·황산에스테르염($ROSO_3-Na^-$), 알킬아미드술폰산염 등이 이에 속하며, 일반 합성세제로서 많이 사용한다.

② **양이온활성제 :** 소수기가 양이온을 이루고 있는 활성제이며, 아민계[$R-N^+-(CH_3)_3-Cl$]가 주로 이에 속한다.

③ **비이온활성제 :** 수용액 속에서 이온이 되지 않는 활성제를 말하며, 알킬, 페놀 축합물,

고급알코올 축합물[$RH-O(C_2H_4O)_nH$] 등이 이에 속한다.

④ **양성활성제** : 한 개의 분자 중에 +, - 두 가지의 이온을 가진 것을 말하며, 예를 들면 알킬술폰벤질디메틸암모늄염[$RO^+(CH_3)_2CH_{2-}SO_3^-$] 등이 있다.

5. 도금액의 불순물 제거

1) 도금액 중 유기 불순물 제거방법

(1) 도금액의 여과

도금 기술의 발전에 따라 현재 도금액의 여과는 불가결한 것으로 되었고, 광택도금에서는 여과가 광택의 성과 여부를 좌우하는 중요한 요소의 하나가 되었다. 여과에 의해서 제거되는 것은

① 불용성의 고형 입자

② 액 중의 부유물질

여과로 고형 입자나 부유물질을 제거하지 않으면 이 부유물이 도금 층에 부착되어 다음과 같은 결함이 발생 할 수 있다.

① 거친 도금면 ② 광택불량

③ 피트가 많은 도금면 ④ 밀착이 불량한 도금면

이러한 물질이 도금액에 혼입되는 원인은 다음과 같다.

① 공기 중에 부유하는 먼지

② 물품에 부착된 먼지 또는 연마재

③ 양극에서 나온 불용성 물질

④ 보충 약품 중의 불용성 물질 또는 먼지

⑤ 보충 수 중의 불순 금속염

⑥ 걸이의 피복재에서 나온 불순물

⑦ 탈지제나 산세액의 수세 부족으로 인한 이들의 혼입

⑧ 가공에 이용된 절삭유, 윤활유, 프레스유, 이형제 등이다.

⑨ 방청을 위해 사용 된 방청유, 그리스 등

(2) 여과기

여과기는 알칼리성, 산성에 따라 재질을 변경해서 제작하고 있으므로 사용할 때는 구별해서 사용해야 한다. 즉 알칼리성은 철재로 된 여과기를 사용해도 좋으나, 산성액에는 반드시 내산성 재질을 사용해야 한다. 철일 경우에는 도금액 접촉부에 경질고무 라이닝 등을 한 여과기를 사용해야 한다.

최근에 도금용 여과기는 여과포 방식에서 카트리지(Cartridge)를 대부분 사용하고 있다.

2) 도금액 중 금속불순물의 제거

금속(무기) 불순물은 도금하려고 하는 도금액속에 타 불순금속이 혼입 된 것을 말한다.

도금액 속에 미량의 금속 불순물이 있으면 도금의 광택, 색깔, 도금 층의 물리적 성질, 밀착성 등이 나빠진다. 예를 들어 구리도금(시안화구리)액에서 니켈이 $0.02g/l$ 있으면 조잡하고 광택이 없는 도금 층이 되고, 광택 니켈도금에서는 구리가 $0.007g/l$ 이상 있으면 도금의 피복력이 나쁘고 광택이 없으며 색이 검게 되는 경향이 있다. 다른 금속 불순물도 여러 가지로 결함이 발생 되므로 철저히 제거해야 한다.

제거 방법으로는 다음의 두 가지 방법이 있다.

(1) 약전해에 의한 방법

약전해에 의한 불순 금속분의 제거에는 어떤 도금액에서나 되는 것이 아니고, 원칙적으로 도금하려는 금속의 석출전압보다 낮은 전압으로 석출하는 금속만을 제거되게 하는 것이다. 그러나 **그림 1-4**과 같은 파형음극판을 사용하여 $0.5A/dm^2$ 이하의 낮은 전류밀도로 약전해를 하면 니켈 도금액과 같은 비교적 낮은 석출 전압을 가진 금속염액에서는 니켈보다도 고전압으로 석출되는 금속분도 볼록 부분에 석출한다. 이와 같이 파형전극을 사용함으로써 니켈 도금액에서는 소량의 니켈과 동시에 구리, 납, 철, 아연 등의 불순물을 동시에 제거할 수 있다. 만일 아연액과 같이 비교적 높은 석출 전압을 가진 도금액에서 아연의 석출을 방지하고, 이것보다 낮은 전압에서 석출되는 금속을 제거하기 위해서는 전류밀도를 $0.2A/dm^2$로 낮추는 것이 좋다. 이러한 작업을 더미(dummy)도금이라고도 한다.

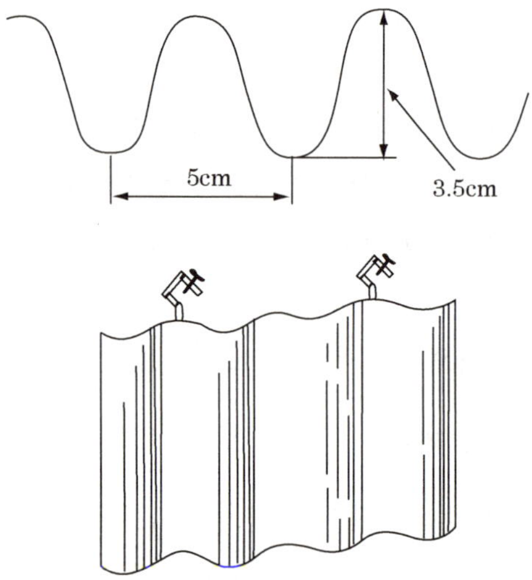

그림 1-4 파형음극판의 치수

(2) **약품에 의한 방법**

구리나 아연 불순물과 반응하여 침전 또는 해가 없는 이온(착이온 등)으로 만들어 활성탄에 흡수시켜 제거하는 방법이 있으며, 이런 약품은 시판되고 있다.

광택니켈에 있어서 금속불순물의 제거에는 불순금속제거제(현재 여러 종류 시판 중)를 일정량 첨가한 후 활성탄으로 여과하여 제거하고 있다.

광택니켈액 중에 철분을 제거하는 데는 H_2O_2(과산화수소)를 사용하여 60℃이상 온도를 올리고 강한 교반을 시킨 후 수산화철로 침전시키고 난 다음 활성탄을 첨가한 후 산화제를 분해시켜 여과를 실시한다. 도금할 때는 산화제에 의하여 소모된 양 만큼의 광택제를 보급한 후 도금을 해야 한다.

6. 도금 첨가제

도금액 중에 용해하였을 때 미세한 입자로 거동하는 콜로이드(Colloid)상을 형성하는 젤라틴, 펩톤 및 아교 등은 소량을 첨가하여도 석출물의 미세화를 촉진하여 매끈하고 레베링(Leveling)이 좋은 도금면을 얻을 수 있다. 그러나 과량으로 첨가할 경우 도금 면이 거칠고 기계적 성질이 취약한 도금 면이 생성되므로 첨가량은 알맞게 표준량을 조정하여야 한다. 또 다른 첨가제는 계면활성제의 일종인 유기광택제는 도금 과정 중 석출 된 금속의 수지상

성장을 방해하여 도금면의 평활 화에 기여하며 전류밀도를 증가시키고 도금 층을 경화시키는 특성이 있다.

착염 형성 염을 형성하면 금속 이온의 농도가 낮아지므로 역시 미세한 결정을 얻을 수 있다.

근래에는 도금액에 첨가제를 자동공급 장치에 의해 공급해 주무로서 품질향상에 기여하고 있다. 원리는 도금조의 양극 및 음극에 공급되는 정류기의 사용전류를 자동으로 감지하여 짧은 시간 주기로 펌프를 작동시킴으로써 다종의 첨가제들을 적절하게 도금탱크에 공급할 수 있도록 하여 도금결과를 개선하고 인력절감 효과를 거둘 수 있는 다종의 도금첨가제 자동공급 장치가 보급되고 있다. 도금첨가제 자동공급 장치는 정류기의 사용 전류를 감지하여 전류량에 따라 짧은 시간주기로 자동으로 펌프를 사용하여 첨가제를 공급함으로써, 종래의 도금장치의 경우에 사람이 시간주기에 따라 비정기적으로 도금첨가제를 공급함으로써 도금 정도가 시간에 따라 편차가 심하게 나타났던 문제점을 해결 해 주고 있다.

7. 수세

수세는 도금 공업의 가장 중요한 작업인데도 불구하고 이것을 소홀히 해서 도금액의 오염, 도금의 불량이 나타나며 각 공정마다 수세탱크를 설치하여 다른 종류의 도금액과 불순물의 혼입을 방지해야 하며 수세에 대한 이점은 다음과 같다.

① 수세에 필요한 물은 이온교환기에 의한 순수를 사용하면 얼룩방지에도 효과적이다.

② 수세탱크내에 용해 된 염류를 저하시키려면 수세수를 치환해 주는 것이 좋다.

③ 수세에 있어서는 큰 탱크 하나에 물을 많이 넣고 한 번 수세하는 것보다는, 조금씩이라도 여러 개의 탱크에 나누어 여러 번 수세하는 것이 효과적이다

④ 수세를 할 때 공기교반장치를 이용하면 효과적이다.

⑤ 계면활성제를 사용하면 큰 비용을 들이지 않고 수세효과가 좋다.

⑥ 수세수의 온도는 상온이 좋으며 너무 낮으면 수세효과가 저하된다.

⑦ 수세탱크의 크기는 제품 최대크기의 물품침지에 불편함이 없도록 해 줘야 한다.

⑧ 수세할 제품의 표면적, 교반속도 등에 따라 수세시간을 주어야 한다.

예를 들면 도금한 물체에 x g의 도금액이 묻어 있다고 하면 큰 탱크, 즉 500l의 물이 들어 있는 탱크에서 수세하면 이 물체에 묻어 있는 x g의 도금액은 $\frac{x}{500} = 0.002x$ g으로 묽어져 이만큼의 도금액이 물품에 묻어 있게 될 것이다. 그러나 30l의 물을 10l씩 3개 탱크에

나누어 수세하면, 첫 번째 탱크에서 $\frac{x}{10}$ g, 두 번째 $\frac{x}{10}\times\frac{1}{10}=\frac{1}{100}x$, 세 번째 $\frac{x}{100}\times\frac{1}{10}$ $=\frac{x}{1000}=0.001x$ g으로 묽어져서 30l만 가지고도 3번 수세하면 500l 탱크에서 한 번 수세한 것보다도 1/2의 농도로 묽어진다. 따라서 수세에서는 보통 3개의 탱크를 **그림 1-5, 1-6**과 같이 3칸(3단)으로 분리하여 유수로써 수세하면 거의 완전한 수세가 된다. 수세하는 물품은 먼저 더러워진 물로 수세를 시작하여 최종적으로는 가장 깨끗한 물로 수세를 실시한다.

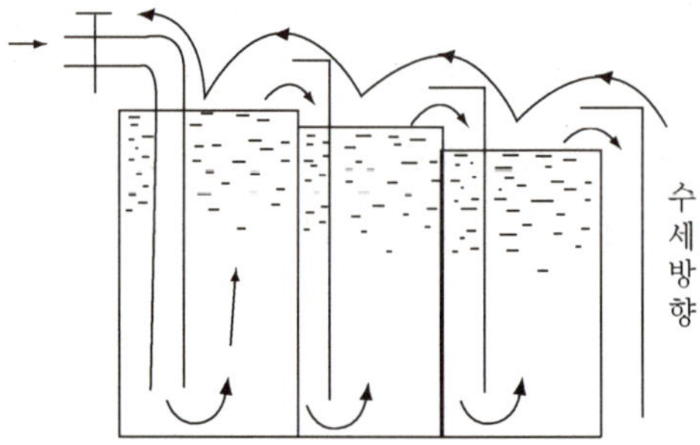

그림 1-5 수세탱크의 단면

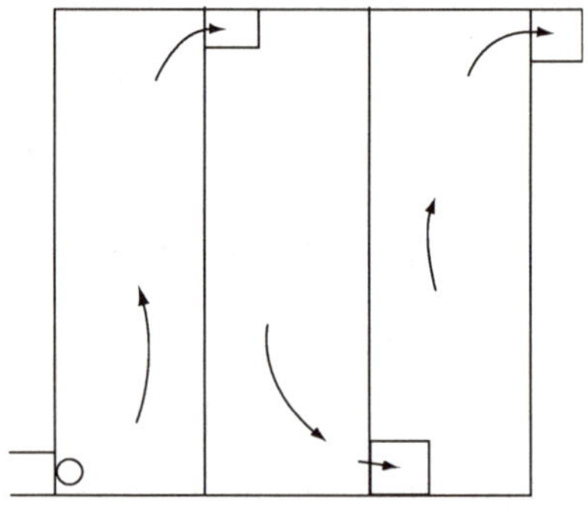

그림 1-6 수세탱크를 위에서 본 것

1.3 도금용수

순수한 물은 수소와 산소가 결합한 것으로, H_2O의 화학식으로 나타낼 수 있는 물질이지만, 자연계에서 볼 수 있는 물은 여러 가지 불순물을 함유하고 있어 조성은 매우 복잡하다. 예를 들면, 본래는 순수이어야 할 빗물도 나트륨(Na) · 칼슘(Ca) · 마그네슘(Mg), 칼륨(K), 염소(Cl) 등을 비롯하여 다량의 기체를 함유하고 있다. 또 암반석이나 토양 사이에서 나온 지하수에는 앞의 원소 외에 규산, 중탄산, 철, 망간 등도 녹아 있고, 강이나 호소의 물에는 이들 용해물질 외에 점토, 세균, 생물 등이 부유하고 있다.

연수는 단물(Soft water)이라고도 하며, 센물에 대응하는 말이다. 공업에서는 경도 10 이하의 물을 말하며, 증류수는 경도 0인 단물이다.

경수란 센물(hard water)이라고도 한다. 이에 대하여 이들 이온이 비교적 적게 함유되어 있는 물을 단물이라 한다.

영구적 센물(permanent hard water)은 일시적 센물과 함께 센물의 일종이다. 일시적 센물은 끓이면 단물로 변하지만, 영구적 센물의 경우에는 약품처리나 이온교환수지에 의한 처리가 필요하다.

1. 수질

수질이 높으면 순도가 높은 약품과 물에 의해서 안정 된 도금액을 만들 수 있으므로 여기에 필요한 물은 여러 가지로 구분 할 수 있는데 도금공장에서 사용하고 있는 수질은 각 지방에 따라 다르나, 특히 지하수는 일반적으로 다음의 여러 물질을 함유하고 있다. 수돗물이라 할지라도 금속 불순물로서 철, 납, 아연 등이 수도관에서 자연적으로 용해되어 나오고 있으며, 살균 과정에서 염소를 함유하고 있으므로 pH가 산성으로 변화될 위험성도 있다. 또한 지하수(우물)에는 부유물이 있어 도금의 광택을 감소시키며, 거친 도금이 되기 쉬우므로 이러한 불순물을 완전히 제거해 줄 필요가 있다.

수질 중에 많이 녹아 있는 칼슘분은 니켈액 중에서 황산칼슘으로 되어 침전한다. 마그네슘은 니켈의 광택액에서나 보통액에서나 별로 해는 없는 듯하나, 광택구리에서의 과잉 존재는 도금을 거칠게 한다. 해안에 가까운 우물물의 염소분은 은을 불용성 침전물로 만들므로 해롭고, 탄산가스는 알칼리액 중에서 탄산염을 생성하므로 양이 많아질 경우에는 해가 된다.

물을 단순히 끓이기만 해도 단물이 되는 짠물을 경수라고 한다. 이것은 칼슘이나 마그네슘이 산성탄산염으로서 물에 녹아 있을 때이며, 끓이면 다음과 같은 변화로서 칼슘이나 마그네슘의 염으로 되어 침전한다.

$$Ca(HCO_3)_2 \rightarrow CaCO_3 + H_2O + CO_2$$

$$Mg(HCO_3)_2 \rightarrow MgCO_3 + H_2O + CO_2$$

그러나 끓여도 단물이 되지 않는 물을 영구경수라고 한다. 이것은 칼슘이나 마그네슘이 황산염이나 염화물로 되어 용해되어 있는 것이며, 소량의 탄산소다를 가해서 연화시킬 수도 있다.

2. 물의 정화법

짠물을 단물로 만드는 데는 이온교환수지를 많이 사용한다. 이것은 일종의 합성수지이며, 이에 결합되어 있는 이온을 물에 있는 다른 이온과 교환하는 역할을 한다.

이 수지가 들어 있는 용기에 짠물을 통하면 짠물 중의 칼슘이온(Ca^{2+})이나 마그네슘이온(Mg^{2+})은 수지의 분자와 결합되어 있는 나트륨이온(Na^+)과 치환해서 단물이 된다. 다량으로 Ca^{2+}이나 Mg^{2+}과 결합해서 단물을 만드는 힘이 없어진 수지에 식염수를 통하면 Ca^{2+}, Mg^{2+}의 거의 전부가 Na^+에 의해서 축출되어 원상태의 수지가 재생되므로, 짠물을 단물로 만드는 힘이 회복되는 편리한 수지이다.

이온교환수지에 의한 순수 제조는 최근에 상당히 보급되어 가고 있으며, 특히 도금에 우물물을 사용할 때는 필연적으로 행해야 한다. 이 수지에 의한 순수 제조는 조작이 간단하며, 극히 순도 높은 순수를 싸게 얻을 수 있다.

그림 1-7은 소형 이온교환수지 장치개략도이다. 이것에 사용되는 수지는 양이온교환수지와 음이온교환수지를 혼합한 것이며, 그림과 같이 수지를 넣어서 상부로부터 짠물을 통하면 이온교환반응이 순차적으로 다음과 같이 일어나면서 단물이 되며, 또한 재생에 있어서의 반응도 다음과 같다.

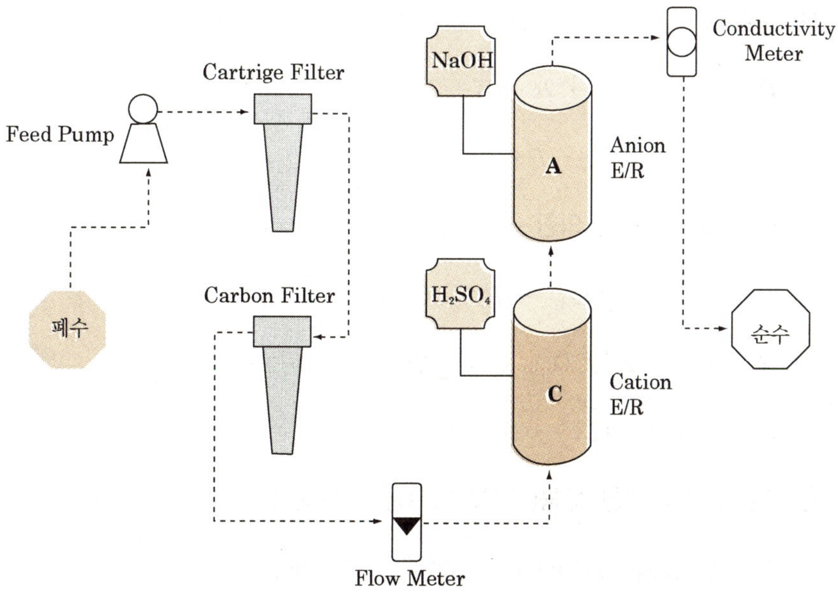

그림 1-7 이온교환수지 장치의 내부 구조 및 재생방법

1) 짠물을 단물로 만드는 것만이 목적인 경우(Na 형 양이온교환수지만 사용)

① 단물 만드는 반응

$$R\cdot 2Na + Ca(HCO_3)_2 \rightarrow R\cdot Ca + 2NaHCO_3$$

$$R\cdot 2Na + MgSO_4 \rightarrow R\cdot Mg + Na_2SO_4$$

② 재생(식염수, 해수에 의해서)

$$R\cdot Ca + 2NaCl \rightarrow R\cdot 2Na + CaCl_2$$

$$R\cdot Mg + 2NaCl \rightarrow R\cdot 2Na + MgCl_2$$

2) 순수를 목적으로 하여 원수 중의 Ca^{2+} 등의 양이온과 Cl^-, SO_4^{2-} 등의 음이온도 제거하고자 할 경우

① H형 양이온교환수지에 의한 순수 제조 반응

$$R\cdot 2H + Ca(HCO_3)_2 \rightarrow R\cdot Ca + 2H_2CO_3$$

$$R\cdot 2H + MgSO_4 \rightarrow R\cdot Mg + H_2SO_4$$

② 양이온 교환수지의 재생 반응(묽은 염산에 의해서)

$$R\cdot Ca+2HCl \rightarrow R\cdot 2H+CaCl_2$$

$$R\cdot Mg+2HCl \rightarrow R\cdot 2H+MgCl_2$$

③ OH형 음이온교환수지에 의한 순수 제조 반응

$$R'\cdot 2OH+H_2SO_4 \rightarrow R'\cdot SO_4+2H_2O$$

$$R'\cdot 2OH+2H_2CO_3 \rightarrow R'\cdot 2HCO_3+2H_2O$$

$$R'\cdot 2OH+2HCl \rightarrow R'\cdot 2Cl+2H_2O$$

④ 음이온 교환수지의 재생 반응(수산화나트륨에 의해서)

$$R'\cdot 2HCO_3+2NaOH \rightarrow R'\cdot 2OH+2NaHCO_3$$

$$R'\cdot SO_4+2NaOH \rightarrow R'\cdot 2OH+Na_2SO_4$$

순수가 되는 동안은 pH가 거의 중성이므로, 이온교환수지의 재생은 pH로 알 수 가 있다. 서울의 물을 분석한 결과 수돗물과 우물물은 **표 1-4**과 같았다.

표 1-4 물 분석의 한 예

	색도	pH	SS	COD	Ca^{2+}	Mg^{2+}	경도	Fe	Na^{+}	Cu	Cr^{6+}	Cl^{-}	SO_4^{-}
	도		(mg/ℓ)	(mg/ℓ)	(mg/ℓ)	(mg/ℓ)	도	(μg/ℓ)	(mg/ℓ)	(μg/ℓ)	(μg/ℓ)	(mg/ℓ)	(mg/ℓ)
수돗물	2 이하	7.1	1이하	0.71	61.6	17.2	225	12	30	4	1이하	91	44
우물물	2 이하	6.9	1이하	0.36	33.6	14.8	145	7	18	7	1이하	61	31

여기서, mg/l=ppm, $\mu g/l=ppm\times\frac{1}{1000}\ell$ = ppb

SS : 부유물질(suspended solid)

COD : 유기물에 의해 소비되는 산소량(화학적 산소소비량)

BOD : 미생물에 의해 소비되는 산소량(생물화학적 산소소비량)

표 1-4를 보면 우물물이 더 좋은 것은 이러한 좋은 물을 분석하게 된 까닭이며, 보통 우물물이 수돗물보다 나쁜 것은 사실이다.

1.4 전기의 기초

1. 기초지식

물질은 매우 작은 분자 또는 원자의 집합으로 되어 있으며 원자는 양전기(양자)를 가진 원자핵과 그 주위를 돌고 있는 음전기를 가진 몇 개의 전자로 구성되어 있고 이들 양자와 전자는 각각 같은 수를 가지고 있고, 원자핵은 몇 개의 양자와 중성자로 구성 되어 있다. 또 각 원자내의 양자수는 원자번호만큼 수를 가지고 있다.

양자는 양(+)전기, 전자는 음(−)전기를 가지고 있으므로 같은 종류의 전기는 반발하고 다른 종류의 전기를 끌어당기는 성질을 가지고 있다.

1) 전기의 작용

전기(류)는 화학작용, 열작용, 자기작용으로 구분 할 수 있는데 특히 전기를 이용하는 도금에 있어서는 화학작용이 중요하다.

① **화학작용** : 물질이 화합되거나 분해되는 화학적 변화를 일으키는 작용을 말한다.

② **열작용** : 전류가 전기저항이 있는 장소를 흐르면 열이 발생되는 작용으로 1초당 발열량은 전기저항과 전류의 제곱과의 곱에 비례한다.

③ **자기작용** : 전류가 그 주위에 자기장을 만드는 작용이다. 정상전류가 만드는 자기장은 암페어의 법칙으로 주어지는데, 예를 들면 긴 직선전류의 주위에는 전류를 중심축으로 하여 동심원모양으로 자기장이 생기며 세기는 중심축으로부터의 거리에 반비례한다.

가늘고 긴 솔레노이드에 전류가 흐르면, 내부에 솔레노이드의 길이에 평행하게 자기장이 생긴다.

2. 전류, 전압, 저항

① 전류

전위가 높은 곳에서 낮은 곳으로 전하가 연속적으로 이동하는 현상(전류의 흐름은 전자흐름의 역방향이다). 물이 높은 곳에서 낮은 곳으로 흐르듯이 전하는 전기적인 위치에너지가 높은 곳에서 낮은 곳으로 이동하는 것과 같은 현상을 말한다.

② 전압

전압 또는 전위차는 전기 또는 전자 회로에 있는 두 지점 간 전위의 차이로, 전기가 흐르게 하는 힘을 말한다.

③ 저항

전기회로의 일부 또는 회로 전체의 성질로 전류의 흐름을 방해하여 전기 에너지를 열에너지로 변환시키는 성질을 말한다.

3. 전력 및 전력량

1) 전력(Electric power)

전류가 단위 시간에 하는 일. 또는 단위 시간에 사용되는 에너지의 양. 값은 전압과 전류의 곱으로 나타낸다. 즉 사용하는 전기의 전압과 사용하고 있는 전기 기구류에 전류가 어느 정도만큼 흐르고 있는가를 다음의 식으로 구할 수 있다.

$$전력(W)=전압(V)\times 전류(I)$$

1HP=746W≒[3/4kW] 이다.

2) 전력량

전기에너지를 전력량이라 하며 전압V에서 전류I를 시간t(sec)동안 흘릴 때의 전력량 W는 다음과 같다.

W=V·I·t=P·t(J)즉 전력량은 전력에 시간을 곱한 것이다.

전력량의 단위로는 (J)보다는 (W·sec)를 사용한다. 그러나 실제적으로는 (Watt hour : Wh) 또는 킬로와트시(KWh)을 사용한다.

$$1[KWh] = 1\times10^3 Wh = 1\times10^3\times J/s \cdot h = 1\times10^3\times J/s \cdot 3600s$$
$$= 3.6\times10^6 J$$

여기서 $W = J \cdot s-1$(**표 1-7**참조)

$1\ J(줄) = 0.24cal$

(1) 전류, 전압 및 저항의 단위

전류, 전압 및 저항의 단위는 **표 1-5**와 같다.

표 1-5 전류, 전압, 저항, 전력의 단위

	기호	명칭	단위	비고
전류	I	암페어	A	$\frac{1}{1000}$A = mA(밀리암페어)
전압	E	볼트	V	$\frac{1}{1000}$V = mV(밀리볼트)
저항	R	옴	Ω	1×10^6MΩ(메가옴)
전력	p	와트	W	E×I

(2) 옴의 법칙

옴의 법칙은 전기회로 내의 전류, 전압, 저항 사이의 관계를 나타내는 매우 중요한 법칙이다.

전류의 세기는 두 점 사이의 전위차에 비례하고, 전기저항에 반비례한다는 법칙으로 전류, 전압 및 저항에 관계를 나타낸 것을 옴의 법칙(Ohm's law)이라고 한다. 즉

$$E = I \times R(\mathrm{V}),\quad I = \frac{E}{R}(\mathrm{A}),\quad R = \frac{E}{I}(\Omega)$$

(전압) (전류) (저항)

또한 도체의 저항은 도선의 길이에 비례하고, 그 단면적에 반비례한다. 따라서 철사, 구리선 등은 길이가 길수록 저항이 크고 굵을수록 저항이 작다. 이것을 식으로 나타내면 다음과 같다.

$$R = K \times \frac{l}{S}$$

여기서, R : 저항(Ω)

K : 길이 1m, 각 물질에 따라 고유의 값을 가진 굵기 $1\mathrm{mm}^2$의 저항값

l : 선의 길이

S : 선의 굵기(단면적; mm^2)

(3) 직렬접속과 병렬접속

전지 · 저항기 · 저항선 · 콘덴서 등을 세로로 연결하는 접속법을 직렬접속이라고 한다. 전지를 직렬로 접속하기 위해서는 각 전지의 +단자와 −단자를 순차적으로 연결해 가면 된다. 이 때 기전력의 총합은 각 전지의 기전력의 합으로 되어 큰 값으로 된다. 저항의 직렬접속은 극성이 없기 때문에 차례로 연결해가면 된다. 이 경우 저항의 총합은 각 저항의 합으로 표시되며 큰 값으로 된다.

직렬로 연결된 저항의 양단에 임의의 전압을 인가하면 모든 저항에 동일한 전류가 흐르고,

각 저항의 전압은 인가된 전압을 저항 크기의 비로 배분한 값으로 된다. 콘덴서의 직렬접속에서 정전용량의 총합은 각 콘덴서 정전용량의 어느 것보다 적은 값으로 되고 각 용량의 역수의 합과 같게 된다. 직렬로 접속된 콘덴서의 양단에 임의의 전압을 가하면 각 콘덴서의 전압은 인가한 전압을 콘덴서 용량의 역수의 비로 배분한 값으로 된다.

또 저항을 병렬로 연결했을 때는 각 선의 전류는 각 저항에 반비례로 흐르게 된다. 즉

$$\text{직렬인 경우} : R = R_1 + R_2 + R_3 + \cdots\cdots$$

$$\text{병렬인 경우} : \frac{1}{R} = \frac{1}{R_1} + \frac{1}{R_2} + \frac{1}{R_3} + \cdots\cdots$$

여기서, R : 전체의 저항값 R_1, R_2, R_3 : 각각의 저항값

따라서 직렬에서는 각 선에 동일한 전류 I가 흐르고, 병렬에서는 I_1, I_2, I_3 만큼씩 각각 분산되어 흐른다.

4. 도금 전기회로

(1) 전기회로

도금을 할 경우 전원에서 나온 전류는 도금조를 통하여 다시 전원으로 돌아온다. 이와 같이 전류가 한 바퀴 도는 길을 전기회로라고 한다.

도금의 전기회로는 다음과 같은 특징을 갖아야 한다.

① 전압은 낮아야 하며 전류는 많은 양이 흐를 수 있어야 한다.

② 전압과 전류의 조절이 용이하고 세밀하여야 한다.

③ 표면적의 차이가 있을 경우 이에 대한 세밀한 조절이 가능해야 한다.

④ 단순히 전류를 통하는 것이 아니라 도금 할 물건의 각 부분에 전류분포가 균일 하도록 통해야 한다.

도금의 회로는 다음과 같이 흐르게 되어 있다.

전원(電源) → 정류기 → 전로 → 부스바 → 걸이 → 도금액

(2) 부스바(Bus bar)

전원에서 나온 선로와 도금조의 +, - 극봉을 부스바라고 하며, 이것은 전원으로부터의 전압강하와 발열을 방지하기 위해서 충분한 굵기와 접촉 면적을 갖도록 해야 한다.

표 1-6는 구리선의 부스바의 안전전류(소정 전류에 대한 충분한 굵기)를 나타낸 것이다.

표 1-6 구리선의 안전 전류

전 류	구리선의 지름	
	mm	인치
200	12.5	1/2
300	15.6	5/8
450	19.05	6/8
600	22.22	7/8
800	25.4	1
1250	31.75	1·1/4
1800	37.50	1·1/2

(3) 누설전류(leakage current)

전선이나 전기기기에는 전류가 흐르고 있는 상태이기 때문에 직접 여기에 손이 접촉되면 감전이 되도 금속물체가 닿으면 쇼트(short)가 발생한다.

그러므로 이와 같은 위험성을 없애기 위해서 접촉부위에 절연물(부도체)로 피복을 해준다. 부도체란 전기가 전혀 흐르지 않는 것은 아니고 아주 미세하게 흐르는 것을 말한다. 이와 같은 절연물질이 가지고 있는 저항을 절연저항이라 하며 절연물질을 통하여 흐르는 전류를 누설전류라 한다.

(4) 걸이(rack)

걸이(랙크)는 전류를 충분히 흐르게 하도록 충분한 굵기로 하고 접촉면도 크게 해 주어야 한다. 또 금속 재료에 따라서 저항이 각각 다르므로, **표 1-7**과 같이 같은 전류에도 굵기를 다르게 해야 한다.

표 1-7 걸이에 흘릴 수 있는 전류값(A)

지름	선일 경우(A)					굵기	4각일 경우(A)				
지름	구리선	철선	알루미늄선	티타늄선	황동선	크기(mm)	구리	철	알루미늄	티타늄	황동
1.0	1.2	0.2	0.7	0.3	0.29	3×6	31	4	19	6	8
1.2	1.6	0.3	1.0	0.4	0.41	3×12.5	62	8	38	12	16
1.6	3.6	0.5	1.9	0.6	0.79	3×25	125	15	76	25	31
2.0	5.0	0.8	3.0	1.0	1.2	3×50	250	31	153	50	63
2.6	9.0	1.5	4.8	1.6	2.0	6×50	500	62	305	100	125
3.2	12.0	2.0	7.5	2.5	3.1	6×75	750	93	457	150	187
4.0	20.0	3.2	11.0	3.6	4.5	6×100	1000	124	610	200	250
						6×150	1500	186	915	300	375

① 걸이의 재료 : 구리, 황동, 스테인리스, 티타늄, 알루미늄 등을 사용하고 있다.

② 걸이의 설계에 따라 생산량과 품질에 큰 영향을 미치게 된다.

③ 균일한 전류가 흐를 수 있도록 설계해야 한다.

④ 걸이와 음극 브스바와의 접촉이 완전하지 못 할 경우 미 도금 및 도금 두께의 불균일이 발생된다. **그림 1-8**은 음극봉과 걸이의 모양을 나타냈다.

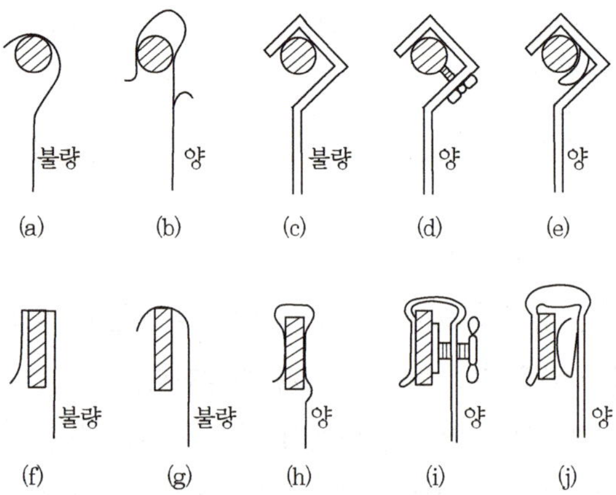

그림 1-8 걸이의모형

5. 직류와 교류

(1) 직류 및 교류

전지에서 전류가 흐르는 것과 같이 전류의 방향이 항상 동일한 전류를 직류(D·C)라 한다. 전지의 경우에는 전류의 크기가 항상 일정한 직류이나, **그림 1-9**에서 전등이나 라디오에 사용되는 전류는 교번전류(간단한 교류: A·C)라 한다. **그림 1-9(b), (c)**는 교류이며 +, −의 구별이 없고 +와 −가 교대로 규칙적으로 변하며, 1초 동안에 +, −가 서로 교대되는 횟수를 주파수 또는 사이클(cycle) 또는 헤르츠(Hz, hertz)라고 한다.

우리나라에서는 모든 교류가 60Hz이며, 외국에서는 50Hz를 사용하는 데도 있다.

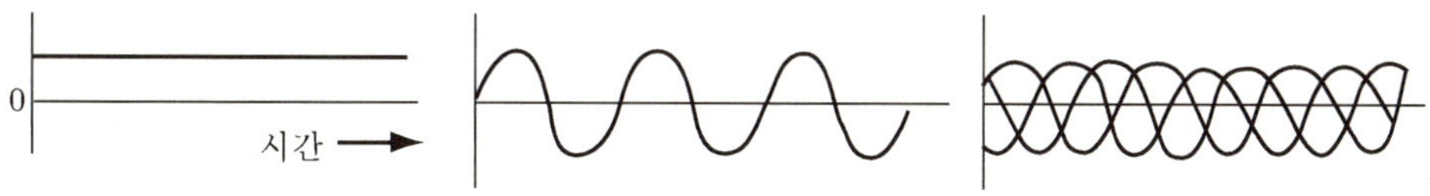

(a) 직류(전지)　　(b) 단상교류　　(c) 3상교류

그림 1-9 직류와 교류의 파형(별도 그림 사용)

(2) 전기 용어와 기호

전기 용어와 기호는 **표 1-8**과 같다.

표 1-8 전기 용어와 그 기호

양	의 미	기 호	단 위	단위의 기호	법칙 및 공식
전압	전위의 차 또는 전기의 세기	E, e	볼트 킬로볼트 밀리볼트	V kV mV	옴의 법칙 $E=IR$
전류	전기의 흐름 또는 전기의 크기	I, i	암페어 밀리암페어	A mA	옴의 법칙 $I=\frac{E}{R}$
저항	전기의 흐름을 방해하는 것	R, r	옴 메가옴(10^6) 마이크로옴(10^{-6})	Ω MΩ μΩ	$R=k\frac{l}{S}$ 직렬 $R=R_1+R_2+R_3+\cdots$ 병렬 $\frac{1}{R}=\frac{1}{R_1}+\frac{1}{R_2}+\frac{1}{R_3}+\cdots$
전류량	전기량이라고도 한다. 전류×시간	Q, q	쿨롬 암페어시 패러데이	C (coulomb) Ah F(faraday)	패러데이의 법칙 1Ah =3600C, $Q=It$ 1F=96,500C
전류밀도	단위면적에 통하는 전류의 크기	D_K, D_A C.D	암페어/평방 데시미터 암페어/평방피트	A/dm^2 A/ft^2 (asf)	$1A/dm^2=10.76ft^2 \fallingdotseq 10A/ft^2$
전력	단위시간의 전기의 양	P, p	와트 킬로와트	W ($J \cdot S^{-1}$) kW	HP는 마력의 단위 $P=EI=I^2R$ 1HP≒750W
전력량	전기의 일의 양, 전기 에너지의 양	W	줄 와트시 킬로와트시	J(joule) Wh (kWh)	$W=Pt=EIt=EQ=I^2Rt$, 1J=0.24W · S=0.24cal (주울의 법칙) $=0.24I^2Rt$

6. 정류기

주기적으로 양과 음 두 가지 방향으로 변화하는 교류전류를 한 쪽 방향으로만 갖는 직류전류로 변환시키는 소자나 장치이다. 정류기는 순방향 저항은 작고 역방향 저항은 충분히 커서 한쪽 방향으로만 전류를 통과시키는 정류 작용이 가능하다. 즉, 가해지는 전압의 방향에 따라 전류가 순조로이 잘 흐르는 순방향과 전류가 거의 흐르지 않는 역방향이 구별되는 특성을 말한다. 다이오드와 같은 소자 한 개로도 정류가 가능하지만 효과적인 정류를 위해서 보통 회로상에 여러 개의 소자를 특정하게 배열하여 사용한다.

도금용 정류기의 자동제어로서 사이리스터를 이용하여 자동 정전압, 자동 정전류밀도, 자동 극성반전(PR), 등의 방법이 있으며, 정류기의 냉각방식으로는 자냉, 강제풍냉, 유입자냉, 유입수냉, 직접수냉식 방법 등이 있다.

제 2 장 표면처리화학

2.1 전해질과 비전해질

설탕은 물에 잘 녹는 물질이다. 물에 넣으면 중성 상태의 분자 하나하나가 떨어져 나와 수용액 속을 돌아다닌다. 그런데 소금의 경우는 약간 다른 양상을 보인다. 소금 역시 물에 잘 녹는 물질이며 입자들이 수용액 속에 고루 퍼지게 되는데, 이때 소금은 Na^+ 입자와 Cl^- 입자의 형태로 이온화 된다. 즉 전하를 띤 이온들이 물 속에 녹아 있는 것이다. 물에 녹아 중성의 분자 상태로 존재하는 설탕과 달리, 소금처럼 물에 녹였을 때 해리되어 이온 상태로 존재하는 물질을 전해질(electrolyte)이라 한다. 반면 설탕처럼 물에 녹아 전류를 흐르게 하지 못하는 물질을 비전해질(non-electrolyte)이라 한다. 전해질 물질로는 NaCl, H_2SO_4, $AgNO_3$, NaOH 등이 있으며, 비전해질 물질로는 설탕, 알콜 등 이다. 염화나트륨이나 황산구리 같은 전해질은 수용액 중에서 그 일부분이 전기적 성질을 가진 원자 또는 원자단으로 대부분 전리된다.

$NaCl \rightleftharpoons Na^+ + Cl^-$	Na^+ 1가의 양이온, Cl^- 1가의 음이온
$CuSO_4 \rightleftharpoons Cu^{2+} + SO_4^{2-}$	Cu^{2+} 2가의 양이온, SO_4^{2-} 2가의 음이온

이와 같이 이온으로 분리되는 것을 전리(electrolytic dissociation)라고 한다. 산은 전리되어 H^+(수소이온)을 갖고 있으며, 알칼리는 전리되어 OH^-(수산이온)을 갖고 있으므로 각각 산성과 알칼리성을 나타내고 있다. 또한 거의 모든 염은 수용액 중에서 완전히 전리하며, 물 자체는 약간의 전리만을 한다.

전해질은 물에 녹아 전하를 띤 입자를 만들기 때문에 전류를 흐르게 할 수 있다. 전해질을 용매에 녹여 전해질 용액을 만든 후, 용액에 전극을 담그고 전원 장치를 연결하면 전류가 흐른다. 이때 양극에서 화학적 변화가 일어나 전기분해가 가능해진다. 예를 들어, 이온결합 물질인 염화구리는 물에 녹아 Cu^{2+}와 Cl^{-} 를 1:2의 비율로 만드는 전해질이다. 이때 용액에 전류를 통하게 하면 (-)극에서는 Cu가 전착되어지고, (+)극에서는 Cl_2 가스가 만들어지기 때문에 전해질은 전류를 이용해 분해할 수 있다. 그림 2-1은 전해질과 비전해질의 모형도이다.

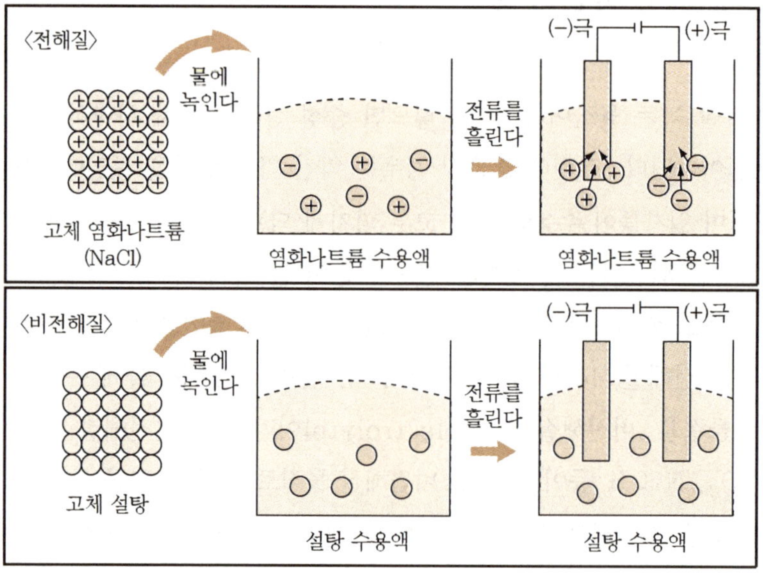

그림 2-1 전해질과 비전해질의 모형

2.2 패러데이(Faraday) 법칙

비이커에 각각 소금물, 질산은 수용액, 황산니켈 수용액을 넣고 전기를 통하면 양극과 음극에서는 아래와 같은 반응이 일어난다.

수용액	양극	음극
소금물 질산은 황산니켈	염소(Cl_2) 산소(O_2), 질산(HNO_3) 산소(O_2), 황산(H_2SO_4)	수소(H_2), 수산화나트륨(NaOH) 은(Ag) 니켈(Ni)

이들이 전기에 의해 석출되는 것을 보고 1833년 패러데이(Faraday)가 다음의 2가지 법칙을 발견했다.

1법칙 : 전해질수용액(도금액) 중에서 전극(음극)에 석출(도금)되는 물질(도금)의 양은 통과한 전기량(전류×시간)에 비례한다.

2법칙 : 전해질수용액(도금액) 중에서 일정한 전기량일 때 전극(음극)에서 석출(도금)되는 물질(도금)의 양은 이 물질의 화학당량(원자량/원자가)에 비례한다.

$$W = \frac{I * t * e_g}{F} (g)$$

W : 전극에 석출 또는 용해하는 물질의 질량 (g)
I : 전극과 전해액 계면을 통과하는 전류세기 (A)
t : 전류가 흐른 시간 (s)
e_q : 석출 또는 용해한 물질의 당량(표2-1 참조)
F : 패러데이 상수

즉 1화학당량(원자량/원자가)을 석출시키는데 필요한 전기량은 1패러데이(F; faraday)=96,500 쿨롬(C; coulomb)=26.8Ah이다. 1쿨롬은 1A의 전류를 1초 동안 통과시킨 전기량을 말한다. 따라서 1F에 의해서 석출되는 양은 H_2는 1g(묽은 산 중에서), O_2는 8g(묽은 산중에서), Cu는 31.8g($CuSo_4$ 수용액에서) Ni은 29.3g($CuSO_4$ 수용액에서), 은(Ag)은 1C의 전기량에 의해서 $\frac{107.88(\text{은의 분자량})}{96,500(\text{1F의 전기량})} = 0.001118$g을 석출한다. 그러나 도금에서는 1C에 의한 석출량이 너무 적으므로 1Ah를 사용하는 것이 편리하다. 이와 같이 임의의 물질이 1C 또는 1Ah의 전기량에 의해서 방전 또는 석출되는 이론적인 양(g수)을 전기화학 당량이라고 하며, 전기량의 단위에 따라 각각 mg/C, g/Ah, g/F의 단위를 쓰고 있다. **표 2-1** 각종 금속의 시간에 따른 화학당량을 나타낸 것이다.

표 2-1 각종 금속의 화학당량 값

원소	원자량	원자가	비중	mg/C	g/Ah	g/F
Cu	63.54	1(알칼리)	8.93	0.6585	2.373	63.54
Cu	63.54	2(산)	8.93	0.3293	1.186	31.77
Ni	58.71	2	8.9	0.3041	1.095	29.355
Cr	52.01	6	7.1	0.0899	0.324	8.67
Zn	65.38	2	7.13	0.3388	1.219	32.69

2.3 전류밀도와 전류효율

전류밀도(current density)는 단위면적에 흐르는 전류의 량을 말한다. 도금작업에서 편의 상 $1dm^2$의 면적에 대한 전류의 량을 나타내며, A/dm^2로 표시한다. 예를 들면 전류밀도 $1A/dm^2$ 의 의미는 $1dm^2$당 1A의 전류가 흐름을 의미한다. 따라서 전류밀도가 크면 같은 시간에도 두꺼운 도금이 된다. 양극과 음극의 면적이 다른 경우, 각 전류밀도는 다르다. 이때 음극전류밀도를 D_K, 양극전류밀도를 D_A로 표시한다. 일반적으로 전류밀도라 하면 D_K의 경우를 말한다.

전류효율(current efficiency)은 도금에 사용된 전류의 몇 %가 실제로 도금에 소비되었는가를 나타내는 것을 말하며, 음극전류효율을 E_{ff_c}, 양극전류효율을 E_{ff_a}로 표시한다.

음극전류효율은 음극에 석출된 도금량이 통과한 전기량(전류의 량), 즉 패러데이의 법칙에 따른 이론적 석출량의 몇 %인가를 나타내는 것으로 다음과 같다.

$$E_{ff_c}(\%) = \frac{\text{도금량(실제석출량)}}{\text{이론석출량}} \times 100$$

양극전류효율은 양극으로 부터 양극판이 용해되는 금속량이 통과한 전기량에 대한 이론 용해량의 몇 %인가를 나타내는 것이며 다음과 같다.

$$E_{ff_a}(\%) = \frac{\text{실제양극용해량}}{\text{이론용해량}} \times 100$$

이 두 효율 사이에는 다음과 같은 관계가 성립한다.

$E_{ff_c} = E_{ff_a}$ 오랜 시간 도금을 하여도 액의 금속분의 변화가 없다.

$E_{ff_c} > E_{ff_a}$ 양극 용해보다 도금량이 많으므로 액 속의 금속분이 점차 희박해진다. (예 니켈도금)

$E_{ff_c} < E_{ff_a}$ 음극에 석출(도금)량이 양극 용해보다 적으므로 액의 금속분이 점차 많아진다. (예 알칼리 아연도금)

표 2-2는 각종 도금별 음극 전류효율을 나타낸 것이다.

표 2-2 도금종류별 음극 전류효율 E_{ff_c}

도금액	E_{ff_c}
구리(산성)	95~100%
구리(알칼리)	50~60%
아연(산성)	95~100%
아연(알칼리)	70~80%
주석(알칼리)	60~100%
주석(산성)	100%
니켈	90~98%
은(알칼리)	100%
카드뮴(알칼리)	90%
크롬(Sargent액)	13%
크롬(플루오르 화물)	13~25%
Au(알칼리)	100%
Au(산성)	30~60%

2.4 분해전압과 과전압

분해전압(decomposition voltage)은 양 · 음 두 전극의 전극전위의 차 및 두 극 사이에 존재하는 전해질 용액의 전기저항에 기인한 전압강하의 합으로써 나타낼 수 있다. 전해 중의 전극전위는 전기화학반응으로 기인한 저항 때문에 평형전위의 값과는 다른 값을 나타내며, 이것을 편극전위라 한다. 편극전위와 평형전위의 차를 과전압이라 정의한다. 양 · 음 두 전극의 평형전위차를 열역학에 기초한 이론 분해전압이라 하며, **그림 2-2**와 같다. 이보다 큰 전압을 양극간에 가하지 않으면 전해반응이 일어나지 않는다. 과전압은 전극과 용액 계면에 존재하는 전기 2중층을 하전입자(전자 또는 이온)가 투과할 경우에 생기는 전하이동과전압과 전해 결과 전극 부근의 전해액 조성에 변화가 일어나 이것이 확산되기 때문에 생기는 확산전압, 이 밖에 화학반응 과전압 등으로 분류할 수 있다. 과전압과 통한 직류와의 사이에는 일반적으로 옴의 법칙이 성립되지 않는다.

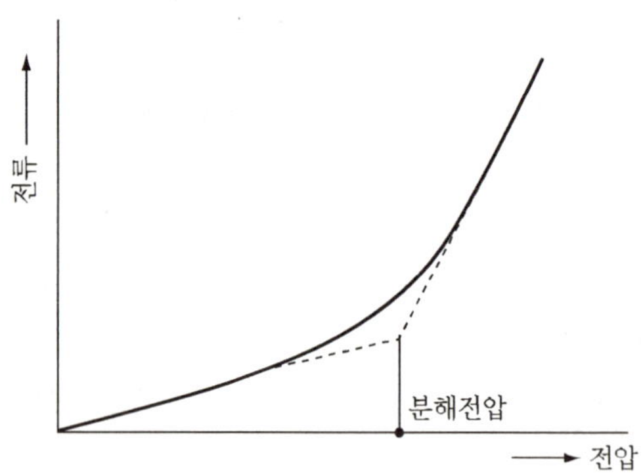

그림 2-2 분해전압

직류전원(정류기)으로 부터 나오는 전압을 전원전압이라고 한다. 그러나 전원으로 부터 전해조까지 오는 사이에 선저항, 접속저항 등에 의해서 전압이 강하되어 실제 도금액 중의 음극과 양극 간에 걸리는 전압은 전원전압보다 낮게 되는데, 이것을 조전압(bath voltage)이라고 한다. 조전압은 액저항, 음양극과 도금액과의 사이의 저항, 극판의 재질, 분해전압 등에 의해서 이 값이 정해지나, 이 저항값을 작게 하는 것이 같은 조전압에도 전류를 많이 흘릴 수 있다. 이 조전압은 각종 저항 등을 이겨 가며 소정의 전류를 흘리기 위해서 높여주는 것이며, 마치 물을 흘리기 위해서 물통을 높이 올리는 것과 같다. 이와 같이 전류가 많이 흐르도록 하려면 전압을 많이 높여야 한다. 실제로 전원전압보다 조전압을 중요시해야 한다.

어떤 금속을 그 금속염의 수용액 중에 넣으면 아연과 같은 금속은 용해되려고 하는 힘이 커서 액 중의 아연 농도가 상당히 크지 않은 한 계속 용해되어 간다. 이와 같이 전기를 통하지 않아도 용해되려고 하는 힘을 전리용압(금속을 그 금속염 수용액에 담글 때 금속이온으로 되어 녹아나오고자 하는 경향)이라 하며, 용해가 중단되고 평행 상태가 이루어졌을 때에 나타내는 전압을 단극전위(single electrode potential)라고 하며, 액 중의 금속이온의 양에 따라 이 전위(전압)가 달라진다. 다음은 각종 원소의 표준단극전위 값을 나타낸 것이다.

각종 원소의 표준단극전위 값

칼륨	K/K^{+}	-2.92	↑ 이온화경향이 큼
칼슘	Ca/Ca^{2+}	-2.81	
나트륨	Na/Na^{+}	-2.71	
알루미늄	Al/Al^{3+}	-1.66	
아연	Zn/Zn^{2+}	-1.69	
크롬	Cr/Cr^{3+}	-0.76	
철	Fe/Fe^{2+}	-0.50	
카드뮴	Cd/Cd^{2+}	-0.44	
니켈	Ni/Ni^{2+}	-0.40	
주석	Sn/Sn^{2+}	-0.23	
납	Pb/Pb^{2+}	-0.14	
		-0.12	
수소	H_2/H^{2+}	±0.00	
안티몬	Sb/Sb^{3+}	+0.10	
구리	Cu/Cu^{2+}	+0.34	
구리	Cu/Cu^{+}	+0.52	
은	Ag/Ag^{+}	+0.79	
납	Pb/Pb^{4+}	+0.8	
금	Au/Au^{3+}	+1.4	
금	Au/Au^{+}	+1.7	↓ 이온화경향이 작음

여기서 온도 25℃, 금속의 농도가 $1M/l$인 용액과의 전위를 표준단극전위(E_0)라 하며, 기준으로서 수소의 표준 전위를 0으로 정하고, 다른 전위와 비교해서 −에서 +까지의 순번을 정한 것을 이온화경향 이라고 한다. 황산구리 용액 내에 철편을 넣을 때, 이온화경향의 차에 의해서 다음과 같이 된다. $Fe \rightarrow Fe^{2+}$ 구리보다 이온화 경향이 크므로 용해되어 이온

이 된다. $Cu^{2+} \rightarrow Cu$이 철보다 이온화 경향이 작으므로 철편 상에 구리가 석출한다.

도금액 중에 전기를 흘려서 소정의 금속을 석출하게 하여 도금하려면, 전류밀도에서 말한 바와 같이 조전압을 걸어 주어야 하는데 얼마만큼 주어야 하는가를 알 필요가 있다. 이 전압은 도금액의 종류에 따라 다르다. 도금액에 0V에서 조금씩 전압을 올리면 처음에는 전류가 거의 흐르지 않으나, 어느 전압에 이르면 약간의 전압 상승으로도 급격히 전류가 많이 흐르기 시작하는 점이 나타나는데, 이점을 분해전압이라고 한다. 이 분해전압은 금속이나 금속염 수용액의 종류에 따라 다르며, 전극에 따라서도 다르다. 예를 들어 $NiSO_4$의 분해전압은 **표 2-3**과 같이 2.09V이다. 이것은 니켈 양극과 니켈도금 음극이 아니라 백금판으로서 양극을 사용할 경우 양극에는 산소가, 음극에는 니켈금속이 석출하는 데 필요한 전압이며, 이 전압으로서 백금 양극에 산소, 백금 음극에 니켈이 석출하는데 필요한 이론적인 최소 전압(전기분해, 즉, 양극·음극의 단극전위) E_r와 전해액의 전기저항을 이겨서 전류를 흘려야 할 전압 E_{ohm}과 저항 이외의 과전압 등에 의한 필요 전압 E_{ir}를 이겨나가야 비로소 전류가 흐르게 된다. 따라서 분해전압 E_z는 $E_z = E_r + E_{ohm} + E_{ir}$ 로서 나타내게 된다. 그러나 니켈 양극과 철, 황동 및 니켈 도금된 음극을 사용할 때는 물론 분해전압이 약간 다르다.

표 2-3 분해전압(1N액, 백금 양·음극판 사용)

전해액	분해전압(V)
시안화구리	1.5
황산니켈	2.09
염화니켈	1.85
황산아연	2.35
크롬산	2.8
황산구리	1.49
황산	1.67
가성소다	1.69
질산은	0.70

일반 도금에서는 분해전압 부근에서 도금하는 것이 좋다. 분해전압은 동일한 금속염 용액에 있어서도 전극의 재질, 전극면의 평활 상태, 온도, 전류밀도 등에 의해서 다르며, 이론적인 석출 최소 전압보다 크다. 이 전압의 차이를 과전압(over voltage)이라고 하며, 음극면의 수소 발생이 금속의 재질, 표면 상태 등에 의해서 석출 전압이 달라지는 것을 수소과전압이라고 하고, 양극면의 산소가 발행할 경우의 석출 전압 차이를 산소과전압이라고 한다. 과

전압은 전극면이 거칠수록, 온도가 높을수록, 또 전류밀도가 작을수록 작다.

반면, 고속도금에서는 이 분해전압보다 훨씬 높은 전압에서 도금하고 있으며, 이로 인하여 이온화 경향이 도금 금속보다 큰 것도 동시에 석출한다. 음극 부근의 도금액은 금속분이 감소되고, 수소의 발생이 많아져서 피트 발생이 일어나기 쉬워진다. 양호한 고속 도금층을 얻기 위해서는 도금액 중의 불순 금속 제거와 액 중에 양극 금속 용해촉진 성분(염화니켈 등)의 첨가가 필요하며, 양극 면적의 증대와 용해가 용이한 상태의 양극(예컨대 니켈의 경우는 전해 니켈판을 사용할 것이 아니고 디포울러라이즈드(depolarized) 니켈봉 또는 동전형의 S 니켈 등을 사용하거나 음극 진동, 공기 교반 및 피트 방지제 사용 등으로 액 관리를 적절히 하여 결함 없는 도금을 해야 한다.

2.5 전해석출

1. 음극에서 금속의 석출

금속염을 수용액에서 전해하면, 음극에서 여러 가지 변화가 일어난다. 그 중에서 이온화 경향이 작은 것일수록 환원하기 쉬우므로 우선적으로 석출한다. 특히 어떠한 수용액 중에도 수소이온(H^+)을 품고 있으므로 기체수소의 발생을 염두에 두고, 항상 H^+의 환원 석출과 금속의 환원반응과의 경쟁적인 입장에 서 있다는 것을 생각할 필요가 있다. 수소가 실제로 발생하는 환원전위를 e_{H_2}, 금속이 실제로 석출하는 전위를 e_M으로 하며 **그림 2-3**과 같다.

$e_M < e_{H_2}$ 경우, M(금속)만이 석출하며 H_2는 발생하지 않는다. 음극전류밀도가 어느 크기의 전류밀도에 달하면 음극 부근의 M이온 농도는 전혀 없게 되고, 확산해 오는 M이온만이 방전하여 석출되므로 전위(전압)를 높여도 방전에 필요한 일정한 전류 I_l만이 흐르게 된다. 이 때의 전류밀도를 한계전류밀도(limiting CD)라 하며, 이 전류밀도 이상으로 전류가 흐르게 되면 H_2의 발생전위가 되어 M과 동시에 H_2가 발생하면서 전류는 다시 상승한다.

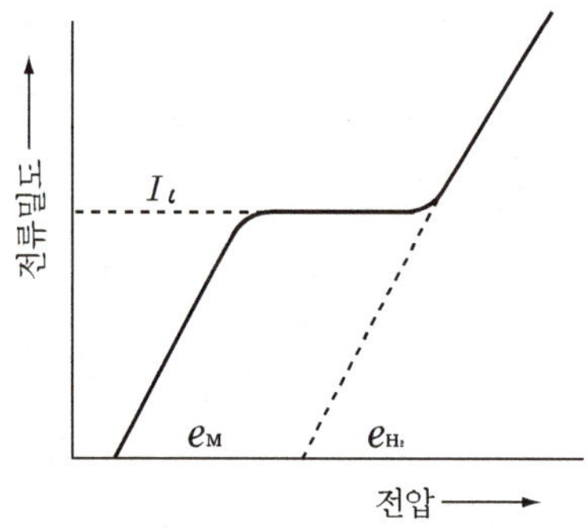

그림 2-3 한계전류밀도(I_l)

2. 전해조건과 석출금속의 성장

석출된 금속은 어느 것이나 결정격자를 형성하고 있으며 외관을 지배하는 요소는 주로 결정의 성장 속도와 새로운 결정핵의 생성 속도라고 할 수 잇다. 새로운 결정핵의 생성 속도를 빠르게 하는 전해조건을 택하면 전착결정의 미소입자로 구성된 미려한 외관을 가지며, 이미 존재하는 결정의 성장을 촉진시키는 전해 조건을 택하면 비교적 입자가 조잡한 외관적으로 나쁜 전착을 얻기 쉽다.

1) 음극전류밀도

저전류 밀도하에서는 이온의 방전이 서서히 진행되므로, 새로운 결정핵의 생성보다는 이미 존재하는 결정의 성장 속도를 빠르게 하며 비교적 조악한 결정으로 되기 쉽다. 전류밀도를 증가시키면 새로운 핵의 생성 속도를 증가시켜 전착결정은 미세하게 되는 경향이 있다. 한층 더 큰 전류밀도(용액농도에 비례해서)를 적용하면 음극에서 방전할 이온의 결핍이 생기므로, 용액의 농도가 큰 방향으로 향해서 결정이 발달하여 요철이 심한 또는 수소의 발생이 커서 새집같이 구멍이 많은 도금(핏트, pit)이 되기 쉽다.

2) 도금액 농도

도금액의 농도는 전류밀도와 상호 관계가 크고, 농도를 증가하든가 또는 액을 교반하면 비교적 큰 전류밀도를 적용시켜도 도금면은 조악하게 되거나 또는 암회색 다공성의 도금이 되는 것을 어느 정도까지 방지할 수가 있다.

3) 전해온도

온도를 높이면 정도 여하에 따라서는 서로 상반되는 두가지의 영향을 볼 수가 있다. 온도가 오르면 우선 확산이 가속되므로 비교적 큰 전류밀도를 적용해도 도금면은 미세입자가 되기 쉽고, 조악하거나 스폰지상의 석출을 방지하기 쉽다(이 때 도금액의 여과를 잘 해야 하며, 고온일수록 전류가 많이 흐르게 되고 고체부유물의 전착도 잘 되어 거친 면이 되기 쉽다). 한편 온도의 상승은 결정의 성장 속도를 크게 하므로 입자가 거칠게 될 경향도 크다. 또한 온도를 상승시키면 수소 과전압은 감소해서 기체의 발생과 이에 수반하여 금속의 염기성염이 생기는 속도가 커진다. 따라서 중간 정도의 온도까지는 처음에 말한 좋은 영향이 유력하나, 너무 온도가 높으면 나쁜 영향 쪽이 클 때가 많다.

4) 콜로이드물질 및 유기광택제의 영향

무기, 유기를 불문하고 극히 소량의 콜로이드 물질을 도금액에 첨가하면, 미세한 결정체의 도금을 얻을 때가 많다. 예를 들어 $0.05g/l$ 정도의 소량의 첨가물로 도금 상태가 현저히 변화할 때가 많다. 이러한 목적에 사용되는 것은 젤라틴, 한천, 펩톤, 아교, 고무, 라텍스, 카세인과 어떤 종류의 알칼로이드, 염료, 설탕 등이며, 도금되는 금속이나 도금액의 성질 여하에 따라서 특정 물질이 효력을 나타낸다. 그러나 이러한 콜로이드 물질은 과량의 첨가에 의해서 조악, 취약한 도금이 되어서 해로울 때가 많으므로 특히 첨가량에 주의를 해야 한다. 유기광택제는 용액의 표면장력을 저하시키는 계면활성제의 일종인 것이 많고, 따라서 이들 분자는 전극의 계면에 모이기 쉬우며, 이들이 결정핵의 선단에 흡착되어 전기절연으로 기존 결정의 성장을 방해하므로 방전이온이 새로운 핵을 만드는 속도를 빠르게 한다. 따라서 위의 콜로이드 물질은 결정입자의 미세화에만 도움이 되는데 반하여, 이것은 미세화와 평활성 있는 도금을 만들어 주고 있다. 따라서 이들 첨가물의 미량은 도금층에 함유되기 쉬우므로 연성이 작은 강한 도금이 되기 쉽다.

5) 전해질의 영향

전해질(도금액)을 구성하는 음이온의 성질 여하에 좌우되는 수가 많은데, 예를 들면 질산납 용액으로부터의 도금은 대단히 조악하나 붕소플루오르화납, 규소플루오르화납 또는 술파민산납 용액으로부터는 치밀하고 평활한 도금층을 얻기 쉽다. 또한 용액 내에 있는 금속의 원자가 상태 여하에도 큰 영향을 준다. 예를 들면 SnO_3^{2-} 용액으로부터는 평활한 전착물(도금층)을 얻기 쉬우나, Sn^{2+} 용액으로부터 얻은 것은 비교적 거칠게 되기 쉽다. 착이온 용액을 사용할 때는 일반적으로 평활 치밀한 전착을 얻기 쉽다는 것은 극히 중요한 사실이다. $AgNO_3$ 용액, 즉 Ag^+ 이온으로부터 얻어지는 도금은 극히 조잡하게 되기 쉬우나, 시안화물의 착이온 용액 즉 $Ag(CN)_2^-$ 이온으로부터는 평활 치밀한 것을 얻을 수가 있다.

6) 소지금속의 영향

비교적 두꺼운 도금일 경우에는 소지의 영향을 받는 수가 적으므로, 극히 얇은 층에 대해서는 이 영향을 무시할 수가 없다. 적어도 가장 초기의 도금층에 대해서는 결정 배열의 방향은 소지금속 결정배열의 연장으로 볼 수 있을 때가 많다.

7) 부동태

도금액 중에서 분해전압에 달하게 되면 양극에 산소가 발생하게 되며, 양극 표면에 안정된 산화물층이 생기게 되어 양극은 불용성으로 되기 쉽다. 또한 도금액의 한 성분이 결정되는 수도 있다. 이러한 불활성 상태를 부동태(passivity)라고 한다. **그림 2-4**은 이 부동태에서의 조전압-전기류변화곡선을 나타낸 것이다. 니켈양극판에서 부동태가 생길 때의 전기곡선. 부동태에서의 도금을 할 때는 양극판이 전류에 의해 용해되지 않고 액의 화학 반응에만 용해되므로 양극 용해의 전류효율은 극히 나쁘며, 도금은 거의 액 내의 금속분의 소모에 의해서만 생긴다. 따라서 도금을 할 때는 양극의 부동태에 주의를 해야 한다.

부동태 피막은 얇고 부서지기 쉽기 때문에 피막의 파괴로 인해 공식(pitting), 틈부식(crevice corrosion), 응력부식균열(SCC, stress corrosion cracking) 등의 예기치 못한 국부 부식이 야기될 수 있다.

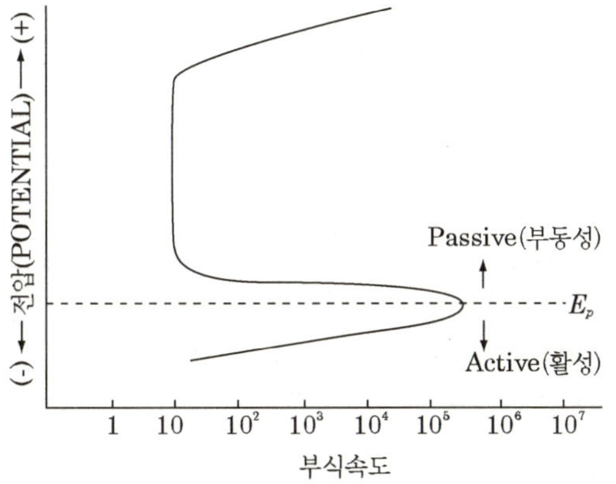

그림 2-4 부동태 금속의 양극분극곡선

제 3 장 연마 및 도금의 전, 후처리

3.1 연마

도금을 위한 연마법으로서는 전해연마, 화학연마, 그라인더 연마, 래핑(lapping), 샌드 블라스트(sand blast), 쇼트 블라스트(shot blast), 액체 호우닝(liquid honing), 버프 연마, 벨트 연마, 배럴연마 등이 있다. 그러나 가장 많이 사용되는 것은 버프연마와 배럴연마이다.

1. 연마할 때 받는 작용

1) 금속표면을 연마할 때의 작용

(1) 연삭작용

연마작용의 가장 중요한 작용이며, 여기서는 대단히 작은 깊이로 깎이므로 마모의 현상에 가깝다.

(2) 소성변형

금속 가공에서의 인발 및 압연과 동일한 작용을 말하며 볼록 부분을 눌러 없애거나 구부리는 작용을 하게 되는데, 결과적으로 면은 평활하게 된다.

(3) 용융

연마 때에 버프와 접촉되는 면적은 극히 작으므로, 이의 접촉부분에 큰 압력이 가해지고 작은 부분에 마찰열이 집중하며, 국부적으로 고온 상태가 되어 금속이 용해한다. 이 결과 오목 부분에 금속이 흘러 들어가 평활한 면이 된다.

이상의 세가지 작용 외에도 기계적 연마를 할 때에는 화학적으로 또한 유체적으로 제거 작용이 생긴다고 한다.

2) 연마된 금속면

연마를 한 금속표면은 결과적으로 금속 특유의 결정면이 아니고 다음과 같은 상태로 되어 있다.

(1) 더러움

단순히 금속표면에 부착되어 있는 이물질을 말하며, 금강사의 입자, 연마분, 유지 등이다. 이들을 제거하는 데는 의외로 간단하지가 않다.

(2) 흡착층

금속은 공기 중에서 산소, 기타 각종의 가스를 흡착하며, 연마할 때는 연마제의 유지가 흡착된다.

(3) 화합물의 층

연마면에는 주로 산화물과 유지 화합물이 있으며, 흡착층이 산화해서 형성된 것으로 생각된다. 상온에 있어서의 산화물의 두께에 비해 기계적 연마를 한 후의 산화층의 두께는 약 10배로 되며, 수백 Å에 달한다. 니켈·크롬·은·백금 등은 지방산과는 작용하지 않으나, 철·구리·알루미늄·아연·카드뮴 등은 용이하게 유지 화합물이 생성된다.

(4) 이물질의 매몰

매몰 물질로는 금강사, 연마분, 산화물 등이 있으나 특히 연마재가 표피 밑에 매몰된다. 이 매몰 현상은 연하고 유동하기 쉬운 금속일수록 심하다.

(5) 금속의 변질층(Beilby layer)

연마에 의해서 금속의 볼록 부분이 녹아서 과냉각상태로 되어 있는 비정질층을 말한다. 또한 기계적 연마에서 생긴 금속분이 오목 부분에 견고하게 매몰되어 금속표면이 광택이 생긴 층이 외견상으로는 완전한 금속표면으로 보이게 되나 이것도 역시 베일비층(Beilby layer)이라 불리고 있다.

2. 버프연마

버프연마 가공이란 개략적으로 표현하면, 연마재의 보존체로서 포, 피혁 등의 유연성 재료를 기본재료로 한 버프를 이용, 그 바깥면에 연마제를 접착제로 고정하던가, 회전 버프 표면에 유리상태의 연마재를 적당한 매체에 의해 일시적으로 보존시킨 것을 버프의 연마 공구로하는 기능을 부여해, 고속도로 회전하는 버프와 가공물과의 사이에 작용하는 압력에 의해 금속, 비금속의 표면을 기계적으로 가공하는 방법이다. 버프연마는 주로 도금면에 우수한 광택을 주는 경면연마를 하는 데 이용되고 있다. 그러나 때로는 무광택 새틴연마(satin finish; 서리면)나 귀(burr)를 따내는 목적으로 하는 경우도 있다.

1) 버프연마의 전처리

도금할 소재의 표면에는 그리이스, 기계유, 방청유 등의 유지와 산화물이 부착되어 있다. 이것들이 부착된 소재를 연마하면 연마 능률이 저하되며 버프 류를 손상시키므로 연마 전에 제거할 필요가 있다.

(1) 탈지

소재에 부착된 유지를 제거하는 데는 도금용 탈지 액의 폐액을 이용하는 것이 가장 좋다. 특히 연마 전에 저장할 시간적 여유가 있을 경우에는 장시간 탈지 액 중에 담가 놓는 것이 유리하다. 일반적으로 연마전의 탈지는 완전을 기할 필요가 없고, 다만 에머리 버프(emery buff)의 눈을 메우거나 버프를 더럽히지 않을 정도이면 된다.

(2) 산화물의 제거

연마 전에 녹을 제거하려면 상온의 묽은 산에 담그면 좋으며 때에 따라서는 12~24시간 산 중에 방치한다. 이유는 소지를 거칠게 하지 않고 연마 작업에 지장이 생기지 않을 정도로 녹이나, 스케일(scale)을 제거하는 것이다. 그러므로 금속에 따라 처리 방법, 처리시간을 변경할 때가 많다. 특히 철강의 흑피는 완전히 제거하지 않으면 연마 능률이 대단히 저하된다.

2) 버프의 종류

버프란 연마재 또는 버프연마제의 보존체로서, 회전운동을 하는 축에 대칭하는 포, 피혁 등의 유연성 재료로 구성되어진 연마용 공구이고, 성질, 용도에 따라 구별되며 여러 종류의 버프를 간단히 분류하는 것은 상당히 어렵지만, 버프의 종류와 그 특성을 이해하는데 고려해야 할 사항(분류요소)은 다음과 같다.

(1) 구성양식 (형태적 특징)

(2) 사용재료 (기본재료)

(3) 바느질 방식 (봉재한 방식)

(4) 처리법 (기본재료 처리법)

버프에는 잘 알려져 있는 것으로는 거친연마(polishing)용 폴리싱 휠(polishing wheel–에메리 버프, 철 버프, 페퍼 버프 등으로도 불린다), 중연마(cutting down)용 봉제 버프, 마무리 연마(coloring)용 광택 버프 등이 있지만, 최근에는 거친연마 공정의 자동화에 편리한 연마포 이차제품인 프랩-휠(flap wheel–방사날개연마 휠) 이 적지 않게 사용되고 있고, 또 각종 특징을 갖고 있는 새로운 버프가 광범위하게 사용되고 있다.

버프 몸체를 구성하는 기본 재료로서는 각종 유연성 재료가 사용되는데, 가장 많이 사용되는 것은 선포이며, 그 다음에는 사이잘마, 기타 벨트, 피혁 순이다. 기본재의 유연성은 버프의 단단하고 연한 정도(버프의 강성, 탄성)에 직접적으로 관계하며, 또 기본재료의 흡수성과 같은 특성은 접착성 또는 접착제와의 친화성 혹은 버프연마제의 유지성능 등의 특성에 관계한다.

(1) 에머리 버프(거친 연마용)

일명 페이퍼 버프(paper buff)라고도 하며, 거친 연마는 면을 깎는 데 사용하는 버프로서 광택연마(마무림 버프)와는 별실에서 작업하는 것이 이상적이다.

에머리(금강사) 외에 접착제로서는 아교와 합성접착제가 있다. 합성접착제는 규산나트륨을 주체로 하여 합성한 것이며, 아교에 비해 각각 일장일단이 있다. 아교는 부패하기 쉽고 취급하기에는 힘들지만, 합성한 시멘트에 비해 표면단성이 크고 연마분이 가공물 안에 파고들어가는 층이 얕으며, 연마열에 의해서 연화하기 쉬우므로 150메시 이상의 작은 에머리(금강사)에 적합하다고 한다. 아교는 부패하므로 매일 사용량만큼만 용해하든가, 겨울철을 제외하고는 적당한 방부제를 첨가 건조한 후 발라 둔다. 분말 아교는 용해하는 데 1~2시간, 덩어리의 것은 6~8시간을 요한다. 아교를 냉수에 2시간 정도 담근 다음, 물통으로 이중탕으로 하여 60~66℃에서 용해시킨다. 이 온도를 넘으면 점착력이 약해진다. 시멘트는 표면탄성이 작고 연마열로 오히려 굳어지므로 180메시 이하의 굵은 입도에 적합하며, 점착력이 강해서 장시간 사용할 수 있다.

또 에머리를 바르기 전에 에머리나 버프를 40℃정도에서 예열하면 아교가 급속히 냉각하지 않고 버프에 잘 침투한다. 에머리에 대한 침투력을 향상시키고 완전히 교착하게 하여 에머리의 손실을 감소시키는 방법으로는, 에머리를 미리 계면활성제가 들어 있는 물로 씻어서 건조한 다음 아교칠을 하도록 하면 좋다. 도포 후의 건조 온도는 60℃, 습도는 30%로서 4~6시간 건조하는 것이 가장 좋으며 적외선 건조도 좋다.

또 건조한 페이퍼 버프는 사용전에 표면탄성을 크게 하고 에머리의 뾰족한 모를 없애기 위해서 목액시 때벗기는 돌 같은 연한 돌이나 철 파이프 등으로 연마, 조정(크래킹, cracking)한다. 일반적으로 철장 소지 연마용 에머리로는 90→120→180→250→320 메시(mesh)의 순으로 연마하나, 소지금속의 경도에 따라 이 공정을 가감할 수도 있다.

(2) 중 연마용 버프

중연마의 역할은 거친 연마의 연마흠을 완전히 없애는 데 있다. 거친 연마를 할 때에도 버프 목을 정연하게 할 필요가 있으나, 중연마일수록 이것이 더 중요해진다. 버프의 목이 정연하면 연마 면이 보기에는 거슬리지 않으나 목이 불규칙하고 서로 엉킨 눈일 경우에는 연마 면이 보기 싫어지고 흠의 원인이 된다. 또 버프의 표면 속도가 작으면 정연하게 버프를 대도 목이 엉클어지기 쉽다.

유성 연마재를 오래 버프에 눌러서 많이 묻히면 흩어져 없어질 따름이므로 조금씩 횟수를 많이 해서 사용하는 것이 효과적이다. 외국에서는 자동 보급장치 또는 액체로써 자동 보급하는 방법도 사용하고 있다.

버프로서는 연마 능력을 크게 하기 위해서 핑거(finger)형이나 바이어스(bias; 섬유에 대해 45° 각도로 자른 긴 천을 원형 금속 안에 돌려 끼운 것으로 바깥쪽은 주름이 생긴다)버프로서, 중간에 공간이 있어 바람이 일어나 냉각작용을 겸한 것이 있고, 연마 속도도 크고 통풍에 의해 냉각도 하게 한 것이다.

(3) 광택 연마용 버프

사이잘마 포를 Bias cut한 선포의 사이에 가위로 잘라, 12mm정도의 간극으로 적당히 제봉하여, 느슨한 주름을 만든오픈 바이어스 사이잘 버프(Open Bias Sisal Buff)가 주로 사용되며 스테인레스강, 알루미늄등의 중간연마와 마무리연마를 동시에 행하는 경우 또는 탄력성을 증가시켜 주는 동시에 연마할 면을 깎지 않고 광택을 증가시켜 주도록 하고 있다.

3) 연마재

버프연마제(buffing compounds, polishing compounds)란 정의 그대로 버프연마에 사용하는 연마제이며, 비교적 미세한 분말의 연마재를 주성분으로 사용하며, 이것과 유지분 기타 적당한 성분으로 된 매체를 균일하게 혼합한 연마용 조성물의 총칭이다. 버프연마제의 종류는 다종다양하며, 여러 관점에서 그것들을 분류할 수 있지만, 상온에서 특징적인 성상 또는 조성으로 다음과 같이 분류 할 수 있다.

① 봉상 버프 연마재 (고형 버프 연마재)

유지성 버프 연마재

비유지성버프 연마재

② 액상버프 연마재

에멀전형버프 연마재

액상유, 유지성버프 연마재

비유지성 버프 연마재

(1) 유지성 봉상 버프 연마재

가장 일반적인 버프연마제로서 오래 전부터 협의적인 버프연마, 즉 중 연마 다듬질 공정, 소위 유성연마 공정에 사용되고 있다. 이 종류의 것은 스테아린 산, 경화유, 우지(牛脂), 파라핀, 목랍 등 상온 또는 인체의 체온에 안정한 40~60℃ 정도의 융점을 가진 유지와 연마재로 융합해서 봉상장으로 만든 것이다. 필요하다면 금속비누, 계면활성제 등을 적당히 배합하여, 이것을 가열 용융해서 연마재(알루미나, 산화크롬, 산화철, 트리폴리 등)와 균일하게 혼합반죽해서 그 유동상태를 나타내는 조성물을 형틀에 넣어 냉각 고형화시켜 봉상으로 성형해서 제조된다. 사용할 때에는 회전 버프면에 봉상버프연마제를 압착해서 마찰열로 인해서 필요량을 용융시켜 버프면에 도포해서 사용한다.

일반적으로 사용되는 유지성 연마재의 성질을 보면 다음과 같다.

① 트리폴리(Tripoli)

중연마용에 주로 사용되며, 성분은 50% 이상이 무성규산이며, 규석분을 주로 사용한다. 가장 많이 사용되는 것이며, 모든 금속의 소지연마에 사용되고 있다. 비철금속의 연마에는 유지가 적은 것이 사용된다.

② 크로카스(Crocus)

Fe_2O_3의 조성의 연마재이며, 황산철을 태워서 만든다. 보통 금속연마재로서 가장 값이 싼 것이며, 널리 사용되고 있다. 연질 금속에 대해 충분한 연마력이 있다.

③ 매치레스(Vienna lime)

광택연마용이며 광택니켈 이전에는 니켈 연마재로서 많이 사용하던 것이다. 천연돌로마이트(백운석) 광석을 태워서 만든 산화마그네슘과 산화칼슘의 혼합물이다. 이것은 습기를 흡수해서 풍화하는 결점이 있으나, 미분알루미나 또는 산화철을 혼합해서 이 결점을 방지하고 있다.

④ 청봉

그리인 루우지(green rouge)라고도 하며, 광택연마의 왕좌를 점하고 있다. 산화크롬을 원료로 하고 있다. 산화크롬은 입도가 적으며, 경도가 높고 버프를 하면 미분말이 연마면에 남아서 청색으로 미려하게 보이는 효과가 있다.

⑤ 적봉(Rouge)

크로카스와는 다르며, 화학적 제법에 의해 순수한 Fe_2O_3를 원료로 해서 금, 은의 광택연마재로 사용되고 있다. 연마면은 청봉과 동일한 이유로 적색이 비친다.

⑥ 백봉

산화알루미나를 원료로 한 알루미늄, 스테인레스의 광택 연마재와 산성백토를 원료로 한 비금속용이었다.

⑦ 흑봉

카아본 블랙(carbon black)을 주원료로 하여 베이클라이트, 경질고무, 플라스틱의 연마에 사용되고 있다.

(2) 비유지성 봉상 버프 연마재

비유지성 연마제, 구리이스, 콤파운드 혹은 광택소거 연마제라고도 불려지고 있는 것이 이 종류의 버프연마제이며, 세립도 연마제(용융 알루미나, 탄화규소)를 사용하며, 주로 광택

소거 다듬질(satin finishing)을 목적으로 한 것과, 비교적 조립도 연마재(용융 알루미나, 에머리)를 사용하여, 초벌연마 공정의 일부에 사용되는 것이 있다.

이 종류의 것은 연마재와 수용성 접착제 및 물을 주성분으로 한 것이며, 사용할 때에는 밀봉을 열고, 먼저 유지성인 것과 같이 회전 버프 면에 도포해서 사용하는데 단시간 버프를 공회전하여 버프연마제의 도포 층이 고착화, 안정화됨을 기다려 작업을 한다.

(3) 에멀젼형 액상 버프연마재

액상 버프연마제로서 대표적인 것이다. 이 종류는 지방산, 경화유등의 유지류와 물 및 유화제를 적당히 배합하여, 수중유적(水中油摘-물중에서 발췌한 것) 형의 에멀젼을 형성시키게 하여, 이것에 연마재를 균일하게 분산시킨 비교적 점도가 높은 조성물이며, 그 점도는 종류에 따라 다르지만, 보통 15,000-90,000cP(블록필드형 점도계로 20rpm인 때의 값의 범위이다. 에멀젼형 액상 버프연마제는 통상 환경 하에서 극히 안정하고 함유된 수분은 분사총으로 회전 버프면에 분사도포하는데 적당한 성상을 부여하기 위해서 필요함과 동시에 냉가효과도 기대할 수 있는 것이며, 수분을 제거하면 매체성질은 재래 유지성 봉상 버프연마제와 본질적인 차이는 없다.

3. 배럴연마

배럴연마는 배럴(barrel; 통) 안에 가공물, 컴파운드, 연마재, 물 등을 넣고 회전하여 장입물 상호간의 충돌, 마찰 등에 의해 서로 때리고, 깎고, 닦는 작용을 하여 모가 없어지고 표면층이 깎이고 닦여서 광이 나게 하는 방법을 말한다.

배럴연마는 물품 이외의 장입물이 유무에 따라 자기연마(상호마찰)와 돌(stone)연마로 분류하고, 수용액의 유무에 따라 습식과 건식으로 분류하며, 배럴의 형식에 의해서 수평식·경사식·침지식으로 분류한다. 또 작업 방법에 의해서 연마 작업과 광택 작업의 두 종류가 있다.

배럴연마는 소형 제품을 한꺼번에 대량 연마하는 데 유리하다. 또한 경비가 적게 들어 원가가 절감되는 이외에 제품의 완성도가 균일하다는 잇점이 있다.

1) 배럴의 회전수와 원주속도

배럴연마에서 배럴의 최적 회전수는 물체와 매체가 항상 접촉하고 있는 경우의 회전수이다. 이 회전수는 미끄러지는 층과 관계가 있으며, 미끄러지는 층의 차이를 회전수 20, 30, 40rpm에 따라 다르다. 이와 같이 중요한 회전수는 가공물의 형태, 크기, 소지금속의 종류, 연마 전의 조도, 연삭의 정도, 끝마무림 정도, 끝마무림 가공의 목적, 배럴의 지름, 매체의 종류 및 크기에 의해서 결정된다.

광택 마무림의 경우에는 15~20rpm, 연마의 경우에는 30~40rpm으로 행하는 것이 좋다고 한다. 더 정확히 말하면 배럴을 원주속도로 결정해야 한다. 일반적으로 권하고 싶은 배럴의 원주 속도는 30~60m/min이고, 이 원주 속도를 일정한 값으로 정했을 때 배럴의 지름이 크면 회전수는 적고, 지름이 작으면 회전수를 많게 해야 한다. 지름과 회전수에 의한 원주속도는 **표 3-1**에 나타내었다.

표 3-1 배럴의 지름과 회전수에 의한 원주 속도

회전수 \ 지름	15	20	25	30	35	40	45	50	55
	원주속도(m/min)								
cm	m	m	m	m	m	m	m	m	m
20	9.4	12.5	15.7	18.8	22.0	25.1	28.2	31.4	34.5
30	14.1	18.8	23.5	28.2	33.0	37.6	42.4	47.1	51.8
40	18.8	25.1	31.4	37.6	44.0	50.2	56.2	62.8	69.0
50	23.5	31.4	39.2	47.1	55.0	62.8	70.6	78.5	89.3
60	28.2	37.6	47.1	56.1	65.9	75.3	84.7	94.2	104
70	33.0	43.9	54.9	65.9	76.9	87.9	98.9	110	121
80	37.6	50.2	62.8	75.3	87.9	100	113	126	138
90	42.3	56.5	70.6	84.7	98.9	113	127	141	155
100	47.1	62.8	78.5	94.2	110	126	141	157	173
120	56.5	75.3	94.2	113	132	151	170	188	207
140	65.9	87.9	100.0	132	154	176	198	220	242
160	75.3	100	126.0	151	176	201	226	251	276

또 지름이 작을 때 일정한 원주속도를 갖게 하기 위해 회전수를 많게 하면, 원심력의 작용에 의해서 물품과 매체가 분리해서 연마가 되지 않으므로 원주 속도에 의해서만 결정할 수도 없다. 일반적으로 연질금속의 경우에, 물품의 형체가 클 때, 매체가 클 때, 또한 물품의경도가 높을 경우에 큰 연삭을 필요로 하지 않을 때의 원주 속도는 작게 하는 것이 바람직하다.

2) 장입량

배럴 내에 장입하는 물체의 양은 용적 %로 나타낸다. 20% 부근과 50% 부근에서 연마량이 극대값을 이루며, 광택과 평활도가 가장 큰 것은 60% 부근이다. 따라서 배럴 내의 장입량은 50~60%를 넣는 것을 상식으로 하고 있다. 물품의 형태에따라서 변형 또는 파손의 우려가 있을 때는 물품에 비해 첨가물, 매체 등의 비율을 크게 해서 물체 자체의 충돌을 피하게 하고, 이들을 배럴 내에 가득 채워 첨가물로서 연마하게 하는 것이 가장 좋은 방법일 때가 있으며, 이러한 때는 배럴의 회전수를 낮추고 시간을 연장하는 것이 좋다.

3) 배럴에 첨가하는 컴파운드와 수위

배럴 내에 액체를 넣으면 다음과 같은 효과가 있다.

(1) 장입된 물체와 물체 및 배럴벽과의 사이의 마찰에 대한 완충작용

(2) 미끄러짐과 혼합운동에 있어서의 작용

(3) 장입 물체의 표면을 항상 깨끗하게 보유해 주는 청정작용

(4) 작업 후의 세척을 용이하게 해주는 작용

따라서 물만을 많이 넣어도 완충작용은 증대하지만, 특수한 약품(컴파운드)을 가함으로써 이 효과가 한층 증대한다. 컴파운드를 대별하면 다음과 같은 세 종류로 나눌 수 있다.

첫 번째로 산성 컴파운드는 녹을 제거하는 목적으로 각종 산이 주체로 되어 있고, 두 번째로 알칼리성 컴파운드는 시안화소다·가성소다·인산소다·아질산소다 등을 사용하며 방청과 광택을 목적으로 한다. 세 번째로 비누형 컴파운드는 저급지방산의 나트륨 비누가 주체로 되어 있어 광택 효과를 높이고 있다. 컴파운드는 0.5~2%의 농도 범위에서 사용되고 있다.

산성 컴파운드의 예로서는 염산, 황산을 주로 사용하고, 알칼리성 컴파운드로서는 아질산소다와 인산소다 80%의 혼합물을, 또 광택과 연마를 목적으로 한 컴파운드의 예로서는 알칼리성 컴파운드에 저급지방산을 주성분으로 한 비누를 배합한 것이 있다.

광택 완성을 목적으로 한 비누형 컴파운드의 예로는 스테아린산소다를 주성분으로 한 비누의 약 20%용액이 좋다. 또한 연질 금속의 컴파운드의 예로서 연삭, 연마를 목적으로 한 것은 방창제를 사용하면 좋고 구리, 황동, 듀랄루민 등의 광택을 목적으로 할 때는 스테아린산소다를 주성분으로 한 비누 0.4~0.8%를 넣는 것이 좋다.

4) 매체(media)

메디어란 가공물과 함께 배럴내에 장입하여 연마작용을 함과 동시에 가공물 상호간의 부딪치는 것을 방지하는 물질을 말하며, 배럴연마 작업에 있어 중요한 역할을 한다. 메디어는 금속형, 규석, 모래, 화강암, 자갈 등이 이용되며, 메디어의 크기는 연삭, 연마, 광택완성 등의 연마의 목적에 따라 적당한 크기가 사용되며 가공물의 종류와 형상에 따라 선택되어야 한다.

동일한 조건의 배럴 마무리에서는 형태가 큰 메디어는 작은 메디어 보다 접촉되는 점이 적고 하중 및 절삭력이 커진다. 따라서 너무 큰 메디어를 사용하면 다듬질 되는 정도가 나빠지게 된다. 작은 메디어는 절삭력은 떨어지지만, 구석 부분까지 균일하게 다듬질 된다. 그러나 때로는 절삭력이 부족할 뿐만 아니라 가공물끼리 서로 접촉이 심하게 일어나 가공물의 변형이 올 수도 있다. 메디어의 종류에는 인조석, 천연석, 금속재질, 유리재질 및 유기매체 등이 있으며, 인조석및 천연석이 주로 사용되고 있다. 그 크기는 1mm-50mm이며, 형상으로는 삼각형, 구형, 핀형, 계란형 등이 있다

(1) 연마용 돌

연마용 돌의 크기는 연삭, 연마, 광택 완성 등의 연마의 목적에 적당한 크기와 모양이 사용되며, 가공물의 종류에 따라서 적당한 돌을 선택해야 한다. 인조매체로서는 괴상과 3각형의 것이 있으며, 재질은 산화알루미늄, 탄화규소, 플라스틱 등으로 혼합하여 만들어진다.

(2) 금속매체(금속보올과 이형쇼트(burnishing shot)

산업체에서 쓰이는 각종 형체의 금속 보올 및 이형쇼트가 있는데, 이들의 연마 작업 때의 연마 역할은 물건의 형체에 따라서 다르나 일반적으로 금속 보올과 이형쇼트의 배합 비율은 금속 보올이 75~90%, 이형쇼트는 10~25%가 사용된다. 보올로 연마할 때는 광택이 있는 금속 보올을 사용해야 광택이 생기므로 보올의 저장에는 주의를 해야 한다.

6) 컴파운드(Compound)

컴파운드는 배럴연마의 효과를 향상시키기 위해서 물에 첨가하는 첨가제로서, 다음과 같은 효과를 나타낸다.

(1) 장입된 가공물과 가공물 및 배럴벽과의 마찰에 대한 완충작용

(2) 미끄러짐과 혼합 운동에 있어서의 윤활작용

(3) 장입된 가공물의 표면을 깨끗하게 보존시키는 청정작용

(4) 방청제 첨가에 의한 방청작용

(5) 광택연마 촉진작용

(6) 작업 후의 세척을 용이하게 해주는 작용

표 3-2에 배럴연마용 컴파운드의 종류를 나타내었다.

표 3-2 배럴 연마용 컴파운드의 종류

종 류	적용 및 성분
산 성	열처리후의 스케일제거. 염산, 황산
알카리성	방청을 주 목적으로 함. 탄산나트륨, 수산화나트륨
중 성	방청을 주 목적으로 함. 인산류, 아질산나트륨
방 청 제	방청제에 연마재를 혼합 사용.
계면활성제	마찰을 원활하게 함. 올레인산나트륨 등

4. 분사연마법

1) 분사연마법의 효과

압축공기로써 연마재의 입자를 초고속으로 피가공물 표면에 때리면 다음과 같은 4가지 효과를 얻게 되는데, 이것을 분사연마(blast)가공이라고 한다.

(1) 서리면처리(sation finishing)

이 작용은 다른 방법보다 용이하고 확실한 서리면을 얻을 수 있으며, 1μ 정도의 구름이 낀 것 같은 미세한 서리면으로부터 20~수십 μ의 거친 서리면을 물리적인 방법으로 얻을 수 있으며 요철(凹凸)의 깊이도 자유로이 조절할 수 있다.

(2) 연삭효과(grinding effect)

이 작용은 무수히 많은 연마재가 분사되어 가공면을 극히 미세하게 연삭하여 원형을 변형시키지 않으면서 다음과 같은 특성을 나타내게 된다.

① 무방향성 연삭
② 찌그러지지 않는 연삭작용
③ 미량연삭
④ 면조도의 개선작용

⑤ 요철면의 균일연삭

(3) 세정연삭효과(cleaning effect)

이 작용은 화학처리로 곤란하거나 공해 문제가 생기는 금속표면의 스케일이나 오물을 완전히 제거할 수 있으며, 버핑(buffing)이나 수가공을 대용하여 여러 가지 효과를 얻을 수 있다.

(4) 피이닝효과(peening effect)

이 작용은 무수히 많은 쇼트(shot)로 때려 가공표면에 충격을 줌으로써 효과가 나타나는데 연마재의 연삭성, 크기, 비중, 분사압력, 각도 거리 및 분사에너지에 따라서 다르며, 구장 입자가 직각으로 투사될 때 입자의 운동에너지로 강한 격력을 갖게 하면 피이닝 효과는 최대값이 된다.

이상 4가지의 효과는 목적에 따라 한 가지 효과를 강조하면서 다른 효과를 억제할 수 있어도 완전히 무효과로 할 수는 없다.

블라스트 고속체는 공기와 연마재로서 구성되는 2상의 방식을 건식블라스트(dry blast)라 하고 공기, 연마재, 액체 등의 3 상의 구성방식을 습식블라스트(wet blast)라고 한다. 한편 구미 지역에서는 습식블라스트를 액체 호우닝(liquid honing)이라 하기도 하며, 건식 블라스트도 sand blast, dry honer, shot peening 등 여러 가지로 부르기도 한다.

습식, 건식 블라스트 가공의 선택은 가공물의 종류, 가공 목적, 전후의 공정처리 등을 참작하여 결정해야 한다.

2) 건식블라스트

건식블라스트는 연마재와 공기의 2상조성체로서 고속분무체를 노즐(nozzle)로써 분사 또는 익차로써 투사하여 가공물의 표면에 격돌시키는 냉간가공이다. 분무체를 조성시키는 에너지원은 다음의 세 요소로서 성립된다.

1) 연마재를 노즐에 수송하는 에너지

2) 연마재를 가속하는 에너지

3) 가속체를 분사시키는 에너지

이상 3가지 에너지원은 형식에 의하여 여러 가지 다른 방법과 특징이 있어 목적에 따라 선택한다.

장치의 기본구조 : 구조는 간단하나 압축공기의 공급원과 철제로 된 가공실의 본체로 대별

되며, 본체는 전면에 창과 조작 구멍이 있어 고무장갑이 달려 있다. 작업은 창을 통해 가공실 내의 가공물을 보며 조작을 하게 되어 있다. 실내에는 조명등이 설치되어 있고 양측면에는 가공물의 출입구가 있으며, 집진송풍기와 조명등 등을 조정하는 전기배선계통과 연마재수송계통 또는 분사의 강약을 위한 공기조절 및 공급의 공기순환계통의 장치로 되어 있다. 이들은 블라스트 건(blast gun)을 보조하기 위한 장치로서 건은 고정식과 고무 호스에 연결시킨 가곡식으로 되어 있으며, 건의 노즐을 통해 분출되는 연마분사류로 가공하게 된다. 이가공에 사용되는 연마재는 #200이사의 미세립은 곤란하며, 이런 경우에는 습식을 사용한다.

3) 습식 블라스트

습식블라스트는 액체, 주로 물과 연마재 및 공기의 3상조성체로서 고속분무체를 노즐로서 분사 하여 가공물의 표면에 격돌시키는 냉간가공이다. 이 가공은 다른 블라스트 가공보다 매우 위생적인 작업 환경을 유지할 수 있는 것이 특징이다. 연마재 #10 정도의 조립자에서부터 #3000의 초미세립자까지 사용되므로 표면조화(surface roughening) 및 초미세표면까지 가공 처리할 수 있다. 구조는 건식과 비슷하나 철제로 된 가공실 본체에는 건식과는 달리 연마재가 교반 및 수송용 펌프가 장치되어 있으며, 조작은 전기배선계통에서 하게 되고 있고, 연마입액을 분사시켜 줄 압축공기조절 및 공기공급순환계통의 장치로 되어 잇다. 이들은 블라스트 건을 보조하며, 건의 노즐을 통해 연마입액이 분출되어 그 분사류로 가공하게 된다.

4) 블라스트 가공에 사용되는 연마재

연마재는 대별해서 인조와 천연으로 나누고, 그 용도와 효능상으로는 각장과 구상으로 나누며, 일반적인 요구 사항을 다음과 같다.

1) 기계적 강도가 높고 충격에 쉽게 부서지지 않을 것
2) 연삭력을 가진 다각성의 입자
3) 가공면을 좋게 할 목적의 것을 둥글둥글한 형상의 입자일 것
4) 광택면을 요구할 때에 구장입자라야 하며, 그 면은 매끄러운 면이어야 할 것
5) 물 또는 수용성약품에 대해 안정성이 있을 것
6) 균일한 가공면을 얻을 수 있는 작은 입도의 것
7) 값이 싸고 쉽게 살 수 있을 것

5. 전해연마 및 화학연마

1) 전해연마(electro-polishing)

전해연마는 제품을 적당한 전해 연마액 속에 넣어 도금할 때와는 반대로 제품을 양극으로 해서 음극에 납, 스테인레스 판, 탄소봉 등을 사용하여 전류를 통과시킨다. 이 때 제품의 표면은 서서히 용해하며, 용해된 금속이온이 축적하여 양극 피막이 생성되기도 한다. 오목 부분은 금속이온의 이동과 확산이 적어 그 양이 많아져 전기가 잘 통하지 않으며, 양극 피막의 파괴도 잘 일어나지 않아 용해가 잘 되지 않는다. 볼록 부분은 금속이온이 얇기 때문에 전기가 집중적으로 통해서 볼록 부분의 금속만이 용해하게 되며, 따라서 평활하게 연마가 된다.

전해연마는 스테인레스, 알루미늄, 구리 및 구리합금, 철강의 작은 물건 등에 많이 사용되고 있다. 전해연마에 사용되는 전류는 직류와 교류가 있으며, 때로는 직류와 교류가 교대로 인가될 때가 있으며, 때로는 직류와 교류를 동시에 흘리는 경우도 있으나 일반적으로 직류만을 사용하고 있다.

표 3-3은 전해연마 탱크의 라이닝 재료와 전해액의 적합여부를 ○, ×로 가부를 표시했고, **표 3-4**는 전해 연마액과 작업 조건을 표시했다.

표 3-3 전해연마계와 탱크 라이닝 재료의 적합여부

라이닝 재료	과염소산계	인산계	황산계	크롬산계	질산계	가성알칼리계	시안화물계
유리	○	○	○	○	○	○	○
도자기	○	○	○	○	○	○	○
납	×	○	○	○	×	×	×
법랑	○	○	○	○	○	○	○
셀룰로이드	×	○	○	×	×	○	○
스테인레스 (18+8+Mo 0.5%)	×	○	×	○	○	○	○
플라스틱	×	○	○	○	○	○	○
철강	×	×	×	×	×	○	○
구리	×	○	×	×	×	×	×

표 3-4 전해연마의 액조성과 작업 조건의 예

항목		알루미늄	스테인레스	구리 및 구리합금
액조성	인산 황산 물	40~80% 5~50% 약간	65~90% (약간) 약간	67% 10% 23%
	첨가제	아세트산, 크롬산, 에틸렌글리콜	크롬산, 중크롬산염 아세트산, 글리세린	-
작업조건	온도 전압 전류밀도 연마시간	50~90℃ 5~30V - 1~10분	상온~125℃ 5~25V 30~500A/dm^2 1~5분	상온~30℃ 2~2.5V 10A/dm^2 1~10분

2) 화학연마(chemical polishing)

화학연마도 전해연마와 마찬가지로 소지 표면에 볼록 부분을 화학적으로 용해시켜 평활하게 하는 방법이다. 그러나 전해연마와는 달리 전류의 불균일로 연마가 더 되고 덜 되는 불균일성이 적으며, 또한 전기를 사용하지 않으므로 조작이 간단하다.

화학연마에 의한 연마작용은 전해연마와 비슷하며, 전해연마일 경우의 전압이나 전류 대신 산의 농도나 산화제의 종류, 온도 등이 중요한 조건이 된다. 일반적으로 알루미늄과 알루미늄 합금, 구리나 구리 합금, 스테인레스강, 아연도금 등에 실제로 사용되고 있다. 연마비는 액을 오래 사용할 수 없으므로 비교적 비싸다. **표 3-5**은 각종 금속의 화학연마액의 조성과 작업 조건의 한 예를 나타낸 것이다.

표 3-5 화학연마액의 조성과 작업 조건의 예

재질	화학 연마액 조성		온도(℃)	비고
알루미늄	인산(89%) 질산(비중 1.42)	100% 10~20%	90~130	황산을 가해도 좋으나 고온이 필요하게 된다. 황산구리, 질산구리의 첨가는 피트를 방지한다.
아연 카드뮴	크롬산 황산	150~250g/l 15~25g/l	20~45	질산 3~m/l, 아세트산 30~60m/l을 첨가하여도 좋다.

재질	화학 연마액 조성		온도(℃)	비고
구리합금	황산(66°B é) 질산(42°B é) 염산(20°B é) 물	700~800% 200~300% 10~50% 100~600%	20이하	수냉하면서 행하고, 숙련을 요하며, 침지 시간은 몇 초로 짧다.
	인산 질산 아세트산	60~80% 10~20% 0~30%	30~40	질산을 증가시키면 용해량이 증가한다.
니켈	인산 황산 질산 물	20% 40% 40% 20%	60	용해량 5.4μ/min
철강	옥살산 과산화수소	4~5% 2~3%	25~30	탄소강에 적합하나 액의 수명이 짧다. 용해량 5μ/min

3.2 전처리(pretreatment)

도금하고자 하는 물건의 표면에는 여러 가지 더러움과 녹이 있다. 더러움은 주로 유지이며, 유지가 있는 것은 도금하기 전에 열처리를 했든가 기계가공을 한 것이다. 열처리를 한 것은 열처리유에 담갔던 것이고, 기계가공을 한 것은 절삭유나 윤활유를 사용했기 때문이다. 녹이 있는 것은 철이 대기 중에서 녹슬기 쉽기 때문이다. 또한 철의 녹은 검은 녹과 붉은 녹이 있는데, 검은 녹은 열처리 등으로 대기 중에서 고온으로 가열되었기 때문이고, 붉은 녹은 실온의 대기 중에 방치했기 때문에 생긴 것이며 보통 이 녹을 많이 볼 수 있다.

유지와 녹은 단순히 철 위에 부착된 것과 철 속에 묻혀 있는 것이 있다. 부착된 것은 제거하기 쉬우나, 속에 묻혀 있는 것은 제거하기가 까다롭다. 또한 버프 등으로 연마할 때 유지가 타 붙어서 화학적으로 결합되어 있을 때도 있으며, 이 때는 제거하기가 더욱 곤란하다.

따라서 유지 또는 녹을 제거해서 깨끗한 금속면 위에 도금을 해야 부착이 좋고 피트나 부풀음이 없게 되는데, 이러한 제거 공정을 전처리라고 한다. 그렇다고 해서 깨끗한(청정한) 금속면이면 충분하냐 하면 그렇지 않고, 도금할 금속면을 활성화(엷은 산화물의 제거)시켜야 비로소 충분한 밀착을 얻을 수 있다.

따라서 도금 직전에 황산이나 염산, 기타 금속활성화제 중에 수초 동안 담그는 것은 이 때문이며, 이 공정도 전처리에 속한다.

표준적인 전처리공정을 보면 다음과 같다.

연마→예비세정→알칼리탈지→수세→전해탈지→수세→산침지 또는 활성산→수세→(중화)→수세→스트라이크→수세→도금

여기서 예비세정이라는 것은 유기용제로써 탈지하는 과정을 말하며, 이때는 유지의 전부가 제거되는 것은 아니고, 유지의 대부분이 유기용제에 녹아서 없어지며, 얇은 유지막은 여전히 남게 된다. 따라서 예비세정이라고 한다.

1. 탈지(degreasing, cleaning)

금속 제품은 위에서 말한 바와 같이 유지 등으로 더러워져 있다. 이 유지는 식물성유지와 광물성유지로 대별할 수 있으며, 그 밖에 동물성유지도 있다. 금속에 부착되어 있는 유지를 제거하는 처리를 탈지 또는 세정이라고 한다. 따라서 탈지할 때는 위의 어느 유지인가를 알아야 한다. 식물성유지는 알칼리로 제거가 되나, 광물성유지는 알칼리로 제거하기가 곤란하므로 유기용제를 사용할 필요가 있다.

표 3-6은 탈지법의 종류이다.

표 3-6 탈지법의 종류

탈지의 종류	작업내용
알칼리 침지탈지	알칼리액에 담근다. 주로 동식물성유지의 제거에 유효하다.
초음파이용 알칼리 침지탈지	초음파를 알칼리액 중에 방사해서 탈지 효력을 향상시킨다.
알칼리전해탈지(양극전해)*	양극에 발생하는 산소가스에 의한 기계적 제거 효과를 이용한다.
알칼리전해탈지(음극전해)*	음극에 발생하는 수소가스에 의한 기계적 제거 효과를 이용한다.
알칼리전해탈지(PR 전해)*	예를 들어 양극 10초, 음극 10초로 교대하여 전해한다.
에멀션 침지탈지	용제를 에멀션으로 만든다. 광물유 제거에 좋다.
배럴 알칼리탈지	알칼리의 작용과 배럴의 기계적 작용을 병용한 것이다.

탈지의 종류	작업내용
용제침지탈지**	유기용제(트리크롤에틸렌 등)에 침지한다. 주로 광물유의 제거에 효과가 있다.
용제증기탈지**	광물유의 제거에 좋다. 트리크롤에틸렌 증기 등을 이용한다.

*우선 다른 방법으로 예비 탈지를 하고, 마무리 탈지로서 이것을 이용하는 경우가 많다.
** 2조식 또는 3조식은 이 두 가지 방법을 병용한 것이다.

1) 용제탈지(예비세정, solvent cleaning)

용제 탈지는 광물유의 제거에 효과가 있으며, 용제 내 또는 용제의 증기 속에 탈지할 물건을 담그면(침지) 유지는 용해되어 제거된다. 또한 이 용제는 유지와 금속 사이로 침투해서 서로의 밀착을 약하게 해 주므로 유지가 기계적으로 탈락하기도 한다. **표 3-7**은 용제 탈지법의 여러 가지를 나타내었으며, 용제의 증기 중에 침지시키는 방법이 가장 많이 사용되고 있다.

표 3-7 용제탈지방법
(트리크롤에틸렌, 트리크롤에탄 등의 경우)

No.	탈지방법	비고
A	실온의 용제에 침지시킨다.	거의 사용하지 않는다.
B	가열한 용제 중에 침지한다.	거의 사용하지 않는다.
C	용제의 증기 중에 침지한다.	많이 사용한다.
D	B-A-C	가장 많이 사용(3조식)
E	A-C	많이 사용(2조식)
F	B-C	많이 사용(2조식)

(주) A, B, C, D, E, F의 용제조에 초음파를 사용하면 탈지 효과가 향상된다.

또한 용제 중에 침지만 하는 것은 증기 중에 침지하는 것보다 탈지 효과가 떨어지는데, 그 이유는 용제 중에 용해되었던 유지가 물건을 꺼낼 때 다시 표면에 묻어 나오므로 증기 중에는 유지분이 전혀 없기 때문이다. 이와 같이 증기 중에 침지하는 방법을 증기탈지(vapor cleaning)라고 한다.

용제 중에 가장 많이 사용되는 것은 트리크롤에틸렌(트리크렌이라고도 함), 퍼크롤에틸렌(퍼크렌이라고도 함)이며, 최근 인체의 해독 감소와 값의 저하를 목적으로 트리크롤에탄도 사용하게 되었다. 이들은 인화성이 없으면서도 용해력이 강하므로 안전하게 현장에서 사용할 수 있다. 트리클렌($HClC=CCl_2$)은 비등점이 85.7~87.7이므로 증기로 되어 탱크 속에 충만되지만, 탱크의 윗부분에 설치되어 있는 구리로 만든 냉각 파이프(수도물)층에서 비등점 이하로 되어 액체로 응축되어 떨어진다. 즉 회수가 된다. 그러나 구리 파이프가 1~2개이면 효과가 적으므로 탱크의 폭에 따라서 개수를 늘린다. 그림에서 무증기층이 낮을 경우 탱크 부분의 공기가 움직이면 트리크렌의 증기가 밖으로 빨려나가므로, 이 층의 높이는 탱크폭의 방 이상 되어야 한다. 이 무 증기 층의 높이는 트리크렌탈지조의 설계상 중요한 점이다. 또 삼조식에서 온액에 담근 후 냉액에 담그는 것은 물건의 온도가 높으면 증기 중에 들어가도 증기가 응축하지 못하기 때문에 물건을 냉각시키고 있다.

또한 트리클렌 중에 유지가 혼입하면 트리크렌의 비등점은 높아지고, 비중은 반대로 내려간다. 따라서 트리크렌이 더러워진 정도는 비중이나 비등점을 측정해 보면 알 수 있다. 현장에서의 비중 측정은 비중계 또는 보오메계로 할 수 있다. 비등점이 상승하면 보통 사용하고 있는 온도에서는 증기의 발생이 적어지므로 탈지력이 감소된다. 트리크렌 중에 기름이 없을 때에는 비등점 85.7~87.7℃, 비중이 1.45(Bé 46.5)가 1.28(Bé 31.5)로 저하하고, 비등점이 90℃이상 되었을 때는 트리크렌 중에 약 27%의 광유가 들어가 있다는 것을 알 수 있다.

이와 같이 유지가 다량으로 들어가게 되면 트리크렌을 증류시켜서 재생한다. 증류시키면 트리크렌만 증발하고 유지분은 남게 되어 증발된 트리크렌을 응축(액화)시키면 깨끗한 트리크렌이 된다. 트리크렌의 탈지에서 주의해야 할 점은 트리크렌의 독성이다. 이 증기를 사람이 마시면 인체에 해로운 작용이 생긴다. 따라서 트리클렌 탈지기에서 물건을 꺼낼 때는 3m/min 이하의 속도로 하고, 장치로부터 트리크렌 증기가 나오지 않도록 해야 한다.

2) 에멀션 탈지(emulsion cleaning)

유화탈지라고도 하며, 유기용제와 계면활성제와 물로 만든 에멀션을 사용하므로 에멀션 탈지라고 한다. 액조성의 한 예를 **표 3-8**에 나타내었다.

표 3-8 에멀션탈지액의 한 예

액조성	탈지조건
케로신(등유) 60% 폴리옥시알킬에테르* 30% 물 10~30% 올소규산소다** -	1) 액온은 상온 2) 이 탈지만으로는 충분하지 않으므로, 이 액에 탈지 후 다시 알칼리 탈지와 전해 탈지를 해야 한다.

주) * 계면활성제, ** 이것으로 탈지 효과를 도와 주므로 사용할 때도 있음.

에멀션 탈지만으로는 충분한 탈지가 되지 않으므로 용제 탈지와 마찬가지로 그 후 알칼리 탈지와 전해탈지를 해야 한다. 이 방법은 미국 등지에서 많이 사용하며, 일본이나 우리나라에서는 거의 사용하지 않는다.

3) 알칼리(침지)탈지[알칼리 세정, alkaline(soak) cleaning]

알칼리성 액 중에 물건을 담가서 탈지하는 것을 알칼리침지탈지라고 한다. 탱크는 보통 철 탱크를 사용하며, 걸이에 걸든가 바스켓에 넣어 탈지한다.

알칼리는 동식물성유지를 다음과 같이 검화하여 유지를 물에 녹을 수 있는 비누와 글리세린으로 분해시킨다. 여기서 생긴 비누 성분은 용액의 표면 장력을 저하시킬 뿐만 아니라 유지를 유화, 분화시키는 작용을 한다.

$$\begin{array}{lcccccl}
CH_2O\cdot OH_{35}C_{18} & & & & & & CH_2OH \\
| & & & & & & | \\
CHO\cdot OH_{35}C_{18} & + & 3NaOH & = & 3C_{17}H_{35}COONa & + & CHOH \\
| & & (\text{알칼리}) & & (\text{비누}) & & | \\
CH_2O\cdot OH_{35}C_{18} & & & & & & CH_2OH \\
(\text{스테아린산}) & & & & & & (\text{글리세린})
\end{array}$$

그러나 광물유는 알칼리에 의해 분해나 용해되지 않으므로, 알칼리 용액에 계면활성제를 넣어 이의 유화 분산력에 의한 제거 방법을 강구하고 있다. 따라서 시판되는 알칼리 탈지제는 기본적으로 몇가지의 알칼리염과 계면활성제가 들어 있다.

소지금속은 pH에 따라 침식과 변색이 되기 쉬우므로, 사용할 때에는 적절한 pH 범위를 가진 탈지제를 사용해야 한다. **표 3-9**는 각종 소지금속에 대한 한계값을 나타내었다.

표 3-9 금속의 종류와 부식이 생기는 한계값

금속의 종류	부식이 생기는 pH
아연	10.0
알루미늄	10.0
주석	11.0
황동	11.5
철강	13.0(알칼리에는 거의 침식되지 않는다)

이 밖에 알칼리 탈지 때 주의해야 할 점은 규산염이 배합되어 있는 탈지제는 장시간 고온에서 탈지하면 공기 중에서 곧 건조되어 규산염 피막이 생겨 도금했을 때 구름낌, 더덕 부착, 밀착 불량 등의 현상이 생기게 되므로 저온과 단시간 처리 및 충분한 수세가 필요하다.

또한 시판되는 탈지제는 유지분에 대해서 유화시키는 작용이 강한 것과 유지분을 띄우는 작용을 하는 것이 있으므로, 띄우는 형의 것은 기름의 재부착(물건을 꺼낼 때)을 방지하기 위해서 오우버 플로우(over flow) 형식의 탈지조를 만들어 사용해야 한다. 탈지제 중에 들어 있는 계면 활성제는 탈지액을 유지 속으로 침투시켜 탈지 효과를 높이는 작용을 하며, 이의 첨가로서 표면장력이 30dyne/cm 부근까지 저하되도록(보통 물은 70dyne/cm) 해야 한다.

알칼리 탈지제에는 아니온형과 비이온형이, 전해탈지제에는 비이온형이, 산세에는 카티온형이 일반적으로 사용되며, 양성형은 전처리에서는 거의 사용되고 있지 않다. **표 3-10**에 알칼리 침지탈지액의 조성과 탈지 조건을 나타내었다.

표 3-10 알칼리침지탈지액의 조성과 탈지조건

소지별 약품	철강소지용					구리 및 구리 합금용 (g/l)	아연 및 알루미늄용 (g/l)
	크게 오염 되었을 때 (g/l)	중간정도 더러울 때 (g/l)	가볍게 더러울 때 (g/l)	일반용 (g/l)	일반용 (g/l)		
수산화나트륨	40	13	–	30	20~40	5~15	–**
탄산나트륨	25	25	–	15	20~30	20~40	15~20
제삼인산나트륨	7	12	25	–	0~10	10~30	–
올소규산나트륨	–	–	–	–	5~15	–	–
메타규산나트륨	–	12	28	–	–	5~10	10~20
피로인산나트륨	–	–	–	–	–	–	10~15
비누	–	–	–	7.5	–	–	–
현독물질*	–	–	–	7.5	–	–	–
계면활성제	1.5	0.75	0.75	1.0	1~3	1~3	1~3
액온	80~95℃	80~90℃	80~90℃	60~80℃	60~80℃	45~70℃	40~70℃

(주) * 현독물질로서 금속면을 긁게 되므로 기계적 탈지 효과가 있다.
** Zn, Al은 알칼리에 침식되기 쉬우므로 가성소다는 사용하지 않는다.

4) 전해탈지(electro-cleaning, electro-degreasing)

최종 탈지에 사용되며, 탈지순서로는 다음과 같다.

예비탈지 → 중간탈지 → 최종탈지
(에멀션, 용제탈지 등) (알칼리 침지탈지) (전해탈지)

따라서 전해탈지만으로 탈지를 하는 예가 있으나, 이것은 탈지의 근본 개념을 모르기 때문이며 대단히 불충분하다는 것을 알 수 있다. 전해탈지는 음극전해탈지·양극전해탈지·PR 전해탈지의 3가지 종류가 있다.

어느 것이나 음양 두 극에서 발생하는 수소가스나 산소가스를 이용한 것이며, 기계적으로 표면에 부착된 유지를 날려 보내는 효과를 기대한 방법이다.

음극에서는 수소의 발생량이 양극의 산소의 발생량의 2배가 되므로 음극 전해탈지 방법이 효과적이나, 철강 제품에서는 수소취성이 생기기 쉬우므로 양극탈지를 택한다. 또한 액 중에 금속이 용해되어 있으면 음극면에 석출하여 오히려 더러움이 증가될 가능성도 있다. 양극의 경우에는 수소취성은 생기지 않으며, 액 중에 금속이온이 들어가 있어도 석출되지는 않으나 산소의 발생으로 금속이 산화되어 얇은 산화피막이 생기는데, 이 피막은 탈지 후 산에 침지하면(담그면) 용해되므로 상관없다. 그러나 전해 중에 소지금속이 약간 용해하며, 따라서 소지의 광택과 평활도를 감퇴시키는 결점이 있다.

PR전해(periodic reverse current)는 음극 전해와 양극 전해의 장점을 동시에 이용하고자 한 것이다. 가장 많이 사용되는 것이 음극 전해탈지이다.

전해탈지액의 조성은 알칼리 침지탈지액의 조성과 대등 소이하며, 계면활성제만은 기포성이 큰 것을 사용하면 탈지 중 수소가스 때문에 폭발 할 우려가 있으므로 기포성이 적은 비이온계 활성제를 사용하도록 한다. 또 이 비이온계 활성제는 고온에서 액을 혼탁하게 만들므로 저온에서 사용할 필요가 있다. **표 3-11**은 전해 탈지액의 조성과 전해 조건의 예를 든 것이다.

표 3-11 전해탈지액의 조성과 전해조건

소지 약품	철	구리 및 구리합금		아연, 알루미늄
수산화나트륨	75g/l	1) 3g/l	2) 5g/l	-
제삼인산나트륨	10g/l	13g/l	-	15g/l
탄산나트륨	14g/l	13g/l	40g/l	15g/l
계면활성제	1g/l	0.3g/l	시안화나트륨	0.3g/l
액온	80~90℃	60~70℃	20g/l	60~70℃
전압	6V	6V	60~80℃	6V
전류밀도	7~10A/dm^2	3~4A/dm^2	6V	3~4A/dm^2
기타	음극 또는 양극탈지	음극탈지후 30초 양극으로 한다.*	5~10A/dm^2 음양탈지	음극탈지 후 10초 양극으로 한다.

(주) *30초양극으로 하는 것은 음극탈지 중에 생긴 피막을 용해 제거하고, 금속표면을 활성화시키기 위한 것이다.

철에 녹이 있고 그 위에 유지가 붙어 있는 것은 알칼리액에 시안화나트륨을 첨가하든가 시안화나트륨과 EDTA를 첨가한 액에서 PR 전해를 하면 녹과 유지가 동시에 제거된다. 예를 들어 수산화나트륨 50, 탄산나트륨 50, 시안화나트륨 20g/l액에서 액온 60℃, 전류밀도 10A/dm^2, 양극 10초, 음극 10초로 반복 전해하면 된다. 시안화나트륨은 녹을 제거하며, 철의 표면을 깨끗하게 하는 힘이 강하다.

전해탈지를 겸해서 시안화구리도금(동스트라이크)을 하는 방법이 있다. 이 때의 구리도금은 극히 얇은 구리도금이 되며, **표 3-12**와 같은 액을 사용한다.

표 3-12 탈지와 동시에 얇은 구리도금을 하는 액조성과 전해조건

액조성		전해조건	
수산화나트륨 탄산나트륨 시안화구리 시안화나트륨	5~10g/l 20~30g/l 10g/l 20g/l	액온 음극 전류밀도 양극 전류밀도 양극	70~80℃ 10A/dm^2 3A/dm^2 이하 구리판

5) 초음파탈지법(ultrasonic cleaning)

일반적으로 탈지액에 교반이나 진동을 주면 효과가 높아진다는 것은 잘 아는 사실이다. 이들 액에 초음파 진동을 주면 더욱 효과적으로 탈지가 되며, 떨어지기 힘든 고형물이나 구석에 있는 더러움도 쉽게 떨어진다. 그러나 이 장치는 값이 비싸고 설계가 잘 되어 있지 않으면 충분한 효과를 얻을 수 없다.

사람 귀에 들리는 주파수는 18kc(kilo-cycle)/sec 이하인데, 이 이상의 사이클을 초음파라고 하며 20~40kc/sec를 보통 사용한다. 세척이 잘 되는 이유는 초음파를 액체 중에 방사하면 공동현상(cavitation)이 생기기 때문이다. 이것은 초음파에 의해 액 중에 진공 또는 저압의 공동이 금속표면에 무수히 발생하고 다음 음파의 반주기때 압축 파괴하며, 이때 액체 서로가 심하게 충돌하여 매우 큰 충격적인 압력을 가지게 되는 것을 말한다. 이 공동현상의 충격적 압력에 의해 세정할 물건 표면의 먼지, 오물 등은 액 중에서 이탈 분산된다. 세정액으로서는 용제나 수용성 세제가 목적에 따라서 사용된다. 용제는 역시 트리크롤에틸렌, 트리크롤에탄 등이며, 유지의 용해력은 크지만 수용액에 비해서 공동현상의 효과는 적다. 수용성 세제로서는 알칼리 탈지액이나 비이온이나 아니온계 계면활성제가 사용된다.

초음파는 수세과정에도 사용하여, 수세효과를 향상시킨다.

6) 대체 세정제

트리크롤 메치렌(TCE)은 세정력, 건조성이 우수하여 그동안 세정 전분야에서 널리 이용되어 왔으나, 오존층 파괴문제로 95년 말부터는 생산 및 사용이 금지되고 이에 따라 가격이 날로 높아지고 있는 실정이다. 이런 이유로 이를 대체 할 수 있는 세정제를 개발하기 시작하여 현재는 많은 업체에서 대체세정제를 사용하고 있다. 이에 현재 사용되고 있는 대체 세정제의 종류와 성능에 대하여 기술하겠다.

(1) 수계 세정제

수계 세정은 안정성이 높고 사용이 용이하며 구입이 용이하다는 등 의 이점으로 각 분야에서 수계로의 전환이 예상되고 있으나 건조와 폐수처리를 위한 대형규모의 설비와 이를 위한 공간 확보 등의 단점도 지적되고 있다. 수계세정은 주로 피세정제의 표면에 부착되어 잇는 유분, 먼지, 금속 칩 등의 제거를 위해 실시되는데 세정능력을 극대화하기 위해서는 대상 유분의 종류 및 성분과 수계 세정제의 성분을 확인하여 최적의 세정제를 선정 하여야 한다. 유기용제를 함유 하지 않은 수계세정제는 알칼리계와 산성 계로 분류되며 각각의 특징은 다음과 같다.

① 알칼리계 세정제

수산화 나트륨을 보조제로하는 세정제는 세정력이 우수하지만 부식성 및 흡습성이 강하기 때문에 구리, 아연계에서는 그다지 사용되지 않는다. 동식물류의 탈지는 유리 알칼리에 의한 비누화 작용에 의존하는데 pH가 높은쪽이 유리하다. 탈지력이 우수한 pH10 이상의 강알칼리 세정제는 규산염의 유무에 따라 실리게이트형과 비실리게이트 형으로 분류 되며, pH 8-10의 약알칼리 세정제는 피세정제의 표면에 대한 영향은 적으나 탈지력이 떨어 진다. 알칼리 세정제의 기본조성은 알칼리 보조제(규산나트륨, 인산나트륨, 탄산나트륨 등) 와 계면활성제이며 이중, 보조제의 역할은 피세정체의 표면의 극성 유기물을 화학적인 방법으로 수용화 하여 제거시키는 것이다. 세정후 해굼이 불충분하면 도금층이 부풀어 오를수 있기 때문에 반드시 확실한 수세가 필요하다. 수세공정 후 건조공정의 필요로 많은 공간이 필요한 것이 단점이다.

② 산성계 세정제

염산, 황산, 인산, 유기산(구연산, 주석산) 및 이들 소다염, 불소 화합물 등에 계면 활성제를 첨가 한 것이 일반적인 조성이다. 산은 금속을 부식시키기 때문에 녹제거 등의 용도로 한정되어 있다. 알칼리 세정과 동일하게 설치공간이 필요로 하지만 에멀전세정, 알칼리 세정과 비교하여 폐수처리가 용이하다.

(2) HCFC(하이드로크로로포르오카본) 세정제

오존층 파괴계수가 작은 제 2세대 프레온인 HCFC의 개발이 진행되고 있다. 특징은 CFC-113 후로로포르오카본과 유사하며 기존의 세정 장치를 약간 개량하여 사용할 수 있으며, 세정력, 건조력이 우수하다. HCFC는 오존층 파괴지수가 CFC-113은 0.8~0.9인데 비해 0.02로 작으나 없지는 않으므로 향후 2030년 이후에는 우레탄 발포용 이외의 용도로서는 사용이 규제될 것이며 갱신일정도 앞당겨질 가능성이 매우 크다. 비점이 낮아 기존의 세정기를 약간의 개량으로 사용할 수 있다는 장점이 있는 반면 가연성 물질이라는 단점도 있다. HCFC-225($CF_3CF_2CHCl_2$)는 CFC-113과 물성이 유사하고 현행의 세정기를 그대로 사용하는 것이 가능하다.

(3) 알코올계 세정제

이소프로필 알코올(IPA)은 세정외의 탈수, 건조용으로도 많이 사용되지만 가연성이기 때문에 방폭 대책이 필요하다. 물, 계면 활성제를 혼합하여 인화점을 없애거나 또는 높이는 방법이 가능하지만 아직 만족스럽지 못하며 물과 혼합하여 사용할 경우 사용액 및 수세액의 폐수처리가 필요하다. 알코올계 세정제는 크게 불소 알코올과 고급 알코올로 구분할 수 있다. 불소 알코올은 염소를 함유하고 있지 않고, 불연성이며, 인화 및 폭발의 위험이 없으며 표면장력이 작아 침투성을 필요로 하는 정밀 세정에 우수하다. 불소 알코올에는 불소 알코올 자체와 불소 알코올을 기본으로 물과 수용성 플럭스 세정에 적합한 것, 로진계 플럭스 제거용으로 계면 활성제를 첨가한 것 등이 있다. 불소 알코올계의 단점은 CFC-113보다 플라스틱에 대한 영향이 강하며, 가격이 높고, 강한 산성도로 인한 금속 부식등의 문제점이 있다. 고급알코올계 세정제는 실리콘 오일을 주성분으로 하여 특수한 고급 알코올인 카비톨(디에틸렌 글리콜 모노 에틸 에테르)을 첨가한 것으로 플럭스 세정을 목적으로 일본에서 개발되어 사용하고 있으며, 낮은 표면장력, 낮은 증발잠열등 CFC-113에 유사한 성질을 가지고 있으나 인화성이 있다. 낮은 카우리-부탄올(KB)값을 갖는 고급 알코올계 세정제는 마무리 세정, 먼지 제거, 물 제거 등에 사용된다.

(4) 준 수계 세정제

수계 세정제의 세정력을 보강한 준 수계 세정제는 글리콜에테르나 N-메틸피롤리돈 등의 유기용제에 계면활성제등을 첨가하여 에멀젼 형태를 이루고 있다. 일부 제품은 인화성이 있어 위험물 취급요령에 따라야 하며, 일부는 물을 첨가하여 인화성을 없앤 제품도 있으나 린스에는 물을 사용하므로 배수처리가 필수적이다. 오염된 세정액을 회수하여 재사용할 수 있으나 회수 시 회수하는 방법에 따라 계면활성제와 같은 첨가제들의 조성이 달라져 세정 효율이 저하되는 경우도 있다.

이의 대표적인 것으로는 미국 페트로펌사가 개발한 EC-7으로 장점은 염소를 함유하고 있지 않아 오존층을 파괴하지 않고 pH는 중성이어서 금속에 대한 부식이 없고 생분해성이 좋아 폐수처리는 활성오니법으로 처리하면 되므로 여러 복잡한 처리가 필요치 않다. 또한 로진 플럭스에 대한 용해력이 뛰어나고 액을 장시간 사용할 수 있다는 장점을 가진다. EC-7의 단점은 오렌지향이 현장의 작업자에게 영향을 주므로 세정물의 입출구에 에어닥트를 설치하거나 활성탄에 의해 냄새를 제거해야 할 필요가 있다. 또한 인화점이 47℃로, 소방법의 위험물로서 등유나 경유와 같이 제 2 석유류에 속해 관리에 주의해야 한다.

(5) 탄화수소 계 세정제

수계와 더불어 TCE 대체품으로 가장 많이 검토가 이루어지고 있는 탄화수소계 세정제는 석유를 직접 증류한 뒤 독성 성분을 없애기 위해 방향족 성분, 울레핀 성분을 제거하고 황분 함량을 낮추는 등 일련의 정제 과정을 거친다. 제품에 따라서는 세정 성능을 높이기 위해 탄화수소계를 기본 조성으로 하는 습윤제 또는 계면활성제 등의 첨가제를 사용하기도 한다. 세정제중 방향족 성분이 많을수록 용해력과 세정성은 커지나 냄새와 독성이 강하고 이중 결합 성분인 올레핀은 용제의 산화, 냄새, 변색의 원인이 된다. 탄화수소계의 기본 물성은 증류하는 기유의 종류와 등급, 증류 온도 범위 및 첨가제에 따라 크게 달라진다.

탄화수소계 세정제는 일반적으로 표면장력이 낮아 미세부분의 침투성이 좋고, 환경 및 인체에 대한 안전성 문제가 비교적 적고, sp값이 서로 비슷한 유기 오염물(오일, 그리스, 왁스 등)에 대한 용해력, 세정력이 우수하다는 장점이 있다. 그러나 인화성과 건조에 관한 문제와 아울러 기존의 세정 장치를 사용할 수 없으며 인화성과 건조성의 문제 해결을 위한 장비의 보완이 필요하다는 등의 단점이 지적되고 있다.

2. 녹제거(탈청)

1) 녹

철은 대기 중에서 녹이 슨다. 녹이 스는 것은 대기 중의 수분이 철의 표면에 응축되기 때문이다. 공기의 상대 습도가 65% 이상이 되면 공기 중의 수분은 철의 표면에 응축하기 쉽고 습도 80%가 되면 대기의 온도와 철의 온도 차이가 3.7℃ 이상이 되어 응축된다. 응축한 물은 철과 반응해서 수산화제삼철[$Fe(OH)_3$]이 생기며 붉은색을 가지고 있어 붉은 녹이라고 한다. 붉은 녹은 조잡하여 철과의 밀착력이 약하기 때문에, 응축된 물이 붉은 녹을 통해서 다시 철과 작용하여 철의 부식을 일으킨다. 이때 생긴 $Fe(OH)_2$는 그 일부가 $Fe(OH)_3$로 변하므로 붉은 녹은 $Fe(OH)_2$와 $Fe(OH)_3$의 혼합물이 되지만, 공기 중의 탄소가스와 반응하여 탄산제일철($FeCO_3$)로 된 것도 있다.

철을 공기 중에서 575℃이상에서 가열하면 흑색산화물이 되며, 흑피, 검은 녹, 스케일(scale)이라고 한다. 흑피는 3종류의 철산화물로 되어 있다. 흑피는 철을 열처리했을 때 생기며, 고온에서 단조했을 때도 생긴다. 붉은 녹도 건조한 공기 중에 장시간 방치해 두면 검게 변하며 검은 녹으로 보일 때가 있다. 이것은 산화제 2철 92.3%, 산화 제1철 6.18%, 탄산제 1철 0.62% 등으로 되어 있으며, 흑피와는 성분이 다르다.

녹을 제거하는 데는 두가지 방법으로 대별할 수 있다. 하나는 산에 침지시키는(담그는) 화학적 방법이며, 다른 하나는 샌드 블라스트나 액체호우닝 등의 기계적 방법이다. 산처리 방법은 수소취성을 일으킬 우려성이 있으나, 기계적 방법은 수소취성의 염려가 없다.

표 3-13은 녹제거방법의 종류를 나타낸 것이다.

표 3-13 녹제거방법의 종류

녹제거방법		비고
화학적 및 전기화학적 방법	산침지 양극전해녹제거 음극전해녹제거 PR전해녹제거 알칼리전해녹제거 용융알칼리 녹제거	가장 널리 이용되고 있다. 염산, 황산사용 수소취성이 생기지 않는다. 수소취성이 생긴다. 녹제거속도가 빠르다. EDTA나 글루코산소다 중에서 음양극 전해 두꺼운 녹이나 스케일의 신속 제거
기계적 방법	버프 연마에 의한 녹제거 와이어 브러싱에 의한 녹제거 샌드 블라스트에 의한 녹제거 액체호우닝에 의한 녹제거	버프 연마가 되지 않는 부분의 녹제거가 곤란하다. 붉은 녹의 제거에는 좋으나 검은 녹에는 적당하지 않다. 소지가 무광으로 된다. 생산성이 나쁘고, 소지가 무광으로 된다.

(주) 기계적 방법으로는 수소취성이 생기지 않는다.

2) 산세(pickling)

소재를 열처리 또는 장기간 공기 중에 방치해서 금속표면에 산화피막이나 수산화물이 생긴것을 산을 사용하여 화학적으로 제거하는 것을 말하며, 소재 금속에 따라서 처리 약품이나 조건이 다르다.

① 철강의 산세 : 철강에 생기는 녹은 위에서 설명한 바와 같이 스케일과 붉은 녹(수산화물)으로 나눌 수 있으며, 스케일은 또한 열처리 온도(575℃를 경계로 하여)에 따라 고온스케일과 저온스케일(FeO층은 없음)로 나눌 수 있다. 이들 스케일은 보통 10%(용량) 내외의 황산(50~70℃)이나, 10~20%(용량)의 염산(상온)을 사용하여 비교적 장시간 처리해야 한다. 고온 스케일은 크랙(crack)이 많아서 산이 쉽게 침투하여 용해속도가 빠르나, 저온 스케일은 크랙이 적어서 한층 더 시간이 걸린다.

산처리 약품과 온도와 농도의 관계를 **그림 3-1**과 **3-2**에 나타내었다.

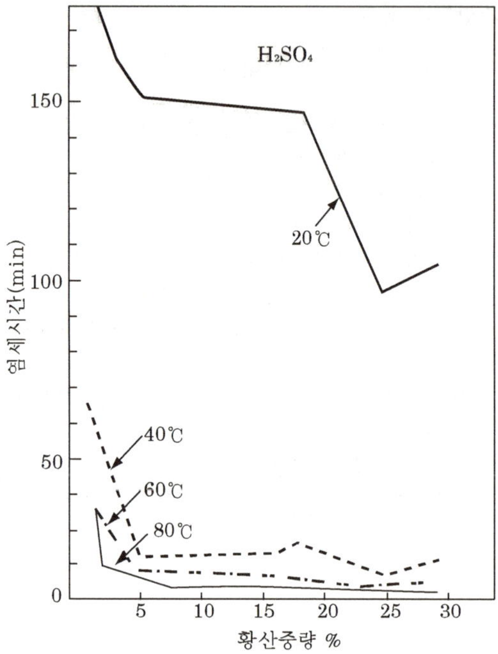

그림 3-1 환산의 농도와 온도 및 산세시간 (철강의 경우)

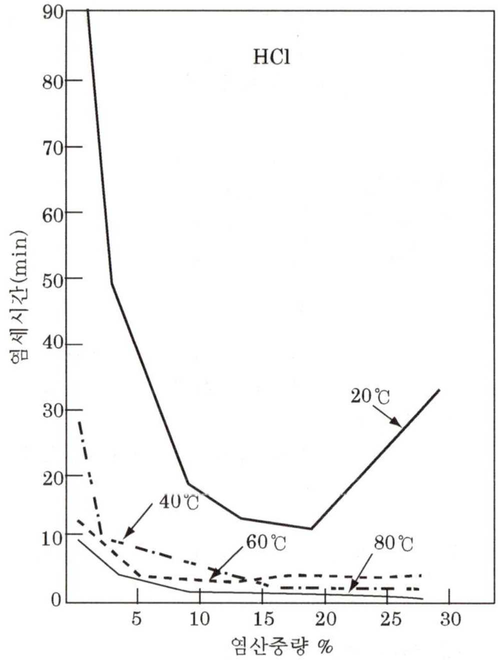

그림 3-2 염산의 농도 및 온도와 산세시간 (철강의 경우)

붉은 녹은 황산 또는 염산(10~20% 용량)을 사용한다. 또한 산에 의해서

$$FeO + H_2SO_4 \rightarrow FeSO_4 + H_2O$$

$$Fe(OH)_2 + H_2SO_4 \rightarrow FeSO_4 + 2H_2O$$
$$\quad (2HCl) \quad\quad (FeCl_2)$$

$$Fe_2O_3 + 3H_2SO_4 \rightarrow Fe_2(SO_4)_3 + 3H_2O$$

$$Fe_3O_4 + 4H_2SO_4 \rightarrow FeSO_4 + Fe_2(SO_4)_3 + 4H_2O$$
$$\quad (8HCl) \quad\quad (FeCl_2) \quad (2FeCl_3)$$

로 산화물이나 수산화물은 용해된다. 그러나 이 때 산화물뿐만 아니라 철면 자체도 용해하므로 금속의 표면은 거칠어진다. 이 때는 다음과 같이 수소가스가 발생한다.

$$Fe + H_2SO_4 \rightarrow FeSO_4 + H_2$$
$$\quad (2HCl) \quad\quad (FeCl_2)$$

소지용해를 산식(acid etching)이라 하며, 이 때 스머트(smut)라는 검은 먼지 같은 것이 금속표면에 생기며, 수소가스는 철의 원자공간 등에 침입하며 수소취성(hydrogen embrittleness)이라는 깨지고 부러지기 쉬운 결함이 생기게 된다. 또한 스머트는 제거하기가 까다롭고 도금의 밀착을 해치는 큰 원인이 된다.

산세에 있어서 소지가 철강일 때, 황산 10%을 사용할 때는 **그림 3-1**에서와 같이 상온에서는 150분이 소요되는데 40℃로 가열하면 10분이면 가능하다. 반면 염산 10%의 농도일 때 **그림 3-2**에서와 같이 20℃에서 약 15분, 40℃에서 약 5분아면 산세가 가능한 것을 알 수 있다. 따라서 황산으로 산세를 할 때는 40℃이상 보통 60℃로 가열하여 사용하는 것을 원칙으로하고 있으며, 상온에서 산제를 하고자 할 때는 염산을 사용하는 것이 좋다는 것을 알 수 있다.

산세는 또한 초음파를 사용하면 스케일의 제거 속도가 대단히 빨라지며, 5% 황산으로 60분간 상온에 침지해서도 녹의 제거가 불충분하던 것을 42kc(1초간에 42,000회 진동)를 사용했을 때는 25~30분으로 충분히 제거하게 된다. 또한 이 때 수소의 발생량도 대단히 적게 된다.

산세의 목적은 금속의 산화물이나 수산화물을 제거하는 데 있으나, 금속도 동시에 용해시켜 금속면을 위에서와 같이 거칠게 한다. 이 산식을 방지하기 위하여 산에 첨가하는 것이 산식 억제제(inhibitor)이며 수소취성도 적어진다.

산식억제제는 무기물과 유기물이 있으며, 주로 유기물이 사용된다. 아교, 젤라틴, 전분, 어니일링, 피리징, 티오요소, 키놀린 등의 단순한 것으로부터 코르타르 추출물 등 각종의 유기화합물이 있다.

표 3-14는 산식억제제의 첨가에 의한 철의 부식감량의 감소율을 나타내고 있다.

표 3-14 산식억제제의 첨가에 의한 철(저탄소강)의 부식 감량의 감소

산식억제제의 농도(%)	철의 부식감량(mg/cm²/h)
0	5.348
0.01	1.738
0.03	0.648
0.05	0.278
0.1	0.208

(주) 황산 농도 10%, 온도 70℃

② 구리 및 구리 합금의 산세 : 구리 또는 구리 합금의 산화물은 $CuO \cdot Cu_2O$ 이며 보통 10~30%의 황산을 사용한다. 황동일 때는 5~10%의 황산으로 사용한다. 광택침지(bright dip)용으로는 질산, 황산, 염산의 혼합액을 사용하게 되는데, 이것을 초산처리(기린스)라고 한다. 이 액에 몇 초~몇 십초 처리한다. 이 때 갈색의 아질산가스가 심하게 발생하므로 배기 장치를 잘 해야 하며, 중금속이온의 폐수 처리도 필요하게 된다. 따라서 최근에는 이 질산 처리 대신 화학연마액이 시판되고 있는데, 이것은 질산의 산화력을 과산화수소나 무기과산화물로 대신한 것이며, 아질산가스의 발생이 없고 자동화 처리도 가능하다. 질산 처리보다는 광택이 덜하나 니켈도금용에는 지장이 없다.

③ 기타 금속의 산세 : 아연다이캐스트 소재는 황산, 염산, 아세트산(식초산) 등의 1~5% 용액으로 상온에서 1~30초 동안 처리한다.

알루미늄합금　질산과 플루오르화수소산(불산)의 혼합을 사용한다.

스테인레스강　황산, 질산, 플루오르화수소산 등으로 되어 있는 혼산을 사용한다.

3) 산침지(acid dip)

금속을 산 등이 들어 있는 수용액 중에 단시간 담그는 처리를 산침지라고 하며, 도금 직전에 담그는 것은 소재의 표면에 남아 있는 알칼리를 중화하고, 전처리 때 생긴 얇은 산화층을 제거해서 표면을 활성상태로 만들어 주는 역할을 말하며, 이 기능만을 강조해서 활성화산침지 또는 단순히 활성화(activation)라고도 하며, 도금의 밀착을 좋게 하기 위해서이다. 여기서 말하는 활성화는 스테인레스강 표면의 부동태를 제거하는 처리 방법의 활성화와는 다소 의미가 다른 것에 주의할 필요가 있다.

활성화산침지에 사용되는 처리액은 소재에 따라 다르며, 철소재는 황산 5~10%(용량) 또는 염산 5~15%를 사용하며, 때로는 이들의 액으로 전해 또는 초음파를 도입하는 경우도 있다. 구리합금 소재는 황산 5~10% 또는 염산 10~20%가 사용되며, 아연 다이캐스트에는 황산, 염산, 플루오르산의 0.2~2% 혼합물로 균일한 가스가 발생할 때까지 담근다. 불균일한 가스가 발생할 때는 정상적인 도금은 곤란하므로 이 점에 주의해야 한다.

활성화산침지에서 주의해야 할 점은 활성화액 중에 불순 금속이온의 축적이며, 이 액 중에 구리이온이 있게 되면 소재 금속(철이나 니켈 등)의 표면에 구리가 치환 석출된 밀착 불량을 일으키는 원인이 된다. 또 6가의 크롬이온은 소재 금속표면을 불활성인 크롬산염피막을 만들어 주며, 밀착 불량이나 도금의 피복성의 불량의 원인이 될 때가 있으므로, 처리액을 분석 관리하며 정기적으로 새 액으로 바꾸는 것이 바람직하다.

4) 기타 철의 녹제거 방법

산의 액 중에서 전해하여 녹제거하는 방법이 있는데, 전해녹제거법(electro-descaling method)이라고 한다. 녹이 있는 물건을 양극으로 할 때와 음극으로 할 때가 있다. 예를 들면 200~250g/l의 황산액 중(40~60℃)에서 물건을 양극으로 하고 납판을 음극으로 하여 5~10 A/dm^2의 양극 전류밀도로 10~20분간 전해하면 양극면으로부터 발생하는 산소가 녹을 기계적으로 탈락시키므로 녹제거가 이루어진다. 이 때 철의 용해는 거의 없다(철은 부동태가 된다).

물건을 음극으로 할 때도 음극에 발생하는 수소가스에 의해 기계적으로 녹이 제거되지만 수소취성을 일으킬 때가 많다. 음극 전해녹제거의 예를 보면 황산 100~150g/l의 액 중에서 3~10A/dm^2의 전류밀도로 10~15분간 전해한다. 액온은 40~50℃가 적합하다. 그러나 전해녹제거법은 실제로 많이 사용하고 있지 않다.

알칼리액 중에서 녹제거하는 방법을 알칼리전해녹제거법이라고 하며, 이 방법의 특징은 다음과 같다.

① 철은 알칼리에 의해 침식되지 않으므로 산세와 같은 산식이 없다.
② 녹은 전해 때 발생하는 가스에 의해서 기계적으로 탈락되는 동시에 전기화학적으로도 용해 제거된다.
③ 녹이 제거되는 동시에 탈지도 된다.
④ 수소취성이 생긴다.

표 3-15에 알칼리 전해녹제거법의 한 예를 나타내었다. 이 중 EDTA는 ethylene diamine tetraacetic acid의 약자이며, 백색의 분말이다. 이 액을 사용하면 녹제거·탈지·탈스머트가 동시에 되므로 편리하나, EDTA나 글루콘산소오다가 비교적 고가인 것이 단점이다.

표 3-15 EDTA나 글루콘산소다를 사용한 전해녹제거법

액조성	전해조건
EDTA 또는 글루콘산소다 30~50g/l 시안화소다(청화소다) 30~100g/l 수산화나트륨 30~200g/l	1) 액온 50~60℃ 2) 전해는 3~20A/dm^2로 1~3분간 전해하면 좋으나, 음극과 양극을 10초씩 교대로 전해(PR 전해라 함)하면 더욱 좋은 효과가 있다. 3) 배기장치가 필요하다.

(주) 이 방법은 녹제거 외에 탈지, 스머트 제거 등이 동시에 되므로 전처리 공정이 간단하다. EDTA는 EDTA2 나트륨염이나 4나트륨염이 사용된다.

또한 특수한 방법으로는 수산화나트륨을 주체로 하고 이것에 염화물이나 황산염을 넣어서 500℃ 부근까지 가열 용융시키고, 이 속에 녹슨 철을 침지하여 녹제거하는 방법이 예부터 개발되어 있다. 이 방법은

① 바다 속에 가라앉은 철선 같은 두껍게 녹슨 것을 신속하게 효율적으로 처리할 수 있다.

② 이 액에 침지하면 녹은 소지와의 밀착이 약화되어 탈락하기 쉬워지며 이 처리 후에 기계적 방법(예컨대 해머로 때리는)등으로 제거할 수 있다.

이 상은 화학적 또는 전기화학적 녹제거법이지만 기계적 방법도 채택할 수 있는데, 이 방법은 샌드 블라스트, 액체 호우닝 등이다.

5) 스머트 제거법

산처리 때 생긴 철표면의 검은 피막인 이 스머트(smut)는 손끝으로 문지르면 손에 묻어나는 밀착이 없는 피막이다. 이 스머트(더러움이라는 의미)는 철이 산에 용해될 때 용해되지 않고 남는 탄소, 규소, 사삼산화철 등이며, 따라서 저탄소강보다는 고탄소강이 더 많은 스머트를 남기게 된다. 이 스머트는 브러싱을 하든가 알칼리액 중에서 전해 또는 PR 전해를 하지 않으면 제거하기가 힘들다. 전해하면 발생하는 산소(또는 수소)가스에 의하여 날아 없어진다.

3. 중화처리

중화처리는 도금 직전의 공정이며, 소재 표면을 도금의 pH에 맞추는 처리를 말한다. 도금액이 산성(니켈도금 등)일 때에는 앞의 활성화산침지가 중화처리를 겸할 수 있고, 알칼리성의 도금액(시안화구리 도금, 시안화아연 도금 등)일 때는 활성화 후에 소재 표면의 pH를 알칼리성으로 하기 위해서 시안화나트륨(청화소다)이나 수산화나트륨(가성소다)액을 사용한다. 또 도금액이 중성(피로인산구리 등)일 때는 활성화 후 수세를 충분히 해서 중화처리를 생략할 수도 있다.

중화처리에서 주의해야 할 점은 중화액이 도금액 중에 들어가도 도금액의 관리나 도금피막에 나쁜 영향을 주지 않는 것이라야 한다. 또한 중화처리에 의해 소재 표면의 pH가 불균일하게 되지 않는 적절한 농도 범위를 유지시키도록 한다.

3.3 폐수처리

1. 폐수종류 및 발생원

도금공장의 폐수처리는 공장 및 단지별로 저장된 폐수의 최종 방류를 위한 사전 무해화 처리를 의미한다. 국내에서 널리 사용되고 있는 폐수처리 방법은 **그림 3-3**의 공정도에 나타나 있다. 전통적인 약품 첨가에 의한 분해 및 침전법으로 궁극적으로는 주요 처리 대상인 중금속 이온을 폐수의 중화에 의해 수산화물로 침전시킨 후에 슬러지로 제거하는 방법이다. **표 3-16**은 각 폐수 성분의 발생원이 되는 물질을 열거하였다.

도금의 각 단위 공정에서는 유기용제, 산, 알칼리, 중금속염, 시안화물, 크롬산 등 각종 부식성 및 독성 물질 등을 사용한다. 폐수의 대부분을 차지하는 수세 폐수의 농도 및 양은 피도금물과 같이 이동하는 반출액의 양에 크게 좌우된다. 실제로 도금액 전체 중에서 소재 표면에 도금되어 소비되는 비율은 약 15~20 % 정도에 불과하며 나머지 투입 약품의 80~85% 가량은 도금액의 노화에 의해 폐기되거나 또는 반출수를 따라서 도금액으로 부터 배출되므로 도금액의 효과적인 관리, 반출수의 회수 등을 통하여 공정의 생산성을 높이고 동시에 폐수처리 비용을 저감할 필요가 있다. 다음은 폐수의 오염성분 및 발생원이다.

표 3-16 폐수종류 및 발생원

폐수 종류	발생원	폐수 종류	발생원
시안계	시안화 도금액 시안화 스트라이크 도금액 전해 탈지액 알칼리 탈지액 배럴 연마액 방청액 도금 박리액	산·알칼리계	산 알칼리 세정액 전해 탈지액 각 도금액 전후처리액 도금 박리액 에칭액 전해 연마액 화학 연마액, 기타
크롬계	크롬 도금액 크로메이트액 에칭액 전해 연마액 화학 연마액, 기타	유지, 기타 유기물	각종 탈지액 각종 도금액, 기타

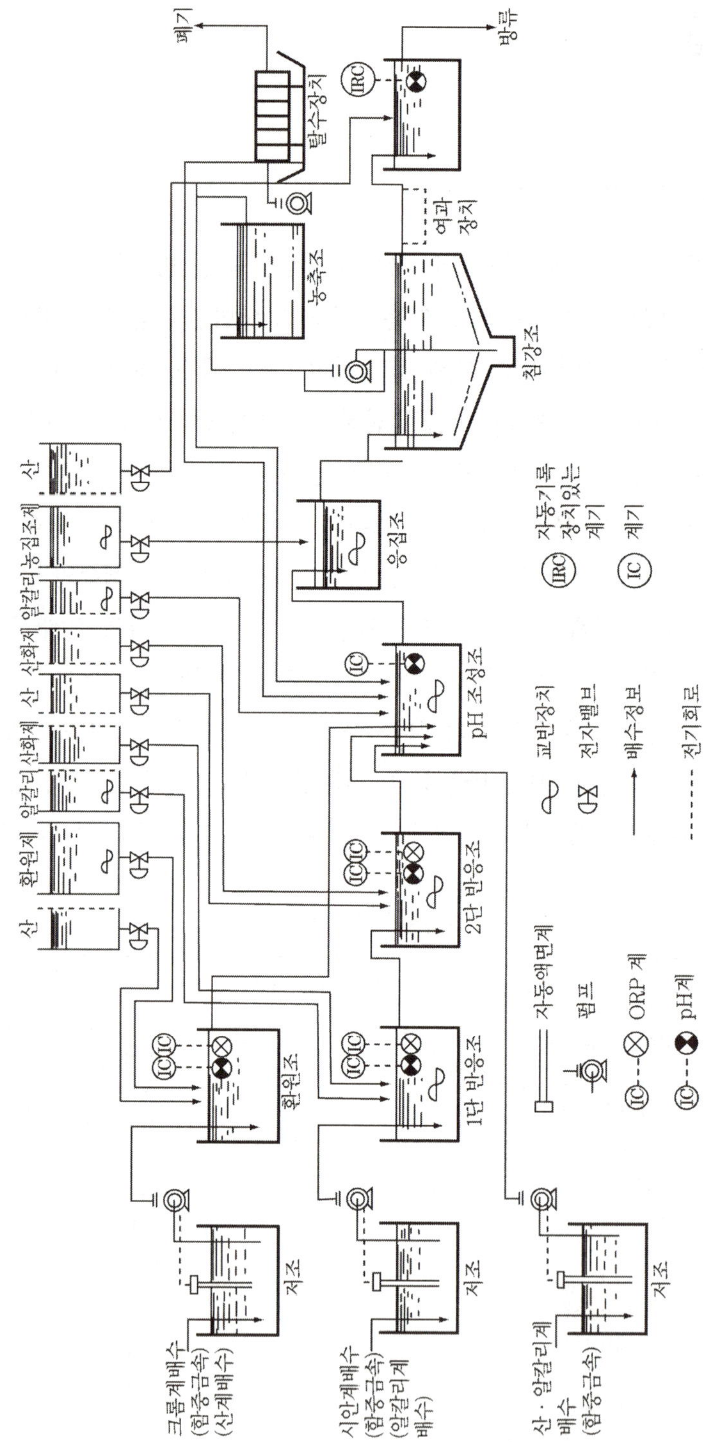

그림 3-3 표준형 폐수처리 공정도

2. 폐수별 처리방법

폐수를 성분에 따라 분류하여 처리하기 위해서 폐수를 발생 직후부터 다음과 같은 3종류로 분리하여 저장한다. 즉 크롬 6가 이온 또는 시안을 포함한 폐수는 따로 분리하여 저장했다가 각각 환원, 산화 전처리를 거친 후에 일반 중금속 폐수와 함께 처리한다. 도금공장의 폐수처리장은 분리 저장조가 설치되어 있는 것이 원칙이나 운영상의 실수 또는 배관의 파손 등에 의해 혼합된 폐수가 유입되면 시안, 크롬 6가 이온 등이 처리되지 않고 그대로 방류될 수 있다. 특히 분리 저장조가 최종 중화처리에 도달할 때까지 연결되어 있지 않는 배관 시스템인 경우에는 이러한 경우에 처리가 거의 불가능해 진다.

a) 일반 중금속 이온
   중화 → 수산화물 침전 → 탈수 → 슬러지
b) 크롬 6가 이온
   크롬 3가로 환원 → 중화 → 수산화물로 침전 → 탈수 → 슬러지
c) 시안 (CN)
   pH 조정 → 산화 → 가스(CO_2, N_2)로 제거
d) 산, 알칼리
   중화 → 방출
e) 착화제, pH 완충제 등
   산화 → 가스로 제거 또는 침전 제거
f) 기타 부유물
   유수 분리와 같이 기계적으로 제거

한편 폐수의 분리가 철저히 지켜지는 경우에도 착화제(킬레이트) 성분이 다량으로 유입되면 중화처리의 조건이 달라지거나 중화처리에 의해 중금속 이온의 침전이 일어나지 않게 된다. 또한 시안을 포함한 폐수에서 시안이 피도금물이나 도금조에서 용해된 철 성분과 결합하여 잘 산화되지 않는 페로시안 또는 페리시안 착이온을 형성하기도 한다.

도금 공장에서 발생하는 배기가스 역시 수세 폐수의 경우와 마찬가지로 전처리액 및 도금액의 조성에 직접적인 영향을 받는다. 각 처리액에 포함되어 있는 화학 성분은 그 특성에 따라 미스트, 증발 및 악취의 형태로 생성되는데 이는 각 반응조의 벽면을 따라 설치된 후드, 덕트, 송풍기를 통해 제거되며 이는 다시 스크러버를 거쳐 외부로의 배기가 이루어진다. 따라서 송풍기의 용량에 따라 배기 상태가 크게 좌우된다. 전체 도금 공정에서 폐기 발생에 의해 유발되는 주변으로의 환경적인 문제는 폐수 발생에 비해 적으나 작업자의 건강 등 실제

작업 조건 및 능률에 미치는 영향은 매우 크다. 일반적으로 도금 공장에서 발생되는 주요 유해 배기가스의 화학 성분은 다음과 같다.

a) 유기용제류 (탈지 공정)
b) 질소산화물 (농질산을 함유한 산세 공정)
c) 염화수소 (농염산을 함유한 산세 공정)
d) 황산화물 (농황산을 함유한 처리 공정)
e) 크롬산 (크롬 도금 공정 미스트)
f) 기타 도금액 및 악취 (모든 습식 공정의 가스와 미스트)

3. 폐수 배출허용 기준

도금공장 등 정상가동 중인 공공하수처리시설에 배수설비를 연결하여 처리하고 있는 폐수 배출시설 배출허용기준을 적용할 때에는 나지역의 기준을 적용한다.

표 3-17 폐수배출 허용기준

〈2008년 1월 1일부터 적용되는 기준〉

항 목 \ 지역구분		청정 지역	가 지역	나 지역	특례 지역
수온이온농도		5.8~8.6	5.8~8.6	5.8~8.6	5.8~8.6
노말헥산추출 물질함유량	광유류(mg/L)	1 이하	5 이하	5 이하	5 이하
	동식물유지류(mg/L)	5 이하	30 이하	30 이하	30 이하
페놀류함유량(mg/L)		1 이하	3 이하	3 이하	5 이하
시안함유량(mg/L)_CN		0.2 이하	1 이하	1 이하	1 이하
크롬함유량(mg/L)_Cr		0.5 이하	2 이하	2 이하	2 이하
용해성철함유량(mg/L)_Fe		2 이하	10 이하	10 이하	10 이하
아연함유량(mg/L)_Zn		1 이하	5 이하	5 이하	5 이하
구리함유량(mg/L)_Cu		1 이하	3 이하	3 이하	3 이하

항 목 \ 지역구분	청정 지역	가 지역	나 지역	특례 지역
카드뮴함유량(mg/L)_Cd	0.02 이하	0.1 이하	0.1 이하	0.1 이하
수은함유량(mg/L)_Hg	0.001 이하	0.005 이하	0.005 이하	0.005 이하
유기인함유량(mg/L)_P	0.2 이하	1 이하	1 이하	1 이하
비소함유량(mg/L)_As	0.05 이하	0.25 이하	0.25 이하	0.25 이하
납함유량(mg/L)_Pb	0.1 이하	0.5 이하	0.5 이하	0.5 이하
6가크롬함유량(mg/L)_Cr6+	0.1 이하	0.5 이하	0.5 이하	0.5 이하
용해성망간함유량(mg/L)_Mn	2 이하	10 이하	10 이하	10 이하
플로오르(불소)함유량(mg/L)_F	3 이하	15 이하	15 이하	15 이하
PCB함유량(mg/L)	불검출	0.003 이하	0.003 이하	0.003 이하
총대장균군(群)(총대장균군수)(mL)	100 이하	3,000 이하	3,000 이하	3,000 이하
색도(도)	200 이하	300 이하	400 이하	400 이하
온도(℃)	40 이하	40 이하	40 이하	40 이하
총질소(mg/L)	30 이하	60 이하	60 이하	60 이하
총인(mg/L)	4 이하	8 이하	8 이하	8 이하
트리클로로에틸렌(mg/L)	0.06 이하	0.3 이하	0.3 이하	0.3 이하
테트라클로로에틸렌(mg/L)	0.02 이하	0.1 이하	0.1 이하	0.1 이하
음이온계면활성제(mg/L)	3 이하	5 이하	5 이하	5 이하
벤젠(mg/L)	0.01 이하	0.1 이하	0.1 이하	0.1 이하
디클로로메탄(mg/L)	0.02 이하	0.2 이하	0.2 이하	0.2 이하
생태독성(TU)	1 이하	2 이하	2 이하	2 이하

1) **청정지역** : 「환경정책기본법 시행령」에 따른 수질 및 수생태계 환경기준이 매우 좋음등급 정도의 수질을 보전하여야 한다고 인정되는 수역의 수질
2) **가 지역** : 수질 및 수생태계 환경기준 좋음, 약간 좋음 등급 정도의 수질을 보전하여야 한다고 인정되는 수역의 수질
3) **나 지역** : 수질 및 수생태계 환경기준 보통, 약간 나쁨, 나쁨 등급 정도의 수질을 보전

하여야 한다고 인정되는 수역의 수질

4) **특례지역** : 공동처리구역으로 지정하는 지역 및 시장 · 군수가 「산업입지 및 개발에 관한 법률」에 따라 지정하는 농공단지

4. 폐수별 처리법

폐수 중의 주성분에 대한 그 처리 방법의 기본개념은 다음과 같다.

1) 시안계 폐수 → 산화처리
2) 크롬계 폐수 → 환원처리
3) 산알칼리계 폐수 → 중화처리
4) 중금속계 폐수 → 침전처리

이 중 중금속 폐수는 다른 폐수 중에 혼입되어 있기 때문에 구별하기가 어려우므로 시안화물, 크롬산, 산알칼리의 3계통으로 구별해서 처리하며, 이들이 서로 다른 계통으로 혼입하지 않도록 해야 한다.

1) 시안계 폐수처리

보통 알칼리염소 처리를 하고 있으며, 액이 농후할 때는 일단 전해 산화처리를 해서 어느 농도 이하로 만들어 놓고 알칼리염소 처리를 하는 경우도 있다. 처리방법으로는 알칼리 염소 처리법과 전해산화처리법이 있다. **그림 3-4**는 시안계 폐수처리 공정도이다.

(1) 알칼리 염소처리

이 방법은 차아염소산소다(NaOCl), 아염소산소다($NaClCO_2$), 표백분[$Ca(ClO)_2$] 등으로 처리하여 질소와 이산화탄소로 분해하여 처리하는 방법이다.

제1단계 반응 : NaCN+NaCl → NaCNO+NaCl

이 때 pH =10~11로 30~60분간 반응시켜야 한다.

pH가 이것보다 낮으면, HCN+NaOCl → CNCl+NaOH 로서 맹독의 시안화염소가 생겨서 인체에 위험하다. 또 pH가 이것보다 높으면 반응은 너무 느리게 된다. 제1단계의 반응이 끝나면 pH를 8.0~9.0으로 낮추고 다음 반응을 시킨다.

제2단계 반응 : $2NaCNO + 3NaOCl + H_2O \rightarrow 2CO_2 + N_2 + 2NaOH + 3NaCl$

이 반응은 30분에 완료한다. 그러나 pH를 너무 낮게 하면 염소분이 대기 중으로 도망가는 경향이 있다. **표 3-18**은 시안(CN^-)을 분해하는 데 필요한 산화제의 이론 필요량을 나타낸 것이다.

표 3-18 시안(CN^-) 1kg을 분해하는데 필요한 산화제의 이론량(kg)

산화제 종류	시안산까지 산화	CO_2, N_2까지 산화
Cl_2	2.73	6.83
HClO	2.00	5.00
NaOCl	2.85	7.15
$Ca(ClO)_2$	2.75	6.90

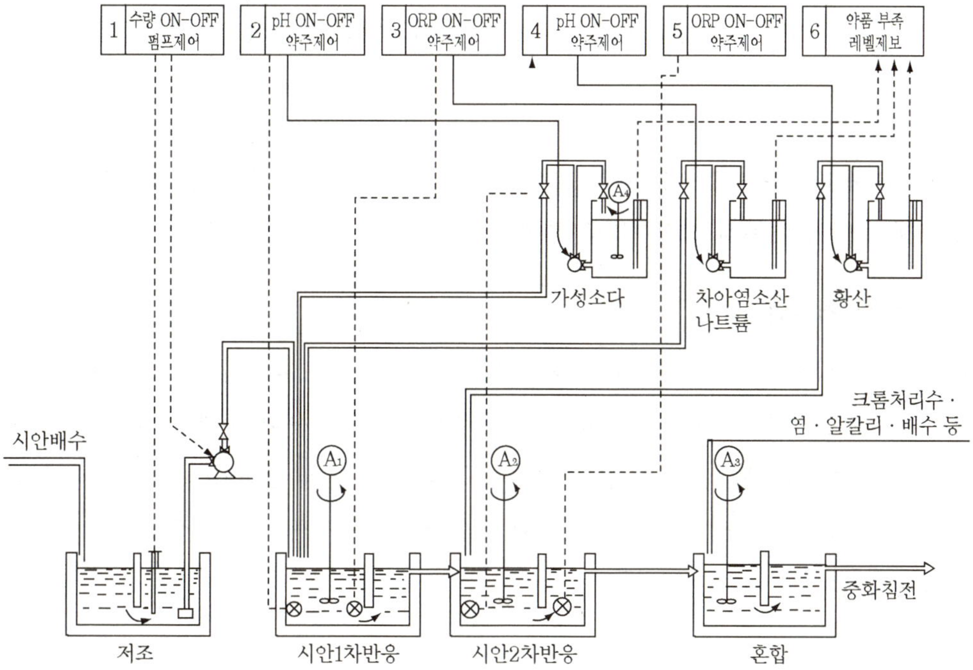

그림 3-4 시안계 폐수처리 공정도

(2) 전해산화처리

NaCl을 첨가하지 않을 때에는 전해에 의해서 다음과 같은 반응이 된다. 즉 양극에서

1단계 $CN^- + 2OH^- \rightarrow CNO^- + H_2O + 2e$

2단계 $2CNO^- + 4OH^- \rightarrow 2CO_2 + N_2 + 2H_2O + 6e$

$CNO^- + 2H_2O \rightarrow NH_4^+ + CO_3^{2-}$

1단계에서 양극 산화되고, 계속해서 2단계의 반응이 되어 질소와 이산화탄소가 생기면서 가수분해도 일어난다.

NaCl을 첨가할 대에는 희박한 시안화 폐수에 대해서 처리하며, 전류 효율이 높고 시간도 단축되나 전극 소모가 많다.

$2Cl^- \rightarrow Cl_2 + 2e$

$CN^- + Cl_2 + 2OH^- \rightarrow CNO^- + H_2O$

$2CNO^- + 3Cl_2 + 4OH^- \rightarrow 2CO_2 + N_2 + 6Cl^- + 2H_2O$

2) 크롬폐수의 처리

이것은 6가의 크롬을 3가의 크롬으로 환원하는 처리일 뿐만 아니라, 금속 크롬에 대한 양의 규제도 있기 때문에 침전처리도 해야 한다.

(1) 환원제 처리법

보통 산성아황산소다($NaHSO_3$), 아환상소다(Na_2SO_3), 아황산가스(SO_2), 황산제일철($FeSO_4$) 등으로 환원시키는 방법이다. 이 때 환원반응을 효율이 좋게 하기 위해서 pH를 3이하로 보존해야 한다. 6가가 3가로 환원된 폐수는 중화조에 들어가며, pH=7~8로 해서 수산화크롬[$Cr(OH)_3$]의 형태로 침전 제거되며, 상등액만 방류된다. 각종 환원제의 반응을 보면 다음과 같다.

산성아황산소다

$2H_2Cr_2O_7 + 6NaHSO_3 + 3H_2SO_4 \rightarrow 2Cr_2(SO_4)_3 + 3Na_2SO_4 + 8H_2O$

$Cr_2(SO_4)_3 + 3Ca(OH)_2 \rightarrow 2Cr(OH0_3 + 3CaSO_4$

또는 $Cr_2(SO_4)_3 + 6NaOH \rightarrow 2Cr(OH)_3 + 3Na_2SO_4$

아황산소다

$$H_2Cr_2O_7 + 3Na_2SO_3 + 3H_2SO_4 \rightarrow Cr_2(SO_4)_3 + 3Na_2SO_4 + 4H_2O$$

$$Cr_2(SO_4)_3 + 3Ca(OH)_2 \rightarrow 2Cr(OH)_3 + 3CaSO_4$$

아황산가스

$$H_2Cr_2O_7 + 3H_2SO_3 \rightarrow Cr_2(SO_4)_3 + 4H_2O$$

$$Cr_2(SO_4)_3 + 3Ca(OH)_2 \rightarrow 2Cr(OH)_3 + 3CaSO_4$$

황산제일철

$$H_2Cr_2O_7 + 6FeSO_4 + 6H_2SO_4 \rightarrow Cr_2(SO_4)_3 + 3Fe_2(SO_4)_3 + 7H_2O$$

$$Cr_2(SO_4)_3 + 3Ca(OH)_2 \rightarrow 2Cr(OH)_3 + CaSO_4$$

$$Fe_2(SO_4)_3 + 3Ca(OH)_2 \rightarrow 2Fe(OH)_3 + 3CaSO_4$$

이 중 황산제일철은 값은 싸지만 침전량이 너무 많고 방류수에 붉은 철분이 섞여 나가기 쉽고 육안으로는 환원반응의 종점을 알기가 힘들다. 또 SO_2가스는 환원작용보다는 산으로서 작용하기 쉬우므로 현재로는 산성 아황산소다나 아황산소다를 많이 사용하고 있다.

(2) 이온교환 처리법

최근에는 화학적으로 안정한 이온교환수지가 생산되어 이 방법으로도 많이 사용하게 되었다. 즉 술폰화된 스티렐을 기반으로 한 교환체는 크롬산의 농도가 150g/l까지도 안정하다. 따라서 크롬산 농도를 안전하고 효과적으로 하기 위해서 70~100g/l까지 희석할 필요가 있다. 이것을 양이온 교환체로 처리하면 크롬산 이외의 대부분의 금속은 흡착되어 크롬산이 정제된다. 이렇게 정제된 것은 농축시켜 다시 사용할 수가 있다. 또한 충분히 희석된 크롬산이 들어 있는 수세수는 양이온 교환탑을 거친 것을 약염기성 음이온 교환탑에서 처리하면 크롬산이 흡착된다. 이것이 포화되면 NaOH 용액으로 탈착시키고, 이 때 생성된 중크롬산소다는 크롬산으로 회수한다.

(3) 기타 처리법

① 역삼투막

반투막을 활용하여 물 분자를 이동시키는데, 물 분자는 통과 시키는 대신 금속염과 첨가제 등은 통과하지 못한다. 역삼투 기술은 묽은 용액에 가장 적합한 기술이다. 또한 역삼투의 용량과 설계조건은 화학약품의 종류와 drag-out 용액의 유속 등에 의존한다. polyamide membrane 은 염화아연 과 왓트 니켈 등에 적합하며, polyester/amide membrane은 크롬산과 산성 구리용액 등에 추천된다. 따라서 최적의 조건하에서 역삼투 기술은 95%의 회수율을 보인다. 역삼투막 기술의 장점으로는 다른 회수기술 보다도 에너지가 매우 적게 소모된다는 것이다. 온도에 민감한 용액으로부터 도금 약품의 회수가 가능하다. 단점으로는 membrane 이 부유물이나 용존 고형물로 인해 야기되는 막오염 fouling 에 매우 민감하다는 것이다. 그리고 도금약품과 함께 불순물이 농축되어지므로 도금 품질을 나쁘게 할 수 있다. 수처리 분야 중 순수 및 초 순수 분야에서 역삼투막이 많이 사용되고 있는데, 주로1) 정화된 물의 제조(purified water), 해수 및 염수의 담수화, 반도체 산업용 초순수 제조, 각종 산업용 폐수의 처리, 원수에 녹아있는 용질의 농축(concentration), 과일과 야채 주스의 농축, 저 알콜 맥주와 와인의 제조 분야, 전자공업분야의 반도체 (실리콘 웨이퍼, VLSI제조) 세척, 의료·약품공업 분야의 무균수술실, 특수치료실, 주사액제조, 약품제조. 미생물 공학 분야의 유전자공학, Bio-reactor , 식품공업분야의 식육가공, 발효, 우유, 유제품 등에 적용되고 있다.

② 전해회수

전해회수 기술은 농축폐액으로부터 중금속이온을 제거하는데 사용되는 전기화학적 회수방법으로, 도금과정에서 전극을 사용하여 회수할 수 있으며 또는 고형 침전형태로 회수할 수 있다. 전해회수는 농축된 용액을 대상으로 처리하는 것이 적합하다. 최적의 회수 효율을 얻기 위해서는 일정한 교반, 물질이동 능력(전도염의 사용), 양극과 음극의 면적비 등이 중요한 인자가 된다. 다른 회수 기술과 마찬가지로 drag-out 되는 물질의 농도와 부피가 처리 시스템 용량과 관계가 크다. 전해회수는 연속적으로 작동시킬 수 있으며, 산출물은 금속형태로 얻어진다. 얻어진 금속물의 순도는 매우 높다. 이 기술의 큰 단점은 전기 에너지 비용이 많이 든다는 점이다. 일반적으로 금, 은, 구리, 카드뮴 그리고 아연 등을 회수하기 위해 사용된다. 금, 은은 매우 높은 전위차 때문에 가장 성공적으로 회수 되는 금속들이다. 크롬은 전해회수에 의해 회수되지 않는다. 니켈 회수는 가능하지만, pH는 금속침전이 일어나기 위해서는 작은 범위 안에서 유지 되어야 하므로 pH에 매우 민감하다. 주석과 주석-납 용액과 같은 몇몇 플루오르붕산(BF3)을 함유한 용액은 음극물질들을 부식할 수 있다.

③ 전기투석

전기투석 기술은 이온교환막과 전기 투석조 (electro-dialysis stack)의 양단에서 공급되는 직류전원에 의해 형성되는 전기장을 구동력으로 하여 이온성 물질을 분리하는 막분리 공정이다. 전기투석의 구동력(electro-motive force)은 이온 선택 막을 통과한 금속 이온만을 회수하는 기술이다. 이온교환막은 전해질 용액에서 막 내부의 고정이온(fixed ions)의 작용에 의하여 대응이온(counter-ions)의 선택투과성을 나타낸다. 따라서, 양이온 교환막은 양이온을 선택적으로 투과시키며, 음이온 교환막은 음이온을 선택적으로 투과시키게 된다. 용액중의 전해질은 전류에 의하여 연속적으로 막을 투과하기 때문에 재생을 위한 별도의 조치를 취할 필요가 없으며, 연속적으로 장기간 운전이 가능 하다. 또한 이러한 작업은 상온을 중심으로 저온에서 40℃ 정도까지 작업온도범위가 넓기 때문에 고온에서 열분해, 열변성을 일으키기 쉬운 물질의 탈염에 유리하게 적용할 수 있다. 처리하려는 용액중의 염 농도는 저 농도로부터 포화농도까지 넓게 적용 가능하다. 특히 염 농도가 높은 경우는 이온교환법에 비해 경제적이다. 적용조건을 요약하면, 중성, 산 내지는 약 알칼리성의 수용액일 것, 청정한 용액일 것, 상온에 가까운 온도가 적용에 유리, 강한 산화성 물질을 함유하지 않을 것 등이다.

④ 진공/증발/농축

진공/증발/농축 기술의 응용범위 는 1)각종 전기도금라인(Zn, Cu, Ni, Cr, Cd 등)의 도금액 회수, 2)이온교환 재생수의 농축 및 최소화, 3)버려지는 고농도 도금용액의 농축 및 최소화, 4)수용성 도장스프레이 사용용액의 농축 및 최소화, 5)기름이 섞어있는 에멀젼 용액의 농축 및 최소화, 6)PCB 라인의 도금액 회수 및 수세수 농축 및 최소화 등 이다. 적용사례로 시안계 아연도금 공정에서 발생되는 수세수, 즉 전처리 공정의 탈지, 산처리, 중화공정 등에서 발생되는 수세수의 획기적인 절감과 도금액으로 부터 유실된 도금액의 농축을 위해 적용할 수 있다. 이는 폐수처리 비용부담의 과다에서 오는 생산원가의 상승을 막을 수 있는 큰 특징을 가지고 있으며, 무방출 시스템(zero emission)을 지향하는 혁신적 기술이다. 고효율, 저비용 개념으로 이루어진 장치로 에너지 효율을 극대화 시키고, 내식성이 우수한 재질로 구성되었으며, 작업자에 의한 운전 및 관리가 용이한 시스템으로 이루어져 있다.

⑤ 확산투석

산업폐수를 유발시키는 여러 공정 중 금속표면 처리방법으로 Pickling(산세공정)이 널리 쓰여 진다. Pickling은 금속표면에 잔류해 있는 스케일(scales)을 제거하는 공정으로 도금 전처리와 금속표면 마무리에 널리 사용된다. Pickling에 널리 사용되어 지는 산은 질산, 불산, 염산, 황산 등이다. Pickling 공정에 이용된 산은 많은 양의 금속이온을 함유하게 되고, 이러한 금속이온을 분리하는 다양한 방법 등이 연구되어 지고 있다. Pickling에서 사용되어진 산을 회수하는 것은 산의 소비를 줄이고 중화 및 응집침전에 의한 중화제와 슬러지 량을 감소시키며 폐수처리장의 부하감소 등 중요한 의미를 가진다. Pickling 용액에서 산을 회수하는 방법에는 여러 가지 방법이 강구되어 지고 있으나 이온교환막을 이용하는 확산투석법은 단지 농도차를 구동력으로 이용하므로 타 공정보다 에너지 소모가 적고 단순한 설비로 인해 가장 실용적인 방법으로 널리 사용되어 지고 있다. 그 밖의 일반적인 확산투석법의 활용에 대하여는 **표 3-19**에 나타내었다. 확산투석법은 특히 고농도의 산 또는 염기 용액을 회수하는 데 많이 사용되어 지고 있다.

표 3-19 확산투석법의 활용

공 정	회수 산 및 염기
1. 금속산세공정에서의 폐산 회수	H_2SO_4 , HCl , HNO_3 , HF
2. 건전지에서의 폐산 정제	H_2SO_4
3. 금속정제공정에서의 산분리 및 재생	H_2SO_4, HCl , H_3PO_4
4. Alumilite 공정에서의 폐산 처리	H_2SO_4, HNO_3
5. 금속표면처리에서의 폐산 처리	H_2SO_4, HCl , HNO_3 , HF
6. 탈산공정에서의 폐산 분리	H_2SO_4, HCl
7. 유기합성물 정제공정에서의 폐산 처리	H_2SO_4, HCl
8. 폐염기에서의 염기 회수	NaOH

제 4 장 도금공장의 설비

근래 들어 산업전반에 걸쳐 생산량이 증가되고 생산기술이 진보됨에 따라 금속제품 및 비금속 제품에 있어서 도금 부품의 역할은 수량적으로나 기계적으로도 중요시되고 있다. 따라서 대량생산과 우수한 도금 제품을 생산하기 위해서는 각종 도금에 적당한 도금 설비를 갖추는 것이 무엇보다도 중요하다.

공업적인 도금 가공을 위해서는 우선 도금액을 넣는 도금 탱크가 필요하며, 피가공물의 표면상태를 도금 공정 전에 갖추는 전처리(각종 연마를 포함)장치, 후처리 장치(건조장치 포함), 정류기, 가열냉각장치, 여과기, 교반장치, 배기장치, 폐수처리장치 등이 필요하며, 자동화를 위해서는 자동이송장치, 자동 액관리 장치, 자동제어 장치 등이 추가로 필요하게 된다.

4.1 도금공장의 구조

도금 공장의 내부 시설을 배치할 때는 다음 사항에 유의해야 한다.

① 외부로부터 먼지가 침입하는 것을 방지하는 구조라야 한다. 먼지가 도금액에 들어가면 여과에 효력을 감소시키며, 도금의 광택에 좋지 않은 영향을 준다.

② 버프 연마 작업에서의 먼지, 도금액 기타에서 발생하는 주증기와 유해 가스를 배출할 것을 고려한다.

③ 검사를 용이하게 하기 위하여 각 공정에 충분한 채광과 조명을 고려한다. 조명에는 일광과 동일한 빛이 나오는 형광등·수은등을 사용해야 하며, 백열전구는 붉은색을 띠게 되므로 니켈과 크롬의 색을 구별하기에 곤란하다.

4.2 도금설비의 선정 및 배치

도금 설비를 자동화로 하느냐 또는 수동식으로 하느냐는 다음 사항에 따라 결정된다.

① 도금의 종류와 그 규격이 단일한 것이며, 가공 제품의 치수와 소재가 일정하고 수량이 많을 때는 전자동식 중 엘리베이터 식을 고려할 수 있다.

② 다른 조건은 ①과 같은 것이라도 그 규격이 일정하지 않다든가, 도금 이외의 처리 조건이 여러 갈래로 되어 있을 때는 캐리어식을 선택한다.

③ 제품의 치수가 다르거나 소재가 다른 것이 많으며, 수량이 적고 도금의 종류가 많을 때는 자동화되지 않고 반자동식을 혼용할 수 있다.

도금 공장을 계획할 때는 위와 같은 자동식 여부를 우선 생각한 후 인력에 의한 방식을 채택하도록 한다.

자동 설비든 수동식이든 간에 배치는 순환식 또는 직진식 건물의 구조, 다른 공정과의 연결 상황을 고려해서 선정, 배치하여야 한다.

4.3 연마 설비

1. 벨트 연마기

벨트 연마기란 연삭 연마공구로 연마 벨트(abrasive belt)를 이용하는 가공법, 바꾸어 말하면 벨트 연삭법(belt polishing)에 있어서 사용하는 가공기계이며, 사용분야 또는 사용목적에 있어 벨트 센터, 벨트 연삭판, 벨트연마기 등으로도 불려지고 있다.

벨트 연마법의 원리 또는 기구를 개략적으로 표현한다면, 연마 벨트를 벨트연마기의 구동축과 종동축의 바깥부분에 장착하여 그것을 고속도로 회전시켜 접촉된 가공물을 절삭 또는 연마하는 가공법이다.

가장 간단한 벨트 연마기의 한 예로, 버프 연마기에 콘텍트 휠을 장착하고, 지지대를 부착한 벨트 연마기이다. 이러한 적당한 회전축을 가지고 있는 연마기를 벨트 연마기로 개량하는 것은 쉽고, 주요 부분은 본체, 동력의 바깥에 연마벨트를 장착하는 콘택트 호일 (이 경우 구동축을 겸하고 있다)과 아이들러 프리및 연마 벨트의 장력과 위치 변경을 조절하는 기구가 있다. 필요에 따라서는 덮개와 배진장치, 혼식 벨트 연마기에 있어서는 가공유(연삭액)의 순환 여과장치 등을 필요로 할 경우에 설치 할수 있다.

2. 버프(Buff) 연마기

버프 가공이란 개략적으로 표현하면, 연마재의 보존체로서 포, 피혁 등의 유연성 재료를 기본재료로 한 버프를 이용, 그 바깥면에 연마제를 접착제로 고정하던가, 회전 버프 표면에 유리상태의 연마재를 적당한 매체에 의해 일시적으로 보존시킨 것을 버프의 연마 공구로하는 기능을 부여해, 고속도로 회전하는 버프와 가공물과의 사이에 작용하는 압력에 의해 금속, 비금속의 표면을 기계적으로 가공하는 방법이다.

버프 연마기는 그 축의 가장자리에 버프를 장착하여, 버프 바깥면에 연마재를 적당히 묻혀 이것을 고속도로 회전해서 가공(polishing and buffing)하는 연마기계이며, 버프 레이스라고도 한다. 버프 연마기에는 비교적 간단한 범용기, 전용기적인 반자동기 및 트랜스퍼형의 자동기 등 여러 기종, 성능의 것이 각각 목적에 따라서 사용되고 있다. 자동 버프 연마기는 유니트형 버프연마기의 적당한 것을 선택하여 가공 스테이션으로 하고, 그 버프 헤드 부분에 뒤에 접촉되는 액상 버프 연마제의 자동공급장치, 또는 봉상 버프 연마제의 어플리케이터를 부가하여 이것들과 가공물 장입용 지그를 가진 가공물 자동이송장치로서 구성된 양산가공을 목적으로 한 버프 연마기이다.

3. 배럴(Barrel) 연마기

연마하려는 물건이 소형이며 다수일 경우에 사용하는 연마기로서 수평식(horizontal type)과 경사식(oblique-barrel type)의 두가지가 있다.

배럴 연마란 바렐(barrel: 통)안에 가공물과 컴파운드(compound), 연마재, 물 등을 넣고 회전하여 장입물 상호간의 충돌, 마찰 등에 의해 서로 때리고, 깍고, 닦는 작용을 하여 모가 없어지고, 닦여서 광이 나게 하는 방법을 말한다.

1) 회전 배럴 연마기

배럴의 종류에는 수평형과 경사형이 있으며, 배럴의 형상은 둥근형 및 다각형이 있다. 일반적으로 사용되는 것은 6-8각형이며, 큰 물건용으로는 10-12각형을 이용한다. 또 수평형 배럴의 개량형으로, 소형 물건 및 평평한 부품을 연마를 하면, 배럴의 양측벽에 부착하는 경향이 있으므로 3중작용형 배럴이나 동일 배럴에 여러 종류의 부품을 연마하는 것을 할 수 있는 복실 배럴 등이 있다.

배럴의 재질은 양질의 구조용 강을 용접하여 구성하는 것이 일반적이며, 내벽에 8-15mm의 탄성 천연고무, 네오프렌 라이닝을 한다. 그것은 가공물의 보호와 방음, 배럴의 내마모, 내식성을 높이기 위함이다. 특수한 용도의 것은 주철, 목재도 있다.

2) 원심 배럴 연마기

배럴의 종류에는 수평 형과 수직 형이 있으며, 회전 배럴연마기와의 차이점은 주 축에 대해 대칭으로 짝수로 높은 원심력에 대해 평형하게 설치되어 있다. 배럴 의 형상은 일반적으로 둥근모양이지만, 용도에 따라 다각형의 것도 이용된다. 다 각형 배럴은 사각 및 8각형을 일반적으로 사용한다. 이연마기의 장점으로는 소형부품의 버(bur)제거 및 마무리 연마를 단시간에 할 수 있으며 광택연마를 할 수 있다.

3) 진동 배럴 연마기

배럴은 고속진동의 강력한 진동 장치를 장착하므로, 충분한 강성을 가진 양질의 구조용강의 재질을 사용하여야 하며, 배럴의 용량에 의해 차이는 있지만, 3.2-8mm의 강판을 사용한다. 배럴의 내벽은 고무라이닝을 하며, 라이닝은 10-20mm의 내마모, 내열의 연질 고무라이닝을 한다.

형태는 선박형 및 써클 도넛츠형으로 단면형상은 가공물가 메디어가 진동을 받 아, 마찰작용, 유동회전, 상대이동의 세가지 운동이 일어나기 쉬운 U자형 이어야 하며 매스의 배출방식에 의해, 경사 배출형, 하부 배출형, 측면 배출형으로 나뉘어 진다.

진동배럴연마기는 다음과 같은 특징이 있다

(1) 회전 배럴에서 얻을수없는 가공물의 변형이 적은 정밀 마무리 면을 얻을 수 있다.

(2) 오목 부위등 비교적 구석진 부위에도 연마를 할 수 있다.

(3) 마무리 가공물의 각진 부위에 비교해 평면부위도 비슷하게 연마가 되어, 굴곡 이 심하

지 않다.

(4) 중량이 있는 큰 가공물의 연마가 가능하다.

(5) 열처리, 화학처리 및 도금과 같은 다른 공정과 연결하여, 반자동 또는 자동 제어 하는 것이 가능하다.

4.4 도금조(Plating Tank)

도금 및 처리탱크는 도금액 또는 처리액의 성질이나 작업조건에 따라 달라진다. 도금 탱크 및 각 처리탱크는 공해의 원인이 되는 유해성 약품을 저장하고 있기 때문에 탱크의 파손으로 인한 약품의 유출은 위험하다. 따라서 탱크는 화학적인 성질 외에 물리적인 강도, 탱크의 내부뿐만 아니라 외부까지도 내식성 등을 고려해야 한다.

1) 조(Tank)의 재질

조의 재질은 용량, 규모, 목적 등에 따라 다음에 의해 분류 할 수 있다.

(1) 내식성 재료에 의해 구성된 것

소 용량의 시험조나 귀금속 도금 조에는 플라스틱 재료의 조로 제작하여 사용할 수 있다. 액량이 적으므로 강도적으로도 충분하며, 열 변형이 일어나지 않는 범위 내에 사용 온도가 있다면 별 문제가 없다. 또한 화학연마 등에는 SUS-316 이나, 티타늄, 탄탈륨 등의 내식성 금속이 이용되고 있으나 통전을 하는 처리 조에는 미세전류가 흐르고 있어 사용할 수 없다.

(2) 철강 재료에 라이닝 한 것

공업용으로 가장 일반적인 처리조는 철강을 모재로 하는 라이닝조이다. 철판은 조의 구성재료로 필요한 강도가 있으며, 가공성이 좋고, 비교적 비용이 적게 든다. 방식을 위해서는 플라스틱, 내식성금속, 세라믹스 라이닝 등 여러 가지가 있지만, 도금 공업에 있어서는 전기적 절연, 가공성, 경제성 등에 맞추어 플라스틱 라이닝이 가장 보편적이다. 플라스틱이 발달한 요즘에는 물성도 좋고 내식성도 우수한 각종 라이닝 재료가 이용되고 있지만, 사용상의 물리적 강도, 가공성, 가공비 및 현지 보수의 용이성 등에 의한 적용 범위가 제한적이다.

도금 공업에는 경질염화비닐(PVC), 천연고무, 합성고무 등이 대표적인 라이닝 재료이다. 그 중에서도 PVC는 현지 가공의 용이성이나, 비용이 비교적 저렴하다는 이점으로 가장 보급도가 높은 가공 방법이지만, 접착문제나 액온의 상승에 따른 소성변형 또는 부품의 낙하시 충격에 의한 크랙발생이 용이하기 때문에 일상적인 보수, 점검이 필요한다. 이점에 있어 고무라이닝은 신뢰도가 높고, 재질 선정과 가공 기술이 적절하다면, 반영구적으로 사용할 수 있지만, 고무계 라이닝 재료는 대체로 크롬산, 질산 등 산화성 액에 약하므로 선정에 주의를 요한다.

유기라이닝 재료의 공통적인 가장 큰 문제점은 내열온도가 낮다는 것이다. 고온 부식성의 액을 고온에서 사용하는 경우에는 용접 부위에서 부터 부식을 일으키므로 그다지 만족스럽지는 않다.

2) 조의 재질 별 사용 용도

(1) 철

알칼리계 처리액용(알칼리 세정 등)

(2) 스테인레스강(SUS)

일부의 산 및 산세정, 탕세용 특히 용제에 사용 하는 경우가 많다. 용도에 따라서 SUS-304, SUS-316 등의 재질이 사용된다.

(3) 경질염화비닐(HT-PVC)

거의 모든 종류의 산, 알칼리 용. 상온(60이하) 에만 사용, 고온(90이하)에는 내열성 경질염화비닐(HT-PVC)을 사용한다. 초 순수 등 금속 불순물의 용출을 피하는 액에는 이것을 사용하지 않는다. 내충격성 염화비닐도 있다.

(4) 반 경질염화비닐(PVC) : 라이닝 재 전용

(5) 경질폴리프로필렌(PP)

거의 모든 종류의 산, 알칼리에 사용하며 무전해 도금 등에도 사용되고, 고온(120℃ 이하)에서의 사용도 가능하다.

(6) 경질 고무

거의 모든 종류의 산, 알칼리에 이용. 질산, 크롬산 등에는 사용할 수 없다. 라이닝 재료로서 사용하지만, 경화하기 위해서는 증기에 과류하지 않으면 안되기 때문에 현지에서 보수하는 경우는 경화하지 않는다. 또 불순물이 용출하는 염려가 있으므로, 사용 전에는 필히 황산이라든가 수산화나트륨에 충분히 수세를 해야한다.

(7) 불소계 수지

내약품성이 우수화며, 넓은 온도범위(-50~260℃)에서 사용할 수 있다. 종류에 따라서 용접이 불가능한 것도 있다. 가격이 비싸기 때문에 자체로서 사용하는 일은 거의 없고, 라이닝 재로서 사용하는 경우가 많다. 접착은 완전히 이루어지지 않지만, 1~2 mm정도의 두께의 실드 표면에 글래스 크로스(glass-cross)를 라미네이트한 재료를 이용, 그 글래스 크로스를 금속에 접착하기도 하며, FRP를 적층하는 것에 의해 밀착강도가 높은 라이닝을 실시할 수 있다. 금속이나 수지의 에칭, 무전해 도금 등에 사용할 수 있다.

(8) 납(Pb)

내약품성이 우수하며, 수년 내에서는 금속이나 수지의 에칭 등에 사용할 수 있다. 철이나 스테인레스강의 조의 내면에 3~4mm 두께로 선택적 라이닝하는 방법과 철의 표면 전체에 납땜 부착하는 라이닝이 있다. 중량이 많이 나가기는 하지만 불소수지에 비해 가격이 저렴하여 사용하기 쉽다.

표 4-1 염화비닐의 내 약품성

약품명	농도(%)	연질		경질		네오필렌배합		브틸렌 배합	
		상온	70℃	상온	70℃	상온	70℃	상온	70℃
염 산	20	○	○	○	○	○	○	○	○
	35	○	△	○	○	△	△	○	○
질산	5	×	×	△	△	△	×	○	○
황산	25	○		○	○	○	○	○	○
	75	△	×	○	△	△	△	○	○
인산	85	○	○	○	○	○	○	○	○
불화수소산	15	△	×	○	○	△	△	○	○
크롬산	10	×	×	×	×	×	×	×	×

약품명	농도(%)	연질		경질		네오필렌배합		브틸렌 배합	
		상온	70℃	상온	70℃	상온	70℃	상온	70℃
왕 수	30	×	◎	○	◎	×	◎	△	△
아세트산	10		×	○	○	×	×	○	○
암모니아수	28	○	○	○	○	○	○	◎	◎
수산화나트륨	50	○	○	○	○	○	○	○	○
시안화나트륨	각농도	○	○	○	○	○	○	○	○
차아염소산나트륨	각농도	×	×	○	△	×	×	○	△
중크롬산칼륨	각농도	○	○	○	○	○	○	○	○
염화제이동	각농도	○	○	○	○	○	○	◎	◎
염화제이철	각농도	○	○	○	○	○	○	○	○
아세톤	각농도	△	△	○	×	△	×	○	◎
메탄올	각농도	○	○	○	○	○	○	○	○

◎ : 침식되지않는다 ○ : 거의침식되지않는다 △ : 약간침식된다 × : 침식된다

3) 조의 구조

(1) 조의 형상

통상적으로는 조에 도금액 등의 처리액 또는 수세수 등을 담아 사용하는 경우가 많지만, 스프레이 노즐 으로부터 액을 분사하는 젯트 도금법이나 오버플로우(over flow) 방식으로 액 수위를 제어하는 부분도금법, 스프레이 세정법 등 다양한 처리 방법이 있으므로 용도에 따라 조의 형상을 고려하지 않으면 안 된다. 일반적으로는 각형 또는 원형의 조가 많다. 또 단위 입자가 많이 침적하는 조라든가 자주 세정하지 않으면 안 되는 조 등은 조의 아랫면에 경사를 주기도 하며, drain용 밸브를 부착하기도 하며, 또는 수중에 펌프를 장착할 수 있는 포켓을 만들어 놓으면 편리하다. 드레인용 밸브는 망가지기 쉬우므로, 액이 유출하면 위험한 경우에는 사용하지 않는다. 액의 순환이 필요한 경우나 기름 등의 불순물이 액면에 부상하기 쉬운 조 등에는 over-flow 설비를 만들어 놓는 경우가 많다

(2) 조의 용량

조의 실제 치수를 결정하는 것은 도금액의 안정성, 가열, 냉각 설비 등의 조 내부의 부대물에 의한 용량 검토를 하여 조의 치수를 조정한다. 예를 들면, 크롬도금, 전해연마와 같은

대용량의 전류를 사용하는 조에 있어서는 전해열에 의해 액온이 상승하므로, 미리 조의 용량을 증가하던가 냉각 설비를 갖출 수 있는 공간을 확보해 두지 않으면 않된다. 또한 도금액 등의 액 조성의 변동이 심하게 도는 것을 방지하기 위해 단위 도금액량에 상당하는 통전량, 즉 전류 농도에 의한 용량을 조정하는 것이 일반적이다.

4.5 걸이(Rack, Jig, 治具)

걸이의 기능은 피도금물에 가해지는 각종 진동이나 액 저항을 받아도 떨어지지 않고 보존되는 의미와, 극봉(음극)으로부터 받는 전류를 피 도금 물체에 확실하게 통전 시키는 의미의 두 가지로 크게 대별된다. 또한 기계설비, 피도금 물의 형상, 작업 조건 등에 의해 변화하기 쉬운 도금두께의 균일화(이상 도금)의 역할도 크고, 작업의 간편성이나 공해 대책에도 영향을 갖고 있으므로, 작업자가 걸이의 설계, 정확한 취급, 유지관리법을 알고 있어야 한다.

1. 걸이의 설계

걸이의 설계에는 설비기기의 능력, 작업공정, 조의 유효범위, 과거의 실적 등을 확인하여, 생산성을 고려한 형태 등, 모든 사항을 검토 조정하여야 한다.

1) 걸이 제작시의 고려 사항

(1) 간선과 지선의 굵기는 허용전류를 기초로 하여 결정하여야 한다.

간선은 전기 전도성을 위주로 하기 때문에 구리를 주로 사용하며, 이외에 황동, 알루미늄도 사용되기도 한다. 지선은 전기전도성 이외에도 도금하여야 할 피 도금물체와 충분히 접촉되어야하기 때문에 탄력성이 풍부한 피아노선, 인청동 등이 사용되며 간선은 납땜 리벳, 용접 등으로 완전히 결합시켜야 한다.

(2) 간선용 재료는 전기 전도도와 기계적 강도가 우수한 것이어야 한다.

(3) 음극봉과 물건은 전기적으로 완전히 접촉되어야 한다.

(4) 걸이에 물건을 부착 또는 제거하기 쉽도록 설계되어야 한다.

2) 간선의 적정 재료

간선은 음극봉에서 전류를 액중에서 최하부의 피 도금물체 까지 분배하는 역할을 하고 있으므로, 충분한 단면적을 예상하지 않으면 균일한 전류의 분배가 어렵다. 여기에 적정재료 산출의 경험식을 이용하여 예를 들어보면, 전류밀도를 구리도금 3A/dm^2, 니켈도금 5A/dm^2, 크롬도금 15A/dm^{2}으로 가정하면, 다음 식에 필요한 전류밀도는 가장 높은 전류밀도를 사용하는 크롬도금의 전류밀도로 한다. 또한 여기에 산정하는 재료는 동으로 한다.

$$\frac{\text{도금물의유효면적}(dm^2) \times \text{도금물의수} \times 15A}{\text{경험치(통상 } 3.0\sim6.0) \times \text{간선의 수}}$$

상기 식에 의해, 목표로 하는 산정재료의 단면적 (mm^2)을 구할 수가 있다.

또한 경험치가 작은 경우에는 안전하지만, 걸이의 비용, 중량에 의한 작업성의 악화 등을 초래 할 경우가 있다.

3) 지선의 적정재료

지선의 경우는 간선의 경우와는 조금 다르지만 통전량에 주의를 하지않으면 전류 분포가 불균일하게 되는 경우가 많고 열 발생에 의해 절연 코팅이 파괴되는 경우가 있다. 더욱이 스테인레스, 티타늄등은 내식성이 우수한 점에서는 잘 사용되지만 고체저항이 크기 때문에 사용에 주의가 필요하다.

2. 접속 방법

1) 전극봉과의 접속

걸이의 머리부분은 간선에서 지선으로 통전하는 입구이며, 그 부분에 접촉저항 등에 의한 결함이 있는 경우, 소정의 전류가 흘러, 전류의 단속에 의한 밀착불량, 도금두께 부족에 의한 내식성 불량 등이 일어나서 제품 전체가 불량으로 되기 때문에 접촉면을 청정하게 보존하여야 하며, 진동 등에 견딜 수 있는 방법을 고려해야 한다.

2) 물품과의 접속

(1) 중력방식

최근의 광택도금이나 고전류를 필요로하는 도금에는 거의 사용되지 않지만, 아연도금 등 저전류작업의 경우 등에는 피도금물의 접촉성도 좋고, 중량도 진동이나 교반 등에 견딜 수 있는 경우는 작업성이 대단히 좋으므로, 활용하면 좋다.

(2) 스프링 방식

일반적으로 광택도금 작에 가장 보편적으로 사용되고 있는 방법이며, 스프링재의 탄성력을 이용하고 있기 때문에 접촉저항이 작고 전류 분포의 균일화도 좋다. 또 탄성의 강약은 재질, 두께, 폭, 직경, 길이 등으로 조절한다.

3) 보조 음극

일반적으로 걸이의 최상부, 최하부 또는 피도금물의 오목부분의 각진 부위는 양극의 영향을 과도하게 받게되어 탐 현상이 나타나게 된다. 따라서 전류밀도의 경감을 위해 스테인레스 선등을 걸이에 취부하여 그 자신을 음극으로 작용케 하여 도금을 일부 석출시키는 방법이다. 이 방법은 액 중의 금속성분이 일부 소모되기 때문에 그 면적을 최소한으로 하여야 한다. 또 다른 방법으로는 특별한 문제가 없는 한, 제품 상호간에 전류 집중 부위를 마주하게 하여 도금의 석출을 감소시키는 방법도 있다.

4) 보조 양극

보조양극은 피도금물의 형상이 극단적인 오목 부위에 있어서, 양극과의 거리차가 큰 유효면의 전류밀도가 작게 되는 경우, 국부적으로 양극을 설치하여 전류 분포를 제어하는 것을 말한다. 그러나 각진 부위의 경우에는 효과를 기대하기가 어렵기 때문에 피도금물을 디자인할 때에 약간의 곡선처리를 만들어 설계하는 것이 안전하다.

일반적으로 보조양극의 재질은 그 도금의 양극과 같은 재질을 사용하면 되지만, 크롬도금의 양극재료는 철, 납, 스테인레스강, 페라이트, 백금 도금한 티타늄 재료 등이 이용되어지고 있다.

5) 실드(Shield)

보조음극과 동일한 목적으로 사용되어지고 있지만 부도체를 이용하여 전류의 흐름을 차단하여 전류 분포를 균일화 하는 방법이다. 보조음극과는 차이가 있는 과다한 도금석출이나,

그 석출에 의한 도금의 거칠음 등의 도금결함이 없는 이점이 있다. 일반적으로 걸이에 얇은 철판 등을 취부하고 그대로 코팅을 하여 사용하거나, 경질염화비닐 등이 많이 사용된다.

6) 절연 코팅

걸이의 내구력을 좌우하는 것은 절연 코팅이며, 이 재료로는 염화비닐(졸)와 폴리에칠렌계의 것이 일반적으로 사용되고 있으며, 특수한 것으로는 내 트리클로로에틸렌용으로 에폭시계 의 졸 등이 있다.

(1) 졸 코팅

졸 코팅은 연질염화비닐에 내약품성제, 안정제등을 첨가한 도료로서, 가온(180~200℃)하여 겔화 시켜 2~5mm의 두께의 피막을 걸이 전체에 부착시키는 것을 말한다. 그 고팅 자체로는 금속에 대해 밀착성이 없으므로, 접착제(프라이마)를 도장하여 액 물의 침투방지를 할 수 있지만, 그 접착제 자체가 산성 액 물에 강하지 않고 장시간 사용에는 문제가 있다. 그래서 금속과 밀착성이 있는 에폭시계 졸 (단독으로는 강하기 때문에 용수철 부위에는 사용하기 어렵다)를 하지로 부착시켜 그 위에 탄력성이 양호한 염화비닐 졸을 부착시켜 상호 이점을 이용하는 방법도 있다. 그 경우 통상 시판되고 있는 에폭시계 졸과 염화비닐 졸에는 그 층간에 밀착하기 어려우므로, 상호 겔화 온도를 고려하는 등의 주의가 필요하다.

(2) 폴리에칠렌 코팅

폴리에칠렌 코팅은 금속에 대한 밀착성이 있으며, 접착제의 필요는 없다. 사용약품, 도금 건조시의 온도등에 의해 경화하여 피해를 입는 경우도 있으므로 충분한 검토가 필요하다

4.6 교반(Agitation)

도금 및 수세 등을 포함한 전、후처리 라인에서의 교반은 상당히 중요한 의미를 가진다. 도금액의 교반은 도금 조 내에서의 도금액의 순환을 활발하게 해주어, 음극 부근에 집합되어 있는 가스의 이탈을 촉진하여 핏트(pit) 등의 표면 불량을 방지하여 주며, 금속이온의 활동이 활발하도록 하여 고 전류밀도로 작업을 가능케 하여 준다. (도금 속도의 증가) 또한 전、

후 처리 라인에서의 피 도금물체에 잔류되어 있는 여러 이 물질의 이탈을 촉진시켜 수세효과를 향상시킬 뿐만 아니라, 여러 화학반응을 촉진시키므로 전、후 처리 효과 증진시킨다.

1. 교반의 목적

1) 용액의 균일화
2) 온도의 균일화
3) 전해에 의한 발생가스의 이탈을 촉진 (pit 발생 방지)
4) 전해에 의한 농도분극을 감소 (고속도 도금, 양극용해의 촉진)
5) 탈지, 수세 등의 효과를 촉진

2. 교반 방법의 종류

1) 음극 이동에 의한 교반(Cathode Rocker)

피가공물(음극)을 전후 또는 상하 등으로 크랭크 기구 또는 실린더 기구를 사용하여, 천천히 왕복 운동시켜 도금하는 방법이다. (음극봉과 같이 이동시킴).

또한 배럴 도금에서 배럴을 회전시키면서 도금하는 방법도 같은 교반 방법의 하나라고 할 수 있다. 음극이동장치의 사용에 있어서 주의 할 점은, 이동속도를 적당한 일정속도로 유지하는 것이다. 속도를 지나치게 늦출 경우에는 교반의 효과를 기대하기 어렵고, 또한 지나치게 증가시킬 경우에는 Cathode Bar와 Rack, Rack와 물품과의 접촉 부분이 불완전하게 되어 밀착불량 등을 야기 시킬 수 있으며, 물품끼리 서로 부딪쳐 물품 표면에 손상을 입히게 된다. 따라서 이와 같은 문제를 해결하기 위해서는 보조의 통전 케이블 볼트 등을 이용한 접촉부위의 결속을 확실히 해 줄 필요가 있으며, 접촉면적을 증가시킬 필요가 있다. 또한 도금조 밑바닥에 침전되어 있는 슬러지 등을 액 중으로 부상시켜 도금의 불량을 야기 시킬 수도 있으므로 주의하여야 한다.

2) 프로펠러(Propeller) 교반

각종 처리액의 용해, 조정작업에는 가장 효과적인 기계교반 방법이지만, 전해조에는 그다지 사용하지 않는다. 그 이유는 도금조 내에는 프로펠러 크기의 제한이 동반하기 때문에 기능상 조 내의 용액의 일정 흐름에 대한 대류를 일으키기 때문에 피가공물이 그 흐름을 방해하여 비교적 큰 효과를 기대하기 어렵다.

3) 펌프(pump)에 의한 순환법(Circulation)

어떤 도금액에는 공기교반을 시행하면 조성변화 등, 첨가제의 분해를 야기시키는 염려가 있는 경우가 있다. 그러한 경우에는 펌프에 의한 완만한 교반이 잘 사용되고 있다. 통상적으로 연속여과나 열 교환기의 펌프가 그 역할을 담당하는 경우가 많다. 조의 Over Flow로부터 빠져나온 액을 여과기 또는 열 교환기를 통과 시켜 조 내로 되돌려 보내진다. 이러한 방법은 적어도 액의 균일화 및 온도의 균일화의 목적을 달성할 수 있다.

4) 공기 교반(Air Agitation)

도금에 있어서 가장 대표적인 교반 방법으로, 압축공기를 이용한 교반 방법이다. 압축공기의 발생장치로는 컴프레셔(Compressor)와 브로어(Blower)가 있으며, 그 주요한 특징은 다음과 같다.

① 공기발생원은 조 외부의 떨어진 곳에 놓아두고, 조 밑바닥의 교반 파이프에 배 관하여 설치하기 때문에 조 내의 구조가 간단하게 된다.

② 교반은 강렬하고, 균일하기 때문에 전해 가스를 물리적으로 이탈시켜, pit방지에 가장 효과적이다. 게다가 음극 또는 양극 분극을 감소시키기 때문에 고속도 도금, 광택도금을 목적으로 하는 도금에는 불가피하다. 또한 수세와 탈지효과 등을 증진시킬 수 있다.

③ 공기를 불어넣어 주므로, 일부의 도금에 있어서는 도금액 중의 금속성 불순물 을 산화하여, 침전시키기도 한다. 그 반면, 예를 들면, 시안화 동도금액 중의 탄 산염을 증가시키기도 하며, 첨가제의 분해를 촉진시키기도 하는 결점이 있다.

(1) 브로어(Blower)

이러한 목적에 사용하는 공기는 상기와 같이 비교적 저압인 것과, 오일등이 없는 청정한 것을 특징으로 한다. 종래는 가장 간편한 방법으로, 피스톤형의 컴프레셔(Compressor)나 유침형 로타리 브로어를 사용하는 예가 많았지만, 오일 등이 혼입할 우려가 있으므로 좋지 않다. 이러한 경우에는 조에 공기를 공급하기 직전에 오일필터를 설치하여 오일을 제거해야 한다.

브로어의 작동원리는 2개의 회전자가 맞물려서, 용기 벽면에 밀접하면서, 회전하여 기체를 한 방향으로부터 흡입하고, 다른 방향으로 뿜어내는 것이다. 일반적으로는 전후의 압력의 차이가 0.04~0.65kg/m^{2}의 사이에서 사용하여, 일반적으로 화학공장에는 각종 기체의 이송용, 진공발생장치로 이용되어지고 있다. 이의 특징은 구조가 간단하며, 장시간 연속운전에 잘 견디어 효율의 저하가 없다는 것이다. 최고 효율은 0.3kg/m^{2}이하의 상태가 좋으며, 송기량을 유지할 수 있다.

(2) 교반 파이프

교반 파이프의 설계, 시공의 양부는 가공품의 마무리를 좌우하는 중요한 요소의 하나이다. 그것은 전술한 공기교반의 목적이나 효과를 충분히 고려해 목적에 적당한 파이프의 설계, 시공을 하지 않으면 안 된다. 일반적인 교반 파이프의 배치를 **그림 4-2**에 표시한다. 파이프는 조 바닥에서부터 대략 50~100mm위에 위치하고, 조 바닥에 고인 슬러지를 뒤섞여 부상하지 않게 한다. 가공품 또는 Rack와의 상대위치는 Rack의 외주선의 바로 아래에 파이프라인을 놓고, 분출하는 기포가 Rack외주선 보다 5~8mm 떨어진 곳을 통과하게 한다. 다만, 광택니켈 도금과 같이 고 전류밀도로 작업하기 위해서는 **그림 4-1, 4-2** 공기교반 pipe의 가공품의 도금 유효면에 직접 공기를 닿게 할 일반적인 예 필요도 있어서, 파이프라인의 위치를 조정한다. 또, 이러한 경우에는 공기구멍을 위쪽 방향으로 하여 가능한 목적하는 피 가공물 표면에 부딪칠 것 같이 설계를 한다. 공기구멍을 아래 방향으로 하면, 액 전체를 격렬하고 넓게 교반 할 수 있는 효과가 있지만, 압력이나 공기의 양이 부족 할 경우에는 파이프의 모양과 공기구멍의 차이에 따라 공기가 불균일하게 분출되기 쉽기 때문에 시공에 주의를 필요로 한다. 파이프의 내경은 보통 16~25Φ의 범위에서 선정하고, 조 내에 공기의 주 배관으로부터 몇 가닥으로 나뉘어 지게 하던가, 공기 입구를 짧은 간격을 두던가하여 균일하게 공기가 부상할 수 있게 고려를 한다. 이 공기입구는 파이프의 직선길이 3m 마다 만드는 것을 기준이고, 구부러진 부분에는 압력손실이 있으며, 굴곡부분 전후의 구멍으로부터 공기가 유출 될 수 있으므로 주의하여야 한다. 공기구멍의 직경은 보통 1~2.5mm, 간격은 50~150mm이다. 입구 1개로부터 분출하는 공기구멍의 단면적이 파이프내경의 단면적의 2/3전후로 되게 구멍와 간격(수)를 선택한다. 엄밀하게는 피 교반액의 점성, 비중, 혼합물의 유무 등을 고려해 구멍의 크기를 결정하여야 한다. 파이프의 재질은 액의 성질에 따라 선택하며, 보통의 경우에는 내열성과 내약품성을 지닌 PVC재질이나 PP재질을 많이 사용한다.

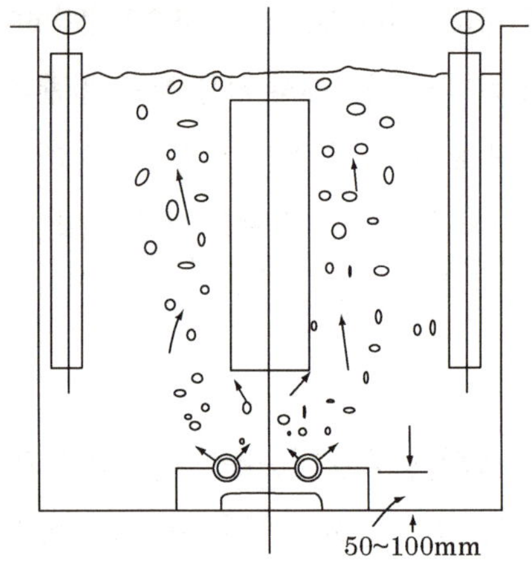

그림 4-1 공기교반 pipe의 일반적인 예

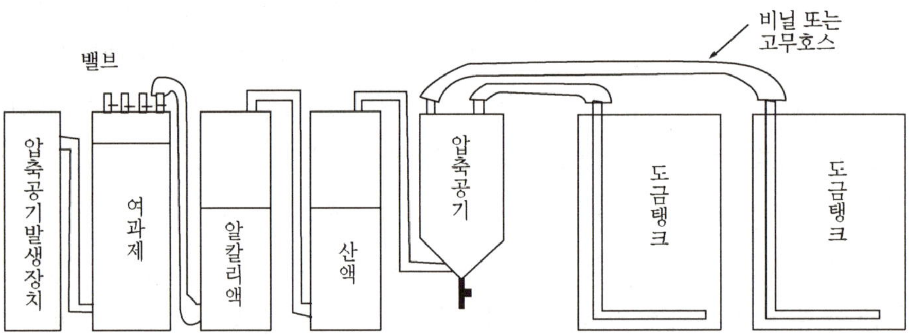

그림 4-2 공기교반 pipe의 일반적인 예

5) 초음파(Ultra-Sonic)에 의한 교반

통상 가청음파란 주파수 15,000~16,000 사이클(회/초)의 진동음을 말하지만, 인간의 귀에 들리지 않는 그 이상의 주파수를 갖는 음파를 초음파라고 정의한다.

액체 중에 강력한 초음파를 발생시키면, 다른 방법에서는 얻을 수 없는 진공현상(Cavitation)이라는 독특한 현상이 일어난다. 초음파는 도금작업에서도 사용하지만, 주로 도금소재의 탈지공정에서 많이 사용되어지고 있다. 초음파에 의한 탈지작용은 전기 에너지를 진동자에 의하여 음향에너지로 변화시켜 이때 발생한 소밀파인 음파는 액체 중에서 장력 및 압축력(수 천 기압)을 받아 팽창 및 진동을 되풀이하면서 진공현상(Cavitation)과 계면교란현상(기계적 교반요소를 포함)을 일으켜 금속제품의 표면으로부터 기름 및 기타 오염물질을 제거하는 방법이다. 즉 이 초음파는 공기 중에서는 금방 없어지지만 액체 중에서는 큰 충격파로 되어 전파된다. 액체 중에서는 직진성이 있으며 물체의 표면부근의 액체가 격심하게 흔들리어 진공현상이 일어난다. 이러한 충격파와 교란 현상에 의한 액체의 격심한 진동을 이용하여 탈지하는 방법이다.

초음파 교반 및 탈지는 고주파 전류를 공급하는 발진기, 고주파의 전기에너지를 기계에너지와 음향에너지로 변환시키는 진동자 등으로 구성되어 있다.

(1) 고주파 발진기

자동발진 방식	간단하나 안정성이 떨어짐
발진 겸 전력증폭방식	일반적으로 사용
귀환(歸環)발진 방식	부하의 변동이 있어도 안정

(2) 진동자

페라이트	400℃까지 사용가능
니켈	300℃까지 사용가능
티타늄산 바륨	100℃까지 사용가능
티타늄산 지르코늄산 납	250℃까지 사용가능

(3) 진동자의 압력

페라이트 진동자	$6 w/cm^2$
니켈진동자	$10 w/cm^2$
티타늄산 바륨	$3 w/cm^2$

(4) 초음파 응용원리

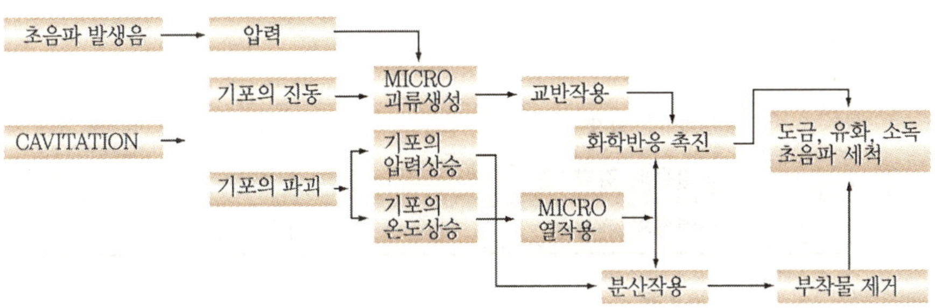

그림 4-3 탁상형 초음파 세척기

그림 4-4 다조식 초음파 용제 세척기

6) 유수 진동 교반 장치에 의한 교반

진동 발생원에 진동모터를 사용하여 교반하고자 하는 액 중에 적절한 넓이, 길이, 두께를 가진 다단진동날(Blade)를 달고, 고정한 틀을 모터에 연결하여, 이것을 진동시키는 방법이다.

(1) 구성 요소

진동 발생	진동모터
진동의 강약	인버터
액체의 유동	다단식 진동판

4.7 가열, 냉각(Heating, Cooling) 장치

도금 작업에 있어서는 소정의 작업온도가 있으므로, 액의 가열, 냉각시킬 필요가 있으며, 또한 액 온도를 일정하게 유지시키기 위해 온도 관리 기기의 설치가 필요하다.

열이란 일종의 에너지이며, 여러 종류(습열, 축열, 증발열 등)가 있지만, 그 작용은 차이가 있다. 열이 이동하는 것을 전열이라고 부른다.

열 교환기는 열 이동을 이용하여, 2가지의 유체(가스 또는 액체)를 얇은 박막(일반적으로 금속)을 막으로 하여 열 이동을 용이하게 하는 기기이다. 일반적으로 열 교환기라고 하면, 유체의 조합 등, 상 변화의 유무에 따라, 가열기, 냉각기, 콘덴서, 증발기 등이 있다.

표 4-2에 도금, 양극산화, 전해연마, 화학연마 등의 표면처리작업에 있어서 사용되는 액의 온도와 가열 또는 냉각의 종류를 표시하였다.

표 4-2 각종 표면처리의 온도 특성

PROCESS	작업 온도	특성		열 교환의 필요	
		원 인	결 과	가열	냉각
아연 도금	40℃(최고)	전해열 및 실온에 의한 온도상승	균일전착성 불량 고전류밀도가 필요하게됨	△	△
시안화 구리 도금	50 ~ 60℃			◎	-
산성 구리 도금	23 ~ 30℃	전해열 및 실온에 의한 온도상승	저전류부분이 광택 불량으로 된다.	○	△
광택니켈 도금	45 ~ 65℃			◎	-
크롬 도금	40 ~ 60℃	전해열 및 실온에 의한 온도상승	경도저하, 광택범위가 고전류밀도부위로 치우된다.	◎	◎
양극 산화 (황산)	25℃(최고)	전해열 및 실온에 의한 온도상승	양극산화피막이 재용해되어 무르게 됨	○	◎
양극산화 (크롬산)	38℃(최고)	전해열 및 실온에 의한 온도상승	피막이 다공질로 무르게 됨	○	◎
전해 연마	상온 ~ 50℃	전해열 및 실온에 의한 온도상승	에칭이 촉진되어 광택이 저하한다	○	△
화학 연마	상온 ~ 110℃	전해열 및 실온에 의한 온도상승	에칭이 촉진되어 광택이 저하한다	◎	△

◎ : 주요설비 ○ : 부수적으로 필요한 설비 △ : 경우에 따라 필요한설비

1. 가열 장치

처리액의 가열은 무엇보다도 조작이 용이하고 관리가 용이한 것이 좋다. 그런 점에서 증기 또는 전기가 좋고, 대용량의 처리액의 가열은 경제성적인 면에서 증기를 사용하는 것이 유리하다.

1) 증기 가열

증기사용의 주목적은 증기가 가지고 있는 높은 응축잠열을 액의 가열에 이용하는 것이다.

실제로 보일러의 용량산정에 있어서는, 각 보일러의 특성, 기타 연관설비와의 조화, 배관에 있어서의 손실 등을 고려하지 않으면 안 되지만, 대체로 정규계산 순서에 의하면 대용량으로 되므로, 초기가열의 시간을 길게 하던가 관련 설비 가열은 시차를 갖게 하는 등의 현장 작업상의 고려를 경제적으로 한다.

조 내의 가열은 철, 납, 스테인레스등 현재의 관 이외에, 최근에는 티타늄이나 탄탈륨 등의 내식성 재료도 사용되어지고 있다. 또한 증기배관과 히터와의 접합부는 내압 고무호스에 의한 절연하는 등의 고려가 필요하다.

도금공장에 있어서는 기술적인 면과 생산적인 면에서 진일보 한 결과 최근설비가 극히 대형화하여, 주요 도금 조에는 열 교환기가 사용되는 경향이 있다. 열 교환기를 조 내에 설치하던가, 순환회로에 의해 액을 가열하는 것이 능률적이며, 열량도 경제적이며, 조의 보수도 합리적이다.

2) 전열에 의한 가열

열원 중에는 전열이 가장 Running-cost가 높으므로, 최근에는 대형장치에는 거의 증기사용으로 변화되어지고 있는 추세이나, 전열 방식은 관리가 쉽고, 온도보전의 보조적 수단으로 편리하며, 특수한 처리액의 경우는 내식성 때문에 금속성증기배관을 사용하지 못하는 등의 이유가 있어 투입식 히타의 경우 종종 사용되어지고 있다. 보호관의 재료에는 스테인레스, 석영, 티타늄, 탄탈륨 등이 사용된다.

표 4-3에 히터의 재질별 용도를 나타내었다.

표 4-3 각종 재질별 히터의 용도

히터의 재질	용 도
석영	니켈, 크롬, 화학니켈, 피로인산 구리, 황산구리, 로듐, 금 도금액, 에칭(산성)액
철	시안계(철, 아연, 은 등),알칼리계 도금액, 알칼리계 세정액, 알칼리탈지 수세액
스테인리스	시안계(철, 아연, 은 등),알칼리계 도금액, 무전해 도금액, 탈지 세정액,
티타늄	니켈, 크롬, 구리 도금액, 탈지 세정액, 에칭액,
카본	화학연마액, 불화물계액,
테프론	금,은 도금액, 석/납 합금 도금액, 화학연마액, 불화물계액

2. 냉각 장치

도금에 있어서는 냉각을 필요로 하는 프로세스가 많이 있다. 액의 가열에는 주의를 기울이는 경우는 많아도 액의 냉각에는 주의를 하지 않는 경우가 많은 것을 볼 수 잇다. 제품의 품질을 향상시키고, 작업능률을 높이기 위해서는 냉각 또한 중요한 요소 중의 하나이다.

열의 발생원은 주로 전해열 또는 반응열이며, 아연도금, 크롬도금, 양극산화, 전해연마, (이상 전해열), 화학연마(반응열) 등이 좋은 예이다. 이 열량을 외부로부터 열 교환에 의해 없앤다면 좋다고 알고 있지만, 실제로는 액 표면이나 조 벽면으로부터 가해지는 열량(실온 이하로 작업하는 경우), 가공품에 의해 가해지는 열량 및 냉각수의 순환펌프에 의해 가해지는 열량 등을 가산하지 않으면 안 된다.

냉각의 가장 일반적인 방법은 용수를 사용하는 것이다. 다만 수량부족이라던가 작업온도가 용수의 수온과 그다지 차이가 없다던가, 또는 용수보다 낮은 경우에는 프레온, 메틸클로라이드, 암모니아 그 밖의 냉매에 의한 냉각기(Refrigirator)를 사용한다.

처리조가 소형이며, 냉각에 의한 온도차 그 밖의 조건이 비교적 까다롭지 않을 경우에는 냉각관을 직접 처리조에 투입시킬 수 있다. 그러나 가열의 항에서 설명한 것처럼 조의 규모가 대형이거나, 관리 조건이 까다로우면, 조 밖에 열교환을 설치하는 방법이 좋다. 이유로는 여기에서의 가열관은 열전도성이 좋은 금속관을 사용하므로, 액에 의해 부식이 일어나면,

냉각기 내로 역류하여 피복을 손상시킬 위험이 있기 때문이다.

이상적인 냉각방식은 열 교환기를 중간에 끼워 넣어 액을 냉각이 시키므로, 냉각장치의 보전에도 좋고, 온도의 조정범위도 넓고, 그 효과도 빠르다. 이 방식은 대규모인 양극산화 설비에는 특히 필요하며, 건축자재 관련 황산법 양극산화에는 수 10kw의 냉각장치와 병렬 운전하고 있는 예도 있으며, 또 저온에 의한 경질 양극산화에는 불가피하다.

냉각방식을 고려하는 업체에서는 장치의 규모나 타 공정과의 연관성을 고려하여, 예를 들어, 조 내의 가열관이나 열 교환기의 증기입구를 수동조작에 의해 냉수와 바꾸던지, 냉각의 목적으로 사용한 용수를 수세수로 재 사용하는 등, 현장작업에 적합한 편리한 수단을 찾을 수 있다. 그러나 대체로 가열, 냉각을 교대로 행하는 처리조에 있어서는, 조작 및 설비의 보수로부터, 가능하면 각자의 설비를 하여 독립적으로 제어하는 것이 좋다.

4.8 액의 정화장치

액의 물리적 여과, 활성탄에 의한 유기성 불순물의 화학적정화, 전해에 의한 금속성 불순물의 제거를 총칭하여 정화라고 한다. 도금에 있어서 액의 오염경로는 대략 다음과 같으며,

(1) 고형불순물의 주요 생성 원인은 액 중에서 작업량에 비례해서 생성되는 Anode-slime이다. 통상 Anode-Bag 또는 격막에 의해 도금액에 침투되는 것을 막고 있지만, 여과포의 틈 사이로 액 중에 혼입되는 경우가 있으며, 그에 의해 도금의 거칠음 등의 불량을 야기시킬 수 있다. 그 밖에 연마층, 장치, 기계등으로부터 떨어지는 금속성 불순물, 투입되는 약품에혼입되어 있는 불순 금속염류 등이 있다.

(2) 유기성 불순물은 pit 방지제나 광택제등의 첨가제의 분해생성물이나, 연마제, 기계유 등, 부품 표면에 묻어 있는 것이 탈락되어 액을 오염시킨다. 또한 불량 Anode-Bag나 라이닝등에 의해 오염될 수 있으며, 이것들은 도금의 pit, 광택불량, 밀착불량등의 각가지 불량을 초래한다.

(3) 금속성불순물은, Bus-bar, 음 양극봉, Rack, 가공품 자체, 하지금속으로 혼입되는 구리, 아연, 철 등이며, 이것들의 일부는 그대로 잔존하여 (1)의 고형불순물로 되지만, 액으로 용해하여 이온화 하는 경우도 많다.

1. 도금액의 여과

도금 기술의 발전에 따라 현재 도금액의 여과는 불가결한 것으로 되었고, 광택도금에서는 여과가 광택의 성과 여부를 좌우하는 중요한 요소의 하나가 되었다. 여과에 의해서 제거되는 것은

1) 불용성의 고형 입자

2) 액 중의 부유물질

이고, 간접적으로 여과를 필요로 하는 것은

(1) 유기 물질을 활성탄으로 흡수시켜서 여과에 의해 제거한다.

(2) 피트 방지와 고속도금을 할 목적의 공기교반이 가능하다. 여과기가 없으면 공기 교반으로 침전물이 부유하여 이들의 고형 입자나 부유물을 제거하지 않으면 ① 거친 도금면, ② 광택불량, ③ 피트가 많은 도금면, ④ 밀착이 불량한 도금면이 된다.

1) 도금용 여과기

도금용 여과기는 도금액 중에서 발생되거나 전처리공정으로부터 혼입되는 고형불순물을 함유한 액체(여과 원액)을 펌프에 압력을 가하여 여재(여과포, 카트리지 등)을 통과시켜, 여재(표면여과–규조토 pre-coat) 위에 또는 여재 안 (내부여과–카느리지 여과)에 고형불순물(여과 cake)를 보충하여 깨끗한 액(여과액)을 물리적 조작으로 얻는 장치이다.

(1) 여과기의 선정

여과기의 선정에 있어서는 여과방법, 도금액의 성질, 작업조건, 여과기의 가격, 설치 면적, 운전시간 등을 고려하지 않으면 안 된다. 광택 도금액의 순환 여과양은 도금조 용량에 대해 1시간당 3~5회전이 필요하다. 예를 들면, 도금액량 1,000리터의 경우, 순환여과량은 3,000~5,000L/H가 필요하다. 순환 여과양이 충분히 얻어진 여과기를 선정하여도 펌프의 압력이 충분하지 않으면 소정의 여과 유량을 얻을 수 없고, 그 결과 도금액의 고형물의 농도가 높게 되어 도금 불량의 원인이 되며, 펌프 효율도 상당히 떨어지게 된다. 따라서 여과기는 고형물이 많아지게 되어 여과기의 압력이 높아지게 되기 전에 신속히 여과재를 세정 또는 교환을 하는 것이 중요하다.

(2) 여과 방법

① 상시 여과

도금 작업 중에 연속해서 여과하는 방법이며, 1시간에 전액량을 3~5회 정도 여과할 수 있는 용량이면 충분하다. 여과의 정밀도는 No.5C 여지를 통과한 액을 100으로 하고, 듀보스크(Duboscq) 비독계로서 80~85의 청액도이면 도금의 품질에는 지장이 없다고 보고 있다. 이 방법을 반드시 필요로 하는 액은 광택 시안화 구리액, 광택 니켈액 등이다.

② 정기 여과

주 1회 정도 정기적으로 일정 시간에 여과하는 방법이며, 이 방법을 행하여도 좋은 액은 스트라이크 구리액, 시안화아연액 및 산성 아연액 등이다. 그러나 현재는 광택액에서는 물론 연속 여과를 해야 하지만, 스트라이크나 무광택 도금액에서도 이들의 질적 향상을 위해서 연속 여과를 권장하고 있다.

③ 정기치환여과

연속 여과를 한다고 해도 일부의 불순물이 계속 남아 있을 수도 있으므로, 보조 탱크를 사용하여 보조 탱크에 도금액을 옮겨서 여과기로 여과하여 도금 탱크에 다시 옮기는 것을 말하며, 유기물이 있을 때 화성탄처리를 할 때도 이 방법에 의하는 것이 좋다. 크론산 도금액이나 전해 연마액 같은 것도 정기적으로 정치한 후에 밑에 침전시켜서 제거하는 방법도 있다.

(3) 여과기의 구성, 재료

여과기의 구성은 크게 여과기 본체, 여재, 펌프로 구별된다.

① 여과기 본체

도금액은 일반적으로 부식성이 강하고 유독성이기 때문에 여재 취급시에 도금액의 부착등을 고려한 여과기가 필요하다. 구조재료는 산성액, 알칼리성액, 강산성액, 기타 특수액에 적당한 재료가 선정되어지고 있지만, 철+고무라이닝, 철 및 수지제로 대별되어진다. 외장은 내식성재료로 도장되어 있다.

② 여재

여과기 구성 부품 중에 제일 중요한 것이 여재이다. 과거에는 원형 숯이나 카본관 등이 이용됐지만, 현재는 합성수지의 발달에 의해 폴리프로필렌 계 파이렉스 여과 포와 카트리지가 만들어져 있다. 다음 표에 각종 여재 재질과 특징을 소개 한다.

표 4-4 각종 여재 재질과 특징

재 질	폴리플로필렌계	폴리아미드계	폴리에스테르계	4불화 에칠렌계
사용온도	80	120	150	240
내 산 성	양호	우수	우수	양호
내알칼리성	양호	양호	양호	양호

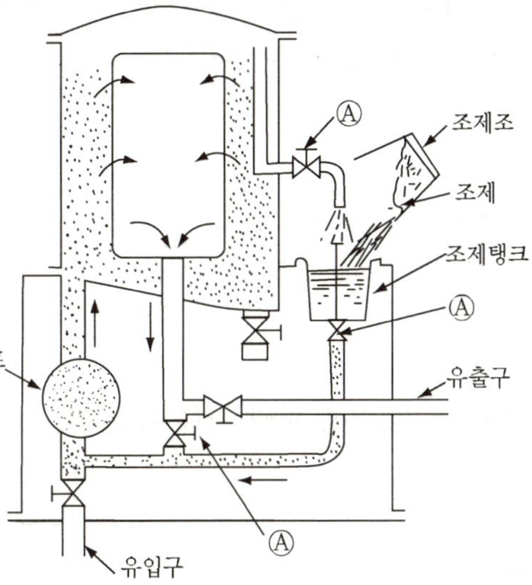

그림 4-5 여과방법

4.9 건조장치

건조는 도금의 후처리 중에 가장 나중에 행해지는 공정으로, 건조가 불충분하면, 도금표면에 변색, 얼룩, 녹 등의 여러 가지 외관 불량을 초래 할 수 있다. 따라서 건조하기 직전의 수세는 가능한 한 순수에 가까운 청정한 물로 수세를 하고, 제품에 적당한 건조 방법을 행하는 것이 중요하다.

1. 건조 방법의 종류

1) 자연 건조

약간의 얼룩은 그다지 문제가 되지 않는 경우(주물 제품 등)에 적당하다.
마지막 수세에 탕세를 실시하여, 깨끗한 공기로 통풍시켜 건조한다.

2) 직화식 열기 건조

열에 강하고, 온도차에 대해서 문제가 없는 것을 처리할 경우 사용된다. 가스, 등유 등을 연료로 하여 직접 가열하여 수분을 증발시킨다.

3) 원심 분리 건조

주로 소형 제품에 많이 사용되며, 약간의 긁힘 등이 허용이 될 때 사용된다. 원심력을 이용하여 탈수를 하므로, 회전속도 등에 주의하여야 한다.

4) 적외선 건조

자동차의 도장 등에 사용되며 방열에 의해 직사 건조되므로 밀폐가 필요하다.

5) 열풍 건조

이용 방법에 따라 효과적인 건조 방법으로 가장 폭 넓게 사용되고 있다.

6) 기타

최종 수세 또는 탕세에 수절제를 사용하여, 건조를 보완하는 방법도 있다.

2. 건조기의 선정

최종 마무리의 중요한 공정에 이용되고 있는 건조기는, 그 외관상으로 비슷하게 보여도, 내부구조, 계기, 장치 등에 있어 가격에 큰 차이가 있다. 설계를 할 때에는 도금제품의 필요조건에 맞는 사양을 검토하고, 가장 경제적인 건조기를 선정하여야 한다.

1) 상자형 열풍 순환식 건조기

상자형 로(爐) 내부에 전기 히터를 설치하고, 열풍을 순환, 증발 건조 시킨다. 저온의 경우는 증기를 열원으로 하는 경우도 있다. 이 건조기를 설계 할 때는 다음 사항에 유의한다.

(1) 로 내부의 온도는 도금 제품에 따라 한계가 있으므로 주의한다.

(2) 사용목적이 항상 일정온도로 작업하면, 온도를 지정해 놓을 수 있는 고정온도 조절의 간이형 건조기가 경제적이다.

(3) 온도 조절이 필요한 경우는 유압식의 온도 조절기를 사용하고, 온도 오차가 작은 고정밀도의 온도 조절이 필요한 경우는, 열전대식이나 저항식 온도조절기를 사용한다.

(4) 내장을 스테인리스로 하면, 반사열에 의해 열효율이 좋게 되며, 수분에 의한 부식을 방지할 수 있다.

(5) 송풍구에 슬라이드(slide)판을 설치하면 풍량 조절을 할 수 있다.

(6) 기타 온도기록계, 경보장치 등을 설치한다.

(7) 건조효율을 좋게 하기 위해 로 내부에 증기가 포화하지 않도록 배기구를 설치한다. 습한 열풍 보다 건조한 열풍을 사용하는 것이 보다 효율적이다.

(8) 로 내부에 피 건조물을 설치하기 위해 걸이나 대차 등을 사용하여 작업효율을 좋게 한다.

2) 송풍식 건조기

열풍발생기에 의해 로 내부에 건조열풍을 보내어 증발건조 한다. 건풍을 보내고, 배기구에 의해 수증기를 배출하는 일방통행 방식이다. 이 방법은 고온으로 하지 않아도 습기를 흡수하므로, 전기료가 싸게 드는 장점이 있다.

3) 컨베어식 건조기

터널식 건조로에 열풍을 불어넣어, 컨베어에 의해 이송되면서 건조시킨다. 터널식은 방열이 많으므로 에어커텐 등을 설치하여 방열을 방지한다. 자동라인에 설치한 경우에는 랙크를 그대로 건조라인에 연결된다. 또한 자동 콘 베어 건조기, 로의 정밀도, 고품질관리기도 리드 프레임, 인쇄회로기판의 반도체 관련 부품의 제조에 사용되고 있다.

4) 베이킹(baking)로

수소취성의 원인이 되는 흡착된 수소를 방출하고, 또한 다른 금속과의 밀착 등 고온용으로 설계된 것으로, 외관은 상자형 건조기와 동일하지만, 내부 구조가 고 정밀도를 가지고 있다. 온도 분포의 균일도 및 온도의 정밀도는 베이킹 처리의 가장 중요한 사항이므로, 로의 내부구조, 단열성, 밀폐성 등을 고려하여야한다.

5) 전기로

화학니켈 도금의 열처리 등에 사용되며, 400℃전후의 로가 주로 사용된다.

6) 원심분리 건조기

원심 탈수기에 히터를 장착하여 열풍건조를 동시에 행하는 경우가 많다. 기기 아래 부분에 브레이크를 설치하여 회전을 제어한다.

7) 회전형 열풍 건조기

상자형 건조기의 경우, 건조물의 형상에 의해 열풍이 균일하게 미치지 못하는 경우가 많다. 이러한 문제점을 보완하기 위해, 상자형 건조기 내부를 회전시키는 방법으로 열풍의 균일한 분배 효과를 기대 할 수 있다.

8) 동결 건조

고온에서 변화하기 쉬운 건조물에 사용된다. 열원을 이용하지 않는 방법이며, 빙점 이하의 온도로 동결시키고, 그 상태에서 승화에 의해 수분을 제거하여 건조시키는 방법이다.

4.10 배기 설비

일반 화학 공장의 경우와 같이 도금 공장에 있어서도 각 공정에서 발생되는 각종 유해물질 및 분진, 소음, 진동 등은 공장 종업원들의 생명, 건강, 환경에 대해 직접적인 영향을 끼치고 있으며, 따라서 회사의 책임이 높게 요구되어지고 있다. 그러므로 주 대기오염원인, 공장 배기 중에 함유되어있는 유해물질 및 분진을 처리하는 배기 처리 설비의 설치는 의무사항으로 되어 있다.

배기 처리 설비를 설계할 때에는 다음의 사항에 주의하여 설계한다.

(1) 배기 설비에 의해 처리된 대기 방출 배기 중에는 유해물 및 분진의 농도는 배출기준을

만족하여 한다.

(2) 배기 설비에 의해 작업이 방해되어서는 안 된다.

(3) 배기 중에 함유된 고가의 물질은 가능한 한 회수하여 재이용한다.

(4) 물 및 전기량의 소비를 최소화하도록 한다.

(5) 배기 설비의 형상 (높이, 면적 등)은 공장의 형상에 맞게 선택한다.

(6) 설비 비용, 운전관리, 수리비용 등이 제품 원가에 영향을 미치는 사항을 고려한다.

(7) 소음 대책을 고려하여, 배기 설비의 종류, 설치 장소를 선정한다.

1. 배기 방법

배기 방법에는 고농도로 발생한 오염물이 주변의 공기 중에 혼합 분산하기 전에 고농도 상태로 국소적으로 보충제거하고 청정화 하여 대기 중에 방출하는 국소 배기와 저 농도의 경우는 보통 작업장 전체의 공기를 오염시키고 있는 상태이므로 신선한 공기를 외부로부터 혼입시켜 작업장 내의 오염농도를 최대 허용농도 이하로 하여, 대기 중에 방출하는 전체 환기가 있다.

전체 환기는 작업상 처리공정에 따라 국소 배기가 설치되지 않은 경우에 채용되지만 배기량이 많은 경우는 환기에 따른 작업장 내의 열 손실을 동반한다.

국소 배기는 도금조, 버프연마기 등 가스 및 분진이 발생하는 곳에 직접 흡입구를 설치하여 배기하는 방법이며, 오염물의 제거 효과가 매우 높고, 또한 경제적이기 때문에 넓게 채용되어지고 있다. 따라서 배기 설비를 설치하는 경우는 우선 국소 배기장치의 설치 가능성에 대해서 검토해야 한다.

배기 계통은 일반적으로 후드(hood), 닥트(duct), 공기청정장치 및 배풍기로 구성되어져 있고, 그것을 계획, 설치 할 때에는 다음과 같은 사항에 유의한다.

① 후드는 작업에 방해가 되지 않게 설치하고, 배기량을 작게 하는 배기 후드를 설계한다.

② 닥트의 중간에 액화 응축하는 성분이 함유되어 있는 경우에는 닥트에 적당한 경사를 주고, 적당한 곳에 배출시킬 수 있는 드레인 관을 설치한다.

③ 배기 송풍기에 대한 소음대책을 검토한다.

④ 배기 중에 함유되어 유해물질이라도 가능한 한 재활용 할 수 있도록 Recycle Process 를 구축한다.

2. 배기 후드의 형식

1) 편측 및 양측 흡입 후드

도금조는 가공품을 조에서 들어올리는 작업을 해야하기 때문에 천장에 후드를 설치하기는 어렵다. 따라서 도금조의 한쪽면(편측 흡입 후드) 또는 양쪽면(양측 흡입 후드)에 후드를 설치해야 한다. 특히 도금조의 한쪽면이 작업 공간으로 되 는 경우에는 편측 흡입 후드가 이용된다. 배기량은 액의 자유 표면의 면적을 기준으로 하여 구할 수 있지만, 다음의 **표 4-5**를 참고로 한다.

흡입의 제어 풍속은 도금의 경우 0.25~0.6m/sec를 기준으로 하지만, 가스의 성상, 발생량 등, 기타 조건에 의해 선정한나. 즉, 가공품을 도금조에서 꺼낼 때 필요한 공간을 남겨두고 조의 상부를 덮던가, 거품방지 판을 설치하는 등의 고려를 해야 한다.

표 4-5 기준 배기량

처리액	편측 흡입(m^3/min)	양측 흡입(m^3/min)
크롬 도금	55	60
시안화 구리 도금	45	50
시안화 아연 도금	45	50
전해세정	45	50
산세	50	55
전해연마	50	55
화학연마	55	60
황산 알루마이트	50	55
탕 세	40	45

2) 천장 후드

각종 산세, 화학연마 등에 주로 사용된다. 화학연마 등에서 가스 발생이 심할 경우에는 조의 3면을 막는 천장후드 (Draft-Chamber)를 적용한다.

3. 배기 닥트

배기 후드에 있어서 소요 풍량을 확보하기 위해서는 닥트의 적절한 설계, 시공상의 압력 손실을 최소한으로 해야 한다. 닥트의 설계에 있어서 기본적인 사항은 다음과 같다.

(1) 관 통로의 길이는 가능한 한 짧게 한다. 이를 위해서는 조(배기 후드)와 배풍 기의 상관 위치는 가능한 한 최단거리에 위치하는 Lay-out상의 고려를 한다.

(2) 닥트 안의 풍속은 10~13m/sec를 기준으로 한다.

(3) 닥트의 곡선은 되도록 작게 하지만, R은 닥트의 관지름의 2배 이상으로 크게 한다.

(4) 분배관에는 풍량을 조절할 수 있는 조절기를 설치한다.

4. 배풍기

도금 공정에서 배기의 목적으로 사용되는 배풍기는 비교적 압력이 낮지만, 큰 관의 압력이 필요하다. 일반적으로 10~100mmAq의 것이 사용되어지고 있다. 배풍기의 재질은 통상 알칼리계 가스 또는 미스트에 대해서는 철재가, 산계의 가스에 대해서는 PVC를 이용하는 것이 일반적이다. 고온, 물리적 강도, 내마모 등을 고려하면, 내열 PVC, 폴리프로필렌 등의 유기재료나 스테인레스, 티타늄 등의 내식 합금이 사용되는 경우도 있다.

5. 가스 세정 장치

배기가스나 미스트 등을 그대로 방출시키면, 대기를 오염시키므로, 환경적인 문제가 대두될 수 있다. 따라서 가스세정장치에 의해 유해성분을 제거하여 배출 시킨다. 이러한 목적으로 사용되는 가스세정 장치는 배풍기의 출구 부위에 설치하고, 위쪽에서 물 또는 중화액을 샤워 방식으로 분사시키며, 배기가스는 아래쪽의 충진 층을 거치게 된다. 이에 따라 유해성분을 흡수 제거하게 된다. 또한 세정장치에 의해서 흡수 제거된 세정수는 미량이라도 유해성분을 포함하고 있으므로, 도금 폐수와 합류시켜 폐수처리를 하여야 한다.

제 5 장 전기도금

5.1 구리도금

구리는 비중이 8.92인 핑크빛 금속으로 은을 제외하고는 전기전도성이 가장 좋은 금속으로 원자가는 1가 또는 2가이다. 구리는 가장 자주 도금되는 금속인데, 비교적 매끄럽고 연성이며, 광택이 나기 쉽고 많은 종류의 용액에서 도금이 쉽게 된다. 구리 금속의 표면도 바깥층이 공기중 산소와 반응하여 붉은색에서 검은색까지의 다양한 색으로 산화물을 형성하면서 녹이 슬게 된다. 이 산화물은 보호층 처럼 되어 더 이상의 손상으로부터 구리를 보호해 주며, 특히 공기 중 변색에 민감하므로 주의해야 한다.

구리도금을 하는 방법은 산성법과 알칼리성법이 있다. 산성법은 보통 황산구리 용액 속에서 구리피막을 입힐 목적으로 하고, 알칼리성법은 시안화구리, 시안화칼륨, 시안화나트륨 용액을 사용한다. 산성법에 의한 도금은 전기주조 또는 철제품 위에 니켈 등을 도금하기 위한 하지도금에 사용되며, 알칼리성법은 철, 아연 다이캐스트 제품 위에 산성구리도금, 니켈도금 · 크롬도금을 하기 위한 하지도금 등으로 사용된다.

구리의 전기화학적 특성은 많은 화합물을 형성중인 구리는 원자핵 주위 전자들을 하나나 두 개를 잃으면서 다른 원소와 결합한다는 것을 알 수 있을 것이다. 구리화합물중 전자 1개를 잃은 구리가 있는 것은 큐프로스(cuprous) 또는 1가 구리 화합물이라 하고, 2개의 전자를 잃은 구리가 형성하는 화합물은 큐프릭(cupric) 또는 2가 구리 화합물이라 한다.

구리도금은 1가, 2가의 어느 것이나 석출시킬 수 있다. 1가 이온은 주로 시안화구리 도금액으로부터, 2가 이온은 황산구리, 붕소플루오르구리, 피로인산구리, 술파민산구리 등의 도금으로부터 석출한다. 2가 이온은 1Ah에 1.186g, 1가 이온은 2.372g의 구리를 석출시킨다. 또 구리도금을 산성과 알칼리 도금액으로 분류하면 산성은 황산구리, 붕소플루오르화구리(붕불화구리), 술파민산구리 도금액이며, 알칼리성 도금액은 시안화구리, 피로인산구리 도금액 등이며, 붕소플루오르화구리는 고속도 도금 등의 전주분야에 많이 이용되고 있다.

전에는 니켈→황산구리→니켈→크롬의 공정이 행하여졌으나, 황산구리는 균일 전착성이 작고 철강에 직접 도금이 곤란하기 때문에, 시안화구리 도금→니켈→크롬의 공정으로 도금을 하고 황산구리는 전주에만 한정되었다. 그러나 최근에는 황산구리도 광택제에 의한 완전 광택이 가능하게 되면서부터 니켈→황산구리→니켈→크롬 또는 시안화구리 스트라이크→황산구리→니켈→크롬으로 평활성이 좋고 완전 광택도금이 가능하며, 폐액 처리가 간단한 시안화구리 스트라이크→피로인산구리→니켈→크롬을 행하여 중도에 버프 연마 없이도 광택 도금을 할 수 있게 됐다.

1. 황산구리도금

1가의 황산구리(Ⅰ) 및 2가의 황산구리(Ⅱ)가 알려져 있다. 1가의 황산구리를 황산제일구리라고도 한다. 무색 또는 회색의 가루이다. 물속에 넣거나 습한 공기 중에 방치하면 황산구리(Ⅱ)가 된다. 200℃로 가열한 진한황산에 구리를 녹여, 알코올로 처리하면 얻을 수 있다. 2가의 황산구리를 황산제이구리라고도 한다. 푸른색의 투명한 결정으로 비중은 2.286이다. 건조한 공기 중에 두면 서서히 수분을 잃고 가루가 된다. 가열하면 45℃에서 2분자의 물, 110℃에서 4분자의 물, 다시 250℃에서 모든 물분자를 잃고 무색의 무수물이 된다. 황산구리(Ⅱ)에 수산화나트륨을 넣고 가열하면 염기성 산화구리가 되어 검은색으로 바뀐다.

무수물로 존재하기도 하고 5수화물로 존재하기도 하는데, 5수화물은 담반으로 천연에서 산출된다. 무수물은 물분자가 모두 빠져나간 상태의 분자를 말하며, 5수화물은 분자 주변에 물분자가 5개 붙어 있는 상태를 말하는 것으로 무수물은 흰색의 가루로 비중 3.03, 100g의 물에 0℃에서 14.3g, 100℃에서 75.4g 녹는다. 메탄올에는 조금 녹지만 에탄올에는 녹지 않는다. 5수화물은 구리에 묽은황산과 공기를 반응시키거나, 산화구리를 묽은 황산에 녹인 후 증발과 농축의 과정을 거쳐 결정화하면 얻어 진다

1) 도금액의 조성

황산구리($CuSO_4 \cdot 5H_2O$) 150~250g/l, 황산(H_2SO_4) 45~80g/l, 비중(25℃에서) 19~24Bé(보오메) 으로 황산구리 농도의 범위가 이와 같이 넓어 관리는 용이하다. 농도의

증가에 따라 액의 전도도가 증가하여 고전류 밀도로 도금을 할 수 있다. 동시에 도금 상태도 개선되지만, 황산구리의 농도가 60g/l이하로 되면 음극 능률이 감소하고 하며 연마하기 힘든 도금이 된다. 황산구리의 농도는 황산의 농도에 좌우되며, 황산 농도가 증가하는데 따라서 용해도가 감소한다. 이의 관계는 **표 5-1**과 같다.

표 5-1 25℃에서의 황산과 공존에 의한 황산구리($CuSO_4 \cdot 5H_2O$) 용해도의 변화

공존하는 황산량	황산구리 용해도	공존하는 황산량	황산구리 용해도
0 g/l	352 g/l	98.1 g/l	267 g/l
24.5	326	122.6	250
49.5	304	147.1	230
73.0	285	171.6	212

전주(electroforming)의 경우는 황산구리 240g/l , 황산 60~75g/l 등의 범위이며, 반광택 도금으로는 황산구리 248g/l ,티오요소[$(NH_2)CS$]0.0075g/l, 황산 11.2g/l,습윤제 0.2g/l 티오요소는 도금층이 경해지는 결점이 있다. 완전한 광택과 연한 도금을 얻으려면 다음과 같은 조성과 조건으로 도금을 하면 된다. 황산구리 200~240g/l , 양극의 면적비 양극 : 음극=2 : 1이상, 황산 45~66g/l, 음극 전류효율 100%, 염소분 0.008~0.015%, 유기 광택제 2~10ml/l(용량) 온도 18~30℃, 음극 전류밀도 2~8A/dm^2 공기 교반 과 양극 함인동(0.01~0.5%P) 사용 및 연속 여과가 필요하다. 이 광택 도금법은 심한 공기 교반을 할수록 광택과 평활성이 크고, 균일 전착성이 크다. 전기동판을 양극으로 사용하면 도금을 할 때 미세한 구리의 분말이 떨어져서 이것이 음극에 부착하여 거친 도금을 만들어 준다. 특히 광택을 요구할 대는 공기 교반을 해야 하므로 한층 이 구리 분말의 생성을 방지해 주어야 한다. 양극에 인(P)이 들어가 있는 것을 사용하면 광택도 좋아지고 이러한 구리 분말의 생성이 급격히 감소된다. 따라서 광택 도금에는 특히 함인동판을 사용하여야 하며, 특히 강산에 적합한 양극 주머니를 씌우고 연속 여과를 해 주어야 한다.

PCB(인쇄회로기판) 도금의 경우는 황산구리농도가 높고 황산의 농도가 낮은 액에서는 저전류밀도 부분에서는 무광택이며, 온도가 올라갈수록 무광택이 고전류밀도 부분까지 옮겨가며, 균일전착성과 피복력도 좋지 않다. 그러나 황산구리농도가 낮고 황산농도가 높은 액에서는 이러한 결함이 적다. 추천할 수 있는 저농도광택황산구리 도금액이 조성은 $CuSO_4 \cdot 5H_2O$ 70~100 g/l, H_2SO_4 100~190 g/l이다. 특히 고균일성액으로 황산구리가 90 g/l,

황산이 180 g/l의 액은 균일전착성이 대단히 우수하여 프린트회로의 양면기판에서 구멍(through hole)도금에 사용되고 있다.

또한 고농도 광택황산구리 도금액과 저농도 광택황산구리 도금액과의 레벨링을 할셀시험으로 비교하면, 고전류밀도에서는 저농도액이 약간 나쁘지만, 저전류 밀도에서는 고농도액보다 저농도액이 훨씬 좋다. 일반적으로 광택황산구리 도금의 시간은 도금제품의 저전류밀도 부분의 광택과 레벨링의 정도로 정하게 되므로 이 저농도 광택황산구리도금액의 사용은 도금시간의 단축과 구리의 절약에도 도움을 준다. **표 5-2**는 고농도 및 저농도 광택 황산구리 도금법을 비교한 것이다.

표 5-2 고농도 광택황산구리 도금법과 저농도 광택황산구리 도금법과의 비교

약품 및 조건 \ 액종류	일반액	전주액	저농도액	고균일성액 (high throwing bath)
황산구리($CuSO_4 \cdot 5H_2O$)	200~250 g/l	200~240 g/l	100 g/l	60~100 g/l
황산(H_2SO_4)	40~75 g/l	60~90 g/l	100 g/l	170~220
H_2SO_4/Cu	약 1/1	약 1/1	약 4/1	약 10/1
염소(Cl^-)	30~120 mg/l	20~80 mg/l	40~80 mg/l	40~100 mg/l
첨 가 제	적 당 량	적 당 량	적 당 량	적 당 량
온 도[℃]	20~35	25~40	20~35	20~30
액 전 압[V]	약 4.5	6~12	약 2.7	약 1.5
음극전류밀도[A/dm^2]	1~10	1~20	1~3	1~4
양 극	함인동	함인동	함인동	함인동
교 반	보통	강	강	강

2) 도금액 성분의 역할

황산구리는 도금에 필요한 구리이온(Cu^{2+})을 공급해 준다. 도금액 중에 구리의 농도가 크면 높은 전류밀도로서 작업을 할 수가 있으며 도금은 연해진다. 보통 한 번 건액한 도금의 황산구리 함유량은 증가하는 경향이 있으므로 계속 공급은 필요 없다. 황산구리의 농도가 240g/l이상이 되면, 25℃에서 탱크의 벽이나 양극에서 황산구리 결정이 생성되며, 온도가 낮아지면 한층 더 낮은 농도에서도 결정한다. 일단 농도가 커진 황산구리액은 묽게 하거나 양극(+) 면적을 작게 해서 황산구리의 농도를 낮출 수가 있다. 또 황산구리가 양극(+) 면에

결정하면 양극 부동태가 생길 우려가 있다.

황산의 역할은 도금액의 전도도를 향상시킴으로써 희망하는 전류밀도를 낮은 전압에서 얻고자 하는데 있으며, 보통 45~65g/l이 필요하다. 따라서 이 농도보다 낮으면 도금액의 전기 전도도가 감소하여 온도를 올려야 소정의 전압에서 사용할 수 있다. 황산의 농도가 이것보다 높으면 균일 전착성이 감소되고, 광택 도금에서 특히 고전류밀도 부분은 광택이 나지 않는다.

염소이온은 염산분이 용량으로 0.008~0.015%의 범위가 필요하며, 이것이 이 범위에 있으면 평활한 도금이 되고 불순물에 대한 허용값이 커진다. 이것보다 낮을 때에는 모서리 부분이나 고전류밀도가 검게 도금이 되고, 평활성과 광택이 적어지면 침상입자의 도금이 되기 쉽고 광택제의 효과가 없다. 이것보다 높으면 광택제의 소모가 많아지고 광택 범위가 작아져서 굳은 도금이 되기 쉽다. 염소분은 수돗물에 들에도 들어가 있기 때문에 위의 부족현상이 생기지 않는 한 보충하지 않아도 된다.

첨가제(광택제)는 도금된 금속의 광택, 결정의 미세화, 면의 평활화, 전류밀도의 증가를 도모하기 위해서 여러 가지 첨가제가 사용되고 있다. 황산구리는 광택제를 첨가함으로써 평활도(leveling)가 대단히 큰 도금을 할 수 있으며, 현재까지의 어떠한 광택 도금보다도 황산구리도금의 레벨링이 크다.

3) 도금액의 관리

양극과 음극의 효율은 거의 100%에 가까우나, 때로는 양극(+)쪽이 화학적 용해에 의해서 약간 높으므로 액의 관리는 용이하다. 일반적으로 비중과 황산의 농도를 측정함으로써 **표 5-3**으로부터 황산구리의 농도를 간단히 알 수가 있다. 조성 변화는 묻어나는 것에 의한 것이 많으므로 부족분을 보충하면 된다. 여과는 정지액에서는 횟수를 적게 해도 좋으나, 교반을 하는 경우에는 상시 여과를 해야 한다. 특히 광택 도금에는 공기교반, 상시 여과가 반드시 필요하다.

표 5-3 비중과 황산, 황산구리의 전농도

비중 25°~4℃	H_2SO_4 + $CuSO_4$·$5H_2O$ g/l	비중 25°~4℃	H_2SO_4 + $CuSO_4$·$5H_2O$ g/l	비중 25°~4℃	H_2SO_4 + $CuSO_4$·$5H_2O$ g/l	비중 25°~4℃	H_2SO_4 + $CuSO_4$·$5H_2O$ g/l
1.01	20	1.06	100	1.11	183	1.16	268
1.02	36	1.07	117	1.12	200	1.17	289
1.03	52	1.08	133	1.13	217	1.18	303
1.04	68	1.09	150	1.14	234	1.19	321
1.05	84	1.10	166	1.15	251	1.20	339

4) 불순물의 영향

다른 도금액에 비해서 불순물에 둔하다. 그러나 비소, 안티본은 취약한 도금이 된다. 니켈과 철은 가장 들어가기 쉬운 불순물이며, 도금액의 전도도를 감소시키고 이양이 많아지면 거칠고 연마하기 힘든 도금이 된다. 또한 광택제, 라이닝제 등 분해 생성물은 도금을 취약하게 하는 원인이 되므로 활성탄처리로 제거해 준다.

5) 전처리와 후처리

철이나 아연소지를 직접 액 중에 넣으면 치환에 의해서 구리가 석출하며, 밀착이 좋지 않은 도금이 된다. 따라서 전처리 후에 시안화구리 15~30g/l의 스트라이크액이나 니켈 스트라이크액을 사용하여 스트라이크 도금을 한다. 시안화구리 스트라이크를 했을 때는 수세를 완전히 하고 산으로 중화하여 알칼리분을 충분히 제거하도록 한다. 그렇지 않으면 밀착 불량이 생길 수가 있다.

2. 시안화구리도금

시안을 기본으로 하는 구리도금은 기능과 장식을 위한 도금의 하지도금으로 많이 이용된다. 시안화구리도금은 최초 저농도로 사용되었으나, 지금은 중농도에서 고농도까지 폭넓게 사용되고 있다. 도금의 장점으로는 저전류부의 피복성이 우수하여 우수한 밀착성을 얻을 수 있으며, 전기전도성이 좋아 도금속도가 빠르다. 철의 부분침탄 방지용 마스킹 도금으로 사용되며, 첨가제를 이용한 광택도금도 가능하다. 철 소지 등 대부분의 금속에 직접도금이 가능하다. 또한 납땜성이 좋고, 부드러운 연성 피막을 갖는다. 단점으로는 시안화물을 함유하므로 유독성을 갖으며, 취급과 폐수처리에 철저해야하며, 금속구리 농도가 상승되면서 유리 시안이온의 관리가 필요해진다.

시안화구리도금은 니켈-크롬도금이나 니켈-황동 도금의 하지도금으로 자동차의 장식이나 금속제품 가정기구 전기용품 배관용품 가전잡화나 기타 아연다이케스팅 장식과 기능 도금으로 사용된다. 전기접점 부품의 경우 니켈-금 도는 니켈-은 도금의 하지로서 구리나 니켈 합금에 이용된다.

1) 도금액 조성 및 역할

구리 스트라이크(strike)는 전해탈지를 겸해서 스트라이크를 하는 수가 있다. 스트라이크는 30초 정도가 좋고, 특히 1분 이상 스트라이크를 하고 싶을 때는 로셸염을 가하는 것이 좋다. 이 때 유리 시안화소다가 감소하는 경향이 있으므로 주의해야 하며, 이것의 감소는 밀착의 불량을 초래한다. 이 스트라이크용에서도 아연 다이캐스팅 같은 것에 할 때는 나트륨용 보다는 칼륨용을 사용하는 편이 좋고, 이때는 유리 시안화칼륨을 5~20g/l으로 해야 한다. 또한 여기에 로셸염은 15~30g/l으로 하든가 적절한 첨가제(광택제 등)를 넣으면 도금된 면이 곱게 되고 탄산분이 증가하는 것이 감소되며, 양극의 용해를 도와주게 된다. 또한 알루미늄 위에 스트라이크를 할 때는 수산화나트륨이나 수산화칼륨을 넣지 않도록 한다.

중농도와 고농도(고속도) 도금액은 양극(+) 전류밀도가 1.6~2.1A/dm^2의 범위에서는 양호한 도금을 얻을 수 있으나, 3.2A/dm^2 이상이 되면 양극은 불용성박막이 생겨 양극 용해가 잘 되지 않는다. 또 0.2~0.3A/dm^2와 같은 작은 전류밀도에서는 도금면이 조잡하게 된다. 도금액을 순화 또는 교반하면 전류밀도를 높일 수 있다. 교반의 조건은 366cm/min이며, 액의 순환이 충분하면 30~60cm/min이라도 좋다. 일반적으로 공기 교반을 사용하고 있다. 이 중 고속도금액은 120g/l의 시안화구리가 들어 있는 제일 높은 농도의 액을 말하며, 고전류밀도로 도금하게 되기 때문에 대개 피트가 생기므로 광택제나 양성 이온형 계면활성제를 넣는다. 또 이 액의 농도가 높아서 묻어 나오는 손실이 크기 때문에 칼륨액을 하여 금속이온의 양을 반으로 줄이며 고전류 밀도로 도금하는 방법도 있다.

시안화구리 도금액의 액조성은 **표 5-4**와 같다.

표 5-4 시안화구리 도금액의 액조성

	스트라이크 (저농도)액	중농도	고농도	배럴액	로셸염액
시안화구리(CuCN)	15~30g/l	60~75g/l	90~120g/l	50g/l	75g/l
시안화소다(NaCN)	20~45	70~85	100~135	70	98
유리시안화소다	15이상	5~10	5~10	15~25	10~15
시안화칼륨(KCN)	-	(91~97.5)	(130~175)	-	(117)
수산화나트륨(NaOH)	0~7	10~40	25	-	30
수산화칼륨(KOH)	-	(10~40)	(25)	8~15	(30)
로셸염	-	30~60	-	60	30~60
pH	11.5	12.4	12.4~12.6	-	12.4~12.8
온도(℃)	45~60	60~70	75~85	50~60	60~70
전류밀도(A/dm^2)	-	2~4	2~11	-	3~6
교반	음극	음극, 공기	음극, 공기	-	음극
음극효율(%)	30~60	80~100	90~100	-	100
여과	연속	연속	연속	연속	연속
전압	4~6V	<6	<6	6~12	<6

2) 각 성분의 역할

(1) 시안화나트륨 및 시안화칼륨

시안화구리에 시안화나트륨을 가하면 서로 반응하여 시안화구리나트륨이 되며, 이것을 만드는 데 소요된 나머지의 시안화 나트륨분을 유리 시안화나트륨이라고 한다. 이 유리 시안화물의 양이 도금에 중요한 역할을 하며, 분석을 하면 전체 시안화나트륨분이 아니고 유리시안화 나트륨분만이 측정되어 나온다. 액 중에서 시안화구리 나트륨은 다음과 같이 전리해 가면서 구리이온을 공급한다.

$$CuCN + 2NaCN \rightarrow Na_2Cu(CN)_3$$

$$Na_2Cu(CN)_3 \rightleftharpoons 2Na^+ + Cu(CN)_3^{2-} \qquad \text{1차 전리}$$

$$Cu(CN)_3^{2-} \rightleftharpoons Cu^+ + 3CN^- \qquad \text{2차 전리}$$

시안화나트륨 대신에 시안화칼륨을 사용하면 같은 전착 상태로서 전류 밀도를 높일 수 있고, 특히 30g/l이상의 이온(CuCN으로 42g/l이상)에서는 이것의 효과가 크다.

(2) 수산화나트륨 및 수산화칼륨

수산화나트륨(NaOH)과 수산화칼륨(KOH)은 pH조절에 사용된다. pH는 도금의 광택을 좌우하며, 또한 전도도를 좋게 하고 균일 전착성을 향상시킨다. 여기서도 나트륨보다 칼륨이 좋다는 것은 위의 시안화나트륨보다 시안화칼륨이 좋은 것과 마찬가지이다.

(3) 탄산나트륨

탄산나트륨도 30g/l까지 넣을 때가 있고, 넣지 않더라도 도금액 중의 수산화나트륨 이나 시안화나트륨 등이 공기 중의 CO_2와 반응해서 증가한다. 이것의 역할은 액의 전도도를 좋게 하며 균일 전착성을 높이고, pH의 관리를 용이하게 해주며, 철의 부식용해를 방지한다. 농도는 60g/l이 한도이며, 이 이상이 되면 양극의 용해를 방해하여 능률을 저하시킨다.

(4) 로셸염

로셸염(주석산칼륨나트륨; $KNaC_4H_4O_6 \cdot 4H_2O$)은 유리 시안화나트륨의 양극 용해를 보조해 주며, 전류밀도를 크게 할 수 있으므로 두꺼운 도금이 가능하며 광택을 좋게 하여 준다. 특히 광택 시안화구리 도금에서는 양극 용해를 위해서 첨가하고 있다.

(5) 첨가제

광택제의 첨가는 전류밀도의 향상과 평활하고 광택이 좋은 도금을 얻기 위해서 사용되고 있다. 티오황산나트륨, 탄산염, 아셀렌산소도, 로당칼륨, 아연, 탄산납 또는 시판되는 유기 광택제가 있다.

3) 도금액의 관리

(1) 탄산나트륨분의 관리

시안화액은 액이 분해하기 때문에 그만큼 보충시켜 주어야 한다. 즉 시안화알칼리, 수산화알칼리는 공기 중의 탄산가스를 흡수해서 탄산나트륨으로 된다. 액 중의 탄산나트륨이 증가하면 양극 용해가 불순하고 음극 전류효율이 저하하며, 액의 전도도가 감소한다. 또한 광택 도금이 생기는 전류밀도 범위가 좁아지며 액의 점도가 커서 묻어 나오는 양이 많아진다. 따라서 60g/l이상이 되면 제거해야 한다. 제거하는 방법은 5℃이하로 도금액을 냉각시켜 탄산나트륨을 석출 침전시키는 방법과 주석산에 의해 분해시키는 방법 등이 있으나, 수산화칼슘의 첨가법이 가장 무난하며 널리 사용되고 있다. 1kg의 탄산소다를 제거하는데 계산상

0.7kg의 $Ca(OH)_2$를 필요로 한다. 가입한 후 액온을 80~85℃로 유지해서 2시간 이상 교반하고 충분히 반응시킨 후 여과한다.

$$2NaOH + CO_2 \rightarrow Na_2CO_3 + H_2O$$

$$2NaCH + CO_2 + H_2O \rightarrow Na_2CO_3 + 2HCN$$

$$Na_2CO_3 + Ca(OH)_2 \rightarrow CaCO_3 + 2NaOH$$

(2) 금속불순물의 영향

시안화구리 도금에 미치는 불순물의 종류, 미치는 영향, 제거방법은 **표 5-5**에서 보는 바와 같다.

표 5-5 시안화구리 도금에 미치는 불순물의 영향

불순물	영향	제거방법
6가크롬 (Cr^{+6})	0.01g/l이 되면 무광택, 조잡, 균일 전착성 불량, 밀착불량, 능률 저하	1) 공전해(전해 환원) 2) 차아황산소다($Na_2S_2O_4$)로서 3가크롬으로 환원
납(Pb)	0.03g/l이하는 광택제로 된다. 많아지면 피트가 생기고 굳고 조잡한 도금, 분극이 생긴다.	1) 약전해(65℃, 0.2A/dm^2) 2) 유리 시안화나트륨 13g/l으로 해서 Na_2S(황화소다)를 첨가 침전시킨다.
아연(Zn) 카드뮴(Cd)	0.02g/l이하는 광택제로 되나 그 이상이면 음극전류의 능률 저하, 저전류밀도부에 황동 석출 등이 생긴다.	위와 같음.
철(Fe)	조잡한 도금	침전 상태일 때는 완전, 여과, 냉각, 결정 제거(황혈염으로 된다)
니켈(Ni)	위와 같음. 0.02g/l에 광택 소실	전해 제거
유기물	피트 얼룩이 모양, 탄다(burning), 물리적 성질 결함	활성탄 처리
황산기 $(SO_4)^{2-}$	0~100g/l에서는 영향이 거의 없다. 그러나 광택 시안화구리에서는 피트, 줄 발생	5℃ 이하로 냉각, 수산화칼슘 수산화바륨으로 황산칼슘 또는 황산바륨을 만들어서 제거

(3) 유기불순물의 영향

시안화구리 도금액은 유기 불순물에 상당히 민감하기 때문에 정기적으로 활성탄처리를 해

야 한다. 만일 항상 여과포에 활성탄을 넣어 연속 여과를 해 주게 되면 광택이 좋고 연한 도금이 되며, 평활성이 좋은 도금면을 얻을 수가 있다. 따라서 시안화 도금액에 적합한 유기 광택제나 계면활성제를 넣어 주면, 유기 불순물에 둔한 도금액이 되어서 계속적인 활성탄처리를 하지 않아도 된다.

4) 광택 도금법

(1) 타이머(timer)에 의한 방법(불완전정류 및 직류·교류교대법)

광택 시안화구리 도금법은 평활전류를 흘리는 것보다는 주기적으로 타이머에 의해서 전류를 중단하고, 그 사이에 다른 종류의 전류를 흘리든가 도금을 중단하든가 함으로써 광택을 주며 광택 전류밀도 범위를 넓힐 수가 있다. 즉 중단을 하는 동안 제품을 양극으로 교체하는 방법을 PR (perodic reverse)법이라 하며, 중단하는 동안 교류를 넣는 방법을 교직류 병용법, 전류를 전혀 흘리지 않는 방법을 단절법이라고 한다. 중단은 대략 도금 시간의 1/3로 하고 있다. 즉 타이머를 사용하여 10초간 도금하면 중단은 3초, 15초로 하면 5초로 하고 있다. 또한 금속 정류기의 결선을 달리함으로써 극히 단시간 역방향으로 전류를 넣거나 절단하거나 완전히 정류되지 않은 전류를 흘리는 방법이 있다. 이것을 불완전병류법이라고 한다. 액의 관리를 잘 하면서 이 방법을 적용하면 조작도 용이하며, 광택도 향상된다. 우리나라에서는 대개 교직류 병용법을 사용하며, 이 방법이 가장 좋은 결과를 준다고 한다.

(2) 음극진동에 의한 방법

예를 들면 셀렌계 화합물을 광택제로 해서 첨가했을 경우, 실제 또는 실험에 있어서 정지 상태보다 음극을 진동하거나 공기로 교반하는 편이 좋은 광택을 얻는다. 음극 진동에 의해서 광택의 균일성, 균일전착성이 양호하게 된다. 헐셀(Hull Cell) 시험에 의한 결과를 보면 다음과 같다. 즉 광택 전류밀도 범위는 음극 이동속도의 증가에 따라 고전류밀도부로 이동한다. 이 속도와 전류밀도와의 관계는 상대적인 비율이 있다. 즉

이동속도	음극전류밀도
1m/min	$2A/dm^2$
2m/min	$3\sim4A/dm^2$

에서 광택면을 얻는다. 실제로는 1~3m/min에서 $3\sim4A/dm^2$가 제일 좋은 조건이다.

(3) 첨가제(광택제)에 의한 방법

아셀렌산이나 아센렌산소다는 0.5~1.0g/l, 아자산소다이면 0.5g/l, 로단칼륨은 5g/l, 탄산납이면 0.01~0.03g/l, 또한 아연 0.4~0.7g/l+로단칼륨 5~15g/l 또는 살리실산 10g/l+구연산칼륨 5g/l+로단칼륨 10g/l을 넣는 방법이 있고 시판하는 유기 광택제가 있다. 이들은 위에서 말한 전류파형의 변화를 병용하면 더 좋은 광택과 평활성을 얻을 수가 있다.

(4) 온도의 영향

온도는 높을수록 광택 전류밀도가 높고 그 범위도 넓다. 이의 정도는 칼륨액과 소다액에서 각각 다르며, 같은 농도로 했을 경우는 칼륨액이 온도에 대해서 둔하므로 작업은 용이하다. 온도는 광택에 가장 크게 영향을 주게 되며, 70° 이상이면 좋으나 65℃이하에서는 얼룩이 없는 완전한 광택을 바라는 것은 불가능하다.

3. 피로인산구리도금

하지도금, 침탄방지, 프린트 기판도금용으로 이용되며, 알칼리성 도금액을 사용한다. 결점으로는 철강이나 아연 다이캐스팅 소지에 밀착이 좋은 도금을 하고자 할 때는, 시안화구리 스트라이크나 니켈 스트라이크를 여전히 해야 한다는 점이다. 또한 액관리가 다소 복잡하며 가격이 비싸고 시안분이 피로인산구리 도금액에 들어가면 해롭기 때문에 수세를 철저히 할 필요가 있다. 장점으로는 균일전착성과 평활성이 매우 좋다는 점이다.

1) 도금액 조성 및 조건

광택 피로인산구리 도금액 조성 및 조건은 **표 5-6**, **표 5-7**과 같다.

표 5-6 피로인산구리 도금액 조성

피로인산구리($Cu_2P_4O_7 \cdot 3H_2O$)	80~94g/l
피로인산칼륨($K_4P_2O_7$)	290~337g/l
암모니아수(비중 0.9)	3~4.6ml/l
폴리인산	pH조정용(3ml/l)

표 5-7 피로인산구리 도금조건

광택제	약간(1~4ml/l)
pH	전기실 8.2~8.9
P_2O_7/Cu 비	7.0~8.0
온도(℃)	43~60
전류밀도	1~7.5A/dm^2
탱크전압	2~5V
양극 : 음극 면적	1 : 1~2 : 1
양극판	함인동판
교반	음극 이동 또는 공기
여과	필요에 따라서 단속 또는 연속

2) 관리

광택제를 사용하면 교직류 병용법은 필요 없고 직류만으로 가능하며, 관리가 대단히 용이하다. 더덕 부착 도금이 생기지 않고 양극 주머니도 필요 없으나 상시 여과는 할 필요가 있다. 활성탄 처리 후에 이것을 완전 제거하지 않으며 조잡한 도금이 된다. 불순물에는 대단히 둔하며, 아연, 니켈은 몇 g/l이 있어도 상관 없으며 크롬의 혼입은 피해야 한다. 납, 시안화물도 유해한다. 관리에 있어서 각 성분의 농도보다도 P 비(P_2O_7/Cu)가 중요하며, P 비가 높으면 균일 전착성이 좋고 광택 범위가 저전류 밀도부로 이동하며, P 비가 낮을 때는 균일 전착성이 다소 감소하고 고전류 밀도부에 광택이 생긴다. 암모니아는 증발에 의해 없어지므로 매일 소량의 암모니아수(매일 약 0.5~1ml/l)를 첨가한다. 도금조는 철을 소재로 고무나 경질 비닐 라이닝이 적당하다. 기타의 설비는 시안화구리액과 동일하다.

4. 붕소플루오르화구리도금

황산구리 도금에서는 보통 5A/dm^2 정도로 밖에 전류밀도를 사용할 수 없으나, 붕소플루오르화구리 도금에서는 30~40A/dm^2까지도 사용할 수 있으므로 고속도 도금에 적합하다. 철선 및 활자 자모의 제조, 롤의 전주(두꺼운 도금), 프린트 배선용 동박의 제조 등에 사용되고 있다. 그러나 액의 값이 다른 구리 도금액보다 비싸고 액의 부식성이 강하므로 도금장치를 부식시키기 쉽고, 황산구리 도금과 같은 높은 광택과 평활성을 얻을 수 있는 광택제가 개발되어 있지 않기 때문에 다른 구리도금보다 용도가 적다.

1) 도금액조성 및 작업조건

액조성 및 작업조건은 **표 5-8**과 같으며, 붕소프루오르산은 액의 pH 조성을 위해서 첨가되며, pH가 이 범위보다 높으면 도금 속도가 느리고 검은색의 도금이 되기 쉽다. 붕소플루오르화구리는 45%(중량) 농축액으로 공급되며 $Cu(BF_4)_2$로서 693g/l(구리로서 186g/l), 붕소플루오르산 HBF_4로서 10.8g/l, 붕산(유리) H_3BO_3 15g/l의 성분을 가지고 있고, 비중은 1.54이며, 색은 검은 청색이다. 또한 공급되는 붕소플루오르산은 무색으로 비중 1.37, 농도 671g/l이며, 중량으로 49%액이며, 붕산(유리)은 6.9g/l이 들어 있고 유리 플루오르산분(HF)은 없다.

표 5-8 붕소플로오르화 구리도금의 액조성 및 작업조건

조성 및 조건	저농도액	고농도액	바렐액
붕소플루오르화구리 $Cu(BF_4)_2$	225g/l	450g/l	340g/l
붕소플로오르산(HBF_4)	소요 pH까지	소요 pH까지	소요 pH까지
pH(전기적)	0.8~1.4	0.3~0.6	0.5~0.7
온도(℃)	25~75℃	25~75℃	25~50℃
비중(Bé)	21~22	37.5~39	29~31
음극 전류밀도(A/dm^2)	7.5~12.5	12.5~40(20)	-
극간전압(V)	3~5	4~12	4~12
교반	무교반(단, 실시하면 고전류밀도의 사용이 가능)		
음극 대 양극	1 : 1		
양극	고순도, 무산소구리, 전기동(합인동은 좋지 않음)		

탱크의 라이닝은 경질고무나 비닐을 사용한다. 열교환기나 냉각 파이프는 흑연(그라파이트)을 사용한다. 철이나 아연소지에 붕소플루오르화구리 도금을 할 때는 역시 시안화구리 스트라이크나 니켈도금 후에 해야 하는 불편이 있다. 액의 색은 진한 청색이 보통인데, 액이 오염되면 녹색이 되므로 이때는 활성탄 처리를 하여 오염된 것을 흡착해서 제거한다. 첨가제

는 당밀 등을 1g/l 내외 첨가하는 경우가 있는데, 이때는 도금층이 강해지나 균일 전착성이 좋다. 또한 황산구리 도금 광택제의 일부를 사용할 수도 있으나, 일반적으로는 광택제 없이 도금하고 있다.

5.2 니켈도금

니켈도금은 각종 소지상에 직접적이고도 밀착성이 양호한 도금이 가능하며, 내식성이 양호(방식목적)하고 경도와 유연성도 양호하며, 백색을 띤다. 방식이나 장식목적으로 사용되며, 각종 소지금속상에 크롬, 로듐, 금, 은도금 등의 하지도금으로 널리 사용되고 있다. 니켈도금은 변색이 적고 방청력이 크며, 경도, 유연성이 좋고 은백색으로 장식용으로도 좋다. 질산에 박리되며, 황산과 염산에 약간 녹고 내식성, 내마모성, 납땜성이 좋다. 니켈도금에는 전기도금과 화학도금이 있다. 전기도금에서는 황산니켈 · 염화암모늄 · 붕산, 또는 염화니켈을 첨가한 용액을 사용하여 니켈을 양극으로 하고 금속을 음극으로 해서 전류를 흐르게 하는 것이 보통이다. 철 · 구리 · 아연 제품의 방식이나 장식용에 사용되는데, 대부분 그 위에 얇은 크롬도금을 입혀서 사용한다. 화학도금은 하이포인산염의 존재 하에서 니켈 이온을 화학적으로 환원해서 도금하는 것으로 염기성액과 산화액이 있으며, 도금층에 약간의 인이 들어가 전기도금보다 다소 딱딱한 니켈층이 생긴다. 니켈도금은 철강 및 구리합금 등에 직접 도금을 하는 방식과 장식의 목적으로 사용하는 외에, 각종 소지 금속에 최종 크롬도금을 하는 하지도금으로서 널리 사용되고 있다. 니켈도금은 색이 좋고 비교적 변색도 적으며, 경도가 적당하여 기계적 방청력도 크므로 널리 사용되며, 현재의 도금 종류 중에서 가장 많이 사용되고 있다. 특히 근래에 광택 도금 이외에도 내식성이 큰 이중, 삼중 니켈도금 방법이 있으므로 도금 중에서 가장 중추적인 역할을 하며, 무광택 니켈도금, 광택 니켈도금, 특수 니켈도금 등 세 종류로 분류할 수 있다.

니켈도금은 철, 황동에 대해 직접적으로 밀착이 좋은 도금을 얻을수 있으며, 광택제를 사용하면 완전 광택을 낼 수 있어 도금 금속 중 최고의 가치가 있는 금속이다. Ni의 특징은 변색이 적고 방청력이 크며, 경도, 유연성이 좋고 은백색으로 장식용으로도 좋다. 질산에 박리되며, 황산과 염산에 약간 녹는다. 그리고 내식성, 내마모성, 납땜성이 좋다. 니켈도금은 최종하지 도금으로 많이 쓰이며, 전주도금, 특수도금, 방식과 장식도금 등 도금 중 가장 많이 사용되고 있다.

1. 무광택 니켈도금액

1) 와트액의 조성

와트(Watts)액 **표 5-9**는 우리나라에서 광택 니켈도금의 기본액으로 많이 사용되고 있으나 고속도로서 내부응력이 크지않은 액으로서 무광택에도 이용되고 있다. pH의 조정용으로 황산과 염산은 pH를 저하시킬 경우에, 탄산니켈, 수산화니켈이나 4%의 수산화나트륨액은 pH를 높일 경우에 사용한다. pH4.5~5.2에서 가장 많이 사용되고 있으나 고전류 밀도로서 밀착이 좋고 내부응력이 작은 도금을 얻으려면 pH 3.5~5.0가 좋다. 전류밀도는 보통 2~6 A/dm^2이다. 특히 $10A/dm^2$까지의 고속도 도금을 하고자 할 때는 온도를 높이고 교반을 하는 동시에 황산니켈의 양을 400g/l까지 증가시키면 된다. 온도는 40~60℃이지만 55℃가 표준이며, 전류밀도를 높이고자 할 때는 고온으로 한다.

표 5-9 와트액

황산니켈	240g/l	pH	4.5~5.5
염화니켈	45g/l	음극전류밀도	2~10A/dm^2
붕산	30g/l	온도	40~60℃

2) 도금액의 기본조성

니켈염으로는 보통 황산니켈과 염화니켈이 사용되며, 특별한 경우에는 술파민산니켈, 붕소플루오르화니켈 등이 사용될 때도 있다. 광택 도금용에는 높은 순도의 것이 요구되고 있다. 도금액 중에 염화물이 없으면 양극의 용해가 순조롭지 못하다. 염화물로서 무광택 도금액에는 염화암모늄이 주로 사용되었으나, 광택 도금에는 염화니켈을 사용하고 있다. 염화암모늄은 pH의 완충제로서의 역할도 하며, 염화니켈은 니켈이온의 보급원도 되어 고속도 도금을 가능하게 해 준다. 염화물의 불순물에 대한 한계는 황산니켈과 같은 정도이다. pH 완충제 니켈 도금액은 pH3.0~6.2의 범위에서 작업도 하고 있으나 무광택에서는 높은 pH(6.2), 광택 니켈은 대체적으로 낮은 쪽(3.0)이지만, 일반적으로 4.5 내외를 가장 많이 사용하고 있다. 이 pH범위를 유지하려면 pH의 변동을 완화시키는 완충제가 필요하며, 이 목적에는 주로 붕산이 사용되고 있다. 붕산의 양이 모자라면 pH의 변동이 심해진다. 또한 광택 니켈도금에서는 붕산은 관택 범위를 확대하고 도금면을 평활하게 하며 내부응력을 작게 한다. 붕산의 부족으로 저전류 밀도부가 까맣게 타는 현상을 때때로 볼 수가 있다. 붕산은 니켈 도금액 중에서 H^+이 없어지면 다음과 같은 →방향의 해리로 H^+을 보충해 주며, H^+이 많아지면(산이 많아지면) ←방향으로 결합하여 H^+을 감소시켜 주는 역할, 즉 pH를 조절해 준다.

$$H_3BO_3 \rightleftharpoons H^+ + H_2BO_3^- \rightleftharpoons 2H^+ + HBO_3^- \rightleftharpoons 3H^+ + BO_3^-$$

2. 광택 니켈도금

광택도금의 이점은 버프 연마가 생략되고 버프에 의한 니켈 도금층의 연마손실이 없게 되고, 버프로써 광택을 낼수 없는 구석구석에 광택이 생길 수 있으며, 버프로 인한 불량품이 감소되고 고속도 도금과 액관리가 용이한 점 등 광택제의 성능에 따라 장점이 많아지게 된다. 또한 우수한 광택제는 버프 연마면 이상으로 광택이 생기는 특징이 있어서 황동소지 등에도 광택 니켈을 도금하고 다시 황동도금을 하여 이 표면의 광택을 향상시키는 예도 있다. 대개의 니켈 도금액에서는 두 가지 종류의 유기광택제를 첨가해 주고 있다. 첫 번째 종류를 제1차 광택제라고 하며, 이 자체는 광택을 주지는 못하지만 다음의 제2차 광택제의 광택 범위를 넓혀 주며, 광택 도금의 결점인 내부응력의 증가를 감소시켜 주는 역할을 한다. 제2차 광택제는 도금면을 유리알같이 좋은 광택을 만들어 주지만, 제1차 광택제가 없을 때는 도금층이 취약하고 강(내부응력이 크다)하다. 따라서 이 두 개의 광택제가 서로 상승작용을 해서 좋은 도금층의 성질을 주도록 하고 있다. 제1차 광택제는 $-C-SO_2-$의 화학식을 가진 것을 말하며, 1,5- 또는 1, 3,6- 나프탈린, 술폰산소다(DNS), 사카린, 술폰아미드 등이 이에 속한다. 제2차 광택제는 젤라틴, 부텐디올(2부텐-1, 4-디올), 쿠마린, 포르말린 등이 이에 속한다. 또한 제1차와 제2차의 구별이 안 되고 양쪽의 성질을 겸한 것도 있다.

1) 도금액 조성

현재 사용되고 있는 광택 도금액은 와트형 고속도금액에 여러 가지 광택제를 가한 것이 있다. **표 5-10**은 각 도금액을 나타낸 것이다. 광택제의 우수성은 단시간의 광택과 평활성(흠을 매우는 힘)이 크고, 불순물에 둔하고, 전류밀도의 범위가 높으며, 각 부분의 완전 광택이 생기고, 관리가 용이하여 과량에도 도금에 별로 지장을 주지 않는 것에 있다.

표 5-10 광택니켈도금액 조성과 작업조건

도금액 조성	일반법
황산니켈(g/l)	260
염화니켈(g/l)	45
붕산(g/l)	45
광택제1(ml/l)	1, 3, 6 또는 1.5 나프탈린, 술폰산 소다… 7g/l
광택제2(ml/l)	부텐디올 0.2g/l, 프로파길, 알콜 0.03ml/l
피트방지제(ml/l)	
온도(℃)	40~55
전류밀도(A/dm^2)	2~6
pH	4.0~4.8
교반	공기, 기계
여과	연속
도금속도	5A/dm^{2}로서 1분에 1μm

2) 평활화작용

도금에 있어서 평활화작용이 있는 것은 소지 금속의 흠을 메워 주는 작용을 같이 해 주기 때문에 버프 연마를 대폭 감소시킬 수가 있다. 이 평활화작용의 능력을 시험하기 위해서는 **그림 5-1**과 같이 깊이가 t인 홈을 소지면에 파놓고 도금을 한 후 레벨링(leveling; 평활성)% Rt를 다음과 같이 계산한다.

$$\text{Rt(레벨링 \%)} = \frac{h_1 - h_2}{h_1} \times 100$$

공업적으로는 이러한 평활화작용과 동시에 완전 광택도 필요하므로, 근래에 와서는 광택과 평활성 두 가지의 우수한 광택제가 많이 판매되어 도금하기에 매우 편리하게 되었고, 또한 이러한 광택제를 넣음으로써 도금의 색이 크롬에 가까운 것, 불순물의 허용량이 큰 것 등이 나오고 있다.

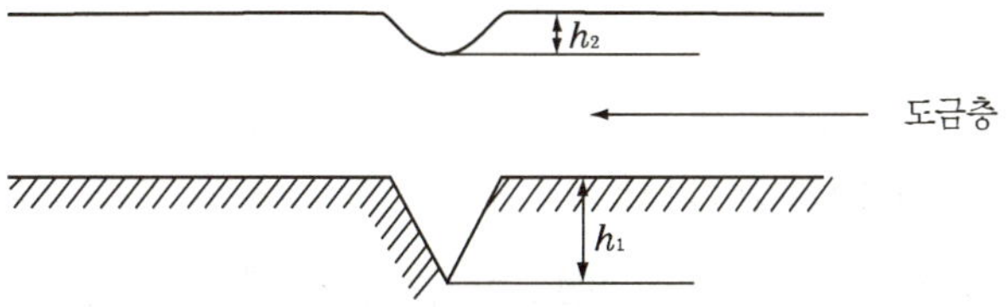

그림 5-1 레벨링

3) 도금액 관리

도금액 농도는 물건에 묻어 나오는 양과 니켈 양극의 용해 부족 등으로 농도가 낮아지기 때문에 매일 보오메 또는 비중계로 측정해서 황산니켈을 보충해야 한다. 1주일에 한번은 분석에 의해서 조정한다. 니켈 농도의 감소는 광택 범위를 좁혀 주며, 평활작용이 적어지고 균일 전착성이 나빠진다. 염화물은 묻어 나오는 데서 감소하며, 분석에 의하여 보충한다. 염화물이 적으면 양극 용해가 나쁘고 pH가 낮으며 평활작용, 유연성이 적어진다. pH는 매일 pH시험지, pH미터로 측정한다. pH가 작업 중에 높아지면 양극의 용해가 좋은 것을 의미하며, pH가 저하되면 양극의 용해가 나쁜 것을 의미한다. pH가 높으면 구름이 끼기 쉽고 도금이 취약하게 되기 쉬우므로 붕산, 황산, 염산(염화물이 적을때)으로 조정한다. pH가 낮으면 피트가 생기고 평활작용이 저하되므로 탄산니켈, 4%의 수산화나트륨으로써 높인다. 주 1회는 분석해서 붕산을 보충해야 한다. 붕산은 완충제로 작용하는 이외에는 광택 범위를 넓히며, 전착물의 내부응력을 감소시키므로 40g/l이상 있는 것이 좋다. 붕산은 과량을 넣어도 나쁜 영향은 없으나 너무 많으면 액온이 내려갔을 때 침전해서 여과기에 의해 제거 소모된다. 또한 붕산이 부족하면 광택의 저하가 생기고 균일 전착성이 나빠져서 때로는 저전류밀도 부분이 검게 타는 현상이 생길 때가 있다.

4) 광택제 및 기타 첨가제

묻어 나오는 것, 분해, 전착, 활성탄 처리 등에 의해 소모된다. 분석이 가능한 것은 분석을 하고 분석이 힘든 것은 헐셀(Hull Cell) 시험이나 도금되는 것을 관찰하면서 보충해 준다. 대체로 제2차 광택제는 분해, 전착에 의해서 소모되므로 흘린 전류량(Ah)에 의해서 규정량씩 보충하면 된다. 또한 활성탄처리를 했을 경우에는 활성탄의 양과 각 광택제의 성질(광택제에 따라서는 활성탄에 의해 전혀 흡수되지 않는 것이 있고, 일부만 흡수되는 것, 또 전부 소모되는 것 등이 있다)에 따라서 보충을 해 주어야 한다. 또한 광택제가 과량으로 들어가면 광택제에 따라서 검게 나오거나 도금이 벗겨지는 현상이 있다. 이 때에는 활성탄, 과산화수소, 과망간산 칼륨 등을 첨가해서 제거해야 한다. 니켈 도금을 현재 높은 전류밀도로 작업하고 있기 때문에 수소의 발생이 많아져서 피트가 생기는 경향이 많다. 따라서 이 피트의 발생을 방지하기 위해서 계면활성제 계통인 피트 방지제를 넣게 되어 있다. 이것은 많이 넣어도 해로울 것은 없지만, 적당한 양이 있는가를 알기 위해서 **그림 5-2**와 같이 지름 125mm의 철사로 둥근 고리를 만들어 액에 담갔다가 수직으로 꺼내서 물의 막이 깨지지 않고 꺼낼 수 있는 정도이면 충분한 양이 있는 것으로 간주한다.

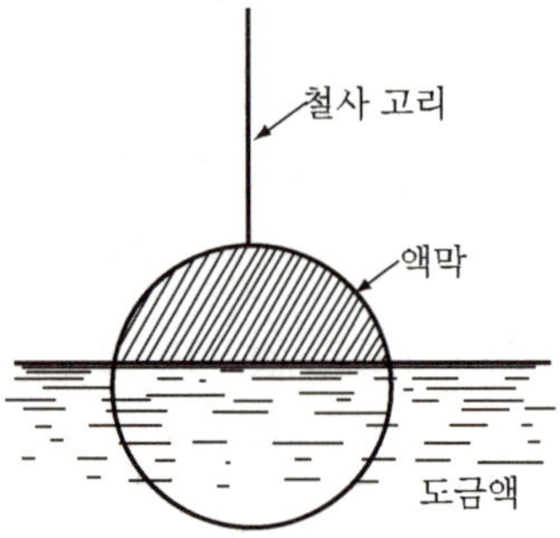

그림 5-2 피트 방지제 측정용 철사고리

5) 유기불순물

광택 니켈 도금액은 우수한 광택제일수록 불순물에 대한 순감도가 크다. 미량의 유기 불순물의 혼입은 광택, 피복력, 밀착, 내부응력 등에 영향을 준다. 또 불순물의 허용량은 불순물의 종류에 따라 다르고, 사용하는 광택제에 따라서도 상당히 다르다. 광택제 내에는 될 수 있는 한 불순물의 혼입이 없도록 부단의 주의를 해야 한다. 이러한 유기 불순물의 혼입은 버프 연마제, 탈지제 내의 계면활성제, 콤프레서에서부터 공기교반용 공기와 더불어 윤활유의 혼입, 기타의 방법에 의한 방청제 또는 기계유 등이 탈지, 수세 등의 부족으로 들어오게 된다. 또한 도금액 내에서도 광택제의 분해 등으로 생긴 유기 불순물이 생겨 나오기도 한다. 이들은 앞에서 말한 바와 같이 철저히 활성탄 처리후 여과에 의해서 제거해야 한다.

6) 고체부유물

공기 중의 먼지, 전처리의 불량, 양극이 용해할 때 생긴 찌꺼기, 수돗물 등에 의해서 혼입된다. 이것들은 도금을 시험관이나 비이커에 떠서 햇빛에 비춰 보면 부유물이 떠 있는 것을 볼 수 있다. 광택 도금액은 시험관에 떠서 볼 때 부유물이 없어야 좋은 도금이 된다.

7) 금속불순물

이들 불순물에 의한 영향은 **표 5-11**과 같으며, 금속에 따라서 전착전위가 다르므로, 한꺼번에 이들 불순물 금속을 전착 제거하도록 해야 한다. 액 내에 아연, 철, 납, 구리(구리와 아연은 특히 구리나 황동의 걸이 및 황동 제품 등이 용해되어 들어가기가 쉽다)가 있을 때는 0.3A/dm^2(0.5V 정도)로 전해하면 **그림 5-3**과 같이 니켈의 일부 전착과 동시에 흠부(저전류 밀도부)에 구리, 돌기부(고전류 밀도부)에 아연, 그 중간에 철 납, 니켈 등이 석출하게 된다. 만일 이들 불순물이 모두 제거되었을 때는 흰색(니켈색)이 나오게 된다. 또한 금속 불순물 중에 구리, 납, 철, 아연은 시판의 불순물 제거제를 사용하여 제거하면 장시간의 약전해가 필요 없고, 첨가 후 20~30분간 교반한 후 활성탄 처리를 하면 불순물의 반응 생성물을 제거할 수 있다.

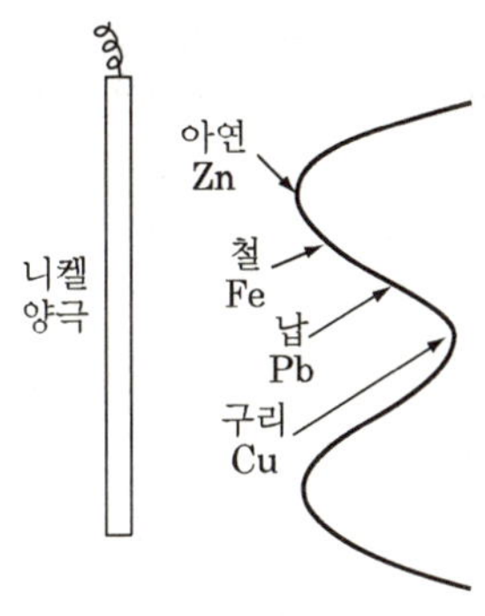

그림 5-3 파형 음극에 의한 금속 불순물의 제거

표 5-11 니켈 도금액 중의 불순물의 영향, 허용량 및 대책

불순물	허용량(g/l)	고장	원인	대책
알루미늄	0.008	구름이 끼고 전류밀도가 높은 곳이 탄다.	소지(알루미늄, 아연 다이캐스트)나 여과 보조제에서 혼입	pH 0.5이상에서 방치, 여과
크롬산	0.006	피복력 불량, 음극 효율저하	크롬액의 물방울, 걸이의 수세 불량	탄산납으로 제거한 후 납을 제거(약전해로서)
칼슘	-	거친도금	브러시용 탄산칼슘, 짠물, 도금약품, 탈지액, 수세 불량	여과
구리	0.007	피복력 불량, 구름 낌, 걸이 접촉부나 홈부가 검은 빛깔	구리 도금액 수세불량, 약품, 음양극봉 용해, 구리도금 제품 낙하	0.02~0.03A/dm^2로 약전해로 제거, EDTA 0.1g/l의 첨가도 효과가 있다.
철	0.006	피복력 불량, 구름 낌, 경하고 취약, 내부응력 큼	물, 약품, 양극판, 철제품 낙하, 철탱크 파손, 기타	pH 5.0 이상으로 하고, 공기로 산화해서 여과
납	0.008	취약	납탱크, 납관, 납으로 만든 펌프, 여과기	0.2A/dm^2로서 약전해로 제거
아연	0.008	피복력 불량, 구름 낌, 취약	소지(아연 다이캐스트) 황동 제품의 용해, 약품	0.5A/dm^2로서 약전해로 제거
질산근	-	피복력 불량, 구름 낌, 취약	산세액 물방울, 약품	pH 1.0에서 1A/dm^2연속 전해
과산화수소	-	피복력 불량, 구름 낌, 취약	과산화수소 사용에 의한 잔존	활성탄을 가하고 70℃에서 분해
유기물(광택제 이외의 것)	-	피복력 불량, 구름 낌, 취약	탈지후 수세 불량, 먼지 광택제 분해 생성물, 약품	활성탄 처리
과잉의 광택제 및 표면활성제	-	구름 낌, 취약	약품	활성탄 처리, 술폰산염은 과산화수소로 가열 분해한 후 과산화수소를 활성탄 처리로 제거

3. 반광택 니켈도금

일반적인 장식 니켈 도금법인 Cu-Ni-Cr의 도금 공정을 Ni-Ni-Cr으로 변경하는 방법이다. 이것은 단순히 니켈도금을 이중으로 하는 것이 아니고, 하지니켈인 A층은 대단히 좋은 평활성과 연성을 갖고 있는 황 성분이 없는(sulfur Free) 반광택 니켈도금을 하고, 상층인 B에는 일반 광택 평활성 니켈도금을 하여 내식성을 향상시키자는 것이 목적이다. 도금층을 그려 보면 **그림 5-4**와 같으며, 그림 (b)는 단층 니켈도금층의 부식, 그림 (c)는 2중 니켈

도금층의 부식을, 그림 (d)는 3중 니켈도금층의 부식을 나타낸다. 2중 니켈도금층이 내식성을 주는 이유는 다음과 같다. ① 반광택 니켈(A층)은 전기 화학적으로 상층의 광택 니켈(B층)보다는 귀한 전위를 가지고 있으므로, 광택 니켈에 부식이 일어나면 부식은 A층에서 저지된다. 이것은 철소지상의 아연도금의 방청기구(자기 희생)와 동일하다. ② 황을 함유하지 않은 니켈은 황이 있는 니켈보다는 화학적 용해도가 작다. 이 현상은 광택 니켈이 엷을 때는 옥외 노출 시험이나 가속 부식시험에서 핀호울이 매우 많아진다는 것과 현미경 측정을 하고자 에칭(etching, 부식)을 시키면 광택 니켈층이 속히 부식된다는 것으로 알 수 있다.

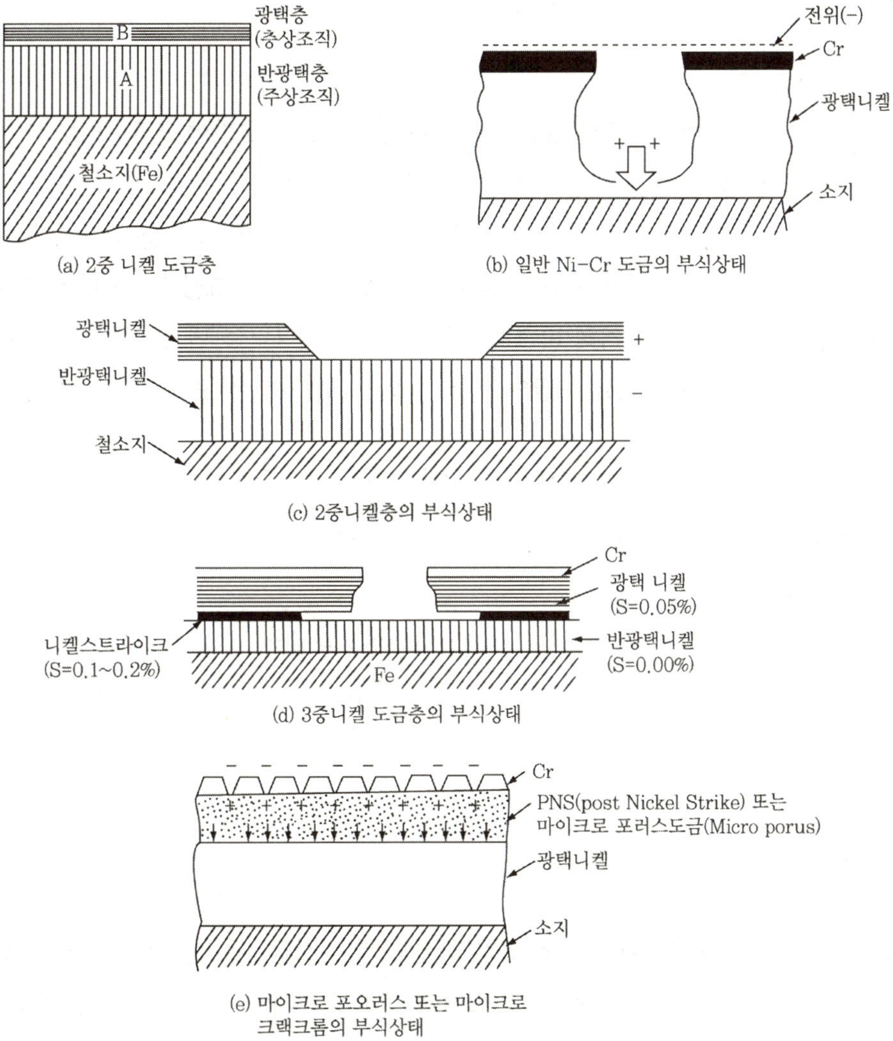

그림 5-4 각종 니켈도금법에 의한 부식 상태

1) 2중 니켈도금

A층인 하지반광택 니켈도금층은 전 니켈의 50~75%(주로 75%), B층인 광택 니켈도금층은 50~25%(주로 25%)를 행하고 있다. 반광택 니켈도금과 광택 니켈도금 사이에는 수세 1회 또는 수세 없이 할 때가 있으며, 도금 시간이 양분되므로 실제 도금 탱크 두 개가 있으면 도금액은 총광택 니켈도금액을 도금의 두께의 비율로 분할한 액을 사용하면 된다는 이론이 된다. 또한 반광택제는 전혀 S성분이 없는 유기물이며, 시판 광택제 외에는 ① 1.4부텐디올 0.2g/l, ②포르말린 1m/l, ③ 쿠마린 0.1g/l, ④ 쿠마린 0.1g/l+포르말린 1ml/l ⑤ 쿠마린 0.1g/l+1.4 부텐디올 0.05g/l을 첨가하는 방법도 있다.

2) 3중 니켈도금

3중 니켈도금법은 반광택 니켈도금층과 광택니켈 도금층의 중간에 0.3~0.8μ의 엷은 니켈 스트라이크 도금을 하는 것을 말하며, 기본적인 액의 성분은 광택 니켈도금액(와트액)과 거의 같으여, 이것을 트리(tri) 니켈이라고 하며 이 법은 유딜라이트(Udylite)사 등에서 판매하고 있으나, 근년에는 많이 사용하고 있지 않고 있다. 이것은 **그림 5-4**에서와 같이 S성분이 광택 니켈 광택제보다 현저히 많으며, 따라서 이 층이 부식하면서 반광택 니켈층의 부식을 방지해 주고 있다. tri-Ni 도금액의 조성 및 작업 조건은 **표 5-12**와 같다.

표 5-12 tri-Ni 도금액 조성 및 작업조건

황산니켈	250~350g/l	pH	2~3.5
염화니켈	60~110g/l	온도	40~50℃
붕산	30~40g/l	음극 전극밀도	3~4A/dm^2
트리라이트	10~25ml/l	여과	활성탄을 사용할 수 없음

4. 전주도금

박리피막을 부여한 모형상에 금속을 전착시킨 후 그 전착금속을 분리하여 모형 표면과 반대 요철의 제품을 얻든가 그의 전착 금속 표면에 다시 분리피막 처리를 하여 금속을 전착시켜 분리하면 최초의 모형과 같은 요철을 갖는 제품을 얻는 방법으로 전기 도금이 가능한 금

속이나 합금이면 원칙적으로 전주의 대상이 되는데 조업기술의 난이나 가격면에서 Cu, Ni이 주로 사용되고 있다. 전주의 이점은 복잡하거나 미세한 형상물의 전사, 복제, 가공방법에서는 불가능한 시뮬레스(seamless) 일체 구조물의 제조가 가능하며 전착시간이 비교적 길다. 통상의 Ni 전주에서는 전류밀도 5~10A/dm^{2}에서 전주하면 0.5mm의 두께가지는 5~10시간이 필요하고 수 cm의 두께의 전주도금에서는 수주간도 전착시간이 필요하다. 그래서 음극 부근의 전해액을 강하게 교반함으로써 고전류밀도에서의 전착을 가능하게 하고, 이것에 의한 고속전주도금이 개발되고 있다.

전주용 니켈도금으로 고속도, 고광택, 저내부응력, 높은 평활성의 여러 가지 특징의 술파민산니켈 도금을 하고 있다. 레코드 제조용 모판의 전주에 고속도, 저내부응력 때문에 이 도금법을 실시하고 있다. 이 도금법을 보통 니켈도금액에서부터 전환하려면, 계속 이 액에 술파민산니켈만을 보충해 주면 되므로 현존 일반 와트액에도 사용할 수 있어 편리하다. 전주에 사용하는 조성 및 작업조건은 **표 5-13**과 같다.

표 5-13 전주도금액 조건 및 작업조건

도금액	A액	B액
술파민산니켈	350g/l	650g/l
염화니켈	0.5g/l	5g/l
붕산	30g/l	40g/l
라우렐 황산소다	0.3g/l	0.2~0.5
pH	4.0	4.0~4.4
온도	50℃	60~70℃
교반	음극진동	음극진동
여과	상시	상시
전류밀도	최대 10A/dm^2	최대 40A/dm^2

5. 특수 니켈도금

1) 흑색 니켈도금

검은 니켈은 장신구 등이 번쩍거리는 것을 막고, 은은한 감각을 주기 위해서 또는 군대용으로 빛의 반사를 방지하기 위해서 검은색의 니켈도금을 하고 있다. 방법은 다음의 두 가지가 있으며, 이 중에서 염화액이 더 좋다고 본다.

① 황산니켈액

표 5-14 황산니켈액과 염화물액

황산니켈	75g/l	pH	5.6~5.9
황산아연결정	40g/l	전류밀도	0.05~0.2A/dm^2
황산니켈암모늄	45g/l	온도	20~35℃
로단나트륨(NaCNS)	20g/l	전압	0.5~1.5V

② 염화물액

염화니켈	75g/l	pH	5.0
로단나트륨(NaCNS)	15g/l	전류밀도	0.15A/dm^2
염화암모늄	30g/l	온도	20~35℃
염화아연	30g/l	전압	0.5~1.5V

②의 경우에 밀착과 검은색의 상태가 한 층 더 향상시키기 위해서는 염화니켈 180g/l, 염산 85ml/l 으로 양극-음극 전처리를 하면 된다. 이들 검은색 니켈도금은 내식성이 적고 두꺼운 도금은 타격을 받으면 부스러져 떨어지기 때문에, 일반적으로 광택 니켈 도금 후에 엷은 검은색 피복을 입히고 있다. 검은색 니켈의 검은색은 니켈과 아연의 합금이며, 여기에 황이 작용된 것이다. 따라서 아연염과 로단나트륨, pH, 농도 및 온도로 잘 관리해야 한다.

2) 니켈 스트라이크액

니켈스트라이크액은 Wood Nickel Strike액이라고도 하며, 표와 같이 염산이 많은 단순한 도금액이며, 주로 도금의 밀착성이 좋지 않은 소지의 전처리로서 사용된다. 특히 스테인레스강 같이 강력한 부동태(산화)막이 있는 소지에는 반드시 사용해야하는 전처리법이다. 여기서 염산은 산화막을 제거해주면서 니켈도금막을 형성시켜 다음 도금의 밀착성을 좋게 해준다. 더욱 밀착력을 좋게하기 위해서는 니켈스트라크액에서 일차적으로 약 2A/dm^{2}로 1분간 양극처리를 하여 스텐레스면의 강력한 부동태 피막을 제거하고, 즉시 같은 액에서 같은 전류밀도로 약 6분간 음극 스트라이크를 하면 강력한 밀착력을 얻을 수 있다. 다만 일반적으로는 다음과 같다.

염화니켈	240g/l	온도	실온
염산(비중 1.18)	120ml/l	음극전류밀도	5~10A/dm^2

3) 경질 니켈도금

황산니켈	170g/l	pH	5.6~6.0
염화암모늄	25g/l	온도	45~60℃
붕산	30g/l	전류밀도	2.5~5A/dm^2

이 액에서 비커스(Vickers) 경도 450이상의 단단한 도금을 얻을 수 있다. 이것의 용도는 크롬도금보다는 연하거나 모양이 복잡한 물건에 내식, 연마된 부분의 재생용으로 사용되고 있다.

4) 니켈양극

(1) 전해 니켈양극

도금용으로 시판되는 니켈양극으로서 우리나라에서는 현재 전기 니켈판 뿐이지만 외국에는 여러 가지가 있다. 또 형태도 판, 타원형, 동전형 등이 있고, 동전형은 티타늄(titanium) 바스켓에 넣어서 사용하게 되어 있다. 판도 티타늄선으로 달아 놓으면 구리가 액에 혼입될 염려도 없고, 또 티타늄선은 전혀 용해하지 않으므로 니켈판 전체를 액속에 담가서 사용할 수 있어 니켈판도 전면적을 효과적으로 사용할 수가 있다. 약간의 코발트도 함유되어 있고 순도는 99.98% 이상이며, 불순물로서 철분이 0.005% 이하, 구리분이 0.005% 이하, 납분 0.001%이하, 탄소 0.004%이하, 황은 0.001%이하이다. 전기 니켈은 양극 용해가 좋지 않기 때문에 양극 전류밀도를 2A/dm^{2}이하로 해야 하므로 극판을 여러 개 사용할 필요가 있다.

(2) 카아보나이즈드 니켈 양극

전기 니켈을 용해하고 이곳에 소량의 탄소(0.3~0.39%0와 규소(0.3~0.35%)를 넣어서 주조하거나 다시 단조압연한 것이다. 이 양극은 용해가 빨라 양극 전류밀도는 5~6A/dm^2로 해도 좋으나, 슬라임(slime, 양극 흙)이 액 중에 부유하지 않도록 특히 주의해야 한다.

(3) S 니켈 라운드(round) 양극

S 니켈 라운드 양극은 International Nickel Co.에서 SD 니켈 양극을 개량한 것으로 황이 0.02% 정도 함유된, 지름 25mm 정도의 큰 단추 모양을 한 것이다. 이 양극은 취급하기가 편하며, 접촉이 좋고 염화물에 관계없이 용해가 잘 된다는 점 외에도, 바스켓의 수명을 길게 하고 슬라임이 적게 생기며, 황의 성분은 액 중의 구리 제거의 역할을 하는 잇점이 있다.

5.3 크롬도금

크롬도금은 우수한 내마모성, 윤활성, 내열성, 내식성, 이형성 등을 필요로 하는 곳에 사용되며, 미려한 장식성이 요구되는 경우나 내약품성을 요구하는 부품에 적용된다. 금속크롬은 외관이 보기 좋고 대기 중에서 변색이 없으며, 또한 염산 이외의 산에 대해서 부식되지 않은 성질을 갖고 있다. 반면 전착에 의한 크롬층은 핀호울이나 균열이 생기기 쉽고 소지를 완전히 피복하기가 힘들다. 그렇기 때문에 구리, 니켈 등의 핀호울이 없는 다른 금속을 사용하고, 그 위에 0.5미크론 이하로 극히 엷게 전착시키는 것이 보통이다. 또한 크롬도금은 소재의 표면상태에 상당히 민감하게 석출되는데 오목부에는 도금이 두껍게 석출하지 않는 경향이 다른 도금에 비해 대단히 심하다. 이와같이 제품 두께별 편차 및 표면조도차에 의하여 균일 전착성이 상당히 나쁘게 되므로 이에 알맞은 양극 및 보조음극을 사용해야 한다.

장식 및 공업용 크롬도금은 황산기가 첨가된 무수크롬산 용액에서 6가 크롬을 전기적으로 환원시키는 방법을 사용하며, 타 도금에 비해 음극전류효율이 10~20% 정도로 매우 낮아 균일전착성 및 피복력 등 도금액의 성능이 나쁜편이다. 도금층 결정입자의 미세화와 내부응력 등으로 비커스 경도로 700~1000 정도의 고경도가 가능하다. 뛰어난 내마모성, 저마찰계수, 윤활성 등이 우수하다. 이러한 특성으로 인해서 자동차, 항공기, 선박부품, 섬유인쇄

산업기계부품, 공구 및 금형 등 사용범위가 넓다.

1. 서전트액(일반 크롬도금액)

최근 대전류, 고온에서 행하는 경질크롬도금이 내마모성이 강하므로 산업기계 부분에서도 널리 이용되고 있다. 반면 경도는 약간 떨어지나 균열 없는 크롬도금, 미소균열 크롬도금, 미소다공성 크롬도금법 등으로 내식성이 향상된 도금을 할 수 있고, 또한 무균열 위에 광택 크롬을 도금하는 등 2중 크롬도금이 가능하여 한층 내식성이 큰 도금을 할 수 있다. 크롬도금이 다른 도금과 다른 것은 양극이 불용성인 것을 사용하고 있다는 점이며, 크롬산-황산액은 크롬도금액의 기본이 되는 것으로 널리 사용되는 액은 Sargent 액이다. 도금액의 조성을 보면 **표 5-15**와 같다.

표 5-15 크롬산-황산액의 조성

	저농도	표준액	고농도
무수크롬산(g/l)	150	250	400
황산(or 유기황산염)(g/l)	0.8~1.5(1~1.8)	1.3~2.5(1.5~3)	2~4(2.5~5)
비중(Bé)	13.5	22	32
온도(℃)	45~55	45~55	30(45~55)
전류밀도(A/dm^2)	10~80	10~80	7~100(10~80)
비고	경질크롬용, 전류효율과 피복력이 좋음	가장 사용하기 쉬움, 황동을 침식시킴	피복력이 좋지 않으며, 광택 범위가 넓고 묻어나는 양이 많음

현재는 크롬산 10g/l의 저농도에서 부터 500g/l의 고농도까지 사용되고 있으며, 장식용 크롬에 400g/l 전후에 고농도를 사용하고, 공업용(경질) 크롬에는 250g/l 전후의 중농도를 사용하고 있다. 이것은 장식 크롬에는 액의 변동이 적은 것을 사용하고 공업용에는 전착속도가 빠른 것에 중점으로 둔 것으로 파악된다.

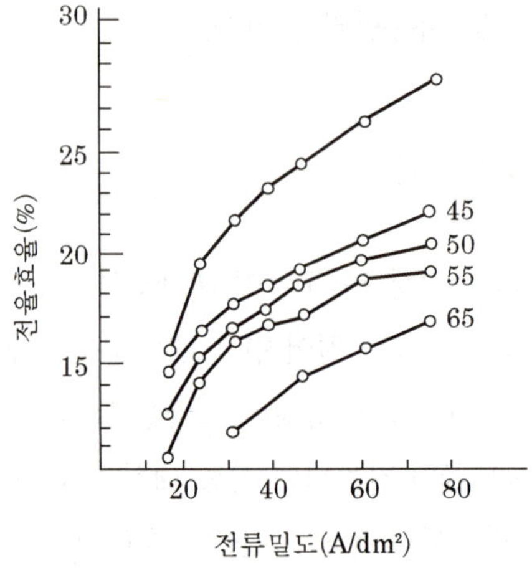

그림 5-7 Sargent 액의 전류효율

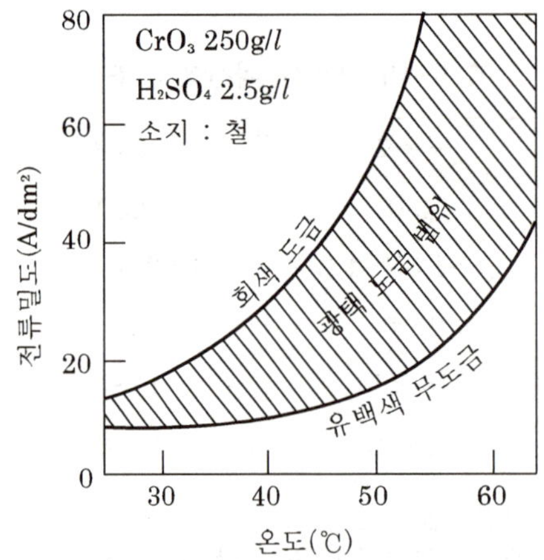

그림 5-8 온도, 전류밀도, 광택 범위의 관계

전류효율에 대해서는 **그림 5-7**과 같고, 조건의 효과는 **표 5-16**과 같다. 온도와 전류밀도의 관계는 온도의 상승에 따라 전류밀도는 높게 한다. 일반적으로 45℃에서는 10~20 A/dm^2, 50℃에서는 15~40A/dm^2, 55℃에서는 25~60A/dm^2, 60℃에서는 40~100 A/dm^2로 작업할 수 있으며, 액의 상태나 사용 목적에 따라 전류 밀도를 결정한다. **그림 5-8**은 온도와 전류밀도 및 광택 범위의 관계를 나타낸 것이다.

표 5-16 Sargent 액의 조건과 효과 (장식용 크롬도금)

조건	범위	균열수	광택	도금속도	균일 전착성
CrO_3농도	170~470g/l	농도의 증가와 더불어 감소	농도의 증가와 더불어 저하	농도의 증가와 더불어 저하	농도의 증가와 더불어 저하
CrO_3 : H_2SO_4	80 : 1~ 195 : 1	비가 클수록 감소	비가 클수록 저하	비가 클수록 저하	비가 클수록 양호
액온	32~55℃	온도가 높을수록 감소	높을수록 저하	높을 수록 저하	높을수록 저하
전류밀도	10~80A/dm^2	거의 무관계	증가와 더불어 향상	증가와 더불어 커짐	증가와 더불어 양호
도금의 두께	0.25~7.5μ	두껍게 될수록 증가	두껍게 될수록 약간 저하	–	–

2) 3가 크롬도금

장식용 크롬도금에서 사용되는 6가 크롬을 3가 크롬으로 전환하는 도금이다. 도금된 금속 크롬은 직접적으로는 문제가 없으나, 세계적인 지구환경의 문제를 개선하기 위한 취지로 3가 크롬도금으로 추진되고 있다. 일반적인 크롬도금은 다량의 6가 크롬을 사용하고 있기 때문에, 폐수처리와 작업환경에 문제가 있다. 특히, 크롬산은 대단히 강한 산화성 산이기 때문에 인체에 유해하고, 도금 시에 발생하는 도금액으로부터의 미스트(mist)처리가 큰 과제로 되어있다. 크롬도금 공장에서는 이 mist를 제거하기 위하여 각종 방안을 강구하고 있으나, 작업장과 대기중 방출시의 크롬농도의 규제는 더욱더 엄격해지는 경향이 있다. 이를 대체하기 위하여 황산크롬과 염화크롬등이 주성분인 3가크롬도금이 오래 전부터 연구되고 있다. 장식용 크롬도금분야에서는 이미 실용화되고 있지만, 이 3가 크롬은 두꺼운 도금이 되지 않기 때문에 실용적인 경질크롬용 도금액의 개발까지는 시간을 요할 것으로 생각 된다.

3가크롬 도금액은 황산크롬과 염화크롬을 주성분으로 해서, 여기에 각종 첨가제를 함유한 것이 다수 보고되고 있다. 이 첨가제을 분류하면 유기제로는 글리신과 메틸포름알데이드, 요소, 포름산, 구연산등의 아민기와 카르복실기를 함유한 것과, 무기계에서는 염화물과 황산염, 암모니아염, 붕산 등이 보고되고 있다. 3가 크롬도금의 장점으로는 저농도로 묻어나가는 양이 적어 폐수처리 비용이 절감되며, 낮은 전압사용으로 전력비가 적게 들며, 흄(fume) 발생이 거의 없으며, 액관리가 쉽다. 반면 6가 크롬도금에 비해서 색상이 어둡고 광택도가 떨어지며, 약품비가 비싼 것이 큰 담점 이다.

2. 플루오르화물 크롬도금액

1) 일반 플루오르화물액

황산 대신 촉매근으로 플루오르 화합물을 첨가하는 것으로, 이것은 상당히 우수한 특징을 지니고 있으며 보통액의 황산의 일부 또는 전부를 대치하고 있다. 전자는 장식용과 공업용 크롬에 이용되며, 후자는 배럴이나 망을 사용한 크롬도금 등에 사용되고 있다. 플루오르 화물로는 플루오르화소다, 플루오르화칼륨, 플루오르화암모늄, 플루오르산, 붕소플루오르산, 규소플루오르화소다, 규소플루오르화칼륨, 붕소플루오르화크롬 등의 플루오르 화합물은 거의 사용할 수 있다. 이점으로는 황산과 병용할 때 보통액의 이점과 플루오르화물액의 이점을 동시에 얻을 수 있으며, 광택 도금 범위가 넓고 고전류밀도에 있어서도 모서리에 돌기물이 생기지 않는다. 전류효율이 약간 높으며(약 26%, 보통액은 동일 조건에서 10~13%), 크롬 위에 크롬 도금하기가 용이하고 피복력이 크다. 또한 저온에서 작업이 가능하다. 그러나 반면 결점으로는 플루오르화물은 기화하기 쉬우므로 황산에 비해서 안정성이 적고, 전착 중 소지가 부식되기 쉬우며, 양극 소모 및 액 노화가 빠르다. 또한 황산을 전혀 첨가하지 않은 플루오르화물 함유액은 피복이 특히 우수하며 저전류밀도에서 전착이 가능하지만, 광택도는 약간 저하되는 결점이 있다. 상온에서 사용할 수 있는 것으로 액조성은 다음과 같다. 각 온도에서 광택 범위나 균일전착성이 우수하며, 플루오르화암모늄의 함유량은 아래의 범위에서 적을수록 피복력이 좋다.

무수크롬산	200~300g/l
황산크롬	1.5~4g/l
플루오르화암모늄	1~4g/l
온도	상온~60℃

규소플루오르화물액은 외국에서 많이 사용되고 있으며 플루오르화물액의 대표적인 것이 될 것이다.

	A	B	C
무수크롬산	250~400g/l	250g/l	350g/l
황산	0.7~2g/l	0.7~1.5g/l	-
규소플루오르산	2~10g/l	-	17g/l
규소플루오르화나트륨	-	5~10g/l	-
온도	45~55℃	45~55℃	30℃ 내외

(A)는 주로 경질 크롬용에, (B)는 일반 도금용, (C)는 배럴 도금용에 이용되고 있다. 황산+규소플루오르산물은 일정량이라야 하기 때문에 황산이 많을 때는 규소플루오르화물을 적게 해야 한다. 이 중 크롬산 250g/l, 규소플루오르화소다 5g/l, 황산 1.5g/l의 조성은 액온 55℃ 전후이어서 장식용이나 공업용에도 이용된다고 한다. 여기서 광택을 중시하려면 황산량을 많게 하고, 피복력을 중시하려면 황산량을 감소시키고 규소플루오르화물의 양을 증가시킨다.

그림 5-9는 (B)액의 광택 범위를 나타낸 것이다.

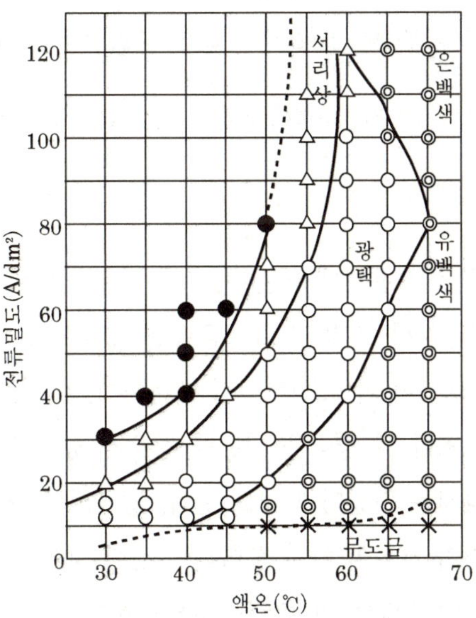

그림 5-9 규소플루오르화물액의 광택 범위

2) 직류전원의 영향

크롬도금에서 전류파형이 미치는 영향은 크며 **그림 3-50**과 같다. 즉 단상반파는 피복력이 없어 거의 실용성이 없으며, 적어도 3상반파 이상을 사용해야 한다는 것을 알 수 있다. 전원의 차이에 의한 크롬도금의 피복력의 차이(60° 굴곡 음극으로 도금한 상태) 또한 크롬도금의 균열에 관해서는 **그림 5-10**과 같이 단상반파에서는 나타나지 않으나 단상전파에서는 나타나기 시작하며, 평행적으로 심하지는 않다. 3상이 망상으로 많아지며 전지를 사용하면 가장 많아진다.

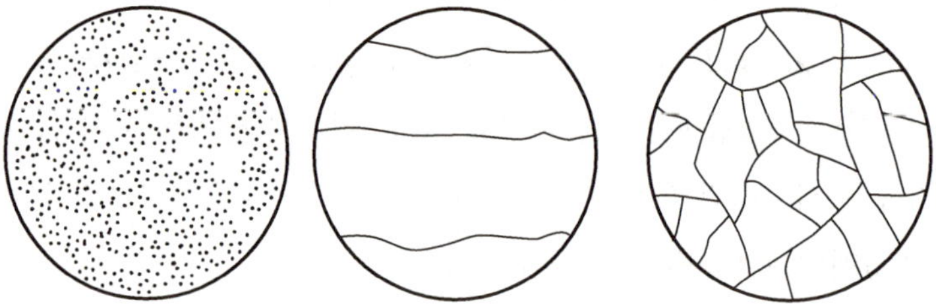

(a) 단상반파 (b) 단상전파 (c) 3상반파

(a) 균열없음, 무광택, 경도는 작음 (b) 평행균열, 반광택, 경도는 중간
(c) 망상 균열, 광택, 경도는 큼

그림 5-10 전류파형에 따른 크롬도금의 균열 비교

(1) 양극

양극은 항상 불용성 양극을 사용하게 되는데, 그 이유는 금속크롬보다 크롬산의 값이 싸며, 크롬 양극의 제조가 곤란하다. 그리고 크롬금속을 양극으로 사용하면 음극과 양극의 전류효율이 달라지므로 3가 크롬이 과잉으로 되기 때문이다. 이러한 이유로 금속크롬을 양극으로 사용하지 않고 있다. 또한 철 양극을 사용할 경우가 있으나, 이것은 3가 크롬과 철이 증가해서 액의 노화가 빨라지는 원인이 되기도 한다. 납 양극을 사용하면 이러한 결점이 없어지고, 음극에서 생성된 3가 크롬이 다시 산화되어 평형 상태로 보존하는 작용이 있다. 납은 순도가 높은 납보다는 납-안티몬의 합금이 사용되며, 크롬산-황산액에서는 안티몬이 2~5%, 플루오르화물 함유액에는 5~8% 정도이며, 안티몬 20%를 함유하는 합금도 사용할 때가 있다. 최근 플루오르화물 함유액에는 주석 7%를 함유한 납 합금들이 좋다고 한다.

양극 형태는 장식도금에서는 평판 또는 원형, 파형이 사용되며 두께 3~7mm, 폭 50~70mm 가량이 편리하다. 양극과 음극의 면적비는 일반적으로 1 : 1을 기준으로 하고,

3가 크롬의 증감에 따라 적당히 조절한다. 양극 표면은 항상 흑갈색의 과산화납이 생성되어 있으며, 이 피막은 양극의 부식을 방지해주는 것 외에 전착에 큰 역할을 준다. 따라서 작업이 끝나면 꺼내서 그냥 놓아 두거나 약간 솔질을 해서 건조시킨다. 만일 통전을 하지 않으면서 도금액 내에 방치하면 황색의 크롬산납으로 변화한다. 이것은 통전이 잘 되지 않으므로 철 브러시로 제거해야 한다. 소요 전압이 특히 상승할 때는 양극의 표면층이 두꺼워진 증거이므로, 꺼내서 수산화나트륨 70 또는 소다회 7g/l을 넣은 용액에서 납 양극을 음극으로 해서 6V로서 몇 분간 전해한다. 또한 납판과 구리 고리(hook)와의 접착부가 크롬산에 의해 도금 도중 절연이 되기 쉬우므로 이 접착부는 용착 등으로 완전을 기해야 한다.

(2) 걸이(Rack)와 보조음극

걸이의 굵기가 가늘면 도금 중 걸이가 과열되어 전력 손실은 물론 전류 분포가 나빠져서 도금이 되지 않는 물건이 생긴다. 부스바아(Busbar)와 걸이의 접촉은 스프링식으로 하는 것이 좋고 각각의 걸이 접촉 저항이 동일하도록 해야 한다. 걸이의 지선의 상호 간격은 대략 가공물 폭의 3배 전후가 적당하다. 가공물의 주변부가 불필요하게 두껍게 되든가 타는 것을 방지하고자 할 때는 보조전극을 **그림 5-11**과 같이 만들어 준다.

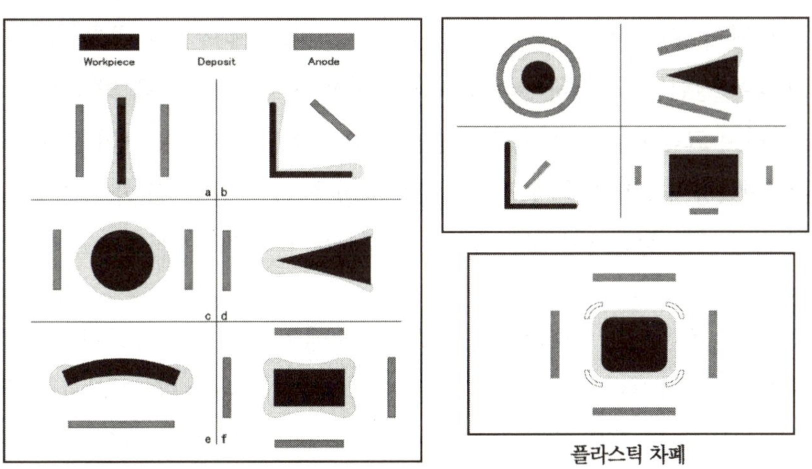

그림 5-11 각종형상표면상의 전형적인 전착분포

(3) 액관리

약품의 소모 및 보충과 관련해서는 양극은 불용성이므로 소모되는 크롬분은 모두 크롬산에

의해서 보급되어야 한다. 보충량의 결정은 가동 시간, 비중 및 화학분석 등에 의한다. 전착에 의해서 크롬이 소모되는 양의 계산은 다음과 같이 된다. 즉 크롬의 이론석출량은 1Ah에 대해 0.323g이며, 전류효율을 15%로 하면 1Ah의 경우 실제의 석출량은 다음과 같다.

$$0.323\text{g} \times \frac{15}{100} = 0.0485\text{g}$$

하루에 500A로 10시간 연속 작업을 하였다면, 크롬산의 소비량은 CrO_3는 분량자이 52.0+16×3=100이므로

$$0.0485\text{g} \times 500 \times 10 \times \frac{100}{52} = 466\text{g}$$

즉 크롬산 466g을 보충해야 하나 이것은 순전히 이론적인 석출량이며, 물건에 묻어나오는 양과 수소가스와 동시에 비산하는 양이 많으므로, 플라스틱 보올이나 시판되는 비산방지제등을 사용하면 비산과 묻어나오는 양을 급격히 감소시켜 줄 수가 있고, 크롬산에 의한 인체의 공해를 방지해 줄 수 있다. 크롬산과 황산은 균일하게 소모되는 것이 아니고, 항상 크롬산의 함량이 많다. 이 함량의 비율은 작업의 성질에 따라 다르며, 장식 도금과 같이 물건의 출입이 많은 것은 묻어 나오는 양이 많으며, 경질 크롬도금과 같이 장시간의 전착 작업은 전착에 의한 함량이 많다. 장식도금에서 묻어 나오는 양은 예상 외로 많고, 전 크롬산 소모량의 80~90%에 달한다. 그러나 비산방지제를 사용하여 이소비량을 약 40%로 감소시킨 예가 있다. 따라서 크롬도금 후 회수조를 만들어서 이 회수액에서 탱크의 물 보충을 하도록 한다. 이것은 비산방지제의 회수에도 절대적인 역할을 하게 된다. 또한 대기농축기로 비산과 회수조의 크롬분을 농축하여 도금액으로 회수하는 방법도 있다.

크롬산 농도를 일정하게 유지하는 방법으로서 보오메 비중계를 많이 사용하고 있는데 3가 크롬, 철 및 기타의 불순물이 과잉으로 되면 실제보다는 비중이 높다. 따라서 크롬산의 농도를 관리할 때는 불순물이 적은 액이어야 한다. 화학분석에 의하여 약품의 소모를 아는 것이 가장 정확하나, 현장에서는 자주 분석을 하기 어려우므로 분석과 비중 측정을 병용하는 것이 좋다. 즉 1~2개월간을 최소 10일에 한번씩 분석하고 크롬산과 황산의 소모도 3가 크롬의 증감을 파악해서 약품의 보충량을 결정한다. 이 후는 1~2개월에 한 번씩의 분석으로 작업할 수 있다. 작업량은 반드시 일정하지 않으므로 약품보충이 적절한가의 여부를 확인하는 데

비중계를 사용한다.

3가 크롬의 함유량은 철 함유량과도 관련이 있으나 대략 1~5g/l(3g/l가 최적)이 적량이다. 이것이 적절하지 않을 경우에는 피복력, 광택, 도금, 전도도 등에 지장이 생긴다. 장식도금에서는 과소로 되는 경향이 있으나, 이것은 묻어나오는 양이 많은 것이 이 원인의 하나이다. 일반적으로 양극이 음극에 비해 면적이 클 때, 또 황산 – 플루오르화물의 함량이 적을 때 3가 크롬이 과소로 되는 경향이 있다. 따라서 이것을 증가시키려면 양극 면적을 축소시키든가 촉매기를 증가시킨다. 후자는 크롬산의 비율이 있으므로 동시에 크롬산도 보충해야 한다. 납 양극은 3가 크롬을 평형 상태로 유지하는 성질이 있으므로, 양극과 음극의 면적비를 1 : 1~2로 하면 대략 일정하게 되지만, 촉매근의 함유량에 의해서도 다를 때가 있다. 특히 3가 크롬만을 증가시키고자 할 때는 약전해 등으로 3가 크롬을 만들어 준다. 3가 크롬이 적을 때에는 도금액이 간장색이 아니고 붉은 기가 있다. 따라서 3가 크롬이 많을수록 짙은 간장색이 된다. 3가 크롬을 만들어 주는 방법에는 3가 크롬 자체를 첨가하는 방법, 약품을 첨가해서 환원시키는 방법, 약전해에 의해서 환원하는 방법 등이 있다.

3가 크롬 자체를 첨가하는 방법은 황산크롬을 6.2g/l 사용하면 약 0.9g/l의 3가 크롬을 함유하게 된다. 약품을 첨가해서 환원시키는 방법은 구연산 7.5g/l이나 주석산 11.2g/l, 옥살산 15g/l, 또는 과산화수소를 사용한다. 약전해 방법은 음극 면적을 양극보다 크게 함으로써 3가 크롬이 생성되므로 두 극을 납극으로 사용하되 음극에 되도록 많이 매단다. 약전해의 전류밀도는 온도에 의해서 다르나 상온에서는 3~5A/dm^2, 5℃에서는 5~10A/dm^2이며, 이 상태에서는 음극으로부터 수소가스가 발생하기 시작하는 부근이다. 이러한 전해 방식에 의하면 크롬산 250g/l, 황산 2.5g/l의 액에서는 1l당 1Ah에서 대략 0.5~1g/l의 3가 크롬을 얻을 수가 있다.

금속불순물의 영향으로 액이 함유하고 있는 불순물 중 금속이온으로서는 철, 구리, 아연 등이 있으나 이들의 허용량은 3가 크롬이 적을 때는 허용량의 범위는 비교적 크지만, 3가 크롬이 많을 때는 소량이라도 영향을 미치게 된다. 예컨대 철은 3가 크롬이 7~15g/l이 있을 때 5g/l이라도 크롬의 광택은 나빠지나, 3가 크롬이 1g/l전후일 때는 10g/l전후라도 광택 크롬을 얻을 수 있다. 따라서 일반적으로는 두 가지 합계량으로 판단한다. **그림 5-12**는 광택 범위에 미치는 3가 크롬과 철의 영향을 나타낸 것이다.

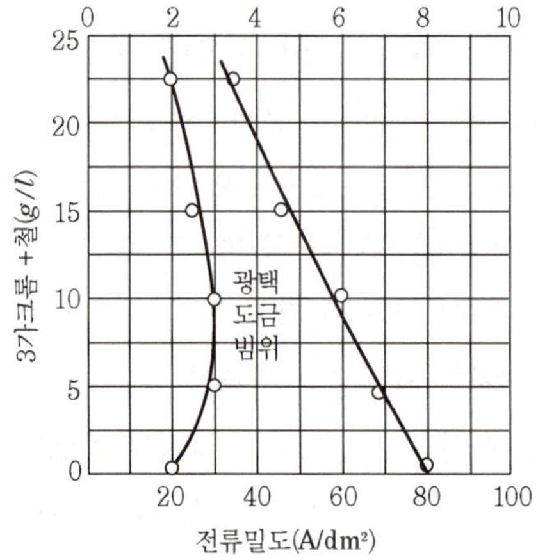

그림 5-12 광택 도금 범위에 미치는 3가크롬과 철의 영향

3가 크롬 및 철분을 제거하려면 15~200g/l의 크롬산을 넣은 격막원통을 사용해서 이것에 철판이나 납판을 구멍을 크게 뚫고 음극 면적을 크게 하기 위해서 2중으로 한다. 구멍을 뚫으면 2중인 내부에 전기가 잘 통한다. 음극 면적을 크게 하기 위하여 도금하던 양극판은 반수 가량 빼내고 전해를 한다. 전압은 5~7V 정도로 하며 50A 내외로 흘린다. 작업 후 야간만 2~3일간 전해하면 불순물에 따라서 진흙 같은 것이 음극판에 석출된다. 이렇게 되면 격막통 내의 크롬산액도 노화되므로 음극판을 닦고 음극액도 새로운 액으로 교환하다. 격막원통 내의 액이 노화되면 불순물을 제거하는 힘이 없어진다. 이 방법은 크롬액의 정화법으로서 가장 좋은 방법이며, 이것을 충실히 실시하면 액의 노화는 거의 없다. 철분은 허용범위가 10g/l이하이며, 7g/l 이하가 최적이다. 제거율은 철분 21g/l에서 주간 작업 후에 밤새 전해를 거듭하면, 1주일 후에 7g/l 이하로 저하시킬 수 있다. 이 때 3가크롬도 동시에 제거되므로 작업에 의해서 증가시켜 주어야 한다.

광택이 불충분하거나 피복력이 나쁠 때는 유기물 및 황산분의 영향이 큼으로 크롬액의 여과가 필요하며, 이 때 활성탄을 사용하면 효과적이다. 황산이 과잉일 때는 탄산바륨 등을 가해서 제거한다. 즉

$$Ba(OH)_2 + H_2CrO_4 \rightarrow BaCrO_4 + 2H_2O \quad \cdots\cdots (1)$$

$$BaCrO_4 + H_2SO_4 \rightarrow BaSO_4 \downarrow + H_2CrO_4 \quad \cdots\cdots (2)$$

(1)의 반응은 첨가와 동시에 즉시 생기며, (2)의 반응은 서서히 일어난다. 황산 1g을 제거하는데 탄산바륨은 약 2g, 크롬산바륨은 약 2.5g, 수산화바륨은 약 1.7g을 필요로 한다. 황산바륨의 침전은 미세하여 침전이 완만하므로 되도록 작업 종료 후에 하는 것이 좋다.

3. 경질 크롬도금

도금 전의 전처리는 장식 도금의 경우와 동일하며, 경질크롬 도금에서는 도금이 부착해서는 안 될 부분을 피복 절연해야 한다는 것은 특히 중요하다. 질산 섬유계의 도료나 도금용 왁스 등을 사용하며, 도료일 경우에는 여러 번 발라서 전해 중에 생기는 수소에 의해서 소공이 생겨 이 부분에 전착이 되지 않도록 해야 한다. 이것을 방지하기 위해서 처음에 비닐 또는 고무테이프를 감고 그 위에 다시 도료를 바르면 결과가 좋아진다.

양극에칭은 도금피막의 밀착성을 좋게하기 위한 것이며, 소지의 산화물, 베일비층(Beilby layer) 등을 제거하고 건전한 소지면을 얻고자 하는 데 있으며, 경질크롬으로서는 불가결한 조작이다. 처리 방법으로 주로 크롬산 용액이 사용되며, 황산(30%)에서 행할 때도 있다. 엷은 도금은 15~30초 정도로 하며, 두꺼운 도금은 10~15분 정도 한다. 크롬 도금액 자체 내에서 10~30A/dm^2 로 도금 직전에 양극 처리를 하는 것이 보통인데, 이 경우 도금액이 오염된다. 황산 용액 내에서 행한다면 상온에서 10~30A/dm^2로 하는데, 이 때 황산이 크롬 도금액에 묻어 들어가지 않도록 충분히 수세할 필요가 있다.

다음은 각종 금속재료에 대한 전처리 방법의 예를 나타낸다. 비철금속인 구리·황동·청동 등의 경우는 ① 음극 또는 침지청정 ② 수세 ③50~100g/l-NaCN 액에 침지 ④ 수세 ⑤ 5% HCl 또는 황산 중에 침지 ⑥ 수세 ⑦ 도금 ⑧ 215℃에서 1~3시간 베이킹처리 한다. 철의 경우 도금 기술자들이 가장 귀찮게 생각하는 소지로서, 가장 주의할 것은 필요 이상의 탈지, 산세, 에칭 등으로서 표면에 스머트(smut)가 생성하면 밀착에 장애가 되기 때문이다. 이를 극복하기 위해서 다음 방법이 일반적으로 행하여 지고 있다. ① 양극청정(알칼리 탈지액에서)을 한다. ② 수세를 한다. ③ 크롬산 내에서 3~5초간 양극 처리를 한다. ④ 140~150 A/dm^2로 도금조 내에서(철강의 경우 0.5~1분간)플래시(flash) 도금을 한다. ⑤ 그 후 일반적인 전류밀도 40~60A/dm^2로 낮추어서 도금을 한다. 도금액은 장식용과 동일한 조성인

250g/l 크롬산, 2.5g/l황산이 주로 사용된다. 경도를 높이기 위해서 150g/l 크롬산의 농도를 사용할 때도 있다.

양극처리를 한 것은 즉시 도금을 하여야 하는데, 가공물과 액온이 같은 것이 좋으므로 미리 가공물을 도금액에 담가 두었다가 도금액 온도까지 상승한 후 도금을 한다. 가공물이 액온보다 낮을 때는 가공물 부근의 액은 냉각되어 전류밀도의 과대 현상이 생긴다. 따라서 작은 가공물은 1~2분간, 큰 가공물은 30분 이상 방치한다. 전착조건은 경질 크롬에서도 광택을 중요시할 경우가 많으므로 일반적으로 광택 도금 범위에서 행한다. 내식성을 필요로 하는 크롬에는 온도를 올리든가, 전류밀도를 낮추어서 약간 유백색에 가까운 조건을 선정하는 것이 유리하다. 전착 표면적은 정확성을 기하는 것이 전류량을 구하는 데 좋고, 서리면은 실측값의 2배 정도의 표면적을 가지고 있다고 생각하면 된다. 전해에 의해서 얻어진 크롬은 경도가 대단히 높고 액의 조성, 액의 온도, 전류밀도, 액 중의 불순물 등에 의해서 경도의 차이가 생긴다.(**그림 5-13**)

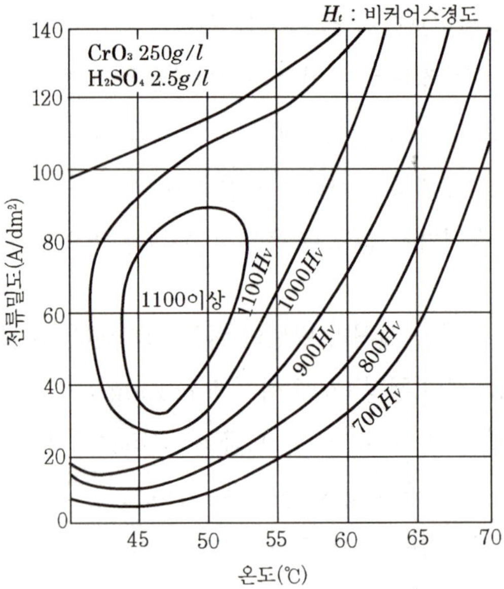

그림 5-13 경도분포

그림 5-14는 크롬산-황산액에서 황산을 2.5g/l로 일정하게 했을 때의 결과이며, 크롬 250g/l에서 경도는 저하한다. 또 **그림 5-15**는 크롬산 250g/l으로 일정하게 하고 황산량

을 가감했을 때의 결과이며 광택 크롬 도금 범위내인 크롬산과 황산의 비율이 0.85%일 때 가장 경도가 높다.

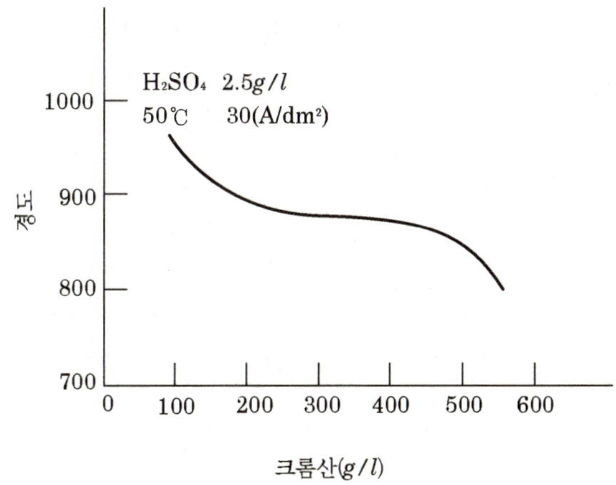

그림 5-14 크롬산과 경도

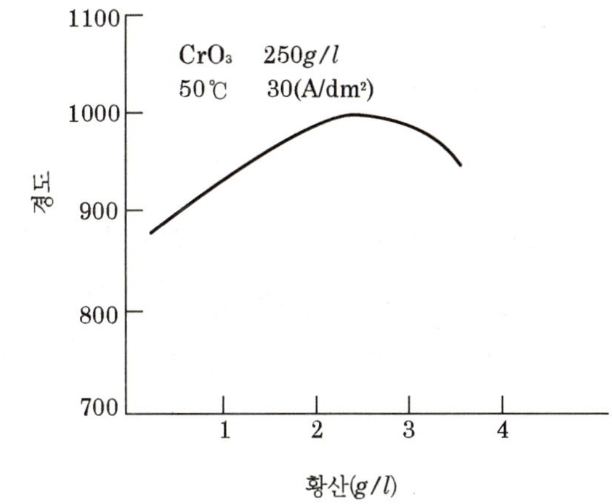

그림 5-15 황산과 경도

4. 흑색 크롬도금

흑색 크롬은 황산을 전혀 갖고 있지 않은 것도 있고, 약간 함유하고 있는 것도 있다. 예를 들면 크롬산 350g/l, 황산 0.5g/l, 온도 25℃이하, 전류밀도 100A/dm^2에서 행하며, 대개의 흑색 크롬액은 개미산, 프로피온산, 아세트산 등의 유기물을 품고 있다. 가장 단순한 것으로는 크롬산 250~400g/l, 개미산 5ml/l를 사용하며 일반액의 조성 및 조건은 다음과 같다.

이 액 중에 황산이 있으면 안 되기 때문에 바륨염을 넣고 황산분을 침전제거하고 있다. 피복력이나 균일 전착성은 일반 크롬 도금액과 동일하며, 전착물은 75%의 크롬고 25%의 크롬산화물로 되어 있다.

무스크롬산	250~300g/l	온도	32~47℃
아세트산	214g/l	전류밀도	4~8A/dm^2
아세트산바륨	7.5g/l		

	A	B	C
무수크롬산	200g/l	200g/l	200g/l
빙초산	5ml/l	6ml/l	6.5ml/l
염화니켈	20g/l	20g/l	-
질산바나듐		2g/l	
바나듐산암모늄			20g/l
전류밀도	75~200A/dm^2	100A/dm^2	100A/dm^2
온도	-	30~35℃	30~35℃

(A)액에서 아세트산은 전착조건을 확대하고 액의 수명을 길게 하는 역할을 한다. 은색의 광택 있는 전착물을 얻으나 진한 염산으로 5~20초 침지처리하면 흑색을 얻을 수 있다. (B)액은 전해로써 검은색이 된다. 또 (C)액은 고온, 큰 전류밀도에서는 에나멜 모양의 광택이 있는 흑색 도금이 생긴다.

5. 마이크로-크랙, 마이크로-포러스 크롬도금

니켈-크롬도금의 내식성 개선책으로 현재까지 여러 가지 방법이 시도되어 왔으나, 마이크로-크랙(micro-crack) 이나 마이크로-포러스(micro-porous) 크롬도금이 가장 높은 내식성을 얻을 수 있고, 니켈도금의 두께도 감소시킬 수가 있다. 마이크로-크랙이나 마이크로-포러스 크롬도금이 높은 내식성을 나타내는 이유는, 이들 크롬도금이 보통 크롬도금에 비해 마이크로 크랙은 1cm의 직선상에 교차되는 크랙수가 300내외로 4~5배의 크랙을 나타내며, 마이크로-포러스는 크롬도금에 구멍을 1cm^{2}당 10,000개 내외로 생기게 해서 부식전류를 크랙수 또는 미세기공만큼 분산시켜 부식 전류를 약화시켜 부식을 방지하자는 것이다. 위에서 말한 내식성을 얻고자 하려면, 마이크로-크랙 크롬도금일 때는 적어도 0.75μ 이상 1.25μ까지의 크롬도금을 해야 한다. 이와같이 두꺼운 크롬도금을 하려면 니켈도금도 어느 정도 두꺼워야 할 것이고, 크롬도금 시간은 보통 8~15분 정도는 해야 한다. 마이크로-크랙이나 마이크로-포러스 크롬도금을 하는 방법을 보면 **표 5-17**과 같다.

표 5-17 마이크로-크랙 및 마이크로-포러스크롬 도금방법

구 분	명 칭	액의 종류
크롬도금층	2중 마이크로-크랙 크롬	1) Sargent 액+플루오르화물 첨가액 2) 플루오르화물 첨가액+플루오르화물 첨가액
	단층마이크로-크랙 크롬	1) 셀렌 첨가액 2) 플루오르화물 첨가액
	마이크로-포러스 크롬(MP)	카아본 등 불용성 미립자를 첨가
니켈도금층	마이크로-포러스 크롬	미립자 첨가
	포스트 니켈 스트라이크(PNS)	1) 고염산니켈액 2) 고응력첨가제

1) 마이크로-크랙 크롬도금

마이크로-크랙 크롬도금에는 보통 다음과 같은 방법이 있다. (1) 2중 크롬도금을 하는 방법 (2) 마이크로-크랙을 발생시킬 수 있는 특수한 액 또는 작업 조건에 의한 단층 크롬도금을 하는 방법 (3) 고응력의 니켈 스트라이크를 보통 크롬도금(0.25μ)을 하기 전에 하는 방법 위에서 크롬에 의한 크랙을 발생시키고자 할 때는 크롬의 두께가 앞서 말한 바와 같이 0.75μ 이상이어야 하며, 도금 시간도 8~15분이기 때문에 광택이 다소 저하되는 결점이 있다. 2중 마이크로-크랙 크롬도금방법은 하층은 일반 크롬도금이며, 상층은 규소플루오르화스트론튬 등이 들어 있는 크롬 도금액을 사용한다. 단층 마이크로-크랙 크롬도금은 2중 크롬도금을 하지 않고 단층 크롬도금을 하게 되었으며, 이 액에는 셀렌화합물 첨가액과 규소플루오르화물 첨가액이 있다. **표 5-18**에는 액조성을 나타낸 것이다. 포스트(post) 니켈 스트라이크 방법은 보통 광택 니켈도금 위에 고응력 니켈 스트라이크를 하고, 이 위에 보통 광택 크롬도금

을 함으로써 마이크로-크랙이 생기도록 하는 방법이다.

표 5-18 단층 마이크로-크랙도금액 조성의 예

	셀렌첨가물액	규소플루오르화액
무수크롬산	250g/l 180g/l	180~220g/l, 225~275g/l
황산	2.5g/l 1.0g/l	1.0~1.7 〃 $CrO_3/H_2SO_4$130~250 : 1
셀렌산나트륨		
규소플루오르산	13~18mg/l 20mg/l	SiF_6로서
규소플루오르화 나트륨	3.5g/l	1.5~3.5g/l 3.5~6.0g/l
온도	43~45C	45~50℃
전류밀도	18~22A/dm^2, 8~50A/dm^2	10~20A/dm^2 11~32A/dm^2
시간	5.5분(22A/dm^2) 6분	8~12분 6~15분

2) 마이크로-포러스 크롬도금

네덜란드의 N. V. Research-Holland에 의하여 개발된 것으로서, 도금액 중에 균일한 크기의 입자를 분산시켜 비금속입자를 균일하게 전착시킨 컴포지트(composite 2종 이상의 성분) 니켈을 도금하고, 그 위에 보통 광택 크롬도금을 하여 마이크로-포오(micro-pore; 미세기공)가 생기게 한 것이며, 광택 니켈도금 위에 직접 20초~4분간 도금을 한다. 포스트(post) 니켈 스트라이크와 마찬가지로 작업을 한 번 더 하고 수세를 충분히 해야 한다. **표 5-19**는 이의 액조성과 작업 조건의 한 예를 나타내었다. **표 5-20**에는 각종 크롬도금을 한 물건의 내식성의 한 예를 나타내었다. 미립자로는 산화알루미늄, 석영 및 카올리나이트(kaolinite) 등이다. 이 표에서 보는 바와 같이 마이크로-포오스 크롬도금이 얼마나 내식성이 좋은가를 알 수 있다.

표 5-19 마이크로-포러스 크롬도금용 컴포지트 니켈 도금액

약품 및 조건 \ 액종류	I	Ⅱ
황산니켈	250g/l	270g/l
염화니켈	60g/l	45g/l
황산코발트	-	3g/l
붕산	40g/l	40g/l
사카린	2g/l	-
부텐디올	0.15g/l	-
라우릴황산소다	0.3g/l	-
개미산	-	20g/l
포르말린40%	-	4g/l
실리카0.2μ	100g/l	-
탄화규소 0.1~0.2μ	-	14g/l
온도	60℃	60℃
전류밀도	5A/dm^2	4A/dm^2
시간	1분(1μ)	30초

표 5-20 1년반 옥외노출시험 후의 ASTM Rating No.

도금 종류	도금두께(μ)		ASTM Rating No.	발동면적(%)
	니켈	크롬		
2중니켈+시일니켈+보통크롬(마이크로-포러스 크롬도금)	20	0.25	10	0
	15	0.25	10	0
	10	0.25	10	0
	5	0.25	7	0.25~0.5
광택니켈 +보통 크롬	60	0.25	9	0~0.1
	50	0.25	8	0.01~0.25
	40	0.25	6	0.5~1.0
	30	0.25	5	1.0~2.5
	20	0.25	3	5.0~10.0
	10	0.25	2	10.0~25.5
	5	0.25	1	25.0~50.0
광택니켈+크랙프리크롬	20	1.5	6	0.5~1.0
	10	1.5	5	1.0~2.5
2중 니켈 + 보통 크롬도금	10+5	0.25	6	0.50~1.0
2중니켈 +마이크로-크랙 크롬도금	10+5	1.0	9	0~0.10

6. 다공성 크롬도금

이것은 앞에서 말한 마이크로-포오러스(micro-porous; 미세기공)에 비해 마크로-포러스(macro-porous; 기공)라고 말할 수 있는 육안으로도 볼 수 있는 크기의 구멍이나 균열을 가진 도금을 말한다. 즉 이것은 앞에 말한 장식용 크롬도금용이 아니고, 경질 크롬도금에 사용하는 내연마성을 얻으려고 하는 목적으로 도금을 하는 것을 말한다. 일반 경질 크롬도금은 표면이 치밀하기 때문에 기름의 보유성이 적고 고속 또는 고압력이 걸리는 부분에 사용하면 타 붙는 일이 있다. 다공성(porous) 크롬은 이 결함을 개량한 방법이다. 이 피막은 마치 잉크 흡수지가 물을 흡수하는 것 같이 윤활유의 침투성이 커서 어떠한 조건에서도 타붙는 일이 거의 없다. 피스톤 링이나 내연기관의 실린더에 경질 크롬도금을 하고 있어 사용 수명을 길게 하고 있으나, 주문자측의 인식 부족으로 광택 있는 일반 경질 크롬도금만을 하고 있다. 포러스 크롬도금을 하면 흑회색으로 변하고, 전자는 크롬산 250g/l, 크롬산 : 황산 =100 : 1, 50℃에서, 후자는 크롬산 250g/l, 크롬산 : 황산 = 115 : 1, 60℃에서 크롬 도금한 것을 에칭한 것이다. 다공성인 두 가지 형의 성능의 차이는 별로 없으나 다공성의 대소에 의하여 마모 상태에 밀접한 관계가 있으므로, 이 정도는 많거나 또한 적어도 좋지 않다.

실린더에 이 도금을 할 때는 채널형으로는 다공도를 25~40%로 하고 있다. 도금 조작으로는 0.1~0.2mm의 두께로 경질 크롬도금을 하고, 상기의 두가지 형 중 한가지 조건으로 해하며, 양극 처리액(크롬산-황산액)에 넣어서 전착도금층의 일부를 전해적으로 에칭 시킨다. 에칭 속도는 전착과 동일한 전류밀도를 사용한다면 전착속도의 5배 전후이다. 에칭 시간은 2~10분간이며 용도에 따라 결정된다.

5.4 아연도금

1) 아연도금의 목적

아연도금은 철강의 방식을 주목적으로 하고 있으나 크로메이트 처리를 하면 내식성과 광택성이 좋아지고 색상도 여러 가지로 나타낼 수 있으므로 장식적인 목적으로도 사용되고 있다.

아연은 철보다 전기화학적으로 활성이 큰 금속이기 때문에 부식 환경하에서는 양극이 되어 우선적으로 부식되기 때문에 철을 보호하게 된다.

2) 아연도금 피막의 성질

아연은 구리, 니켈, 크롬과는 달리 경도도 낮고 변색이 되기 쉬우며, 백색분이 생기면서 녹이 슨다. 또한 산, 알칼리에 대해서도 약한 금속이지만 철에 대하여 방식성이 크기 때문에 철의 방청도금으로서 널리 이용되고 있다.

3) 아연도금의 종류

아연도금의 방식으로는 ① 용융아연 중에 철을 담가서 도금을 하는 용융도금, ② 아연 분말과 철을 접촉 가열시켜서 아연을 침투시키는 세라다이징(sheradizing)법, ③ 수용액을 사용하는 전기도금법 등이 있다.

용융도금은 0.04~0.08mm의 두께로 도금하는 것이며, 전기도금보다는 두껍게 도금이 된다.

종래의 아연도금은 광택이 없는 철의 방청만을 목적으로 한 이른바 백색도금을 하여 왔으나, 크로메이트 방법이 행하여지고 나서부터는 광택 처리를 할 수가 있고, 최근에는 크로메이트 피막에 착색까지 할 수 있게 되어 미장 도금으로서의 역할을 할 수가 있게 되었다.

4) 아연도금 층의 내식성

아연의 단극전위는 -0.76V이므로 -0.44V의 단극 전위를 가진 철에 대해서 보호 작용을 한다. 즉 철이 녹슬 환경에서 이 면에 아연이 있으면, 우선 아연이 철 대신 산화하면서 철이 녹스는 것을 방지해 준다. 이 성질이 철의 방식도금으로서 크게 이용되는 이유이다.

아연은 철 대신 녹이 슬며 아연도금 중에 핀홀이 있어도 철을 보호해준다. 이 대 아연 자신은 산화아연(ZnO), 탄산아연($ZnCO_3$), 염기성 아연[$ZnCO_3 \cdot Zn(OH)_2$]의 흰 가루로 되어 소모된다. 따라서 도장할 때도 아연도금을 한 후 도장하여 아연도금과 도장으로 철을 더욱 보호하도록 하는 경우가 많다.

5) 전기아연 도금의 두께 및 장점

아연도금의 내식성은 순아연이 도금되었을 때 특히 강하므로 양극 아연의 순도가 되도록

99%이상의 높은 것을 사용하도록 하고, 핀홀이 없는 도금을 할 필요가 있다. 전기도금의 두께는 미국에서는 0.0025~0.013mm를 추천하고 있다. 이 두께의 아연도금은 다른 니켈-크롬도금에 비하여 옥외 사용에 가장 안전한 방식도금이 된다. 아연도금은 센물보다 단물에 대해 약하고 탄산수나 산소를 많이 함유한 물에도 약하다.

장점

① 평형상태도에 없는 새로운 상을 얻을 수 있다.

② 용융법으로는 곤란한 고 융점금속과 저 융점금속의 합금을 얻을 수 있다.

③ 박막으로 특징이 우수한 피막을 얻을 수 있다.

여러 종류의 합금도금 중에서, 보다 내식성을 중요시하고 피막특성, 비용 등을 고려하여 선택한다면 의성방식기구를 취하는 아연계 합금도금이 가장 공업적 규모의 방청처리에 가깝다.

6) 각종 아연도금액의 비교

공업적으로 사용되고 있는 도금액을 분류하면 다음과 같다.

① 산성 도금액 - 황산아연도금액, 염화아연도금액(산성, 중성), 붕불화 아연도금액

② 알칼리 아연도금액 - 시안화액(고, 중, 저농도액)

③ 징케이트(Zincate)액

표 5-21 각 종 아연도금액의 비교

항 목	시안화액	저 시안화액	염화액	징케이트액
액의 독성	매우 크다	크다	적다	적다
액의 균일 전착성	좋다	좋다	떨어진다.	조금 떨어진다.
음극전류효율	80~95	60~80	100	60~90
도금속도	빠르다	조금 늦다	가장 빠르다	조금 늦다
액 관리	용이	조금 어렵다	용이	어렵다.
전처리	용이	용이	엄격관리	엄격관리
주물의 처리	곤란	곤란	도금가능	곤란

7) 수소취성

고 항장력강(고탄소강)에 아연도금을 실시한 경우에는 취성이 문제가 된다. 로크웰경도

40이상인 경도인 강에 아연도금을 하면 도금 층이 취약하고 항장력이 저하된다.

이것은 도금의 전처리로서 산에 침적한다든가 음극에서 전해세정 중에 또는 도금액 중에 강의 표면에서 발생되는 원자상태의 수소가 강의 결정조직 중에 흡수되어 조직을 약하게 하여 수소취성이 발생한다. 아연도금에서는 수소취성이 산성도금액, 알칼리성도금액, 시안화도금액 순으로 수소취성이 작아진다.

그 대책으로는 도금 후에 200℃전후로 3~4시간 열처리를 행하면 수소를 제거할 수 있다.

8) 아연 및 아연계 합금도금의 내식성

(1) 염수분무시험

① 표준내식성- 도금을 하여 크로메이트처리를 한 판넬의 내식성 아연계 합금도금은 아연도금에 비해 내식성이 높다. 특히 Sn-Zn 과 Zn-Ni의 국방색크로메이트가 양호하다.

② 2차가공성- 표준처리를 한 판넬을 Erichsen에서 8mm 밀어낸 후의 내식성(Erichsen시험)Zn-Fe이외의 아연계 합금도금은 양호함. 특히 Sn-Zn이 열화하지 않는다.

③ 가열처리- 표준처리를 한 판넬을 180℃에서 1시간 가열처리후의 내식성 180℃-1시간) 모든처리가 내식성이 저하됨. Zn-Ni은 거의 저하되지 않는다.

(2) 복합 사이클 시험

현재 내식성 평가시험에서 염수분무에 필요한 시간이 긴 것과 시장의 부식형태와 차이가 많으므로 많은 메이커에서 사용하게 되었다.

1991년 3월에 자동차 기술회의 복합사이클시험을 이용한 자동차 재료부식 시험방법의 규격이 일본 국내 11개사의 자동차 메이커와 관계부품메이커 15 개사의 합의하에 규정되었다.

이후 부식시험의 평가는 이러한 복합사이클 시험으로 이행하는 것으로 생각된다. 그러나 이 시험도 사용하는 염이 정제염일 경우도 있고, 환경이 중성이 되기도 하는 등 실제 환경과 다르다는 것이 지적되고 있으며, 실제 부식 환경과 그 촉진시험의 상관성에 문제가 있어 앞으로는 개선되어야 한다.

35℃, 5%NaCl　　60℃, 20~30%RH　　50℃, 95%KH 이상

① 표준내식성- 도금을 하여 크로메이트처리를 한 판넬의 내식성 아연도금의 경우 후막형 크로메이트의 내식성이 염수분무만큼 양호하지 않다. 젖었다가 건조되는 등 이것이

반복되는 환경에서의 후막형 크로메이트는 내식성이 그다지 높지 않다.
아연계 합금도금에 있어서도 크로메이트의 존의 Zn-Fe의 내식성은 높지 않다.
Sn-Zn및 Zn-Ni의 내식성은 그렇게 저하되지 않는다.

② 2차 가공성- 표준처리를 한 판넬을 Erichsen에서 8mm 밀어낸 후의 내식성 (Erichsen시험) Zn-Fe는 Zn과 거의 동일하게 내식성이 매우 저하된다.
Sn-Zn, Zn-Ni의 내식성은 거의 저하되지 않는다.

③ 가열처리- 표준처리를 한 판넬을 180℃에서 1시간 가열처리후의 내식성 모든 처리가 내식성이 저하된다.
Zn-Fe는 Zn과 거의 동일하게 내식성이 매우 저하된다.
Sn-Zn, Zn-Ni의 내식성은 거의 저하되지 않는다.

9) 각종 아연도금액의 방청력

① 아연도금 액
일반적으로 염수분무에 있어서 내식성은 염화액 → 시안액 → 징케이트 순으로 양호하다.

② 아연도금의 크로메이트의 종류
일반적으로 염수분무에 있어서 내식성은 무색크로메이트 → 흑색크로메이트 → 유색크로메이트 → 국방색크로메이트 순으로 양호하다.
그러나, 피막형의 크로메이트인 국방색크로메이트, 흑색크로메이트는 열에 약해, 내식성이 유색크로메이트와 역전되는 경우도 있다.

③ 아연계 합금도금
Sn-Zn, Zn-Ni, Zn-Fe 모두 염수분무에 대한 내식성은 대단히 높다.

④ 도금 + 전착도장
전착도장을 도금위에 처리함으로서 내식성이 향상된다. 특히 크로메이트 피막이 피복된 경우에 발생하는 아연의 백청발생이 매우 장기간 억제된다.

⑤ 도금 + 코팅(COATING)
도금 + 전착도장과 동일한 결과를 얻는다.

1. 아연계 합금도금

전기 도금은 1841년에 개발된 Zn-Cu합금도금을 시작으로, 이후 현재까지 100여종이상의 합금도금이 개발되었다.

1) 아연계 합금도금의 방청기구

아연계 합금도금의 방청기구는 아연과 동일하여 자연전극전위(부식전위)가 소지의 철에 대해 낮으므로, 부식 환경 하에서는 자신이 용출됨에 따라 원소재인 철을 보호하는 의성방식이다.

그러나 철에 대한 전위차가 너무 크면 의성방정식이 과도하게 진행되어 부식 환경에 대단히 빨리 용출해 버리므로 장기간 방청을 기대할 수 없다.

여기서 아연금속에 철과 같은 금속을 합금함으로서 철과의 전위차를 작게 한다.

그렇게 함으로서 아연계 합금의 전위차는 철과 아연의 중간이 되어, 아연보다는 짧은 기간에 용출하지 않으므로 장기간의 방식을 기대할 수 있다.

pH 6의 완충용액중의 부식전위

Fe----- 0.7v
Sn-Zn--- 0.9v
Zn-Ni---1.0v
Zn-Fe---1.1v
Zn------1.15v (vs.AG-AgCl전극)

그 외에 부식 환경에서 부식생성물의 방식Barrier작용이 있다.

아연계 합금도금의 부식생성물에는 염소가 존재하면 난용성의 염기성화 아연이 다량으로 생성되어 도금피막을 양호하게 보호해 준다. 아연도금의 부식생성물은 산화아연이 대부분이므로 방식 층으로는 기대할 수 없다.

한편 Zn-Ni과 Zn-Fe은 크로메이트피막과 도금피막의 밀착성이 양호한 반면 부식 환경 하에서의 6가 크롬의 용출속도가 Zn도금의 크로메이트피막과 비교하면 대단히 낮으므로 장기간에 걸쳐 크로메이트피막의 보호를 기대할 수 있다. 또한 Zn-Ni합금도금의 크로메이트피막에는 대단히 미세한 Micro cark이 존재하여 부식전위를 분산시킨다.

Sn-Zn합금도금은 결정구조가 미세하여 기본금속중에 다른 합금성분이 삼차원적으로 균일하게 분산된 피막구조로 되어있다. 그래서 부식전류가 균일하게 분산된다.

부식 환경하에서는 합금중의 아연이 우선적으로 부식되어 아연염을 생성한다. 이러한 아연염은 주석(Sn)입자에 둘러싸여 좁은 틈 사이에 끼어들어 하층에 존재하는 아연(Zn)에 대해 지속성이 높은 방식 방식성이 된다.

2. 아연계 합금도금

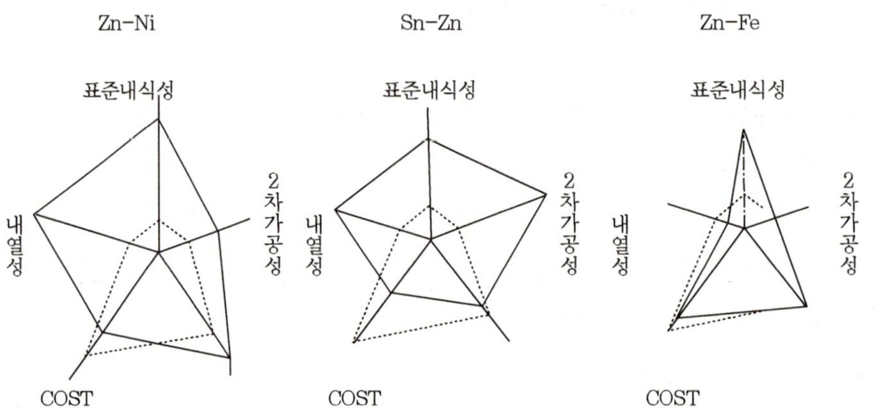

그림 5-16 아연계 합금 도금의 특성 도식도

1) Sn-Zn 합금도금

표준액 조성	Zn	: 8 g/ℓ
	Sn	: 20 g/ℓ
	킬레이트제	: 120 g/ℓ
	전도성염	: 80 g/ℓ

피막 중에 Sn을 75% 함유한 합금으로, 시안액과 중성의 유기칼본산액이 있다. 일반적으로는 후자의 경우가 안정한 광택의 도금을 얻을 수 있으며, 아연계 합금도금 중에서 가장 오래전부터 실용화되어, 그 내식성도 실용화 되어지고 있다.

(1) Sn-Zn 합금도금 특징

① Sn:Zn = 75:25로 내식성이 가장 우수하다.

② 염수, 아황산가스에 대해서 우수한 내식성을 가진다.

③ 피막경도가 부드러워, 2차 가공성이 우수하다.

④ 납땜성 및 내 휘스커성이 우수하다.

⑤ 전류밀도에 따라 합금비율이 변한다.

⑥ 옥외폭로성이 그다지 좋지 않다.

⑦ 고온 환경에서는 내식성이 저하된다.

⑧ 피막중에 Zn이 적기 때문에 크로메이트 처리후의 외관이 아연계 합금 도금중에서 가장 나쁘며 현재까지 유색크로메이트 처리만이 가능하다.

2) Zn-Fe 합금도금

표준액 조성		
	Zn	: 10 g/ℓ
	Fe	: 60 mg/ℓ
	NaOH	: 120 g/ℓ
	킬레이트제	: 5 ml/ℓ

피막중에서 Fe를 0.2~0.7% 함유한 합금으로, 징케이트액으로 석출되지만, 철의 석출량을 고Dk~저Dk까지 균일화하는 착화제가 배합되어 있다. 아연계 합금도금 3종류에서 비용이 가장 저렴하며 은을 함유하지 않으므로 외관이 우수한 흑색크로메이트를 얻을 수 있다.

(1) Zn-Fe 합금도금 특징

① Fe를 0.2~0.7% 피막에 함유하며 크로메이트 처리를 함으로써 내식성이 크게 향상된다.

② 은을 함유하지 않으므로 양호한 흑색크로메이트 피막을 얻을 수 있다.

③ 저렴한 철을 사용하므로 아연계합금중에 비용이 가장 적게 든다.

④ 크로메이트 의존형의 방청기구 이므로 크로메이트 피막이 파괴되면 내식성이 극단적으로 저하된다.

⑤ 가열처리함으로써 피막중의 철이 확산되므로 내식성이 생긴다. 또한 크로메이트 처리액의 조성을 변화시켜야 한다.

3) Zn-Ni 합금도금

표준액 조성	Zn	: 8 g/ℓ
	Ni	: 1.6 g/ℓ
	NaOH	: 130 g/ℓ
	킬레이트제	: 40 g/ℓ

Ni을 5~10% 함유한 합금으로, 징케이트액과 산성욕의 2종류가 있다. 징게이트액은 광범위한 작업범위에서 합금 석출비율이 균일하며 균일전착성도 우수하여 프레스제품 등의 복잡한 형상 등에 적합하다. 산성욕은, 전류효율이 양호하여 전착속도가 빠르며 소재의 선택성이 없다. 그러나 전류밀도에 따라 Ni공석률이 다르므로 저전류 부분에서는 Ni이 많아진다. 그 때문에 형상이 단순한 볼트, 너트(합금강, 고탄소강 ,주물)의 배럴도금에 적합하다. 2차가공성에 있어서 밀착성 및 내식성은 징케이트액과 산성액을 비교해보면 징케이트액이 양호하다.

(1) Zn-Ni 합금도금 특징

① Ni을 함유하므로 피막경도가 높고 표면이 손상되기 어렵다.

② 내열, 내식성이 우수하며 특히 엔진근처 부품의 방식에 적합하다.

③ Salt Spray Test, Combined Cyclic Corrosion Test(CCCT, 복합싸이클시험)에 대해 대단히 양호한 내식성을 가진다.

④ 합금 도금중에서 가장 여러 종류의 크로메이트 처리가 가능하다.

⑤ 아황산가스 부식성이 약하다.

⑥ 아연도금과 비교해 후막형의 크로메이트의 내식성이 가열, 2차가공에 의해 저하되는 경우가 거의 없다.

⑦ 가열 환경에서의 소재와의 밀착성이 양호하여 500℃까지 가열하여도 박리되지 않는다.

4) Zn계 합금도금 내식성

① 표준 내식성

도금의 종류	크로메이트 종류	백청(Hr)	적청(Hr)
Sn-Zn	미처리	24	624
	유색크로메이트	72	2,500 이상
Zn-Ni	미처리	24	360
	유색크로메이트	552	2,500 이상
	브론즈	624	2,500 이상
	흑색크로메이트	480	2,500 이상
Zn-Fe	미처리	24	168
	유색크로메이트	900	1,000
	흑색크로메이트	1,000	1,200
Zn-Fe-P	미처리	24	168
	유색크로메이트	1,200	1,500
	흑색크로메이트	1,500	1,500
Zn	미처리	24	192
	유색크로메이트	144	600
	흑색크로메이트	120	552
	국방색	408	1,056

② 가열처리 후 내식성

도금의 종류	크로메이트 종류	백청(Hr)	적청(Hr)
Zn-Ni	미처리	24	72
	유색크로메이트	522	2,500 이상
	브론즈	624	2,500 이상
	흑색색크로메이트	480	2,500 이상
Zn-Fe	미처리	24	72
	유색크로메이트	24	168
	흑색크로메이트	24	144
Zn-Fe-P	유색크로메이트	-	-
	흑색크로메이트	48	720
Zn	아연도금상태	24	72
	유색크로메이트	24	216
	흑색크로메이트	24	120
	국방색	24	192

5) 고니켈아연 – 니켈합금도금 (Ni : 12–18% 랙크용)

(1) 도금의 특징

① 알칼리성 노시안액으로 균일전착성이 뛰어나다.

② 아연니켈 합금도금 중에 가장 뛰어난 내식성이 있다.

③ 고온 환경에서의 내식성과 밀착성이 뛰어나다.

(2) 도금의 특성

① 2차 가공성

인장응력은 압축응력에는 약하다.

② 합금비율과 내식성

니켈공석률 12~18%의 균일한 합금조성이 아연도금의 4배 이상 뛰어난 내식성을 얻을 수 있다.

③ 도금피막의 내열 · 내식성

1Z–250의 도금 피막은, 가열처리 시킨 후에도 내식성이 뛰어나다. 고온 환경 하에서도 내식성은 아연 및 아연 합금도금 중에 가장 뛰어나다.

④ 도금속도

$4A/dm^2$로 약 0.28~0.38㎛/min 이다.

⑤ 피막경도

휘커스경도 HV 350~450 정도이다.

(3) 표준도금 공정

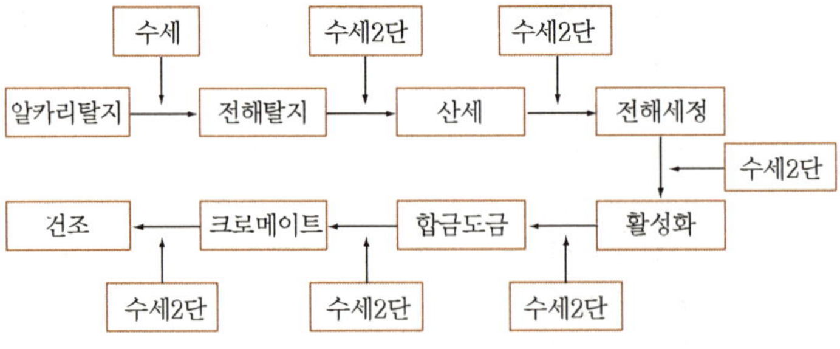

※ 각 공정에는 수세가 꼭 필요합니다.

(4) 도금설비

설비	내용
조재질	철제탱크에 고무, PVC, FRP, PE(폴리에틸렌) 등을 라이닝 시킨 것
태풍장치	미스트를 충분히 배기 가능한 것
여과기	도금액을 1시간에 2~3회 회전순환 가능한 것
탄산소다제거장치	도금액 중의 탄산소다농도를 60g/l 이하로 유지 가능한 것
열교환기	도금액온을 23~28℃의 범위로 조정이 가능, 일정히 유지가능한 것
양극	아연판, 니켈판 본조에는 전부, 니켈판으로해서, 아연극판의 별도용해방식을 권장. 조재질은 도금조와 같은 것
바렐	물품이 가벼운경 등 물품이 작은 경우에는 바이폴라현상이 발생하기 쉽기 때문에 통전방법을 공부할 필요가 있다.
아노드 백	필요에 따라서 사용하낟. 재질 : 사란 205 또는 사란 701
전원	정격전압 12~15V 정도의 3상전파형의 전원을 필요
예비조	작업종료시, 도금액의 전량을 교체 가능한 용기조 조재질은 내알카리성의 것

6) 저니켈 아연–니켈 합금도금(바렐용)

(1) 도금의 특징

① 아연도금의 3~4배의 내식성이 있다.

② 고온 환경에서도 내식성과 밀착성이 우수하다.

③ 피막경도가 높고 흠집이 나지 않는다.

④ 알칼리형 노시안액으로 전착성이 우수하다.

⑤ 음극에서도 불용해성 음극을 사용 할 수 있다.

⑥ 밀착성과 내식성이 좋고 유색, 브론즈, 흑색 등 여러 가지 크로메이트 처리가 가능하다.

(2) 도금의 특성

① 도금외관

징케이트 아연도금과 동등한 광택이 있다.

② 2차 가공성

징케이트 아연도금과 다른 차이가 없다.

③ 합금 비율과 내식성

공석율의 전류밀도 의존성이 적어서 니켈공석률 5~8%의 합금조성을 갖고 크로메이트 처리보다 염수분무시험으로 아연도금의 3배 이상의 우수한 내식성을 가지고 있다.

④ 가열처리 한 후에도 내식성이 우수하게 되어 있다.

(3) 표준도금 공정도

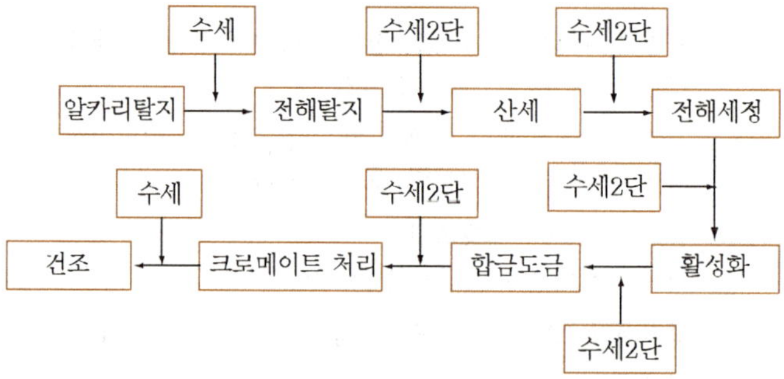

(4) 도금액 조성 및 작업조건

성분	아연	니켈	가성소다	아연/니켈	IZ-260
표준농도	8g/l	1.2g/l	130g/l	6.7	6ml/l
사용범위	6~10g/l	1.0~1.4g/l	110~150g/l	6~7.1	4~8ml/l

항목	도금욕온도	음극전류밀도	양극전류밀도	양극	여과	캐소드로커	아노드백
표준조건	25℃	2.5A/dm^2	7A/dm^2	아연 (99.99%)	연속여과 (2~3회/h)	필요 (1~3m/min)	필요
작업범위	23~30℃	1~5A/dm^2	5~9A/dm^2				

설비	내용
도금조재질	제철탱크에 염화비닐, FRP, 폴리에틸렌, 고무 등을 라이닝한 것.
여과기	도금액을 시간당 2~3회 순환시킬 수 있는 것.
액온조절기	도금액이 20~30℃에 조정, 유지될 수 있는 것.
캐소드로커	캐소드로커 1~3m/min 요동폭 50~100mm 정도
전원	정격전압 12V 정도로, 3상전파형의 전원을 이용.
예비조	작업완료시 도금액을의 전부를 담을 수 있는 것, 재질은 도금조와 동일

7) 아연- 니켈 합금도금

① 니켈 공석율이 6~12%일 때 내식성이 탁월하다.
② 아연-니켈 합금 도금 중에서 가장 뛰어난 내식성을 가진다.(아연도금3배 이상)
③ 노-시안 징케이트액으로 균일 전착성이 우수하다.
④ 고온 환경 하에서 내식성과 밀착성이 우수하다.
⑤ 보조양극으로 불용성양극(예 : Fe상의 Ni도금양극)을 사용 할 수 있다.

8) 주석- 아연합금 도금

① 전착합금 조성이 Sn/Zn=70/30이 되어야 함
② 내식성이 뛰어나며 특히 염수 아황산가스에 대해 우수한 방식효과가 있다.
③ 납땜성이 뛰어나며 수개월간 방치해도 거의 납땜성이 떨어지지 않는다.
④ 2차 가공성이 뛰어나다.
⑤ 중성액이므로 특수 Glass를 주성분으로 하는 세라믹 복합부품 등의 산, 알칼리에 영향을 받기 쉬운 소재에도 안정 된 도금을 할 수 있다.
⑥ 발포성이 없으며 도금액 사용 중에는 물론 폐수처리시에 기포가 발생하지 않는다.

3. 크로메이트 처리

자동차 부품으로서 6가크롬을 사용한 처리품은 아연도금 · 크로메이트 처리 이외에도 다크로처리, 알루미늄 도장하지처리, Zinc rich paint, 인산염 피막 등 광범위하게 이용되고 있다. 크로메이트 피막은 단지 방청피막뿐만 아니라, 도장 밀착성을 확보하기 위한 하지처리로도 뛰어난 성능을 발휘한다.

아연도금피막은 도금한 상태로 사용되는 경우는 드물고 대부분의 경우 후처리로서 크로메이트처리를 하여 비로소 완성품으로 사용된다. 아연도금의 크로메이트피막은 크롬산화물의 수화물상태로 이루어진 비결정질의 피막으로 젖은 상태에서는 Gel상태이다. 이것을 건조하면 균열상의 비수용성피막으로 되어 소수성을 띠어 내식성을 향상시킨다. 뿐만 아니라 아연도금은 크로메이트처리에 의해 미려한 외관이 얻어지는 장점이 있어 광범위하게 사용되고 있다. 현재 크로메이트피막의 종류는 광택크로메이트, 유색크로메이트, 흑색크로메이트, 국방색크로메이트의 4종류이며, 이들 중 국방색 크로메이트는 내식성이 현저하게 뛰어나기 때문에 최근 군수용품 및 자동차관련 부품에 많이 사용되고 있다.

아연도금의 크로메이트처리 피막중에는 6가크롬이 함유되어 있고, 6가크롬 함유량에 의해 내식성이 좌우된다는 것은 잘 알려져 있다. 그렇지만 피막중의 6가크롬의 존재는 인체에의 유해성과 환경오염이 세계적으로 큰 문제가 되고 있어, 6가크롬을 사용하지 않는 크롬 Free의 내식성 피막처리기술의 개발이 요구되고 있다. 유럽에서는 1996년 7월에 [2003년 7월 1일 이후에 판매하는 차량에서 Pb(전지를 제외), Hg(전지를 제외), Cd, 6가Cr의 사용금지] 및 [Directive발효후 18개월 이내의 각 가맹국에서의 법령화]가 정해져 있어, 유럽에서는 법으로써 6가크롬을 강력하게 규제하는 방향으로 진행되고 있어, 6가 크롬을 대체할 수 있는 기술이 개발되지 않으면 향후 이 지역에의 수출에 막대한 지장을 초래하게 될 것이다. 또한, 일본에서도 1997년 5월에 산업구조 심의회에서 [폐기 자동차 리사이클 이니시어티브]가 공표되었다. 그 내용은 유해물질의 감소와 리사이클율의 향상이 주목적으로 유럽의 Directive와 유사한 내용으로 되어 있다.

1) 크로메이트 처리액

크로메이트 처리액을 대별하면 고농도와 저농도의 두 가지 종류가 있다. 고농도라고 하면 무수크롬산 80g/l 이상의 것을 말한다. 고농도는 화학 연마작용이 있으나 저 농도는 이러한 작용이 적으므로, 광택 크로메이트를 얻고자 할 때는 광택이 좋은 도금을 해야 한다.

또한 광택이 없는 착색 크로메이트를 얻고자 할 때는 저농도를 사용해도 좋다. 고농도를 사용하면 도금 비용이 높아지고 공해가 크다. 액조성을 보면 다음과 같다.

(1) 광택처리용

① 크롬산 300~250g/l, 황산 5~25g/l, 질산 10g/l

② 위의 액에 아세트산 5g/l을 넣는다.

(2) 착색 및 피막

① 크롬산	50~75g/l,	황산	5~10g/l
② 중크롬산소다	200~250g/l,	황산	5g/l

(3) 크로메이트 피막의 성질

크로메이트 처리의 원리는 아연 도금면의 일부를 용해시키고, 크롬산아연을 함유한 피막을 생성시키는데 있다. 일반적으로 이 처리로서 2~4μ 정도의 아연막이 녹아서 엷어진다. 따라서 5μ 이상의 도금이 필요하다. 아연이 침지에 의해서 녹는 양은 30℃, 1초당 광택 처리에서 1.2~1.6μ, 착색처리에서 0.5~1.0μ이라고 생각된다. 피막용에서는 용해량이 극소하다. 따라서 광택용은 아연을 강하게 녹여 내므로 액이 약간 강산성이며 진한 액을 사용하나, 착색용이나 피막용은 약산에 약한 액에서 처리하고 있다.

이들 처리액은 크롬산과 중크롬산소다($Na_2Cr_2O_7$)를 주체로 한 것이며, 여기에 황산 및 질산을 가해서 사용하고 있다. 청색 광택의 처리에는 아세트산을 가하는 경우도 있다.

이 작업에 있어서 액의 온도(작업 중 점차 상승함), 침지 시간, 공기 중 방치 시간, 수세 방법, 건조 방법에 의해서 광택도, 착색도 및 피막의 밀착력이 좌우된다. 크로메이트 처리에서 일어나는 화학 반응은 다음과 같다.

$$Zn + 2HNO_3 = Zn(NO_3)_2 + H_2 \uparrow$$
$$Zn + H_2SO_4 = ZnSO_4 + H_2 \uparrow$$
$$3Zn + 5CrO_3 = 3ZnCrO_4 + Cr_2O_3$$
$$ZnCrO_4 + H_2SO_4 = ZnSO_4 + H_2CrO_4$$
$$ZnCrO_4 + 2HNO_3 = Zn(NO_3)_2 + H_2CrO_4$$
$$Na_2Cr_2O_7 + H_2SO_4 = 2CrO_3 + Na_2SO_4 + H_2O$$
$$xCr_2O_3 + yCrO_3 = xCr_2O_3yCrO_3$$

크롬산의 농도가 높고 황산, 질산을 첨가했을 때는 아연은 화학연마를 받아서 광택면이 생긴다. 이 때 황산, 질산의 양이 낮으면 착색 피막이 되기 쉽다. 중크롬산소다를 사용하면 착색 피막을 얻기 쉽다. 크로메이트액의 pH가 0~1.5일 때는 엷은 색, pH 1.0~3.5에서는 착색 피막이 된다. 침지 온도는 23~40℃가 좋고, 고온은 작용이 심하며 아연의 용해가 빠르므로 작업하기 힘들다. 저온일 때는 약간 시간이 걸린다. 침지 시간은 3~15초가 좋고 엷은 액에서는 40초까지도 행해지며 고농도, 고온에서는 단시간에 행한다. 침지 후 액으로부터 꺼내서 수세를 하는데 공기 중에 노출되는 시간이 있다. 이 공기 방치 시간의 장단은 피막의 생성, 착색 정도, 내식성, 밀착성 등에 영향이 있다.

크로메이트 피막은 크롬산크롬($Cr_2O_3 \cdot CrO_3 \cdot H_2O$)이라 생각되며, 피막의 색상은 6가 크롬의 함유량과 피막의 두께에 따라서 여러 가지 색이 된다.

크로메이트 처리한 것을 알칼리액(수산화나트륨 5% 또는 탄산나트륨 60g/l, 온도

30~60℃)에 담그면 탈색되어 금속색의 피막을 얻는데, 이것은 6가크롬이 알칼리액에 의해서 녹아 없어졌기 때문이다. 6가크롬은 특히 알칼리성 온액에 용해하기 쉽다.

또한 공기 중에 방치하는 시간이 길면 6가 크롬의 양이 많아지며, 피막이 두꺼워지므로 내식성이 커진다. 그러나 피막이 두꺼워지면 밀착력이 저하해서 피막이 떨어지는 경우가 있으므로 주의해야 한다.

피막의 밀착력은 다음과 같다.

① 저농도 크로메이트액에 장시간 담그면 밀착력이 약해진다.

② 빙초산(아세트산) 30ml/l를 크로메이트액에 참가하면 밀착력이 강해진다.

③ 과망간산칼륨을 크로메이트액에 첨가하면 밀착력이 좋아진다.

④ 크로메이트액 중에 아연이나 카드뮴의 양이 많아지면 밀착력이 나빠진다.

또한 내식성에 있어서는 피막이 생긴 직후는 약하나 시간이 경과하는 데 따라서 강해진다. 이것은 내식성뿐만 아니라 경도, 밀착력도 같은 결과를 얻는다. 따라서 크로메이트 피막의 내식성 시험은 적어도 24시간 후에 해야 한다. 또한 60℃이하에서 가열 건조하면 단시간에 내식성이 증가한다.

(4) 크로메이트 처리 후 건조온도와 내식성

크로메이트 처리 후의 건조 온도는 내식성에 크게 영향을 미치며, 60℃부근에서 건조하는 것이 안전하다. 70℃이상에서는 내식성이 감소하며 80℃에서는 내식성이 심하게 나빠지고 크로메이트 효과가 상당히 적어진다. 이 원인은 건조 온도가 70℃ 이상이 되면 크로메이트 피막에 금이 가서 이 금간 것이 많으면 내식성을 떨어뜨린다. 금이 가는 원인은 크로메이트 피막에는 수분이 들어 있는데, 이것이 피막으로부터 방출되기 때문이다.

(5) 저농도 크로메이트액

저농도액은 크롬산 80g/l 이하의 것을 말하며, 최근에는 10g/l 이하의 액이 많이 사용되고 있다. 이러한 액을 사용하게 된 것은 폐수처리를 용이하게 하기 위한 것과 자동 도금장치로써 크로메이트를 할 수 있게 하기 위한 것이다.

저농도 크로메이트 약품은 시판되고 있는 것이 있으며, 이것을 사용하면 간단하게 된다. 저농도 크로메이트액의 성질을 보면 다음과 같다.

① 화학 연마작용이 없으므로 광택 크로메이트를 얻고자 할 때는 아연도금액에 광택제를

넣어서 광택 아연도금을 할 필요가 있다.

② 크로메이트 후 즉시 건조시키지 않으면 백색 부식생성물이 생기므로 건조 시설을 완비시킬 필요가 있다.

③ 피막 생성에 시간이 걸리므로 생산성이 약간 떨어진다.

④ 피막의 내식성은 고농도 크로메이트 피막보다 나쁘다.

⑤ 아연도금의 용해량이 적으므로 도금이 엷어도 상관없다.

⑥ 침지 시간이 길고 짧은데 대한 피막의 영향이 없으므로 자동 도금에 적합하다. 3가 크로메이트사임.

4. 3가 크로메이트 처리

1) 3가 크로메이트의 특징 및 조성

6가 크롬이온은 세포막을 용이하게 통과하여, 암을 일으키는 위험성이 큰 대신 3가 크롬이온은 유해성이 거이 없고 오히려 크롬자체는 생체에 필요한 원소로 알려저 있다. 다만 3가 크롬이 산화되어 6가 크롬으로 될 위험성이 있어서 장차는 전혀 크롬가 없는 피막이 필요하게 된다.

이미 국제적으로 자동차 부품 등에는 몇 년전 부터는 우리나라에도 적용이 되어 사용되고 있다. 단점으로는 6가 크로메이트에 비해 색깔이 옅으며 내식성이 부족하고 손상된 피막을 회복시키는 복원성이 없으며, 고가인 점 등의 부족한 점을 들을 수 있다.

따라서 이러한 결점을 보완하기 위하여 3가 크로메이트 후에 유기 피막으로 크오팅하는 경우가 있으나, 기술의 발전으로 이러한 2중적 피막을 형성시키는 경향이 감소하기 시작하였다. 이 크로메이트액의 일례를 보면 다음과 같다.

예 1		예 2		예 3	
염화크롬 질산소다 불화소다 질산코발트 구연산	100 g/l 100 〃 20 〃 15 〃 25 〃	염화크롬 질산소다 마론산	50 g/l 100 〃 30 〃	질산크롬 염화크롬 옥살산	10 g/l 15 〃 10 〃
pH 온도 시간	2.5 60-90℃ 약 30초	pH 온도 시간	2.0 60℃ 60초	pH 온도 시간	2.0 60℃ 40초

2) 3가 크로메이트 피막 형성 메커니즘

3가 크로메이트의 형성은 크게 3단계로 나뉜다. 아래의 그림에서처럼 1단계에는 아연도금층이 크로메이트 용액의 강산 분위기에 노출되고, 2단계에서는 아연이 용해되고, 3가 크롬의 분자 그룹(Ligand)와 접촉하게 된다. 마지막으로 3단계에서 3가 크롬 분자가 표면과 반응하여 그림과 같이 3가 크롬 결합 층이 형성되고, 용해된 아연은 아연 분자 그룹으로 변형되어 침전물이 된다.

크로메이트 용액 중에 아연 농도가 증가하는 이유가 이 때문이다.

크로메이트 층은 3가 크롬과 아연, 산소로 구성되어 있는데, 3가 크롬 단독으로 존재하는 것이 아니라 화합물의 형태로 존재하게 된다.

크로메이트 용액은 대부분 pH가 2정도인 강산이지만, 실제로 피막이 형성되는 표면은 이보다 pH가 훨씬 높다. 아연 및 아연합금 도금층과 실제로 반응이 일어나는 표면은 pH가 약 5정도이다.

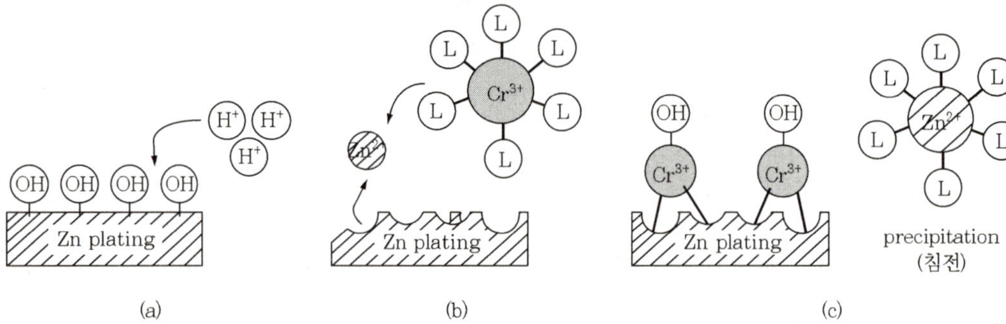

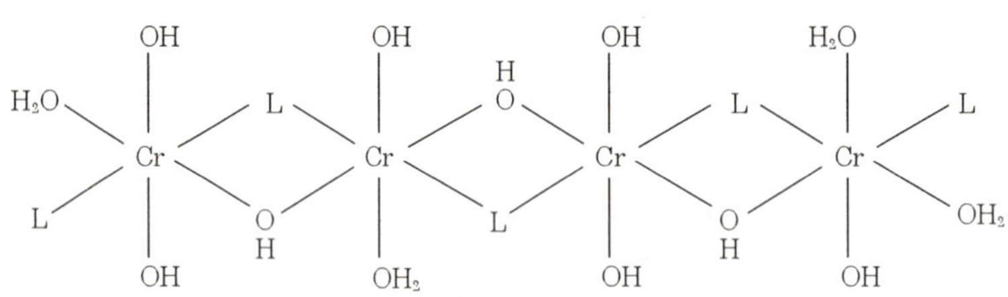

5.5 주석도금

주석은 아름다운 광택을 갖고 있으며, 장시간 동안 변색하지 않는 금속이므로 식품을 담아 두는 깡통이나 금속 인쇄의 하지도금으로서 사용되고 있다.

다른 용도로서는 주석이 연해서 윤활유와 같이 내마모성을 향상시키고 자리를 잘 잡아 주므로 알루미늄 합금제의 자동차 피스톤 위에 이 도금을 하고 있으며, 때로는 피스톤 링에도 도금할 때가 있다. 또한 미싱 공장에서 니켈도금을 할 부분품에 주석도금을 하여 재봉틀이 가볍게 동작될 뿐 아니라 소리가 작아졌다는 예도 있다. 또 강의 질화 방지에 사용한다.

전기도금을 한 주석은 두 배의 두께로 용융 도금한 것과 동일한 유공도를 갖고 있으므로 깡통 제조에 있어서는 극히 유리한 조건이다. 또한 용융도금에서는 할 수 없는 두께의 자유로운 조절과 철판 양면의 두께를 달리 할 수 있다는 점이 또한 전기 도금이 유리한 것을 나타내고 있다.

전기도금의 광택은 주로 도금 후 재용융(reflowing)에 의해서 얻어진다. 첨가제에 의한 완전 광택도금이 공업적으로 시행되기 시작하고 있다. 근래에 와서 도금액의 종류로서는 산성액과 알칼리성 액이 있는데, 산성액이 첨가제에 의한 광택도금을 하기 쉬우므로 근래는 이 방법이 많이 쓰이고 있다. 또한 금, 카드뮴, 아연도금에 대신하여 땜납을 할 필요가 있는 전자 부속품에 많이 도금을 하게 되었다.

1) 특징

① 주석은 연하고 연전성이 크고 융점이 231.9℃로 낮다. 은회색의 금속으로 열전도는 은의 1/3이고 전기 전도도는 1/7정도이다.

② 주석은 인체에 해가 적어 식기 등의 도금에 이용되며 유기산에 강해 통조림 내부의 도금에도 사용된다.

③ 납땜성이 우수하여 전기, 전자부품의 도금에 많이 활용되고 있다.

④ 철소지상에 주석도금은 아연도금과 달리 도금에 핀홀이 있으면 철소지가 양극이 되어 부식이 빠르게 진행된다. 그러므로 하지도금이 필요하다.

⑤ 구동부나 피스톤 등에 주석치환도금이나 전기주석도금을 하여 윤활성, 구동성을 향상한다.

2) 용도

① 유기산에 안정성 : 식·음료의 캔용 판재, 식기, 완구, 온수기히터 등

② 유연성과 윤활성 : 각종기계 샤프트, 진동부품, 철강부품의 질화처리 방지휠드

③ 납땜성, 전기적 특성 : 전기접점, P·C·B, 커넥터, 전자부품, 반도체 부품 등에 도금

3) 주석의 성질

주석의 물리적, 화학적, 전기화학적 성질은 다음과 같다.

① 기호 : Sn

② 원자가 : 2가, 4가

③ 원자량 : 118.70

④ 비중 : 7.28

⑤ 융점 : 231.9℃

⑥ 비점 : 2,270℃

⑦ 비열 : 0.054cal/g/℃

⑧ 전기저항 : 11.5micron-cm

⑨ 용해 : 염산, 황산, 희석-질산, 왕수, 고온의 알칼리에 녹는다.

1. 산성주석도금

1) 황산주석도금

대표적인 조성은 다음 **표 5-22**와 같다.

황산액으로 부터의 주석도금은 첨가제가 없으면 대단히 거칠고 모래알 같은 주석의 석출이 되므로 보통 3종류 이상의 첨가제를 사용하는 도금액들이다. 무광택 도금액은 **표 5-22** 이외에 크레졸, 레조르신올 및 아로인 등을 가한 액도 있다. 젤라틴은 냉수에서 충분히 불린 후 온수 중에 용해시켜서 사용한다. β-나프톨은 에틸알콜에 일시 용해시킨 다음 젤라틴 용액과 혼합해서 크리임 상태로 된 것을 도금액에 첨가한다. 과포화(침전한)의 β-나프톨은 액을 만든 후 24시간 정치시킨 후 용액을 여과해서 제거하는 것이 좋다. 또한 액 중의 Sn^{2+}은 산화하여 Sn^{4+}, 즉 $Sn(SO_4)_2$로 되어 침전하므로 여과하여 제거해서 사용해야 한다. 또한 Sn^{2+}이 Sn^{4+}으로 되어 침전하는 것을 상기의 안정제를 넣으면 급격히 감소한다.

산성도금에서의 주석도금은 첨가제가 최고로 중요한 역할을 하고 첨가제를 함유하지 않은 도금에서의 도금은 흑색 또는 수지상으로 되므로 거의 사용되지 않는다. 첨가제는 이러한 것들의 생성을 억제하고 백색화 및 도금의 피복력을 대단히 우수하게 향상시키고 전류밀도

의 범위도 넓게 해준다.

표 5-22 황산주석 도금액의 조성과 작업조건

약품 및 조건 \ 액조성	무광택액	광택액
황산제일주석($SnSO_4$)	40g/l	40g/l
황산(H_2SO_4)	60g/l	100g/l
크레졸술폰산	40g/l	
젤라틴	2g/l	
β-나프톨	1ml/l	
포르말린(37%)		5ml/l
광택제*		10ml/l
분산제**		20ml/l
안정제***		약간
온도(℃)	20	17
음극전류밀도(A/dm^2)	1.5	1.5
양극전류밀도(A/dm^2)	2이하	2이하
양극순도(%)	99.9	99.9
교반(m/min)	적당	2

* 2% 탄산소다 용액 중에서 280ml의 아세트알데히드와 106ml의 o-톨루이딘을 15℃에서 10일간 반응시켜 얻어진 침전물을 이소프로판올에 용해시켜서 20% 용액으로 만든것
** 1몰의 노닐 알코올에 15몰의 에틸렌옥사이드를 부가한 생성물
*** 안정제로는 크레졸술폰산을 첨가하고 있다.

2) 도금공정

산성 도금에서는 세정력이 부족하므로 탈지를 완전히 해야 한다.

또한 철 계통의 부품에 직접도금은 완전한 밀착력을 얻을 수 없기 때문에 하지도금을 해줘야한다.

하지도금으로는 구리, 니켈의 하지 도금을 1~5㎛ 실시한 후 주석 도금을 해야 한다.

① 철소재

탈지→3단수세→산세→3단수세→중화→3단수세→하지도금→주석도금→3단수세→탈수→건조

② 구리소재

탈지→3단수세→피클링→3단수세→산세→3단수세→중화→3단수세→하지도금→3단수세→주석도금→3단수세→탈수→건조

③ 구리합금 소재

탈지→3단수세→피클링→3단수세→산세→3단수세→중화→3단수세→하지도금→3단수세→주석도금→3단수세→탈수→건조

3) 도금액 제조방법

도금액 조제방법에서 주의할 사항은 주성분인 황산제1주석염이 공기중에서 산화되기 쉽고 산화되면 메타주석산으로 되어 백색침전이 생겨 금속이온 농도가 저하된다.

① 도금탱크에 물을 2/3정도 채운다.

② 규정량의 황산을 넣어 충분히 교반하여 도금액의 온도가 30℃정도까지 유지한다.

③ 황산제일주석을 일부 소량 가하여 교반하면 용해되지만 또 다른 도금조에 물과 황산을 넣은 용액에 황산제일주석을 넣어 완전히 용해시킨 후 먼저 도금액과 혼합한다.

④ 1~2일동안 도금액을 그대로 방치해두면 도금탱크 밑바닥에 침전이 생기므로 이 침전을 여과기로 제거한 용액을 도금액으로 사용한다.

⑤ 첨가제 또는 광택제를 첨가하고 마지막으로 규정량만큼 물을 채운다.

시판중인 황산제일주석은 85~90% 정도의 순도이고 이 중에는 산화 된 제2주석염도 함유되어 있기 때문에 도금액이 용해 된 후에도 약간의 침전이 생긴다. 또 황산제일주석을 용해시킬 때 매우 심한 공기 교반을 하면 공기에 의해 산화되어 침전이 생성되기 때문에 천천히 교반하면서 용해시킨다. 또 황산을 가하여 온도가 상승된 후에 용해시키면 주석이온이 산화되어 침전되는 양이 많게 되므로 상온까지 도금액을 냉각 시킨 후 용해한다.

황산제일주석을 용해하고 1~2일 방치 후에도 완전히 투명한 도금용액으로 되지 않고 콜로이드상의 미립자로 남아 있으나 이것은 일반적인 여과방법으로 제거하기 곤란하다. 이들의 미립자는 일반적으로 도금에서는 거의 해가 없으며 도금탱크 밑바닥에 깔린 침전은 여과기에 의해서 제거한다. 도금액을 만든 후에는 반드시 1~2일 동안 약전해를 실시하면 도금액은 더욱 양호해 진다.

4) 불량원인 및 대책

황산주석 도금액의 불량원인 및 대책은 **표 5-23**과 같다.

표 5-23 불량원인 및 대책

결 함	원 인	대 책
수지상 석출	첨가제 부족 산 농도가 낮음	첨가제 보충 정상 산 농도를 맞춰준다.
거친 도금	유기물 오염 도금액에 고형물질 불순금속분의 오염 4가 주석으로 오염	활성탄 처리 여과철저 약전해처리 공기교반사용금지
굵은 입자의 거친도금	첨가제 부족 주석농도 낮음	첨가제 보충 주석 농도를 높임
도금이 탄다	산농도가 낮다 전류밀도가 너무 높다. 첨가제 부족	산 보충 전류밀도를 맞춰준다. 첨가제 보충
줄무늬 혹은 피트발생	첨가제 부족	첨가제 보충
균일 전착성 불량	첨가제 부족 산농도 낮음 주석농도가 낮다.	첨가제 보충 산 보충 주석 농도를 높여준다.
음극에 가스가 심함	전류밀도가 너무 높다. 첨가제 부족 유기물 오염 온도가 낮다 주석농도가 낮다.	정상전류밀도 유지 첨가제 보충 활성탄처리 정상온도유지 주석농도를 맞춘다.
밀착불량	전처리 불량	전처리 공정의 교정
검고, 어두운 도금	온도가 낮다 첨가제 부족 유기물 오염	정상 온도유지 첨가제 보충 활성탄처리 여과

2. 붕소플루오르화 주석도금

붕소플루오르화 주석 도금액으로부터 도금한 것은 황산액으로부터 도금한 것보다 결정입자가 미세하며 평활한 도금이 되기 쉽고, 넓은 전류밀도 범위로 피복성이 좋은 도금이 되며 $Sn^{2+} \rightarrow Sn^{4+}$로서 산화도 적으므로 고속도 도금용으로 많이 사용하고 있다.

액 조성과 작업 조건은 다음 **표 5-24**와 같다.

표 5-24 붕소플루오르화 주석도금액의 조성과 작업조건

약품 및 조건 \ 액조성	무광택액	광택고농도	광택저농도
붕소플루오르화제일주석[$Sn(BF_4)_2$]	200g/l	100g/l	50g/l
제일 주석 Sn^{2+}	81g/l	81g/l	20g/l
유리붕소플루오르산(free HBF_4)	100g/l	100g/l	100g/l
유리붕산(free H_3BO_3)	25g/l	25g/l	25g/l
젤라틴	6g/l		
β- 나프톨	1g/l		
포르말린(37%)		10ml/l	10ml/l
광택제*		40g/l	20ml/l
분산제**		20g/l	10g/l
온도(℃)	20	20	17
음극전류밀도(정지)A/dm^2	3	3	2
양극전류밀도(배럴)A/dm^2	1	1.5	1
양극순도(Sn%)	99.9	99.9	99.9
교반(음극이동)m/min	적당	2	2

** 황산액과 같음

3. 알칼리 주석도금

이 액은 가장 일반적인 도금 조건에 적합한 것이며 액 조성이 단조롭고 관리가 용이하며 균일 전착성이 대단히 우수하다. 저 전류밀도부터 고 전류밀도 범위까지 동일한 색상이 되고 도금 두께의 변화도 다른 액보다 적고 피복력도 양호하다. 따라서 도금 두께의 균일성이 요구되는 제품 및 복잡한 형상의 제품 등에도 적당하다. 알칼리성 액은 부식성이 없기 때문에 저렴한 편이다.

알칼리 도금액의 단점은 도금액의 온도가 높아 보통 60%이상 필요하기 때문에 증발에 따른 도금액 농도의 변화 작업환경의 악화 등을 일으키기 쉬운 점이 있고, 도금속도도 느리며 4가의 주석이온에 따라 도금되고 음극전류 효율도 높지 않으므로 동일한 두께의 도금을 얻는 것은 산성도금액에 비해 거의 3배의 시간을 필요로 하므로 두꺼운 도금에는 적당하지 않다. 소다액과 칼륨액이 있는데 성질은 대체적으로 동일하지만 칼륨액이 전류밀도 범위도 크고 침전물도 적게 생기므로 좋다. 때로는 혼합액도 사용하고 있다.

또한 양극에서 Sn^{2+}이 적은 양이라도 SnO_2^{2-}으로 혼입하여 침전하는 것을 생각하여 항

상 0.5g/l 정도의 과산화수소(H_2O_2)를 품게 해서 작업을 할 때도 있다.

또한 양극은 항상 황록색의 피막이 있는 상태가 좋은 상태이며 이 피막이 없어지면 2가의 주석이 용해되어 나오게 되고 액은 검은색을 띠게 된다. 이 때 위와 같이 과산화수소(H_2O_2)를 넣어서 4가로 산화시키면 되지만 요컨대 양극 전류밀도를 항상 주의해서 황록색을 유지하도록 한다.

표 5-25 알칼리주석 도금액조성 및 작업조건

성분 \ 도금액	소다액	칼륨액	소다액
주석산나트륨[$Na_2Sn(OH)_6$]	90g/l		142.5
주석산칼륨[$K_2Sn(OH)_6$]		79.5	
수산화나트륨(NaOH)	7.5		15
아세트산소다(초산소다)	15ml/l	30	
과산화수소(vol)	0.52		

작업조건 \ 도금액	소다액	칼륨액	소다액
액중의 금속주석	37.5	28.5	60
액온도(℃)	60~82.2	85	93~99
음극전류밀도(A/dm^2)	1~3	4.5	5~7
음극 전류효율	60~90%	80~100%	90%
양극 : 음극(면적비)	1 : 1	1 : 1	1 : 1
양극	주석	주석	주석
조전압	6V	6V	6V

1) 도금공정

일반적인 도금 공정은 탈지→산세→중화→하지도금→주석도금→탈수→건조의 공정이다.

알칼리 도금액은 보통 사용되고 있는 소재에 직접 도금하지만 도금이 완성 된 후 일정한 시간이 지나면 경시변화와 같은 특성변화를 고려하여 구리 또는 니켈 하지 도금을 1~5㎛ 실시하는 것이 좋다.

2) 도금액 제조방법

도금액조성은 간단하지만 주석산염의 가수분해에 따라 침전의 생성에는 주의를 요한다.

신액 및 도금액 관리에서 주의 할 점은

① 주석산염을 용해시킬 때 일시적으로 많은 양의 물을 사용하지 말아야 한다.

② 용액 중에 알칼리 농도를 크게 해야 한다.

③ 메타주석산은 불용성이며 한번 침전되면 거의 다시 용해되지 않으므로 도금액중의 금속주석이 낮아지는데 주의를 해야 한다.

제조방법은

① 도금탱크에 약2/3정도의 물을 넣고 일정량의 알칼리 약품을 용해시킨다.

② 도금용액을 50~60℃로 가온한다.

③ 주석산염을 조금씩 가하여 용해시킨다.

④ 충분한 교반을 한 후 물을 가하여 규정량으로 맞춘다.

⑤ 광택제 등 첨가제를 가한다.

3) 액관리

① 알칼리성 주석도금 방법에서는 양극을 일정한 조건으로 유지하여야만 도금상태가 최고로 좋고 도금 표면은 양극상태에 따라 영향을 받는다. 양극은 고순도 (99.9%이상) 주석을 사용하여야 한다.

② 도금액중에 2가 주석이온 농도가 높게 되면 도금액은 약간의 회흑색을 나타내고 도금도 해면상 및 흑색을 띤 도금이 되기 쉽다. 이럴 때는 과산화수소를 첨가하면 2가의 주석이온이 4가 주석이온으로 산화되어 도금액은 정상으로 된다.

③ 도금액을 오랫동안 사용하면 메타주석산의 백색침전이 생긴다. 이 침전물은 정기적으로 제거를 해 줘야 한다.

④ 극판과의 접촉부분은 증기 및 산소가스에 의해 산화물이 부착되면 전기적인 접촉 불량이 일어나므로 주의를 해야 하며 전기접점이 나쁘면 2가 주석이온이 발생되어 과대한 양극의 부동태화가 일어나서 도금 및 도금액의 사고발생의 원인이 된다. 양극은 양극주머니를 사용하면 좋다.

4) 불량원인 및 대책

표 5-26 불량원인 및 대책

결 함	원 인	대 책
양극이 회색이거나 흰색	최초 전류밀도가 너무 낮아서 피막이 생기지 않음	양극을 꺼내 전류가 통할 때 양극을 교환한다.
양극이 갈색 또는 흑색으로 부동태막	유리 알칼리 부족, 온도가 낮다. 양극전류밀도 높다.	수산화나트륨 보충, 정상온도 유지, 양극을20%염산에 침지 후 수세하여 도금액에 넣는다.
양극에 가스가 많이 발생한다.	온도가 낮다. 양극 전류밀도가 높다.	정상온도 유지 시킨다. 양극을 세척 후 넣어준다.
피막이 처음 발생 후 없어진다.	유리알칼리 과량 양극전류밀도가 낮다. 온도가 높다. 양극접점불량	10%아세트산을 넣어준다. 양극을 꺼낸 후 재투입 정상온도 유지 접점을 깨끗이 해준다.
양극피막이 없음	전류밀도가 너무 낮아 피막형성이 안됨	양극을 꺼내고 전류가 움직일 때 양극을 교환한다.
음극효율이 낮다	온도가 낮다. 주석농도가 적다. 유리알칼리가 많다. 전류밀도가 높다.	정상 온도를 맞춰준다. 주석산염을 보충해 준다. 10%아세트산을 넣는다. 정상전류밀도 유지
양극효율이 낮다	온도가 낮다 유리 알칼리가 많다. 전류밀도가 높다.	정상온도를 유지한다. 수산화나트륨 보충 전류밀도를 맞춘다.
도금범위가 좁다	온도가 낮다 주석 농도가 적다	정상온도를 맞춘다. 주석산염을 보충
액 전도성이 나쁘다.	온도가 낮다. 유리 알칼리가 적다.	정상온도 유지 수산화나트륨을 보충

4. 주석도금의 품질 시험 종류

1) 도금두께(Thickness of Coatings)

제품 유효면상의 최소도금두께는 다음 **표 5-27**과 같아야 한다.

표 5-27 제품 유효면상의 최소도금 두께

사용조건	분류No	국부부위 최소두께(㎛)	평균 최소두께(㎛)
SC4	Fe/Sn 30	30	45
SC3	Fe/Sn 20	20	30
SC2	Fe/Sn 10	10	15
SC1	Fe/Sn 5	5	8
SC1	Fe/Sn 5f	5	8

표 5-28 구리 및 구리 합금상의 주석도금상의 최소 도금두께

사용조건	분류No	국부부위 최소두께(㎛)	평균 최소두께(㎛)
SC4	Fe/Sn 30	30	45
SC3	Fe/Sn 20	15	20
SC2	Fe/Sn 10	8	12
SC1	Fe/Sn 5	5	8
SC1	Fe/Sn 5f	5	8

※ 주기 : 황동상의 주석도금은 아연의 확산을 방지하기 위하여 구리, 브론즈 니켈 황동상에 하지도금으로 최소 2.5㎛미크론을 올려줘야 한다.

2) 밀착성

밀착성 시험에는 문질러 닦음 시험(Burnishing Test), 급랭시험(Quenching Test), 리플로우시험(Reflow Test), 굴곡시험(Bent Test) 등이 있다.

네 가지 방법 중 한 가지 방법을 선택하고 시험 후 도금 층이 소지에 밀착되어 있어야한다. 도금 층에 물집이나 깨짐 현상이 발생하면 불량이다.

시험 방법 중 급랭시험 방법으로는 도금부품을 150±10℃의 가열기 내에서 충분히 가열한 다음 상온의 물에 급랭시킨 후 도금에 부풀음, 균열, 벗겨짐이 생기면 밀착불량으로 판정한다.

3) 도금의 연속성(Continuity Coating)

유공도(Porosity)시험으로 철소지 부품은 시험캐비닛에 10g/ℓ 의 티오황산나트륨 4ℓ에 0.1N황산1ℓ 을 혼합시켜 아황산가스를 발생한 분위기에서 20±5℃로 24시간 방치후에 소지가 부식한 반점이나 균열을 레이팅넘버(Rating Number)로 검사한다.

황동소지 제품은 폴리황산나트륨으로 시험 후 도금기공의 흑-변색으로 검사를 한다.

4) 수소취성(Hydrogen Embitterment)

고장력강이나 심한 냉간성형 작업한 철제품은 전처리와 도금 작업중에 수소에 의해 취성이 발생되기 쉽다. 취성을 없애기 위해서는 전처리 방법의 개선과 도금 후 열처리에 방법으로 수소취성을 제거해야 한다.

5) 납땜성(Saleability)

아연을 15%이상 함유한 황동은 아연의 확산과 납땜성이 저하되지 않도록 주석도금전에 니켈이나 구리도금을 2.5㎛이상을 올려줘야 한다. 또한 발주자에 요구에 의해 장기간 납땜성을 시험하기위해 납땜성 시험전에 예비의 인공노화시험을 한다.

납땜시험에는 침적시험(Dip Test), 퍼짐시험(Spread Test), 소구체시험(Globule Test) 등이 있고 이 중 하나의 방법을 선택하여 시험 후 판별한다.

5. 솔더(Sn-Pb합금) 도금법

1) 서론

(1) 솔더(solder) 정의

인류가 지상에 나타나서 일상생활에 필요한 물건을 조립할 때 이것들을 접합 즉(땜납)을 하는 경우가 점점 많아졌다. 특히 전자기기의 경우에는 납땜의 우열이 이 기기의 성능을 좌우하고 있다.

땜납 즉 솔더는 접합하고자 하는 모재금속보다는 낮은 용융점을 가진 금속 또는 합금을 땜납으로 하여 접합부에 용융 부착시켜서, 모재금속의 젖음성(wettability)을 이용하여, 금속을 접합시키는 것을 말한다. 이때에 솔더의 용융점이 450℃이상일 때는 경납이라고 하고 이 온도 이하일 때는 연납이라고 한다. 이 중에서 연납은 주석-납계합금인 솔더가 가장 많이 사용되고 있으므로, 좁은 의미에서는 이 Sn-Pb합금을 솔더라고 한다.

(2) 납땜성

납땜(soldering)을 하는데 있어서 가장 중요한 성질은 신속한 젖음과 동시에 접합강도가 높은 접합이 되어야 한다는 것이다. 이렇게 하기 위해서는 소지의 종류, 표면의 청결성, 솔더의 조성과 불순물여부, 플라스틱의 존재, 접합온도 등이 접합의 능률성과 확실성 즉 신뢰성에 영향을 주게 된다.

이러한 납땜성(solderability)의 관점으로 볼 때 도금피막은 다음의 2가지로 대별할 수 있다. 즉

① 가용성피막,

주석도금과 솔더도금은 솔더의 접합온도에서 용융상태로 되므로 가용성피막이라고 한다.

② 가용성피막,

구리 금, 은 등은 접합온도에서는 용융은 되지 않으나, 솔더 내에선 신속하게 용해되므로 가용성피막이라고 한다.

(3) 솔더도금법

① 이론

주석과 납은 전기화학적으로 아주 가까운 석출전위(Sn=-0.136V, Pb=0.126V)를 가지고 있어서 단순염 도금액 중에서 두 금속의 농도에 따라 모든 비율로 공석(共析)시킬 수 있다. 상기와 같이 두 금속 모두 수소보다는 약간의 차이로 비(卑)하므로 산성 도금액에서는 100%의 전류효율로 도금 할 수 있다.

② 솔더도금의 공정

소지금속이 구리나 황동(brass, bronze)일 경우 특히 황동일 때는 황동의 합금성분인

아연이 주석과 쉽게 금속간화합물을 만들므로 확산의 차단 목적으로 구리도금 또는 니켈도금을 한다. 그러나 소지가 니켈-철 합금일 때는 사실상 솔더도금을 직접 하여도 별 문제는 없을 것이다. 그러나 일반적으로 니켈도금을 하도록 요청하는 것을 니켈도금이 철-니켈 합금소지와의 밀착이 좋고 구리보다도 금속간화합물을 만드는 율이 적다는데 있다. 특히 구리소지에 금도금을 할 때는 금과 구리의 확산을 차단하기 위해서 반드시 니켈도금을 하도록 하고 있다.

③ 솔더도금액의 조성

주석과 납의 상기와 같이 전착전위가 아주 근접하므로 도금액 중의 이들의 금속이온의 비율에 비례하여 도금 층도 대략 같은 비율로 도금이 된다. 따라서 도금액 중의 두 금속의 비율은 다음 식을 나타낼 수 있다.

$$\text{Sn }\% = \frac{Sn(g/l)}{Pb(g/l)+ Sn(g/l)} = \times\ 100$$

Pb가 전기화학적으로 약간 Sn보다 귀(noble 또는 positive)하므로 특히 저 전류밀도의 경우 납이 주석보다는 더 많이 석출되는 경향이 있다. 그러나 유기첨가제의 종류에 따라서는 이 두 금속의 전착전위의 차이가 더 벌어질 수가 있다. 따라서 어떤 경우에는 전착전위가 뒤바뀌어 주석이 납보다 귀하게 작용할 때도 있다. 따라서 첨가제를 바꾸면 도금액 중의 금속의 비율과는 다르게 도금이 될 수도 있다.

도금액 중의 전체의 금속분은 바렐도금에서 20g/ℓ 에서 고속도 도금의 100g/ℓ 까지의 농도를 함유하게 된다. 93% Pb, 7% Sn의 도금과 같은 턴도금에서와 같이 특별한 경우에는 전체의 금속분이 150g/ℓ 까지도 함유할 수 있다.

6. 붕불화 주석도금액

1980년경만 해도 이 붕불화도금액이 널리 사용되었다. 이 도금액의 주성분은 50%의 붕불산, 27% Pb의 붕불화납, 20% Sn의 붕불화주석이 사용되고 있다.

이들의 표준 성분은 **표 5-29**와 같다.

표 5-29 붕불화 주석도금의 표준액 조성

	HBF_4		$Pb(BF_4)_2$	$Sn(BF_4)_2$
	공업용	시약용		
비 중	1.40	1.40	1.78	1.64
조 성	49.5%	49.5%	27.2%(Pb로서)	20.3%(Sn로서)
			470g/ℓ Pb	355g/ℓ Sn
붕 산	최고 2.5%	최고 2.5%	최고 2.5%	최고 2.5%
Fe	≤0.01%	≤0.005%	≤0.005%	≤0.001%
Cu		≤0.001%	≤0.002%	≤0.001%
Ni		≤0.001%	≤0.002%	≤0.001%
Zn		≤0.001%	≤0.002%	≤0.001%
염소분		≤0.005%	≤0.005%	≤0.005%

상기와 같이 붕불산을 주석-납도금액으로 사용할 때는 황산분이 있으면 납이 황산납으로 되어 침전하기 때문에 납염으로 처리하여 황산분을 제거해야 한다. 이로서 납성분이 과잉으로 될 수도 있으나 도금을 하는 데는 별 문제가 없다.

일반적으로 붕불화 주석-납도금액에는 붕산을 2.5 g/ℓ 를 첨가하고 작업을 한다. 이것은 붕불산은 가수분해를 일으켜 불산(HF)을 다음과 같이 방출하는 경향이 있기 때문이다.

$$HBF_4+H_2O \text{ ------> } HBF_3OH+HF \text{..........................(1)}$$

여기에 붕산이 있으면 HF와 반응하여 다음과 같이 붕불산을 재생하게 된다.

$$4HF+H_3BO_3 \text{ ------> } HBF_4+3H_2O \text{..........................(2)}$$

이 반응은 소량 용해되어 있는 불산납의 침전을 방지해 준다. 그러나 불소이온은 도금액 중에서 4가 주석을 침전하지 않고 용해되어 6가 불화주석이온으로 있게 하는 역할도 해 준다. 즉

$$Sn^{+4}+6F \text{------> } [SnF_6]^{-2} \text{..(3)}$$

이와 같이 붕산을 포화량에 가깝게 함유하게 하면 이보다 낮은 붕산량이 있으면 (3)식에서의 4가 주석의 착(complex)이온을 분해하게 하여 4가 주석이 침전되어 슬러지를 발생하게 한다. PCB공장에 사용할 때는 금속분이 낮고 유리 산이 많은 것이 개발되어 있다. 이렇

게 하면 페프톤과 더불어 산이 많으면 균일전착성을 좋게 해 준다. 그러나 특이한 첨가제를 사용하여 우수한 균일전착성을 가지면서도 산의 농도를 낮게 하는 방법도 개발되었다.

① 양극

일반적으로는 도금을 하고자하는 합금성분과 동일한 성분의 양극을 사용한다. 이들 양극은 붕불화 도금액에서는 고 전류밀도에서도 부동태가 생기지 않고 균일하게 용해가 된다. 도금액 중에서는 2가의 주석이 서서히 산화되는 것으로 생각하고 있다. 이와 같이 산화되는 주석의 량을 양극에서 용해되도록 실제 양보다는 약간 많은 주석분을 함유하게 한다. 그러나 도금액 중의 납의 농도는 어떠한 경우라도 높으면 안 되며, 높으면 도금의 균형을 유지하기 위해 필요한 주석분을 첨가해야 한다. 도금액의 조성에 따라서 과잉의 Pbg/ℓ 당 주석염으로 1.5-2g/ℓ 의 Sn를 첨가해야 한다. 이렇게 해서 Sn : Pb가 10 : 1인 경우에는 특히 Pb의 농도가 1 g/ℓ 증가할 때 Sn은 10g/ℓ 를 첨가해야하며, 따라서 균일전착성이 매우 나빠진다. 이러한 경우에는 일정 기간씩 합금양극을 사용하지 말고 순 주석양극을 사용하도록 한다.

또한 계속적으로 순 주석양극만을 사용하고 납은 납염을 사용해도 된다. 그러나 주석양극의 용해 효율은 100%인데 비해 도금효율은 낮으므로(나머지의 전류는 납을 석출시키는데 사용되므로), 점차 주석의 농도가 증가한다. 따라서 이 방법은 사실상 납의 합금량이 5%이내의 경우에 당하며 이때는 묻어나오는 액의 량과 2가 주석이 산화 손실되는 등으로 도금액 중의 금속 비율은 일정하게 유지 된다.

양극의 순도는 공업규격에 명시한 순도(99.9-99.95%)의 것을 사용해야 한다. 일반적인 불순금속인 Sb, Bi, Cu 및 As는 Pb나 Sn보다는 귀하므로 용해되지 않기 때문에 도금에는 별 지장을 주지 않는다. 만일 이들이 어느 이상으로 많아지면, 특히 Sb 같은 것은 양극 면에 검은 해면상의 피막을 생기게 하며 도금액으로 들어와 거친 도금이 되게 한다. 따라서 내산성 양극주머니를 반드시 사용하여야 한다.

② 첨가제

붕불화도금액에서 무광(matt)도금을 하는데 초기에는 뼈의 아교와 레솔시놀(resorcinol), 젤라틴과 레솔시놀, 페프톤과 페프톤 잔류물 등이 근년에도 널리 사용되고 있다 그러나 페프톤은 단백질이어서 산성액에는 불안정하며 산에 의해 분해되어 가끔 활성탄 처리를 할 필요가 있고 냄새도 고약하다. 따라서 이 대신 페놀프타렌과 겸해서 비이온 계면활성제를 사용되기도

한다.

주석-납합금 광택도금에도 주석에서와 동일한 광택제를 사용하며 과잉이나 부족의 현상도 광택주석도금에서와 같은 현상이 생긴다. 합금도금에서는 광택제가 금속의 한 성분에 대하여 강하게 영향을 주므로 도금 층의 합금성분에 차이가 생길 수도 있다.

7. MSA(methane sulphonic acid) 도금액

짧은 사슬(short chain)의 분자인 알킬슬폰산(alkylsulphonic acids) 즉 MSA는 근년에 와서 붕불화도금액을 대신하여 많이 사용하게 되어 있다.

알킬슬폰산의 종류는 무수히 있으나 가장 단순한 유도체인 (MSA)메탄슬폰상, 즉 CH_3SO_3H이 특별히 많이 사용된다. 기타의 슬폰산기를 가진 히도록시 알킬스폰산도 많이 소개가 되어있다.

그러나 MSA가 모든 유도체를 휩쓸면서 이것이 주로 사용하게 되었다. 주석이나 납의 MSA화합물은 물에 용해가 잘되며 폐수처리에도 알킬 쪽의 사슬이 짧을수록 분해가 잘되므로 COD도 극소로 낮다. 이런 점에서 MSA는 이상적이다.

MSA는 황산에 비할 만큼 강한 산이며 도금액에서 전기가 잘 통한다. 황산에서와 같이 MSA도 전기전도도가 농도의 증가에 따라서 증가하나 최대치에 도달한 다음에는 점차 내려간다. 여기서 가장 사용하기 좋은 농도는 0.65에서 2M 즉 65에서 200g/ℓ 다.

1) MSA도금액의 조성

MSA도금액을 사용하므로서 적절한 유기 첨가제를 사용하면 희망하는 조성의 주석-납의 합금도금을 얻을 수 있다.

주석과 납의 MSA화합물은 안정하나 물속에서 결정도 잘된다. 따라서 상품으로는 고농도의 액으로 판매하나 각 공급사마다 농도가 다른 것이 결점이다.

이와 같이 주석슬폰산액의 주석 농도는 25-50%로, 납은 50-60%로 판매한다.

실제로 MSA에 대한 주석의 용해도는 67%이고 납은 59%이다.

건욕시에는 사용설명서 대로 하면 되나 약품을 첨가할 때는 순서를 잘 지켜야한다. 즉 가수분해를 방지하기 위하여 계산 량의 물에 산을 먼저 넣고 금속염을 그 다음에 첨가해야 한다.

65-70%의 MSA를 물에 첨가하면 온도가 상승하나 열에 분해되지 않으므로 유기 첨가제

를 즉시 첨가해도 된다.

MSA에는 극소량의 황산이 함유되어 있으나 0.1% 이상이면 황산납이 생기므로 몇 시간쯤 방치 후에 여과해야 한다. 작업 중에는 MSA를 보충하여 황산납이 자연 침전 되지 않도록 해야 한다.

2) 양극

티타늄은 도금액에 침식이 되지 않으므로 양극의 고리, 양극 바스켓 등에도 사용이 가능하므로, 양극은 작은 덩어리, 볼, 칩 등을 사용할 수 있다. 여기서 주의할 것은 불소이온이 약간이라도 도금액에 있으면 티타늄은 수소가 발생하면서 부식된다.

3) 유기 첨가제

① 무광(matt)도금액

MSA 중에는 주석-납합금 도금에서는 페프톤이나 젤라틴은 첨가하지 않는다. 특허 공고를 보면 페프보다 안정된 합성 유기물을 사용하므로 냄새에 시달리지 않아도 된다. 첨가제 중에는 비이온계 또는 음이온계 계면활성제도 많이 사용한다. 미세화제(grain-refiner)를 첨가하면 도금층은 수지상(dendrite)이 아닌 균일하고 평활한 도금이 된다.

② 광택 주석-납합금 도금액

주석도금액과 거의 동일한 광택제를 사용하고 있다. 광택제는 계면활성제와 겸해서 사용하면 광택제 성분이 도금액에서 용해가 잘된다. 광택성은 광택제의 농도가 낮을 때 저 전류밀도부가 특히 무광이 된다. 광택제의 농도가 높으면 저 전류밀도부의 음극효율이 낮아지며 심하게 농도가 높으면 교반이 심한 부위에 도금이 되지 않는다. 또한 광택제를 첨가하면 합금도금의 조성에 변화가 생길수도 있다

4) 도금액의 온도

락크나 배럴의 무광 주석도금액에서는 도금액 온도는 20-30℃ 사이어야 한다. 고속도 도금액에서는 최고의 전류밀도를 얻기 위해서 60℃부근에서 도금을 한다. 그러나 이러한 고온에서의 작업은 도금되는 합금의 조성이 온도에 영향을 받거나, 적절한 안정제가 첨가되어 있어 주석을 2가에서 4가로 산화되는 것을 방지할 수 있다. 대체적으로 온도가 상승하면 주석%가 다소 낮은 도금이 되는 경향이 있다.

온도를 올리면 무광도금의 피복력이 감소된다. 고속도 도금에서는 고 전류밀도를 사용하기 때문에 온도의 영향은 별로 없다. 그러나 배럴도금에서는 온도가 오르면 피복력이 나빠진다. 따라서 배럴도금에서는 냉각설비가 필요하다.

광택 솔더도금에서는 30℃가 한계치이며 온도가 내려가면 광택범위가 저 전류밀도부로 내려간다. 극단적인 예로서 우수한 균일전착성이 요구될 때는 10-15℃에서 작업을 할 필요가 있다. 광택도금에서는 균일전착성이 저하되면 첨가제를 더 넣으면 된다. 이런 경우의 결함은 광택제가 많이 공석되어 있기 때문에 납땜성이 나빠지게 된다.

광택제가 온도에 영향을 많이 받으므로, 도금액의 온도 관리를 잘해야 한다. 배럴도금과 같이 전류를 많이 사용하는 곳에는 급속도로 온도가 20℃에서 30℃로 상승할 수 있다. 이와 같이 광택제를 많이 넣어서 광택을 유지하게 되면 주, 야간에 온도가 내려가면 낮은 온도로서는 농도의 과잉이 되므로 무도금(skip-plating)이 될 수도 있다.

5) 도금층의 합금조성

솔더도금의 합금조성을 좌우하는 것은 다음과 같다.

① 온도

② 도금액교반 또는 음극진동

③ 도금액 중의 Pb:Sn이온의 비율

④ 첨가제의 종류 및 농도

전착전위는 주석이 납보다는 다소 비하나 합금도금에는 문제가 없다. 그러나 어떠한 도금조건의 변화로 분극이 증가되어 주석을 더 많이 합금 시킬 수도 있다. 즉 반대로 주석을 납보다 귀한 전위로 만들 수도 있다.

배럴 음극을 사용한 실험으로 도금액의 교반이 도금조성에 미치는 영향을 보면 적절한 억제제를 사용하면 합금조성을 거의 일정하게 유지를 시킬 수 있다고 한다.

첨가제를 사용할 때 소정의 조성을 얻고자 할 때는 도금액 중의 금속이온의 비율을 이 첨가제에 따라서 잘 조정해 주어야 한다. 이때의 주석이나 납의 농도보다는 비율이 중요하다. 그러나 전체적으로 금속농도가 증가하면 특히 저 전류밀도부에 납의 비율이 높게 되어 석출된다. 전류밀도가 높아지면 농도 분극이 생기게 된다. 이로서 납의 석출이 억제되고 주석이 더 석출되게 된다. 또한 전체적인 금속이온의 농도가 증가하면 농도분극이 감소하여 도금액에서 Pb:Sn이온의 비율이 유지를 못하게 된다. 이때는 음극효율이 낮으므로 전제 금속이온

농도가 증가하는 경과를 초래 합금조성이 또한 변화한다.

6) 주석-납 도금액 중의 불순물

도금액에 혼입되는 불순물의 원인은 다음과 같다.

① 도금약품 중의 불순물

② 묻어 들어옴

③ 도금할 물건의 불순물

④ 유기 첨가제의 분해 생성물

⑤ 양극에서 생기는 불순물

시중의 약품을 사용할 때는 분석을 하든가 순도의 규격표를 받든가 해서 순도에 대해서 주의를 기울여야 한다. 불순물은 용해된 상태 또는 불용성 입자로 들어오게 되므로 사용하기 전에 일단 여과를 하는 것이 좋다. 묻어 들어오는 불순물은 탈지액, 활성화액, 기타 하지 도금을 할 때는 이들 액에서 묻어 들어온다. 염소이온은 주석이나 솔더도금액에서는 문제를 일으키므로 산세를 할 때 HCl는 사용해서는 안 된다. 염소이온은 도금액의 피복력을 저하시키며 무광택 도금액에서는 수지상 도금이 되기 쉽다.

황산분이 묻어 들어오면 황산납의 침전입자로 거친 도금이 된다. 이러한 거친 주석-납합금도금을 재용융(reflow)시키면 용융 솔더가 물리(dewetting)게 된다. 이때는 철저한 여과만이 이러한 결함을 막을 수 있다. 이 염소이온을 제거한다는 것은 상당히 힘들며 이것은 염화납의 용해도가 너무 커서 염화납으로 하여금 침전제거 한다는 것이 힘들기 때문이다. 또한 은이온을 첨가하여 AgCl로해서 침전시킬 수가 있으나 비용이 많이 들어 실시를 잘하지 못하고 있다.

7) 금속 불순물

니켈과 구리분이 가장 많이 들어오는 불순 금속이며 이들은 하지 도금을 하고 있기 때문이다. 또한 활성화액이 묻어 들어가게 되면 아연 또는 철분도 들어온다. 특히 배럴도금에서는 주석-납도금 일 때 쌍극현상이 생겨서 소지 금속의 양극 용해로 인한 불순 금속이다.

구리는 납이나 주석보다도 귀한 전위에 있으므로 솔더도금에 공석을 하게 된다. 무전해 도금일 때는 구리의 허용량이 100mg/ℓ 이며 이 량까지는 별 영향을 받지 않는다. 그러나 광택 도금에서는 구리분은 특히 저 전류밀도부를 검게 또는 얼룩지게 한다. 주석-납도금에서 무전해도금일 경우 구리가 결정미세화작용을 하나 페프톤이 있는 도금액에서는 구리분은 유기불순물의 해를 조장시켜 재용융(reflow)시켰을 때 해를 받게 된다. 즉 용융상태에서 구리는 주석과 반응하여 금속간 화합물이 되어 냉각되면 표면에 결정체로 되어 거치러진다.

주석-납도금액은 강산이므로 니켈이온의 공석은 잘되지 않아 별 문제는 없다. 그러나 니켈도금액에서 염소이온이 묻어 들어와 양극의 용해를 도와준다.

와트 니켈도금액 중이 염소이온은 약 10-15 g/ℓ 함유한다. 그리고 철, 니켈 및 아연분들이 각각 11.0 g/ℓ 정도 있어도 도금층에는 0.005%이하로 공석되므로 이들의 불순물은 별 문제가 없다.

도금 중에 도금할 물건 등이 떨어지면 철분이 서서히 용해하여 2가의 철분으로 축적되지만 석출은 되지 않는다. 그러나 이것이 양극에서나 용해된 공기에 의해서 3가의 철로 되면 다음과 같이 주석을 4가로 산화시키는 결과를 준다.

2Fe(Ⅲ) + Sn(Ⅱ) -------〉 2Fe(Ⅱ) + Sn(Ⅳ)

따라서 철분도 되도록 들어가지 않도록 하는 것이 바람직하다.

아연 불순물은 이론상 들어올 수 없다. 왜냐하면 아연이나 황동부품은 항상 하지에 구리나 니켈도금을 하기 때문에 아연표면이 주석-납도금액에 노출되지는 않는다. 그리고 들어와 있다 해도 공석을 되지 않는다.

니켈은 어느 농도를 넘으면 도금의 색상이 엷은 녹색으로 되어 이것이 있다는 것을 알 수가 있다. 다만 납분을 분석할 때 2가의 금속이온이 있으면 분석에 오차를 가져온다.

PCB를 도금할 때는 불순금속보다는 후의 마스킹제가 용해하여 문제를 일으킨다. 따라서 마스킹도 선택을 해야 한다.

8. 주석 및 주석-납 합금 도금층의 납땜시험

1) 정의

납땜(soldering)이라는 것은 낮은 용융점의 합금(solder)을 용융시키면서 고체소지와 열적결합(thermal joining)시키는 것을 말하는 것이므로 이것은 액체와 고체간의 상호 계면반응이며 이 결합이 잘되려면 금속소지의 표면은 깨끗해야한다.

그러나 소지금속을 탈지 및 산세로 모든 이물질을 제거했다 해도 공기 중에서 다시 산화 등으로 실제로 납땜에 들어갈 때는 문제가 생긴다.

이러한 문제를 해결하기 위해서 소지 금속에 다음과 같은 피복을 하여 언제나 납땜이 잘 되도록 할 필요가 있다.

① 용융성 피복: 주석, 주석-납(땜납, solder), 기타의 주석합금(예 : 주석-아연, 주석-인듐)도금

② 용융 솔더에 용해되는 피복 (예: 금 또는 은도금)

③ 유기피복: 1,2,3 벤조트리아졸, 1,3 벤조이미다졸, 이미다졸 및 유사한 화합물

여기서 가장 많이 사용되는 용융성 피복으로는 주석과 주석-납합금이며 납땜을 할 때는 연납(soft-solder) 즉 땜납(60%Sn, 40%Pb)인 공정합금(용융점이 183℃)을 사용해야 가장 용융온도가 낮으며 이 때 땜납이 우선 녹으면서 소지금속을 젖셔(wetting)주어 납땜이 잘 되도록 해준다.

또한 소지금속도 주석이나 주석-납도금을 하기 전에 철저히 세정을 해주어야하며, 그러지 않으면 납땜시에 소지가 노출하거나 솔더가 젖지 않거나 땜납튀김(dewetting) 현상이 생긴다.

또한 주석이나 주석-납도금을 재용융(reflowing)시킬 때도 소지가 청결하지 않은 면에 도금을 한 것도 이와 같은 몰리는 현상이 생긴다. 이것은 용융솔더에 침지하여 솔더 코팅을 하는 것도 세정이 잘 되어야 몰림이나 아예 젖지 않게 된다.

주석이나 주석-납도금을 한 면도 산화되므로 반응성이 강한 플럭스(flux)로 도금층을 다시 활성화시켜서 납땜을 할 수 밖에 없다.

두 번째에서 솔더에 용융되는 것은 귀금속이며 이들이 250℃에서 납땜할 때 솔더에 용해되는 속도는 다음과 같다.

금	3.5 μm/sec
은	1.5 μm/sec
팔라듐	0.2 μm/sec

금도금의 경우에는 절대로 몇 미크론씩의 두께로 도금을 하지 않으므로 웨이브 솔더(wave-soldering)에서 납땜할 때 금이나 은이 너무 급속히 주석과 금속간화합물을 만들면서 녹아버리며 접합이 이루어진다. 이와 같은 급속한 용해를 감소시키기 위해서 주석이

없는 납-인듐(50:50) 또는 납(92.5)-인듐(5)-은(2.5)의 땜납을 사용하든가 주석-납 합금에 은을 합금시켜서 솔더에 의한 금이나 은의 용해속도를 낮추는 방법도 있다. 150 μm 굵기의 은선이 300℃에서 솔더에 용해되는 시간을 보면 다음과 같다.

순 주석	약 5초
주석-납(60:40)	약 15초
주석-납-은(57:38:5)	약 60초

2) 유기 피복

유기피복의 주 역할은 금속소지와 산소를 차단하는 것으로 소지가 활성화 된 면으로 유지하게 하는 것이다. 대개는 솔더 락카라고 하는 것으로 적절한 피막제가 들어 있는 송진류의 가공품이다. 또한 이 피막은 납땜 직전에 쉽게 제거되면서 플럭스의 역할도 한다.

이것들은 산소를 차단하면서도 벤조트리아졸류와는 다른 반응으로 구리 표면과 화합물을 형성하고 있다. 그리고 이것들을 납땜 전에 약한산에 담그면 쉽게 제거되는 것이라야 한다.

3) 납땜성시험(solderbility test)

(1) 시험방법

주석 및 주석-납 합금도금층의 납땜성시험은 다음과 같은 방법을 사용한다.

① 침지시험(dipping test)

② 젖음성 바란스시험(wetting balance test)

③ 용적 시험(globule test)

④ 솔더의 퍼짐성 시험

⑤ 솔더의 메니수커스(meniscus) 측정

⑥ 회전 침지 시험

상기에서 첫 번째가 가장 간단한 방법이며 젖음성 균일성 시험이 근래에 와서 가장 많이 사용하는 방법이다.

(2) 침지시험

가장 간단한 방법으로 우선 플럭스에 담갔다가 다음과 같은 온도에 가열된 솔더액(solder bath)에 수직으로 담그는 방법이다. 수동으로 또는 자동으로 담그는 속도와 꺼내는 속도를 일정하게 하여 재현성이 있게 한다.

이의 표준규격으로 독일 규격인 DIN 32 506 Pt 3 또는 미국 MIL- STD-202는 다음과 같다.

땜납의 합금	63% Sn, 37% Pb
온　　도	235±5℃
플럭스	순 송진 이소프로파놀에 25% 혼합
침지 및 인발 속도	25 mm/초
침지시간	5 초

상기의 시험에서 95%이상의 표면이 납땜이 되어야 합격선이며 솔더가 균일하게 묻어 있어야 한다.

침지시험의 결점은 개념적 시험에 지나지 않으며 시험을 하는 사람이 따라서 결과가 다르다는 것이다.

(3) 젖음성 바란스(Meniscograph)시험

이 법은 표면장력법 또는 메니스고그래프(Meniscograph)법이라고 하여 납땜성(solderbility)를 정량적으로 시험하는 방법으로 가장 신뢰성이 있어 각국의 규격으로도 되어 있다.

이 메니스고그래프는 규정 온도로 조절한 용융솔더액 중에 시험편을 일정한 속도로 일정한 깊이까지 침지하고 이때 젖기 전의 시험편에 인가하는 보력과 젖기 시작한 후의 표면장력에 의해 수직방향으로 작용하는 힘을 고감도 전자천칭(electro-balance)에 의해 연속적으로 검출 기록하여 얻어진 작용력대 시간곡선을 해석하여 납땜 성을 평가하는 방법이다.

(4) 솔더의 퍼짐성 시험

이것은 일정량의 솔더를 시험하고자 하는 표면에서 용용 시켜서 젖는 정도를 가지고 판정하는 간단한 방법이다.

젖은 각도가 180° 이면 완전히 젖은 것이고 모든 방향으로 접촉각도는 0이 된다.

(5) 납땜 불량에 대하여

① 금속간화합물에 의한 것

납땜의 불량은 솔더합금층이 소지금속과의 금속간화합물의 생성 소지금속의 세정불량, 도금층 중의 유기물 등의 오염, 광택제의 잘못 선정, 솔더도금층의 산화 등으로 인한 변질 등을 들을 수 있다.

② 납땜성 저하

금속간화합물이 어느 정도의 두께로 되면, 솔더의 납땜성은 급격히 저하한다. 그러나 이때 금속간화합물의 두께 자체보다는 남아있는 솔더층의 두께가 납땜성에 직접 영향을 미치게 된다. 왜냐하면 이때는 Pb가 표면에 많으며 Pb가 표면에 많으며 Pb자체는 납땜성이 좋지 않으며, Sn보다도 더 산화가 쉽게 되기 때문이다.

③ 밀착성저하

Sn계 금속간화합물은 경도가 크고 매우 취약하여 접속부의 밀착강도가 저하된다. 따라서 충격, 진동, 열충격 등에 의해 쉽게 떨어지기 쉽다.

④ 접촉저항증가

금속간화합물은 솔더층보다도 저항 값이 크므로 커넥터 등의 저촉부품에 문제를 일으킨다.

⑤ 솔더층의 조성의 변화

Pb는 소지금속과 반응을 하지 않고 표면에 남아있는 솔더층에는 Pb의 농도가 커서 솔더의 융점 상승으로 납땜성에 문제를 일으킨다.

(6) 후처리

① 음극 후처리

후처리는 솔더도금 표면을 부동태화(passivation)시키는데 있으며, 주석 도금층이나 솔더도금층이나 같은 방법을 사용한다. 이 처리는 주로 도금표면이 산화되어 녹이 생기는 것을 방지하는데 있다. 또한 부동태처리를 하면 유기 코팅이나 락카의 밀착성을 좋게 해 준다.

이 부동태처리는 2-5% 중크롬산소다액 중에서 80-85℃로 10A/dm^{2}로 2-5초간 음극 처리한다. 이로서 보통 표면에 50-100 μg/dm^{2}의 크롬이 석출된다. 이때 크롬이 전 표면에 피복되면 수소가 발생하게 되며 이것으로 부동태처리는 완료된 것이다.

(7) 양극 부동태처리

약한 인산염용액에서 양극부동태처리를 하면 검은 화성피막이 생긴다. 이검은 산화막은 강하여 잘 긁히지 않으며 균일전착성이 나빠서 평평한 면이라야 골고루 처리된다. 따라서 이것은 열흡수판이나 음식을 익히는 팬에 적용하게 된다. 방법으로는

제2인산나트륨	100 g/ℓ
인 산	20 m/ℓ
온 도	90℃
전류밀도	3.2-4.3 A/dm^2
시 간	6 분간

(8) 화학적 후처리

순 주석은 180-200℃사이에서 간장색이 생기면서 산화된다. 다음의 알칼리크롬산소다용액 중에 침지하여 산화시켜 치밀한 산화피막을 만들게 하며 그 이상의 부식을 방지시키는 방법이다. 즉

수산화나트륨	10 g/ℓ
중크롬산나트륨	3 g/ℓ
습윤제(아니온)	2 ml//ℓ
온 도	90℃
처리시간	5-10초

이 처리로 금속 크롬피막은 생기지 않으며 산화물만 생긴다.

이 이외의 부동태처리액으로는 인산염액 또는 몰리브덴염 용액이 있다. 이것들은 크롬산염처리에 비교되지 않으며 침지시간도 길어서 크롬산법 보다는 못하다.

또 다른 방법으로는 부식 억제제 디옥틸세바케이트(dioctylsebacate)에서 전해처리로 코팅을 하는 방법도 있다.

5.6 무연솔더도금

납은 인체에 들어가면 중추신경에 영향을 끼쳐 통증, 지능장해, 정신불안정, IQ의 저하 등의 장해가 있는 것으로 알려져 있다. 근년에 와서는 산성비가 오는 경향이 있고, 이것이 폐기된 전자부품 등의 납땜 또는 솔더(Sn-Pb합금)도금이 지하수에 용해됨으로서 인체에 들어오게 되는 확률이 커지고 있다. 이로 인하여 세계 각국에서 2002년 이후에는 납이 없는 도금 또는 납땜을 규제를 시작하게 되었다.

따라서 납땜을 필요로 하는 부분에도 무연(lead-free)도금이 필수적이며, 단순히 주석도금만으로도 이에 대처를 힐 수도 있으나, 납땜온도가 높고, 도금후의 시간에 따른 납Eoa성의 저하, 휘스카(whisker, 수염)로 인한 회로간의 단락 등으로 불가불 다른 금속과 합금을 하여 휘스카의 생성을 방지해야하는 입장에 있다. 표 1를보면 Sn과 Pb와의 사이에는 전기화학적 전위가 아주 근접하여 합금도금이 용이하였으나, 납이외의 금속으로 실용성이 있다고 생각되는 금속들을 고려할 때 많은 문제점이 있다. 즉 현재 실용화를 검토하고있든가 사용하고 있는 합금금속 중 이들의 표준전위을 살펴보면 **표 5-30**과 같다.

표 5-30 각 금속의 표준전위

금속/이온	표준전위
Ag/Ag^{+}	+0.799
Bi/Bi^{3+}	+0.215(+0.317)
Sn/Sn^{2+}	-0.136
Cu/Cu^{2+}	+0.337
$Pb/Pb2^{+}$	-0.126
Zn/Zn^{2+}	-0.763

이 표에 의하면 Pb이외에는 Sn과는 표준전위가 상당히 멀다. 이 때문에 착염 등을 사용하여, 석출전위를 되도록 근접시키고 있으나 도금액의 안전성, 전류밀도에 따른 합금비율의 변화, 도금 층의 기계적 성질, 납땜성, 용융온도의 차이 등으로 납을 대체하는데 많은 연구가 진행 중이다.

또한 표준전위의 차이가 큰 금속으로 합금도금을 하기위해서는 종래 시안, 피로인산 등의 강력한 착화제를 사용하여 석출전위를 접근시켰으나, 환경문제 및 폐수처리 문제로 단순염인 황산염, 메탄슬폰산(MSA)염을 주로 사용하고 있다.

현재까지 알려진 무연(lead-free)합금의 각종 상항을 비교해보면 **표 5-31**과 같으며 서로의 장단점이 있어서 선정하기에 어려움을 가지고 있다.

표 5-31 각종 무연 솔더를 Sn-Pb 공정(共晶)솔더와 비교한 각종 특성

항 목	Sn-Pb 욕	Sn-Bi 욕	Sn-Cu 욕	Sn-Ag 욕
합금비율	90:10	95:5 - 98:2	95:5 - 99.3:0.7	96.5:3.5
융 점	212℃	210 - 229℃	227℃ -	221℃
경도(Hv)	5 - 10	15 - 25	15 - 30	13 - 20
납땜성	A	A	B	C
실장강도	B	B	B	A
Bonding Crack	A	B	A	A - B
양 극	Sn-Pb	Sn	Sn 또는 Sn-Cu	Sn
Whisker억제효과	A	A	C	A - B
Running Cost	A	B	A - B	C
도금액 안정성	A	A	A - B	C

* 납땜성은 Sn-Ag 계의 Solder를 사용(230℃)
**A,B,C는 각 항목의 우수성의 순위를 나타낸 것이다.

현재 업계에서 사용하는 대표적인 도금액의 조성과 도금조건은 다음과 같다.

1. Sn-Ag합금도금

표 5-31에서와 같이 주로 Ag 3.5%의 공정(共晶)합금의 도금을 사용하며, 공정온도는 221℃다. 이 공정솔더의 재료원가는 Sn-Pb 합금의 2배 정도 되지만, 접합강도 및 내열피로성(耐熱疲勞性)이 우수한 점이 있으며 도금액 및 작업조건은 다음과 같다.

표 5-32 Sn-Ag 도금액

약 품	조 성
메탄폰산주석(II)	0.192 mol/l
메탄슬폰산(MSA)	2.0 mol/l
메탄슬폰산은	0.008 mol/l
L-cysteine	0.04 mol/l
2,2-dithiodianiline	0.002 mol/l
POEN	3 g/L
온 도	25℃

MSA는 methane sulphonic acid이며, L-cysteine 및 POEN (polyoxyethylene-α -naphthol, EO-부가mol수 = 10)의 무첨가 또는 단독 첨가에서는 Ag가 우선석출이 되며, 전류밀도에 따른 합금성분의 차이가 크지만, 이 두가지 첨가제에 2,2-dithiodianiline도 첨가한 액에서는 Ag의 전류밀도에 따른 합금성분의 조성의 변화가 적으며, 공정조성에 가까운 도금층을 얻는다. 2,2-dithiodianiline의 첨가로 도금액의 안정성을 얻을 수 있고, POEN으로 도금 층의 레벨링과 치밀성의 효과를 얻을 수 있다.

2. Sn-Cu합금도금

Sn-Cu합금의 공정조성은 98.7 mol이며, Cu의 함유량이 겨우 1.3 mol%에서 227℃의 공정온도를 나타낸다. Sn-Cu공정합금은 일반적으로 내산화성(耐酸化性)이 떨어져서, 일반적으로는 높은 납땜온도가 필요하다. 이것은 Sn-Pb와 같은 정도의 값이므로, 산화방지제를 적절히 사용함으로서 유력한 합금이 될 수 있다. 일본의 일부 제품 설명서를 보면 특유한 산화제를 첨가하여, 고온에도 전혀 산화가 되지 않아 납땜성이 다른 합금도금보다 가장 우수하다는 예도 볼 수 있다.

Cu의 표준전극전위가 Sn보다 상당히 높으므로, 우선 석출을 억제해야 한다. 도금액의 조성의 일예를 들면 **표 5-33**과 같으며, 여기서 볼 수 있는 바와 같이 무공해의 MSA욕을 사용할 수도 있다.

표 5-33 Sn-Cu 도금액

약 품	조 성
메탄슬폰산주석(II)	0.1974 mol/l
황산동	0.0026 mol/l
메탄슬폰산(MSA)	2.0 mol/l
2,2-dithiodianiline	0.01 mol/l
POEN	3 g/l
온 도	25℃

이 도금의 특징의 하나는 납땜성이 대기(atmosphere)나 고온에서의 경시열화(시간의 경과에 따른 감소)가 거의 없다는 것이다. 또한 상기에서 두 첨가제를 각각 단독으로 첨가하면 전류밀도에 따라서 합금성분의 차이가 있으나, 두 가지를 동시에 사용하면 넓은 전류밀도에서도 거의 일정한 합금조성을 가지게 된다.

3. Sn-Bi합금도금

Sn-Bi합금의 공정조성은 Sn 40%, Bi 60%로서 용융점이 140℃으로 낮다. 다만 Sn-Pb합금의 공정합금의 연신율 55%에 비해 Sn-Bi의 공정합금은 25%로서 적기 때문에 기계적으로 취약하다. 따라서 Bi의 합금율이 수%정도로 낮은 것을 사용하고 있다. 또한 Bi의 표준전극전위는 +0.317V(Bi^{3+}→Bi)이므로, Sn이 -0.136에 비하여 상당히 귀(noble)하여, 단순염도금액에서는 Bi가 우선적으로 석출하므로 Bi의 이온 농도를 상당히 낮출 필요가있다. 여기에 계면활성제(비이온 및 음이온)를 첨가하면 Bi의 우선석출이 억제되어 공석이 가능하게 된다. 이러한 표준전위의 차이 때문에 Bi의 하유량도 낮추게되고, 황산액에서의 합금도금은 적합하지 않으므로, 주로 MSA액을 많이 사용한다.

표 5-34 Sn-Bi 도금액

약 품	조 성
Sn(메탄슬폰산염, Sn^{2+})	7 - 10 g/ℓ
Bi(메탄슬폰산염, Bi^{3+})	3 g/l
MSA	130 - 150 g/l
입자미세화제	적정량
산화방지제	적정량
계면활성제	적정량
광택제	적정량
온 도	20 - 25℃

4. Sn-Zn합금도금

이 합금의 공정조성은 8.8%Zn이며, 이 때의 용융점은 198℃로서 가장 Sn-Pb합금에 가까운 공정합금의 도금을 할 수 있다. 기계적 성질은 우수하나 산화가 잘되어 납땜성이 시간에 따라서 급격히 저하된다는 점에서 큰 결점이 되므로 이점의 연구가 필요하다. 도금액조성의 예를 보면 다음과 같다.

표 5-35 Sn-Zn 도금액

약 품	조 성
$SnSO_4$	0.18 mol/l
$ZnSO_4$	0.02 mol/l
Sulfosuccinic Acid	0.5 mol/l
POENPE	1.0 g/l
pH	4.0
온 도	25℃
전규밀도	0.5 - 3 A/dm^2

5. Sn의 다원(多元)합금도금

Sn-Pb합금도금은 용융점의 저하, 기계적 성질의 개선, 납땜성이 개선, 산화의 억제 및 휘스커(whisker)의 발생 억제 등의 장점이 있는데, 이들 무연(無鉛) 솔더도금이 이와 같은 장점을 겸비한 합금도금을 아직 발견을 못하고 있으나 단독 Sn도금에 비하면 납땜성에서는 상당히 개선되는 경우가 있다. 따라서 상기와 같은 2원합금만으로는 Sn-Pb에 대처하는데 한계가 있으므로, 제3의 금속을 추가로 합금시키는 문제를 검토하여 3원 및 그 이상의 금속의 합금도금이 시도되고 있다. 즉 Sn-Pb합금에 해당하는 제반성질이나 경제성을 고려하여, 2원 도금 외에 다원도금을 개발 채택하는 경우도 많다. 예를 들어 Sn-Ag-Bi, Sn-8Zn-3Bi, Sn-Ag-Cu-B, Sn-Ag-Cu, Sn-Ag-3Bi, Sn-Ag-Bi, Sn-Ag-In 등이다.

제 6 장 합금도금

각종 산업이 고도화함에 따라 사용되는 기계부품, 공구, 금형 등의 사용 환경이 다양해지고 있으며, 특히 금형의 경우에 자동차, 전기전자, 사무용품 및 주방 기기 등 산업전반에 광범위하게 사용되고 있다. 또한 그 요구조건 역시 고온에서의 내마모성, 높은 경도, 윤활이 형성 등 다양하다. 또한 합금도금은 단일 금속의 도금으로서는 얻을 수 없는 성질이 있기 때문이다. 합금도금의 입자는 대개 미세하며 색조나 광택이 좋고 경도도 비교적 좋으며, 합금의 조성을 변화시키면 색상을 여러 가지로 변화시킬 수 있는 등의 이점이 있다. 더 한층 중요한 것은 합금도금에서는 피트나 핀홀이 적고 내식성도 비교적 좋은 피막을 얻기 쉽다는 것이다. 이러한 이유로 많은 도금업체에서 적용하고 있으나 단일금속에서는 볼 수 없는 자기적 특성이나 저융점 금속과 고융점 금속간의 합금을 얻을 수 있는 장점이 대두되면서 최근 전기, 전자산업 분야에서 많이 활용되고 있다.

6.1 합금 도금의 정의

합금 도금이란 2종 또는 2종이상의 금속 또는 비금속(이온)을 동시에 석출시켜 합금피막을 형성하는 것으로, 전기전착, 무전해 전착, 용융전착, 용사 등이 있으며, 특히 전기전착의 경우 단일금속전착층보다 석출되는 입자가 미세하기 때문에 광택이 비교적 양호하고 핏트가 적으며, 경도가 크게 향상되는 경향을 나타내는 것으로 보고 되고 있다.

또한 단일 금속 전착 층에 비하여 우수한 내식성 및 내마모성을 갖는 합금전착층을 얻을 수 있으며, 전착금속의 합금비율을 변화시킴으로써, 전착표면의 색상, 경도 등 물성을 조절할 수 있어, 값비싼 금속의 대체 및 희귀한 금속의 절약 등의 목적으로 합금전착이 이용되고 있다. 합금으로서는 Cu-Zn, Cu-Sn, Zn-Cd, Ag-Cd, Ni-Co, Sn-Ni, Sn-Co, Co-Ni-Zn 등이 있으나 Cu-Zn, Cu-Sn, Pb-Sn이 일반적이며 Fe-Ni, Sn-Zn, Fe-Ni-Cr, Cu-Pb-Sn 등도 하게 되었으며, 여러 가지 합금도금이 계속 시도되고 있다.

6.2 합금도금의 석출조건

합금도금은 2종 혹은 2종 이상의 금속 또는 비금속을 동시에 전해 석출하여 생성하는 것이므로 전해액에서 음극면에 동시에 석출되는 조건을 부여하지 않으면 안 된다. 두 종류의 금속 양이온이 음극면에 동시에 석출되기 위해서는 이들의 석출전위가 같아야 한다. 따라서 아래의 식(6. 1)을 만족할 때 두 금속은 동시에 석출하여 합금도금을 형성하게 된다.

$$E_1^O + \frac{RT}{Z_1F} ln a_1 + \eta_1 = E_2^O + \frac{RT}{Z_2F} ln\ a_2 + \eta_2 \qquad (6.\ 1)$$

여기서, 1과 2는 각 이온들의 종류를 나타낸다. E_1^O, E_2^O는 각 금속이온의 표준전극전위, Z_1, Z_2는 각 금속이온의 원자가, a_1, a_2 는 각 이온의 활동도, η_1, η_2 : 석출 과전압, R는 기체 상수, F는 패러데이 상수, T는 절대온도를 나타낸다.

합금도금을 생성시키기 위한 조건으로 다음과 같은 경우가 알려져 있다.

1) 표준전극전위(E^O)가 **그림 6-1(a)**와 같이 비슷한 경우이다. 전해액중의 금속이온들의 상대적인 양을 조절함으로써 이온들의 활동도와 석출과전압의 변화로 식 (6. 1)을 쉽게 만족할 수 있다. 예를 들면, Ni-Co 합금도금 (E_{Ni}^O=-0.25V, E_{Co}^O=-0.277V)과 Sn-Pb 합금도금 (E_{Sn}^O= -0.136V, E_{Pb}^O=-0.126V) 등이 있다.

2) 표준전극전위의 차이가 큰 경우에는 다음과 같이 3종류로 분류된다.

① 전해액중에 착화제를 첨가하여 금속이온들과 착화합물을 형성시켜 이온들의 활동도와

석출과전압을 조절함으로써 식 (6. 1)을 만족시키는 경우이다. 예를 들면, 산성 도금액에서는 Zn의 표준전극전위는 −0.761V, Cu는 +0.345V으로 표준전극전위의 차이가 **그림 6-1(c)**와 같이 크기 때문에 합금도금이 되지 않는다. cyanide용액 중에서는 Cu, Zn과 시안화이온 착화합물을 형성함으로써 두 금속이온의 석출전위가 **그림 6-1(b)**와 같이 각각 −1.0V와 −1.2V로 근접하게 되어 합금도금이 가능하게 된다.

② 적당한 계면활성제를 전해액중에 첨가하여 음극에서 더욱 귀한 금속이온의 방전속도를 감소시키는 경우이다.

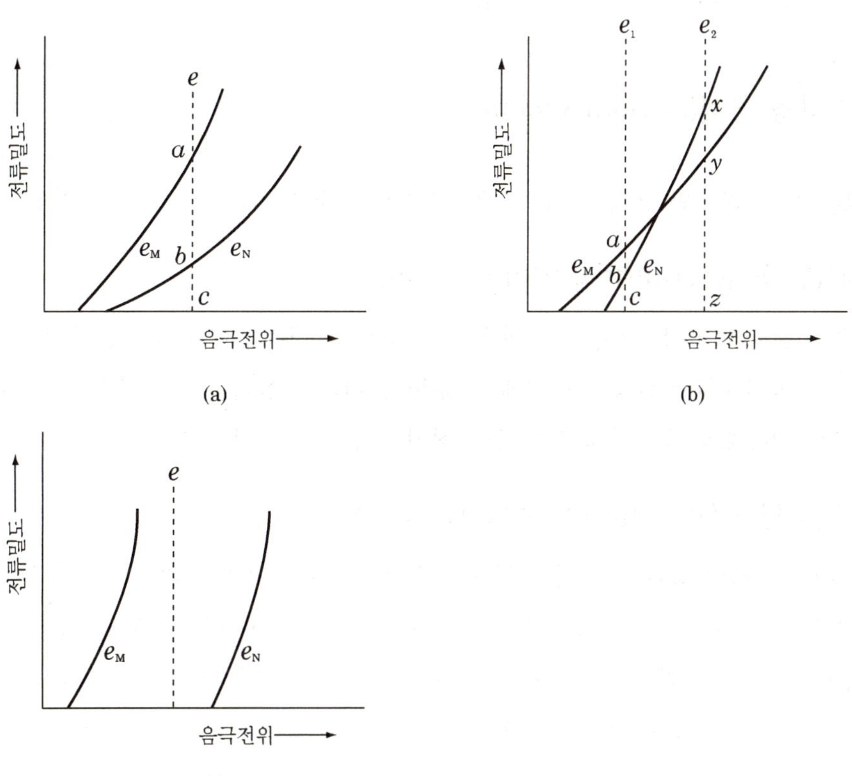

그림 6-1 합금도금의 개념도

그림 6-1에서 합금되는 각 금속의 비율은 (a)의 경우 e전위에서 $e_M : e_N = ac : bc$, (b)의 경우 e_1 전위에서 $e_M : e_N = ac : bc$지만, e_2전위에서는 $e_M : e_N = yz : xz$로 e_N금속이 박대로

e_M보다 많이 석출된다. (c)의 경우는 e전위에서 e_M와 e_N의 적위의 차이가 커서 동시석출은 되지 않는다.

6.3 합금 도금의 석출기구

합금도금을 위한 전해액은 단순염액과 착화액이 있으며, Brenner는 열역학적인 관점에서 합금전착을 다음과 같이 분류하였다.

1. 정상형 공석(normal codeposition)

석출된 합금전착층의 조성을 금속들의 평형전위로부터 예측할 수 있는 경우이다.

1) 정칙형 공석(regular codeposition)

금속의 석출과정이 금속이온의 확산속도에 의해 결정되며, 따라서 합금전착의 조성은 전해액중의 금속이온의 확산속도에 의해 지배된다. 이러한 형태는 두 금속의 표준전극전위의 차가 크고, 고용체를 형성하지 않는 합금계에 특징적으로 나타난다.

2) 비정칙형 공석(irregular codeposition)

금속이온의 확산현상과 함께 금속의 표준전극전위가 착화제에 의해 영향을 받는 경우이다. 앞서 언급한 cyanaide용액중에서 Cu, Zn과 시안화이온간의 착화합물을 형성함으로써 두 금속이온의 석출전위가 근접하게 되어 합금전착이 가능한 Cu-Zn합금전착이 대표적이다. 따라서 음극전위 의해서 전착층의 조성이 지배된다.

3) 평형 공석(equilibrium codeposition)

전해용액의 조성과 전착층의 조성이 평형을 이루는 경우이다. 두 금속과 용액이 Nernst의 화학평형에 있는 전해액에서 나타난다. 예로서 산성용액중의 Pb-Sn합금전착이 있다.

이러한 정상형 공석중에서 정칙형 공석(regular codeposition)과 비정칙형 공석(irregular codeposition)은 noble한 금속이 우선적으로 석 출하는 경우로서 정칙형 공석은 단순 금속이온의 전해액에서, 비정칙형 공석은 complex 이온의 전해액에서 주로 나타나는 석출기구이다.

2. 비정상형 공석(abnormal codeposition)

석출된 합금전착층의 조성을 예측할 수 없는 경우이다.

1) 이상형 공석(anomalous codeposition)

금속의 석출과정에서 표준전극전위가 less noble한 금속이 어떤 전류밀도 이상에서 우선적으로 석출함으로써 전해액중의 조성보다 전착층에서 높게 나타나게 된다. 이러한 현상은 Fe, Co, Ni 등 철족금속원소사이의 전착에서 주로 나타난다.

2) 유기형 공석(induced codeposition)

W, Mo, Ge, P 등 수용액중에서 단일 금속으로는 석출되지 않는 금속이 Ni, Fe, Co등의 철족원소에 유기되어 함께 합금전착으로 석출되는 현상으로 전해액의 조건과 합금전착층의 관계는 예측이 불가능하다.

6.4 합금 도금의 종류

1. 구리합금도금

1) 구리-아연(황동, Brass)합금도금

황동도금은 다음의 두가지 목적으로 널리 사용되고 있다.

첫번째는 아연, 황동, 주철상에 황동의 외관을 주고자 할 때이다. 이러한 경우는 황동의 색이 그 주목적이며, 석출면의 성분이나 성질은 그리 문제가 되고 있지 않다. 도금의 두께는 보통 얇으며, 예를 들어 5μ이하에서는 부식에 대해서 별로 저항이 없다.

따라서 보통 황동도금 후 투명한 래커 도장을 해서 내식성을 향상시키고 있다. 또한 같은 성분의 황동판과 비교해 보면 8 : 2황동의 조성으로 도금한 색이라야 7 : 3 황동판의 색과 동일하게 된다. 그러나 근래에 와서 시중에서 판매되는 황동도금용 시판 솔트(salt)는 7 : 3 황동판을 사용하고 있으며, 광택제도 넣게 되어 있고 색도 고르게 낼 수가 있다.

두 번째 목적은 철에 대한 고무의 부착력을 좋게 하기 위해서 하는 도금이다. 이 때는 황동의 석출 조성이 특히 엄밀하며 25~33% 아연을 유지할 필요가 있고 도금층의 두께는 보통 얇으며 2.5μ이하이다.

(1) 액 조성

액구분 / 성분	황동	황동	브론즈 (bronze)	고속도액	배럴액
시안화제일구리	30g/l	52.5g/l	52.5g/l	75g/l	45g/l
시안화아연	9.0	30	30	ZnO 3~9	15
수산화나트륨				45~75	
시안화나트륨	56	90	90	90~135	90g/l
탄산나트륨	30	30	30	15	염화암모늄
암모니아(28%)	적량	5~10ml/l	0~5ml/l		8g/l
유리시안화나트륨	17g/l	8g/l	4~12g/l	4~19	

(2) 작업 조건

액구분 / 항목	황동	황동	브론즈 (bronze)	고속도액	배럴액
pH	10.3~10.7	10.3~10.7	10.3~10.7	12.5	
액온도 (℃)	35~49	43~60	43~60	70~95	20이상
전류밀도D_K(A/dm^2)	0.5	0.5~3.5	0.5~3.5	2.5~15	
전류효율E_{ffc}(%)	50	70~90	70~90		
양극 : 음극	2 : 1	2 : 1	2 : 1		
양극 Cu : Zn	80 : 20	70 : 30	90 : 10		
조전압(V)	2~3V (6V이하)	배럴도금 9~122~3V (6V이하)			6이상

① 액의 온도는 상온에서도 잘 되나 40℃부근에서 작업하면 균일한 색을 얻기가 쉽다.
② 같은 조건에서 구리의 색을 진하게 하고자 할 때는 전류밀도를 작게 하거나 유리 시안화나트륨를 적게 하거나 액의 온도를 높게 하면 된다.
③ 액의 교반은 음극을 서서히 움직이는 정도가 좋다.
④ 여과는 정기적 방법으로 충분하다. 여과 조제로서는 황성탄을 사용한다.
⑤ 암모니아수를 사용하면 도금의 얼룩이 없어진다.

2) 백색 황동합금도금(white bronze)

(1) 액 조성

성분	조성 (g/L)
시안화제일구리	17.25
시안화아연	60
시안화나트륨	60
수산화나트륨	60
황화나트륨	3.75

(2) 작업 조건

항목	조건
pH	13이상
액온도 (℃)	26~40℃(25℃)
음극 전류밀도(D_K)	1.08~4.32A/dm^2
전류효율(E_{ffc})	60~90%
양극 : 음극(면적비)	3 : 1
양극 구리 : 아연(%)	28 : 72
조전압	6V이하

3) 구리-주석(청동,Bronze) 합금도금

(1) 액 조성

성분 \ 조성	범위
시안화나트륨(g/L)	64
시안화구리(g/L)	30
주석산 나트륨(g/L)	35
수산화나트륨(g/L)	10
롯셀염(g/L)	45

(2) 작업 조건

항목	조건
pH	11.2 ~ 11.7
액온도 (℃)	63±2
음극 전류밀도(D_K)	2~4A/dm^2
양극	순수 구리
주석이 10 ~ 12% 합금은 금색상과 유사하여 악세사리 용도로 사용함	
주석농도를 보충하기위해서 주석산으로 보충	

4) 구리-아연-주석 합금도금(대용금: imitation Gold)

(1) 액 조성

성분 \ 조성	범위
시안화제일구리(g/L)	3.0~3.6
시안화아연(g/L)	1.36~1.65
주석산 나트륨(g/L)	1.1~1.5
유리시안(g/L)	20~23
탄산나트륨(g/L)	30~75

(2) 작업 조건

항목	조건
pH	12.3~12.7
액온도 (℃)	66±2
음극 전류밀도(D_K)	1~3A/dm^2
Cu-Zn도금에 주석산나트륨을 첨가한 3원 합금이다	
은백색,황동 및 금색을얻을수 있으나 엷은 금색을 많이사용하여 대용금도금이라 불린다	

2. 주석합금도금

1) 주석 – 납 (땜납, Solder)합금도금

Sn 함량 5%인 Pb-Sn 합금은 철강의 방식상 최적이라 하며, Sn 함량 7% 전후의 것은 베어링 메탈로서 적합하다. Sn 함량 55~60%의 것은 납땜 합금이다. 이러한 도금이 최근 보급되고 있으며, 보통 붕소플루오르화액을 사용한다. 액 중의 아교의 함량 또는 교반의 정도에 의해서 조성이 대단히 변화하기 쉽다는 것에 주의할 필요가 있다. 붕소플루오르화액의 관리는 비교적 용이하다.

(1) 액조성

액의 종류 / 성분	베어링 메탈 합금용 (Sn 7%, Pb 93%)	납땜 합금용 (Sn 60%, Pb 40%)
전 Sn 함량	7(g/l)	60(g/l)
Sn^{2+}(액 중 붕소플루오르화물로서 존재)	6	55
Pb^{2+}(액 중 붕소플루오르화물로서 존재)	88	25
유리 HBF_4	40	40
유리 H_3BO_3	25	25
아교	0.5	5.0

(2) 작업 조건

항목	조건
액 온도(℃)	25~40℃
음극전류밀도(D_K)	2~3.5A/dm^2
액교반	음극을 천천히 일정 속도로 움직이게 하는 것이 좋다. Sn^{2+}의 산화가 일어나기 쉬우므로 공기교반은 금물이다.
양극전류밀도	음극 전류밀도보다 적게 한다. 즉 양극 면적은 음극의 2배에 가까운 것이 좋다.
양극재질	음극에 전착되는 합금과 같은 조성의 것을 주조해서 사용한다.
저용점으로 전자 부품의 접합에 많이 이용되었으나 최근에는 Pb free 도금으로 대체 되고 있다	

2) 주석-아연 합금도금

이 합금은 철에 대해서 양극적으로 작용을 하며, 부식 속도는 주석이 있기 때문에 아연보다도 늦고 필호울이 적으므로 철에 대한 방식 피막으로 매우 좋다. 아연의 함유량은 20%가 좋으며, 25% 이상이 되면 좋지 않다. 거꾸로 주석이 많아도 핀홀이 생기므로 좋지 않다.

도금액으로는 알칼리시안화액, 피로인산염액, 붕소플루오르화물액 등이 있다. 이 중 알칼리시안화액은 다음과 같다.

(1) 액조성

성 분	조 성
주석산 나트륨($Na_2SnO_3 \cdot 3H_2O$)	68g/l
시안화아연[$Zn(CN)_2$]	4.5g/l
수산화나트륨(NaOH)	5g/l
시안화나트륨(NaCN)	20g/l
유리시안화 나트륨	16g/l

(2) 작업 조건

항목	조건
액 온도 (℃)	65~70℃
음극전류밀도(D_K)	1~3A/dm^2
양극 : 음극(면적비)	3 : 1
양극전류밀도	0.75~1.5A/dm^2
내식성이 좋으며, 플럭스 없이도 납땜이 되며, 전기 접촉저항이 적으므로 전기 부품에 많이 사용한다.	

3) 주석-니켈 합금도금

이 도금은 장식과 내식성이 크고 스테인레스의 색을 나타내는 도금으로서 니켈-크롬의 2중도금에 해당한다. 도금 조작도 간단하며 원가도 싸게 든다. 이 도금은 외국에서는 가정 기구, 전기기구, 냉장장치, 과학기구 등에 널리 이용되고 있다.

(1) 액조성

도금액 성분	염화+불화액		피로인산액
	I	II	
염화제일주석($SnCl_2 \cdot 2H_2O$)(g/L)	50	50	28
염화니켈($NiCl_2 \cdot 6H_2O$) (g/L)	300	250	30
플루오르화소다(NaF)(g/L)	28	35	
산성플루오르화암모늄(NH_4HF_2)(g/L)	35		
플루오르화암모늄(g/L)		60	
피로인산칼륨(g/L)			200
암모니아수(35%)	-	PH조정	5ml/L
글리신 (g/L)			20

(2) 작업 조건

항목	I	II	피로인산액
온도℃	65℃	50~70	50
음극전류밀도A/dm^2	2.7	0.5~4	0.5~1.5
PH	2.5	4.5	7.5~8.5
양극	28%니켈합금 또는 분리양극		불용성, 분리양극
도금합금비(Sn%)	65	63	65 ~92

전류밀도 A/dm^{2}로서 15분간에 12μ의 도금을 할 수 있으며 음극 전류효율은 100%에 가깝다. 그러나 2μ 이상에서는 광택이 없어지는 결점이 있다.

3. 니켈합금도금

1) 니켈-철 합금도금

최근 광택 니켈도금의 대용으로서 각광을 받기 시작하였으며 미국에서 개발된 것이다. 철분이 15~35% 있으므로 니켈보다 경제성이 클 뿐만 아니라, 광택도 좋고 유연성과 내식성도 좋으며 크롬도금도 잘 받으므로 니켈이 점차 부족해지는 이때 주목할 만한 것이다.

(1) 액조성

성분 \ 조성	범위	최적
황산니켈($NiSO_4 \cdot 6H_2O$)	80~130g/l	105g/l
염화니켈($NiCl_2 \cdot 6H_2O$)	40~80g/l	60g/l
붕산(H_3BO_3)	40~50g/l	45g/l
황산제일철($FeSO_4 \cdot 7H_2O$)	5~20g/l	10g/l
광택제	약간	약간

(2) 작업 조건

항목	범위	최적
pH	2.8~3.5	3.2
온도	55~70℃	63℃
음극전류밀도	2~10A/dm^2	
양극	고순도 철과 황 함유니켈(SD 등)	

2) 니켈-팔라듐 합금도금

현재가장 많이 시행되고 있는 Pd-Ni 도금은 Pd가 약 30~80%(W/o) 의 합금범위로 균일한 조성의 합금도금을 얻을수 있다.

(1) 액조성

성분 \ 액의 종류	Pd 75%(W%)	Pd 75~85%(W%)
팔라듐 [$Pd(NH_3)_2(NO_2)_2$]	6g/L	18~28 g/L
팔라듐금속으로	3g/L	8~12 g/L
설파민산 니켈 농축액	20*ml*/L	
니켈금속으로	3g/L	
설파민산 암모늄	90g/L	
염화암모늄		60g/L
염화 니켈 농축액		18~28 *ml*/L
니켈금속으로		8~12 g/L

(2) 작업 조건

작업조건 \ Pd %	Pd 75%(W%)	Pd 75~85%(W%)
PH	8~9	7.5~9.0
온도	20~40℃	30~45℃
전류밀도	0.1~1.0A/dm^2	0.1~2.5A/dm^2
양극	순팔라듐	백금도금양극

3) 니켈-인 합금도금

(1) 액조성

성분 \ 액의 종류	Brenner액	저인액
황산니켈	150g/L	150~200 g/L
염화 니켈	45g/L	-
정인산(100%)	50g/L	40~50 g/L
아인산(100%)	40g/L	-
염화나트륨	90g/L	20g/L
붕산		20g/L
차아인산나트륨		20~30 g/L

(2) 작업 조건

작업조건 \ 액의 종류	Brenner액	저인액
PH	0.5~1	2~2.5
온도	75~95℃	70~80℃
전류밀도	5~20A/dm^2	10~15A/dm^2
전류효율	50%	60~80%
무전해 니켈-인 도금이 많이 이용되고 있으나 석출속도가 빠르고 액의 수명이 길고 저렴한 가격 때문에 최근 이 기술이 많이 검토되고 있음		

4. 니켈프리(Nickel Free) 도금기술

니켈 알러지 문제로 인하여 특히 유럽에서 니켈프리에 대한 문제가 오래 전부터 대두되어 특히 장신구에는 Nickel Free인 3원 합금(Cu-Sn-Zn 합금) 또는 2원 합금 (Cu-Sn 합금) 및 파라듐(Pd) 도금을 사용하였다.

현재는 휴대폰 도금 시장에서 Nickel Free 도금에 대한 실험 및 니켈도금 대체 도금으로 3원 및 2원계 합금 도금, Pd 및 텅스텐(W) 도금에 대한 관심이 증폭되고 있다.

1) 텅스텐-코발트 합금도금(W-Co Alloy plating)

(1) 액조성

성 분	조 성
황산 코발트	12.6g/l
텅스텐 나트륨	65g/l
구연산	66g/l

(2) 작업 조건

항목	조건
액 온도 (℃)	88℃
음극 전류 밀도(D_K)	2~15A/dm^2
음극 전류 효율	약25%
양극	불용성의 백금 양극이나 텅스텐 양극 코발트 양극 또는 텅스텐과 코발트 합금 양극 사용
pH	7
전류 밀도가 낮을수록 텅스텐 함량이 낮아지며 15A/dm^2 에서 W의 함량은 59%이다. 암모니아로 PH를 항상 7로 유지한다..	

이 W-Co 도금도 Ni보다는 약하나 인체에 대한 알러지가 있으므로, 진정한 니켈프리로 인정받지 못하고 있다.

2) 텅스텐-철 합금 도금(W-Fe Alloy plating)

(1) 액조성

성 분	조 성
황산 철(II)	18g/l
텅스텐 나트륨	10g/l
구연산	66g/l
트리에탄올 아민	27g/l

(2) 작업 조건

항목	조건
액 온도 (℃)	82℃
음극 전류 밀도(D_K)	50A/dm^2
음극 전류 효율	약25%
양극	불용성의 철 양극
pH	8
암모니아로 PH를 항상 7로 유지한다..	

제 7 장 귀금속도금(Noble metals plating)

7.1 금(Gold)

1. 금의 성질 및 용도

금 및 금의 합금 도금은 주로 극히 엷고 색만 내는 정도의 장식용으로도 많이 사용되고 있으나, 단순한 장식품뿐만 아니고 전화, 전신, 전자기기류의 접속부, 트랜지스터, 로켓 공업, 인공위성의 외곽부 및 엔진 등의 공업적으로 널리 이용되고 있으며, 현재 미국의 금 도금액의 85%는 전자 부품과 인공위성 등의 공업용에 사용되고 있다고 한다. 즉 이것의 이용가치는 내식성이 매우 크며 전기저항이 적고 열전도성이 좋기 때문이다.

2. 금의 용도

1) 화폐로서의 금의용도

태고에는 조개껍데기, 곡류, 가축, 면포 등이 화폐로 유통되었으나 그 후로 금, 은이 화폐로서 유통되게 되었으며, 처음에는 재화보다는 화폐 표준(척도)으로서 중요한 역할을 하였으며 그 의미가 점차 증가되어 중량을 칭량해서 유통되어 칭량화폐라고도 사용하였으나, 유통과정에서 많은 불편이 있었으므로 그 품위와 양에 따라 특정한 값을 표시한 일정한 형상으로 주조하여 이것을 표준화폐 또는 본위화폐라 하여 통용되었고 주화는 그 개수의 셈만으로도 쉽게 유통이 가능하였으며 이 화폐의 출현으로 화폐유통의 시대가 개막되었으며 근세에 들어와서 본위화폐로 사용되었다.

2) 일반적인 금의용도

일반적으로 사용되는 금의 용도는 60%는 반지, 보석 및 장신구, 30%공업적, 10%는 치과 의료 재료 및 만년필의 펜촉, 유리(유리에 금의 미립자를 넣어서 금색유리를 만듦) 및 도자기의 착색제, 검전기의 박 등으로 쓰이고 있다. 도금 분야로서는 반도체 전자공업, 우주항공 분야, 전자, 화학분야, 액세서리의 도금 등 크게 공업용과 장식용으로 구분할 수 있으며 사용 분야가 대단히 넓다.

3. 금의 불변성

금은 공기 중에서도 산화되지 않으며 그 아름다운 빛깔을 영원히 간직할 수 있다. 또한 금은 땀 등으로 표면이 변화하는 현상도 없고 사람의 피부에 자극이나 반응을 일으키지 않는다. 모든 금속 중에서 금만큼 아름다운 것은 없으며, 대부분의 금속은 백색 아니면 회색이지만 색을 가진 것은 금과 구리뿐이며, 구리 색도 아름다우나 곧 변색된다. 금은 공기 중에서는 물론 물속에서도 영원히 그의 아름다운 색은 변할 줄을 모른다. 박물관에 있는 1000여 년 전의 금반지의 색이나 금방 만든 금반지의 색이나 구별할 수 없다. 금을 애호하는 이유는 이런데 있다. 또한 금 또는 금도금이, 인공위성, 컴퓨터, 전자부품의 접점 등에 필수적으로 사용되는 이유는 공기 중에서나 가스 중에서 또 접점에 열을 받아도 저항이 생기지 않는데 이것은 금이 녹슬지 않기 때문이다.

1) 금의 불변성의 이유

금 이외의 모든 금속은 공기 중의 산소와 결합할 때 반드시 발열하게 된다. 이것은 산화열 또는 연소열이라고 하며, 발열은 에너지의 방출과 소모이며 발열적인 높은 에너지 수준에서 발열후인 낮은 에너지 상태로 더욱 안정한 상태로 이동하는 것을 의미한다.

금은 이와 반대로 산화물을 만들 때는 오히려 열을 흡수하며 오히려 낮은 상태에서 높은 상태 즉 더욱 불안정한 상태로 된다.

백금이나 은도 귀금속이지만 **표 7-1**에서 보는 바와 같이 다른 모든 귀금속은 산화물로 되는 생성에너지는 + 발열을 하며, 금만 − 흡열 반응을 한다. 따라서 금은 금속 상태가 안전하다는 것을 입증한다. 그러므로 모든 금 화합물은 가열하면 금속으로 환원하기 때문에 전기접점에서 열이 발생해도 산화되지 않고 금속 그대로 있게 되어 저항이 생기지 않게 된다.

다른 귀금속도 **표 7-1**에서와 같이 생성에너지가 현저히 적으므로 불변이며 따라서 존중되고 있다. 다만 은은 황(S)에 약한 결점이 있다.

표 7-1 귀금속 산화물의 생성에너지

명 칭	화학식	생성에너지(Cal)	명 칭	화학식	생성에너지(Cal)
산화금	Au_2O_3	-39.0	산화로듐	Rh_2O_3	+50.0
산화은	Ag_2O	+2.6	산화이리듐	Ir_2O_3	+42.0
산화팔라듐	PdO	+14.4	산화루테늄	RuO_2	+33.0

4. 금의 품위와 카라트(캐럿)

순금은 너무 연하기 때문에 반지나 브로치 등의 장식품을 만드는데 적합하지 않다. 그래서 이것에 적절한 량의 은(Ag), 구리(Cu), 니켈(Ni), 아연(Zn), 팔라듐(Pd)등을 합금하여 품위(순금함량)를 낮추며, 경도나 강도를 높여주고 있다.

이와 같이 합금의 품위를 명시하기 위해서 금의 함유량을 %(백분율)나타내던가, 카라트로 나타내며, 실용상에 있어서는 24K인 99.99%의 순금이 통용되며, 훠나인(4nine)으로 부른다.

카라트는 영국 무게의 단위이며 1K는1.296g이고, 금 합금 중 24K에 들어 있는 순금의 함량을 말한다. 금의 금성은 카라트(Karat) 약자인 Kt로 표시하지만, 보석의 무게를 표시할 때의 카라트(Carat)는 Ct로 표시한다.

순금은 24K로 나타내며 18금은 18K로 표시하며 금성의 품위에 따른 환산법은 18K는 $100g \times \frac{18}{24}$=75% 된다. 결국 25%는 비금속 또는 금 합금의 함량으로 계산할 수 있다.

귀금속의 중량은 금형으로 재는데 1트로이온스는 24카라트에 해당된다. 따라서22카라트는 순금22카라트에 다른 금속 2카라트를 합금 시켜서 합계중량 1온스로 만든 합금이다. 은(銀) 합금은 카라트를 사용하지 않으며 보석에 사용하는 카라트는 0.200g이며, 트로이 단위와 카라트는 다르다.

표 7-2 금 품위의 호칭과 금 함유율

카랏트 (Karat)	금 함유율 (%)	타 금속분함량 (%)	카랏트 (Karat)	금 함유율 (%)	타 금속분함량 (%)
12K	50	50	19K	79.2	20.8
14K	58.5	41.5	20K	83.4	16.6
16K	66.7	33.0	22K	91.7	8.3
18K	75.0	25.0	24K	95.9이상	4.1

5. 금의 일반적인 성질

금은 찬란한 황색 광택을 가진 금속이며, 내식성이 매우 좋아 고온에서도 표면에 산화피막이 생기지 않는다. 금은 지각에 0.0000005%의 소량으로 존재하며, 이리듐 다음으로 무겁다.

금은 타 금속에 비해 비중이 크기 때문에 순금 1kg은 가로 세로 높이가 약 8cm로 정육면체모양으로 순금 1ton(1000kg)은 가로 세로 높이가 약 56.7cm의 크기를 갖는다.

금은 대단히 연하여 전연성이나 연성이 금속 중에서 최고이다. 연성(ductility)의 경우 우수한 제선기로 세선을 만든다면 1g의 순금으로 4천m는 금실을 뽑을 수 있다. 전성(malleability)의 경우 특수한 창호지로 덮고 이것을 포개서 여우 가죽에 싸서 때려서 늘이면 750g의 금으로 12cm^{2}의 금박을 50,000매나 만들 수 있다. 이 박을 유리창 사이에 끼워서 보면 녹색으로 보인다. 이 금박을 불상, 직물, 도자기, 칠기, 책표지 등에 사용되며 금박을 만드는 방법은 일본이나 우리나라 모두 독일에서 배운 것이다. 금박은 실제로 순금이 아니고 은 또는 구리 이 두 가지를 합금 시켜 만든 것으로 여러 가지가 있다.

6. 금의 화학적인 성질

금은 모든 금속 중에서 가장 안정된 금속으로 공기나 물속에서 영구히 변하지 않으며 귀금속 중 가장 안정되고 귀족적인 성질을 가진 금속이라 말할 수 있으며 수은과 친화성이 있다. 또한 금은 보통 산과 알칼리에는 거의 반응하지 않으며 금을 녹일 수 있는 것은 225℃의 물에 있는 셀렌산, 질산과 염산의 혼합물인 왕수(질산1 : 염산3)뿐이며 염산이나 시안산은 산화제가 존재하거나 금이 양극으로 되었을 때만 반응한다. 3가 상태로 산화된 금의 화합물로서는 염화금산이온 [$AuCl_4^-$]이 있다.

금은 단일 광산(염산, 황산, 질산을 말함)에는 용해하지 않으며, 공기가 있으면 시안화 소오다(청화소오다)나 시안화칼리에 용해되어 시안화금의 착이온[$Au(CN)_2$]를 이룬다.

$$2Au + 4NaCN + O_2 + 2H_2O \rightarrow 2NaAu(CN)_2 + 2NaOH + H_2O_2$$

금의 산화물은 제1산화물 Au_2O 와 제2산화물 Au_2O_2 의 두 종류가 있는데 이들 산화물은 대단히 불안정하여 조용히 가열하면 곧 산소를 상실하고 황금색의 금으로 변한다. 또한 금 화합물도 대단히 불안정하며 가장 안정한 염화금($AuCl_3$)도 가열 연소하면 황백색의 염화제1금(AuCl)으로 변하고 더 가열하면 완전히 황금색의 금으로 변한다.

$$AuCl_3 \rightarrow AuCl + Cl_2 \uparrow$$

1) 금(Au)화합물

아래 **표 7-3**은 금 화합물에 대한 사항을 나나낸 것이다.

표 7-3 금 화합물의 용도

품 명	분자식	함 량	순 도	형 상	용 도
시안화금(I)칼륨	$KAu(CN)_2$	68%	99.9%	결정상 분말	금도금시 사용
시안화금(III)칼륨	$KAu(CN)_4$	57%	99.9%	결정상 분말	강산성 금도금사용
아황산 금 나트륨	$Na_3Au(SO_3)_2$	50g/l	–	액상	금 전기도금용
염화금(I)암모늄	$(NH_3)_4Au(CN)_2$	5~10%	–	액상	금 전기도금용
염화금산	$HAuCl_4nH_2O$	48g/l	–	액상	금 전기도금용
염화금산 칼륨	$KAuCl_4$	52%	99.9%	결정상 분말	금 전기도금용

7.2 금 합금(Gold alloy)

1. 금 합금의 목적

순금은 너무 무르기 때문에, 경제적 또는 제작 가공상 등의 이유로 여기에 다른 원소(은, 구리, 니켈, 철, 망간 ,백금 및 백금족 등)를 적당히 가하면 물리적, 화학적성질이 개선된다. 합금을 시키면 단일금속으로서 얻을 수 없는 여러 가지 아름다운 색상을 얻을 수 있고, 경도와 강도를 증가시킬 수 있으며, 단일 금속보다 대체로 우수한 성질을 갖는다. 합금에 따른 색상의 변화는 금 함유량뿐만 아니라 다른 금속과의 비율에 따라 변화하지만 합금 특유의 가공성을 잃어서는 가치가 없기 때문에 정확하게 합금 비율을 맞춰줘야 한다. 합금은 2원 합금에서부터 5원합금까지가 통상적으로 많이 이용되고 있으며 금속의 합금에서는 융점이 높은 금속을 먼저 용해하며, 모 합금의 합금 때 금속을 녹이는 순서는 2원소, 3원소, 4원소 순으로 녹이고 비중과 융점의 차이가 작은 금속끼리 차례대로 녹인다. 금 합금 도금에서는 입자가 대개 미세하여 색조나 광택이 좋고, 피트(Pit)나 핀홀(Pin hole)이 적으며 비교적 내식성이 좋은 피막을 얻을 수 있으며, 순도가 낮은 금도금을 하여 경제성을 갖자는 것이다.

2. 금 품위(캐럿)에 따른 금합금의 특징

금 합금의 장식용 범위는 22K~9K까지가 일반적으로 사용되며, 금 합금의 품위에 따른 특징은 아래 **표 7-4**와 같다.

표 7-4 금 합금의 품위에 따른 특징

카랏트 (Karat)	특 징
24K	이론상으로 100%순금을 말하는 순금원소를 말하나 실용적으로 통용되는 것은 24K는 99.99%가 통용되는 것이다.
22K	세계적으로는 영국의 화폐인 22K를 가장 고급의 품질로 정해서 24K보다는 22K를 결혼반지로 사용하는 관습이 있다.
21K	금합금 중에서 인장강도(30~40kgf/mm^3)가 커서 연신율은 30%이상을 나타낸다.
20K	순금함량이 88.33%칠보의 바탕금속, 기타 장신구에 사용된다.
18K	일반적인 합금 중 가장 보편적이고 고급 품위로 사용한다. 특히 색상, 경도, 강도가 모두 좋고 내구성이 충분하며 화학 기계적 성질이 우수하여 반지, 브로치 등의 장식용 제품이 사용된다.
14K	금과 구리의 합금 비율이 3:1인데 300℃내외에서 열처리에 의해서 경화된다. 니켈 1%미만을 합금 하면 더욱 좋은 성질을 얻게 되는데 특히 18K 보다 탄력성이 우수해서 보석 장식품과 시계, 만년필의 펜촉재로로 사용되며, 내산성의 부드러운 감각으로 인해서 주로 치과용으로 사용된다.

3. 금 합금시의 색상

금의 좋은 점은 색깔이 아름답고 풍부(진)한데 있다. 이 아름다움을 보석, 피부색, 옷색에 따라서 장신구로서 조화를 이루게 하고 있다.

금합금의 색은 은(Ag) 및 구리(Cu)와의 합금 비율에 따라서 녹색에서 황색, 황색에서 붉은색으로 미묘하게 변한다.

우선 금과 은의 합금은 녹색을 띠나 청금이라고 한다.

영어로는 그린골드(Green gold)라고 한다. 청금 중에서 18카라트가 제일 아름답다. 은의 량이 많아져서 50 : 50 즉 12카라트가 되면 거의 백색으로 된다.

금과 구리의 합금은 붉은 색을 띰으로서 적금이라고 하며 영어로는 레드골드(red gold)라고 한다. 역시 18K의 적금이 제일 아름답다. 22K도 색이 좋지 않고 18K보다 낮은 적금도 구리 색과 같이 보여서 좋지 않다.

청금과 적금의 중간 조직일 때 엷은 황색에서 진한 황색을 거쳐서 붉은 기가 있는 황색으로 변화한다. 6카라트 중 은과 구리와의 합금 비율이 1 : 1 에 가까울 때 황금색에 가까운 색이 되며, 14금 이하일 때는 품위가 높아 보이고, 저 품위일수록 아연의 첨가량이 많다.

1) 화이트 골드(white gold)

화이트 골드는 금 합금이며, 백금(Pt)이 아니므로 혼동을 해서는 안 되며, 도금을 해서 희다고 화이트 골드가 아니며 금의 합금자체를 희게 하는 것이 화이트 골드이다. 백금은 영어로 플라티움(Platinum)으로 불리며 화이트 골드(white gold)에 비해 녹는점, 비중 모두 상당한 차이가 있다. 녹는점이 차이가 난다는 것은 제조과정에서는 매우 중요한 것으로 금이 보통 1064℃에서 녹는 것에 비해 백금은 1769℃에서 녹기 때문에 백금이 제조과정에서 금보다 상당히 어렵다.

이의 조성을 보면 이 합금의 백색은 니켈의 첨가로서 이루어 졌다. 어느 것이나 니켈은 15-18% 첨가되고 있으나, 니켈이 너무 많으면 색은 희게 되나 너무 강해서 가공하기 힘들다. 니켈의 양을 감소시키려면 아연이나 구리를 증가시키고 있으나 아연이 너무 많으면 희긴 한데 취약하게 되고 구리를 너무 넣으면 유연하게 가공하기는 쉬우나 색이 노란 색으로 되기 쉽다.

2) 소프트 화이트 골드

최근에는 앞과 같은 경화현상의 결점을 해소하기 위해서 소프트 화이트 골드라는 합금이 출현했다. 이것은 금, 팔라듐, 은의 3원 합금이며 유연성과 가공성이 풍부하고 색도 아름다움으로 대단히 인가가 있다. 이 합금은 치과에서 크라운에 사용되었으나 곧 균열(금이 가는)이 생기는 결점이 있었다. 그래서 금을 5%첨가하고 은을 그만큼 감소시켜 개선했다. 이것을 금파라고 해서 판매되고 있고, 지금도 치과용으로 사용되고 있다. 위에서 팔라듐을 합금 시키는 이유는 은이 공기 중에서 검게 변하는 것을 방지하기 위한 것이다.

4. 탄성

만년필용 금펜은 탄성이 없으면 쓰기가 거북하므로 연구가 필요하다. 이때 펜의 형태와 재질이 문제가 된다. 18금보다는 14금이 주로 사용된다. 탄성이 가장 좋은 배합은 은과 구리가 같은 양이거나 다소 구리가 많은 쪽이 선정되고 있다. 은이 많던가. 구리가 너무 많던가 하는 것도 탄성이 오래 유지되지 못하는 것 같다. 12금도 탄성이 좋은 것이 있으나 14금보다는 잉크에 대한 저항성이나 에보나이트중의 황분에 대한 저항이 적어서 변색하는 것 같다. 시계 케이스나 밴드에도 상당히 경도나 탄성이 있는 합금이 아니면 변형이나 흠이 생기기 쉽다.

5. 유연성 - 프레스 가공성

사용 목적에 따라서는 연한금속이 마음대로 가공할 수 있어 좋을 때가 있다.

예를 들어 메달 같은 것은 다이(틀)에 넣어서 치밀하게 가공하고 가는 선까지 찍어내야 하므로 너무 강한 금속은 좋지 않다. 엄밀히 말하면 유연성과 프레스 가공성과는 반드시 일치하지는 않는다.

6. 금의 경도와 강도

순금은 너무 무르기 때문에 합금을 하여 결점을 보완하고 있으며, 이것으로 아름다움과 동시에 내구성과 내마멸성을 증가시켜줄 수 있다. 순금과 각종 18금의 물리적 성질을 비교하면 **표 7-5**와 같다. 18금은 청금 중에서 가장 연한 금속이지만 순금보다는 훨씬 강하다는 것을 알 수 있다. 적금은 강하면서도 경하다. 표에 나타나 있는 것과 같이 풀림한 것 금속에서 순금은 경도가 5~6인데 비해 청금은 5~6배인 32정도이고 적금은 109정도를 나타내고 있다. 표에서 어닐링(풀림)재라고 하면 600~700℃에서 수중에 넣어서 급랭시켜 무르게 한 것이다. 강 가공 재료는 고도로 압연하여 경화시킨 재료를 말하며 경도는 브리넬 경도이며 연신율은 늘어난 비율을 나타낸다.

표 7-5 순금과 18금의물리적 성질

조 성			어닐링(풀림)			강 가공재		
금	은	구리	경 도 (HB)	강 도 (kg/mm^2)	연신율 (%)	경 도 (HB)	강 도 (kg/mm^2)	연신율 (%)
1.00	0	0	5	-	45	35	-	-
75	25	0	32	12	36	93	22	2
75	21	4	65	21	39	138	35	3
75	17	8	97	29	42	176	48	3
75	13	12	105	30	45	182	54	3
75	8	17	123	31	47	197	56	3
75	4	21	125	31	42	205	56	2
75	0	25	109	33	41	202	56	1

또한 14금은 전반적으로 18금보다 더 강하며 경하다. 강한 이유는 구리(Cu)가 들어가기 때문이며 은과 구리가 같은 비율일 때 최고이며 구리가 더 많아짐에 따라 경도가 떨어져서 적금이 된다.

금-은-구리합금은 고온에서 녹아 상온에서 연한정도가 다르지 않으며 상온에서의 상태가 성질상 좋지 않으므로 급랭시키는 것이 좋으며 급랭하는 목적은 고온의 상태를 상온에서 유지시키고자 하기 때문이다.

7. 융점

융점은 순금이 1064℃로 가장 높고, 금의 품위가 낮아지는데 따라서 융점도 낮아진다. 즉 22K : 940℃, 18K(Yellow) : 904℃, 14K(Yellow) : 802℃이며 8금일 때는 780℃까지도 내려간다.

7.3 금도금(Gold Plating)

1. 금도금의 개요와 종류

금 및 금 합금 도금은 극히 엷고 색상만 내는 정도의 장식용으로 사용되어 왔으나 단순한 장식품뿐만 아니라 시계, 안경, 전화, 전신, 전자기기류, 로켓공업, 인공위성의 외곽부 등의 공업적으로도 널리 이용되고 있으며, 금도금은 내식성이 크고, 전기저항이 적고 열전도성이 좋기 때문이다. 전기도금에서는 24K(순도98%이상)에서 14K(순도56~60%)금 합금에 이르기 까지 폭넓은 합금 비율의 도금피막이 실용화되고 있다. 첨가되는 합금에 따라 화이트, 그린, 핑크, 로즈, 황색 등 다양한 금색상과 기능을 부여할 수 있다. 도금액으로는 알칼리성, 약산성, 중성도금액이 사용되고 있다.

2. 금을 사용하여 도금하는 목적

현대 산업에서 금도금을 하는 목적은 크게 두 가지로 용도로 나눌 수 있다.

첫째는 외관의 아름다움을 얻기 위한 장식용 금도금과 둘째는 금의 우수한 물성을 응용한 기능용 금도금으로 구분이 된다. 장식용으로는 금과 다른 금속의 합금에 의한 다양한 색상 및 경도, 내식성이 우수한 피막을 얻기 위함이다.

기능도금을 서양에서는 기능성의 전기도금(Functional Electro Plating)이라고 표현하며 정확히 표현하면 도금이란 모두가 도금소지가 갖추고 있지 못한 기능을 다른 금속으로 소재 표면에 입혀 주무로서 그 기능을 향상 또는 부여하는 것이나, 장식용은 미관을 아름답게 해 주거나 내식성을 목적으로 하는 방식도금을 제외한 도금 즉 장식과 방식이외에, 도금피막의 성질을 이용하여 제품의 기능을 높이는 도금이라고 표현할 수 있다.

3. 금도금의 용도

금 및 금 합금 도금은 주로 극히 엷고 색만 내는 정도의 장식용으로 많이 사용되고 있으나 단순한 장식품만 아니고 전화, 전신, 전자기기류의 접속부, 트랜지스터, 로켓공업, 인공위성의 핵심부품과 엔진 등의 공업적으로 널리 사용되고 있으며 특히 전자 반도체 부품을 중심으로 극히 중요한 기능적 역할을 수행하고 있으며, 이용가치는 내식성이 매우 크며 전기저항이 적고, 고온에서는 산화막이 생기지 않고 적외선 반사율이 좋기 때문에 높은 에너지를 요구하는 기술에는 필수적이며 열전도성이 좋기 때문이다.

금도금의 경우 대부분 다른 금속을 약간 함유한 합금형태로 도금을 하는 경우가 많으며 순도 99.7%이상의 순금도금이 사용되는 분야는 IC헤더, 단자, 리드프레임 등에 많이 사용되며 내마모성이 요구되는 제품에는 어느 정도의 경도와 내마모성이 요구되는 용도 때문에 니켈, 은, 인듐, 코발트… 등을 0.1~0.8% 정도 공석된 경질 금도금 형태로 사용되고 있다.

장식도금 분야로는 액세서리, 안경테, 시계케이스와 시계줄, 담배라이터, 장신구, 액실금구, 만년필, 식당용구, 건축 장식 등에 사용되고 있다.

아래 **표 7-6**은 금도금이 공업적으로 이용되는 목적에 대해서 나타낸 것이다.

표 7-6 금도금의 공업적인 이용분야 및 사용목적

이용분야	사용부품	사용목적
전자부품, 반도체 부품, 약전	각종접점, 단자, 연결기, 핀, 리드 프레임, IC헤더, 트랜지스터 시스템, 리드 스위치,	전기전도성, 납땜성, 내마모성, 저 접촉저항
마이크로파 회선	도파관	평활성, 고주파 특성
복사기	반사경	빛, 반사경

4. 금도금의 색깔

도금 업을 하는 사람들에게 말할 수 없는 골칫거리는 금 색깔에 대한 의견이다. 고객이 원하는 색과 디자인(설계)부서에서 원하는 색에 대한 많은 의견충돌이 발생되는데 금도금을 훈련된 사람의 눈으로 600가지의 다양한 금 색깔을 구별할 수 있는데 그것을 묘사하기 위해 약 15~20개의 이름만이 사용되기 때문에 그 문제의 심각성이 크다. 금 색깔의 정의를 내리고 구체화하기 위해 측정기를 사용하여 정의를 내리려고 했지만 아직까지 정확한 판단 기준을 정해지는 못했다.

그러나 원래의 색깔은 잊혀진지 오래되며 일반적으로 쓰이는 해밀 톤은 밝은 빛, 흰색,

분홍색, 어두운색, 노란 색 및 기타 많은 형용사에 의해 수정되어 소위 해밀 톤이라고 하는 색에는 최소한 200개의 색깔이 존재하고 있다고 말하는 편이 안전할 것이다.

순도로 금 색깔을 명명하려는 시도는 애매모호한 결과를 낳았다. 14캐럿의 색깔은 58.33%의 금을 함유하고 있는 합금이면 어떤 것이든지 조화될 수 있는 색조이다. 황금성분의 다른 부분이 구리, 은, 아연, 니켈의 50%혼합물로 되었으면 그 합금은 50%의 다른 색깔을 가질 것이고 각각의 색깔은 14캐럿의 금 색깔을 나타낼 것이다.

5. 전자산업에서의 금도금

오늘날 전자산업의 전자기기는 소형화 된 반도체소자 1개로 기기의 전기능이 발휘되는 단계까지 와 있다. 대용량 집적 회로가 반도체 기술의 집적 회로가 반도체 기술의 발전으로 탄생되면서 사실상 부품과 완제품의 개념적인 차이가 모호해졌다.

금은 유연하고 부식되지 않으며 열과 전기 전도율은 은 다음에 최고이다. 색상도 한 가지가 이처럼 다채로운 성질을 골고루 가지고 있다는 점은 그 만큼 무궁무진하게 사용처가 많다는 이야기다. 이렇게 통신부분의 연결단자에는 여러 가지 귀금속이 사용되는데 PC와 휴대폰에 금, 은, 팔라듐, 로듐, 백금 등의 유가금속이 기종에 따라 30~40% 정도 포함되어 있다. 이는 거의 인쇄회로기판(PCB)에 집중되어 있는 것이다. 또 PCB에 연결 된 CPU나 프로세서에서는 금이 0.005~0.2g/set정도 함유되어 있는 것으로 알려져 있다.

특히 모든 전자기기가 얇고 소형화되어가고 있는 추세에서 금은 최고의 물리적 성질을 갖고 있다. 금은 지구상에서 가장 무거운 물질이지만 정작 전자통신부품에서는 얼마나 얇게 도금하느냐가 관건이며 이렇게 얇게 도금하는 것을 플래시(Flash)도금이라 한다.

플래시 도금을 할 수 있는 비결은 1천분의 1mm이하에 불과한 두께로 펼 수 있고 1g의 금으로 최대3km까지 늘일 수 있는 특성이 있기 때문이다. 금은 열반사 능력이 뛰어나 다른 금속과의 합금형식으로 땜질을 할 때 이용된다. 우주왕복선의 추진엔진과 동체의 연결부분은 취약하기 때문에 이 부분은 금이 들어간 합금으로 땜질을 함으로서 열을 반사하게 되어있다. 또 전자통신부품에서 가장 중요한 것이 반도체이다. 재봉틀 같은 기계가 칩 외곽을 빠른 속도로 찍어 만드는 반도체의 한 가운데 있는 것이 바로 리드프레임이며, 이때 사용되는 것이 바로 골드와이어(Gold Wire), 즉 금실이다. 그러나 최근 들어 금은 리드프레임에서 그 왕좌를 은에게 내주고 말았다. 리드프레임의 금도금이 현재는 은도금으로 바뀐 것이다. 금

도금은 장식도금에서 큰 발전을 토대를 이루었지만 값이 비싼 이유 때문에 점차 대용 금으로 서서히 많은 부분이 점유 당하고 있다. 그럼에도 불구하고 아직까지 금의 뛰어난 특성을 능가하는 대체물질은 발견되지 않고 있으며, 장식도금에서 전자부품의 기능도금으로 금도금은 지속적으로 이어 질 것이다. 그러면 왜 전자 부품에는 금도금을 해야 하는가? 잘 알려져 있다시피 금은 가장 비싼 금속 중의 하나이다. 1micron두께로 $1dm^2$을 도금하는데 사용되는 비용은 은의 100배에 이른다. 그럼에도 불구하고 금도금이 기능성 도금으로 전자통신 부품에 쓰이는 이유는 금이 가지고 있는 연성과 본딩성 때문이며, 부식되거나 산화되지 않고 저항성이 강하고 전기 전도도와 접촉저항이 우수하다 이에 따라 금은 비싸지만 초창기 전자부품의 회로에 별 무리 없이 선택되어 사용되었다. 그 이유 중의 하나는 전자부품 자체가 고부가가치이기 때문이다. 특히 신뢰성이 중요시되는 PC나 휴대폰에 금도금은 필수적인 것처럼 현재 상용화 되어 있다. 금값의 시세가 매년 변화가 심하므로 인하여 금도금업계는 가장 큰 문제로 대두되고 있다. 금도금은 여러 전자부품의 접점에 쓰이지만 그 중에 가장 대표적인 제품이 바로 반도체와 커넥터 등의 단자이다. 반도체 패키지상의 금도금에서 요구하는 기능특성은 와이어 본딩성(Wire Bonding), 납땜성, 내열성, 내식성 등 여러 가지 기능을 요구하지만 이런 조건들을 충족시키기 위해서 이론상으로는 1.5μm이상의 금 두께가 필요하다. 이에 따라서 어떻게 하면 고가인 금을 적게 사용하고 두께를 규정에 맞게 하느냐가 관건이 된다. 반도체용 금도금의 경우 전도염으로 구연산염이나 인산염 등을 첨가하여 산성이나 중성액으로 만들어 주로 사용한다.

커넥터 및 접점의 도금은 두개의 금속표면을 접촉시켜서 전로를 이루어 주는 것을 말하며 릴레이, 스위치(개폐접점), 가변저항기, 커넥터(동접점), 압착단자(정지접점)등의 3가지로 구분 지을 수 있다.

이상의 접점들은 통전조건(전압, 전류, 직류, 교류)이나 사용 환경(주위온도, 습도, 부식성가스, 먼지, 염분 등)에 따른 제반 조건에서도 이상 없이 제 기능을 발휘 할 수 있는 도금을 선택해야만 한다. 커넥터 및 접점의 도금이 갖추어야 할 주요한 기능은 노출되어 있다가 작동개시 될 때까지 부식 생성물이 생기지 말아야 한다. 접촉부위가 소모되지 않은 상태에서도 적은 접촉면을 유지해야 한다. 통상적으로 커넥터 및 접점 도금은 순금을 사용하는 것이 접촉저항이 가장 낮고 각종 환경에서도 내식성이 좋다. 하지만 금의 경도가 낮아서 0.1~0.3% 정도의 니켈, 코발트, 철 등을 합금금속으로 첨가하고 금 두께를 가능한 적게 하여 성능은 저하 시키지 않고 비용절감 효과를 얻으려고 pd/Ni, Sn/Ni 합금도금 등의 하지도금이 여러 가지 개발되어 있다. 근래에는 백금족 중에서 값이 싸고 물성이 좋은 루테늄(Ru)이 새로운 접점도금 재료로서 사용되어지고 있다.

금도금액은 미량(ppm)의 중금속을 첨가하였을 때 음극분해 현상이 현저히 낮아지고 평활한 입자의 치밀한 도금 막을 얻을 수 있고 실용 전류밀도 범위도 넓어진다. 그래서 미량의 중금속을 결정조정제(Grain refiner)로 사용한다.

향후 휴대폰, 모바일기기 산업이 급성장하면서 전자부품의 금도금은 두께를 줄이는 쪽으로 발전 할 것이라는 것이 업계의 공통적 전망이며, 이들 기기에 적용되는 전자파 차폐, 내구성 강화, 색상 구현 등의 첨단 표면처리 기술이 주목받고 있으며 이러한 첨단 표면처리기술은 보다 작으면서 성능과 신뢰성이 높은 제품을 만들기 위해 필요한 소재 물성을 구현할 수 있을 뿐 아니라 저가의 소재에 다양한 물성을 동시에 갖는 쪽으로 발전 할 전망이다.

6. 전자부품의 도금액에 따른 전착물의 성질

1) 경도

일반적으로 시안액에서 40Hv를 약간 웃도는 정도이며, 산성액, 중성액에서는 보통 50~100Hv의 범위인데 첨가제의 공석으로 130~190Hv까지 올릴 수 있다.

2) 전도도

순도는 물론 공석하는 불순금속, 불순유기물의 종류에 따라 영향을 받는다. 표면 결정구조의 차이도 있으나 보통은 어떠한 접합부를 갖는 일이 많으므로 무시된다.

3) 다공성

시안액에서 치밀성이 떨어지고 산성 중성액이 우수한 편이다.

4) 순도

시안액에서는 유기불순물의 공석 때문에 99.9%가 한계로서 중성, 산성액에서 조건을 선정함으로서 99.99% 이상이 확보된다.

5) 접합성

땜납, 금속선, 반도체와 접합하는 일이 많다. 전착물성과 접합성의 관계는 불분명한 점이 많은데 Si-Au공정의 경우는 주상결정이 치밀하게 배열되어 있는 것이 좋다고 한다.

6) 내열성

전자부품의 제조 공정 중 최고 온도는 600℃이하이다. 이 정도의 온도에서는 금 자체는 문가 없으나 바탕(하지) 금속의 확산을 막을 필요가 있다. 일반적으로 니켈계 바탕이 많아 보통의 처리조건으로 도금의 치밀성이 충분하면 3μ 이상의 두께가 있으면 좋다고 생각된다.

7. 금 화합물 및 사용약품

1) 시안화금칼륨=청화금칼리(Potassium Gold Cyanide), $KAu(CN)_2$, P·G·C

이론 금의 함량은 68.3%이며 pH3까지도 안정하며 주로 금도금의 금 이온용으로 사용되고 있다. 분자식은 $KAu(CN)_2$로 도금액 내에서는 K^+, $KAu(CN)_2^-$ ION으로 분리되어 존재한다.

즉 $Au(CN)_2^- + e^- \rightarrow Au + 2CN^-$ 로 되어Au가 석출된다. 이 형태의 금은 알칼리액, 중성액, 산성액 등 광범위하게 사용되어지고 있다. 시안화금칼리는 금을 왕수로 녹여서 염화금($AuCl_2$), 염화금산($HAuCl_4$)을 만들고 이것을 암모니아수로 용해시키면 뇌금(fuminating gold), $Au(HN)HN_2$의 갈색침전이 되며, 여기다 시안화칼리(KCN)을 작용시켜서 용해시키면 시안화금칼리[$KAu(CN)_2$]가된다. 이의 반응은 다음과 같다고 하는데 확실한 것은 아니다.

$$AuCl_3 + 3NH_3 \rightarrow 2NH_4Cl + Au(NH)Cl\text{(아미노염화금)}$$

$$AuCl_3 + 5NH_3 \rightarrow 3NH_4Cl + Au(NH)NH_2\text{(아미노아미도금)}$$

전에는 뇌금은 사실 상기의 이미노염화금과 이미노-아미도-금의 혼합물이라고도 했다. 이 뇌금을 건조하면 가열, 마찰 또는 타격으로 폭발 할 수도 있으므로 대단히 위험하다.

따라서 이 뇌금의 침전은 세척을 여러 번 하되 건조시키지 말고 시안화칼리를 첨가해서 용해시켜 시안화금칼리로 전환시키도록 하며 암모니아수로 만들 때에도 암모니아수가 부족하면 뇌금이 전부 만들어지지 않고 염화금 상태로 뇌금 세척 때 세척 수에 따라 나가 금의 손실을 가져올 수 있으므로 용액에서 암모니아 냄새가 날 때까지 암모니아수를 첨가한다. 그리고 잠시 후 뇌금(갈색)이 밑으로 침전하여 위액이 투명해졌을 때 다시 암모니아수를 몇 방울 넣어서 투명해졌을 때 갈색 침전이 다시 생기지 않은 것을 확인한다. 뇌금의 여과는 미세하고 부피가 많아서 힘들다. 뇌금을 용해하는데 필요한 KCN의 이론소요량은 다음과 같다. 즉 금을 10g 왕수에 용해했다 하면

$$2Au(NH)NH_2 + 4KCN + \rightarrow 2KAu(CN)_2 + 2KOH + 2NH_3 + 2H^+$$

즉 금을 10g 분자 197g에 KCN 2g분자 65 × 2 = 130g가 필요하므로 10 : 197 = X : 130 즉 X ≒ 6.6g 이므로 금 10g에 KCN 약 7g가 필요한 셈이다.

또 KCN 용액으로 뇌금을 용해할 때는 여과지 위에서 용해시킨다. 이 시안화금칼리 액에서 첨가제나 기타를 넣고 금도금 액으로 사용할 수도 있으나, 이러한 방법은 금도금을 어느 정도 하여 금의 함량이 0.5 - 1g/l이하로 떨어지면 도금이 잘 되지 않으므로 폐기해야 한다. 그러나 금을 아끼고 금도금액을 보충하면서 사용하는 방법을 쓰면 일정한 금두께와 색이 나오게 된다. 따라서 시안화금칼리의 결정체를 만들어서 금의 보충에 사용하거나 신액의 작성에 사용해야 한다.

8. 금 도금법의 분류

금도금법을 구별하면 다음과 같다.

① 알칼리 법(pH = 8.5~13.0)

- 사용용도: 장식용(장신구), 공업용(전자부품)

② 중성 법(pH = 6.0~8.5)

- 사용용도: 장식용(장신구, 시계부품), 공업용(IC전자회로기판)

③ 산성 법(pH = 3.0~6.0)

- 사용용도: 장식용(스트라이크 : 액서 사리, 전자부품), 합금용(P.C.B회로기판)

④ 비(非)시안화(아황산금도금 등) 금도금법(pH = 6.0~11.0)

- 사용용도: 합금용(시계부품, P.C.B기판), 순금용(P.C.B회로기판)

⑤ 침지 및 무전해 금도금법

– 사용용도: 장식용(액서 사리), 공업용(P.C.B회로기판)

1) 엷은 금도금

일반적으로 색깔 금도금은 도금두께가 0.15μ이하의 대단히 얇(엷)은 도금으로 플(휘)래시(flash)금도금 또는 금와(윗)시(Wash)라고 말하며, 엄밀히 따지면 스트라이크 액과 구별된다.

스트라이크(Strike)액은 두께(본)금도금전의 전 공정으로 단시간(보통1분 이내)에 높은 전류밀도로 금을 엷게 입히는 것으로서 밀착성 향상과 본 도금액에 불순물 혼입 방지를 위해서 행하는 것이 주목적이고, 도금액은 대부분 산성 액이 사용되며, 플(휘)래시(flash) 금도금은 순금부터 합금까지의 조성으로 대개 시안 액에서 행해지고 있다.

여기에 사용되는 금(Au)량은 대단히 작은 퍼센트를 차지한다. 이 도금은 염가물건, 두께(본도금)도금용 하지도금, 금합금 제품에 특별한 색을 만들어 주기 위해서 최종도금을 하는데 사용되고 있으며, 얇은 도금을 통해서 비금속 확산으로 인하여 황화 또는 산화가 일어나므로 내구성, 내식성은 물론 좋지 않다. 이와 같은 확산현상을 방지하기 위하여 어떤 하지도금을 실시하여 막는데 대개 니켈도금이 사용되며, 은도금도 사용된다.

대개 금의 농도가0.5~4g/l에서 스트라이크를 하여 색상을 내거나 두께 금 하지용으로 행한다. 이 스트라이크 금도금은 비교적 큰 전류밀도로 단시간(보통1분 이내)에 도금을 밀착력을 향상시키기 위해서 하는 목적과 본도금인 두께도금을 할 때 용액이 두께 금 도금액에 묻어 들어가서 값비싼 도금액을 오염시키는 것을 방지하는 것이다. 스트라이크 금 도금액도 산성(pH3~7)과 알칼리성(pH8~13)의 두 종류가 있으나 대부분 산성액이 사용되고 있으며 도금액의 선택은 용액의 종류 및 도금 소지에 따라 결정하는데 일반적으로 인쇄회로(Printed circit)기판과 같은 플라스틱 제품에는 산성도금액을 사용한다. 스트라이크 도금액에는 금속이온의 농도가 낮아 전류효율이 낮고 수소발생이 심하다. 이 수소의 발생은 도금할 표면을 세척해 주는 역할도 한다. 스트라이크 도금의 시간은 작업조건에 따라 5초~3분 정도이며 그때 석출 층의 두께는 0.025~0.25μ가 된다.

금 스트라이크 도금 시 색은 도금액의 조성에만 좌우되는 것이 아니라 전류밀도, 교반상태, 온도, 작업방법에 따라 많이 좌우되며 작업자의 자세가 중요하며 일정한 색을 내는 것이 매우 어렵고 이것은 하나의 예술이라 해도 과언이 아니다.

(1) 도금액 조성 및 조건

표 7-7 플래시(flash)금도금액의 조성 및 작업조건

색조 / 조성	순금액	해밀턴색			백색금	녹색금	적색금
		황색	핑크색	녹색			
시안화금칼륨[$KAu(CN)_2$](g/l)	1.3~2	1.2~2	1.2~2	1.2~2	0.41	2	0.8
유리시안화칼륨(g/l)	7.5	7.5	2	2.0	15	7.5	4
인산일수소산칼륨(K_2HPO_4)(g/l)	15	15	15	15	15	15	15
시안화니켈칼륨[$K_2Ni(CN)_4$](g/l)	-	0.26	0.26	0.26	1.1	-	0.21
시안화구리칼륨[$K_2Ni(CN)_3$](g/l)	-	1.13	1.1	-	-	-	2.6
시안화은칼륨[$K_2Ag(CN)_2$](g/l)	-	-	-	0.05	-	0.26	-
주석산칼륨[$K_2Sn(OH)_3$](g/l)	-	-	-	-	-	-	-
액 온도(℃)	60~70	60~70	60~70	60~70	65~70	55~70	55~70
전류밀도(A/dm^2)	1~4	1~3.5	2~5	1~4	3~5	1~3	3~4

(2) 도금장치

① **도금탱크(조)** : 철 탱크에 비닐라이닝탱크, 고급 스테인리스탱크, P.V.C, P.P 등을 사용할 수 있으며 도금액이 고가이므로 완벽하게 이음매(용접) 처리를 해야 한다.

② **양극** : 고급 스테인리스 판(27종이상), 백금도금 된 티타늄 망, 순금 판, 카본(탄소)판

③ **여과** : 금도금액은 대부분 공기교반을 하지 않고 도금액을 강하게 순환시키는 방법이 사용되며, 활성탄 처리는 금이 흡착되므로 되도록 하지 않는 것이 좋으며 여과로서 항상 액을 깨끗이 해주는 것이 좋다.

④ **가열장치** : 가열을 직접 하면 증발되는 양이 많아지므로 간접가열방법이 좋으며 히터는 작업이 종료되면 도금액에서 꺼내놓는 것이 좋다.

⑤ **교반** : 금도금액에서 교반은 금도금에 사용되는 약품이 공기와 반응하여 분해반응이나 반응생성물을 생성시키는 원인이 되므로 교반 방법은 제품을 상. 하 또는 좌. 우로 흔들어주는 방법이 가장 많이 쓰이고 있으며, 도금액을 여과기로 강하게 이송시켜주는 방법도 대부분 사용되고 있다.

(3) 도금액 성분 역할 및 관리

얇은 도금액에서 금 색깔은 보통 10초 이내에 이루어지고 이보다 장시간 도금이 진행되면 금의 양이 적은 도금이 되고 광택이 점차 없어지게 된다.

액중에서 인산염은 완충제로서 전도성은 부여하는 역할을 한다.

순금액의 경우 금속불순물은 도금의 색에 유해하며 구리는 적색을 강하게 나타내며 니켈, 아연은 백색을 강하게 납은 검은 눈의 거친 검댕과 같은 부착물을 만든다.

온도나 전류밀도가 낮을 때 엷은 황색이 되고, 반대로 높을 때는 붉은 색부터 갈색으로 금이 변한다.

액관리에 있어서는 처음 건액 된 액에서는 깨끗한 도금이 얻어지지만 도금 작업 중에는 불순물의 생성물이 대단히 빠르므로 색조의 산포를 만들게 된다. 이러한 것은 주로 시안화물이 분해하기 때문이다. 액을 장기간 잘 사용하기 위해서는 전 공정에서 수세를 철저히 해서 금도금탱크에 들어와야 하며, 일정기간 사용하고 나면 액을 신액으로 교체 한다던가 활성탄처리를 하면 되지만 금도금액은 고가이고 활성탄처리는 주의를 요하기 때문에 사전에 충분한 검토를 한 다음 방법을 결정해야 한다. 유리 시안화나트륨 관리를 철저히 해야 하며 적을 때는 균일한 도금 색을 얻기 힘들며 ,너무 많으면 도금속도가 늦고 시안 가스가 발생되며 붉은 황록색의 금색깔이 된다. 제일 중요한 것은 금의 함량으로서 항상 소모되는 양만큼을 보충해주면서 작업을 해야 한다.

금의 보충은 적산전류계에 의하여 일정한 전류 소비 후 금액이 첨가 되도록 하면 좋으나 도금 작업시 제품과 함께 도금액도 상당량 따라 나오게 되기 때문에 이와 같은 소비, 손실량을 충분히 염두에 두고 관리를 해야 할 것이다.

금 도금액 관리는 금농도와 유리 시안화물의 농도, 액의 비중(보오메)관리가 필요하다.

PH는 대략11.0이 좋으며, 이보다 높으면 광택범위가 좁아지고, 낮으면 시안물의 중합이 생겨서 노화가 진행되기 쉽다.

2) 두꺼운 금도금액

(1) 순금도금

① 고액 시안화액

표 7-8 고액 시안화액 조성 및 조건

시안화금칼륨 $KAu(CN)_2$	6~18g/l	전류밀도 최고	0.5A/dm^2
시안화칼륨 KCN	30g/l	온도	50~65℃
탄산칼륨 K_2CO_3	30g/l	양극	스테인리스
인산칼륨(제2) K_2HPO_4	30g/l		

다음은 고온시안화액보다 안전하고 작업하기 좋은 액은 약산성액이다. 전착물은 99.99%나 되고 안정하여 장시간일간 일정한 전착물을 얻을 수 있다.

② 산성액

표 7-9 산성도금액 조성 및 조건

시안화금칼륨	6~18g/l	구연산염	90g/l
pH	3.0~6.0	전류밀도	1.0A/dm^2

양극 탄소 또는 백금 도금된 티타늄망

이 액에서 얻은 전착물은 일정하게 미세한 입자와 균일하게 전착이 이루어지며, 이 액에서의 도금물은 순금 도금의 어떠한 규격에도 합격이 된다. 각종 공업용 도금에도 널리 사용되고 있으며, 광택을 얻고자 할 때는 첨가제를 사용해야 한다.

③ 냉시안화액

표 7-10 냉시안화액 조성 및 조건

시안화금칼륨	6~18g/l	시안화칼륨	90g/l
금속성 광택제	0.01~0.12g/l	온 도	13~25℃
전류밀도	0.6A/dm^2	양 극	스테인리스

이것은 광택 있는 미세한 전착물을 얻으며 두꺼운 도금이 가능하다. 저온에서 작업하기

때문에 시안화물의 분리가 적어 상당히 장시간 고장 없이 도금을 할 수가 있다.

(2) 금합금도금

경질 광택 금도금액으로는 다음과 같은 액을 사용할 수도 있다.

① 알칼리금도금액

㉠ 액성분

표 7-11 알칼리 금도금액 조성 및 조건

시안화금칼륨	3~5g/l	주석산	0.1~0.2 흰색을 낼 때
시안화구리칼륨	20~30g/l	음극 전류효율	3~6(A/dm^2)
시안화니켈칼륨	10~15g/l 황이나 적색금	액온	20~30℃
제2인산소다	15~20g/l	양극	스테인리스
유리시안화칼륨	10~15g/l	교반	기계적 교반

일반적으로 일정한 색은 10초 내에 이루어지고, 이것보다 장시간 도금을 하면 금의 양이 적은 도금이 되며 빛이 점차 죽어간다. 그러나 교반을 빠르게 하면 도금 시간을 연장할 수 있으며, 따라서 두께도 커진다.

색의 조절은 다음과 같은 금속의 시안화 착화합물로써 얻을 수 있다.

표 7-12 금속 착화합물에 따른 색상

금속착화합물	색의 조절
시안화구리칼륨	황색→분홍색→붉은색
시안화니켈칼륨	황색→연한 황색→백색
시안화은칼륨	황색→녹색
시안화카드뮴칼륨	황색→녹색
시안화코발트칼륨	황색→오렌지색→녹색

위의 두 가지 또는 세 가지 금속을 가해서 희망하는 색을 낼 수 있을 때도 있다. 따라서 한 번 각 금속의 조성 %를 알게 되면 각 성분의 조성 %로 혼합해서 보충하도록 하는 것이 현명하다.

이들 방식용은 전류효율에 따라 10~20분간 도금을 함으로써 1.2~7μ의 두께가 되고 그 이상 도금함으로써 더 두꺼운 도금을 할 수도 있다. 일반 장식용 도금은 2.5μ의 두께를 표준으로 하고 있으나, 시계 케이스같이 마모성이 큰 것은 5~30μ까지도 행하고 있다.

② 산성금합금 도금액

표 7-13 산성금합금 도금액

23K 광택합금 도금액		21K 광택합금 도금액	
시안화금칼륨	8g/l	시안화금칼륨	4g/l
구연산+구연산소다	80g/l	아세트산+아세트산나트륨	50g/l
술파민산니켈	3g/l	황산코발트	3g/l
아세트산아연	0.3g/l	황산인듐	5g/l
온도	21℃	온도	21℃
pH	4~5	pH	3~4
전류밀도	$1A/dm^2$	전류밀도	$1A/dm^2$
색상	엷은 황록색	색상	엷은 황색

7.4 은(Ag)

1. 은

1) 은(Ag)의 일반적인 성질

귀금속에서 은을 주로 하여 사용하기 때문에 경제적인 귀금속으로 통하며, 그 때문에 준귀금속이라고도 한다. 색상은 우아한 은백색을 띠며 광택도 있으며 분말의 경우는 회색을 띠고 무른 금속이며, 은제품과의 배색효과로 높은 품위를 나타내려면 푸른 코발트블루(cobalt blue)나 하늘색 (sky blue)을 바탕으로 하면 좋은 배색효과가 나타난다.

은은 열 및 전기의 양도체이고, 기계적 성질로는 유연하고 가공성이 풍부하여 모든 금속 중에서 금 다음으로 전연성이 우수하여 그 특성을 이용하여 은박으로도 사용된다. 또한 열 및 전기 전도도도 모든 금속 중 최고이며 구리보다 약 33%우수하다. 열 풀림 처리한 고순도은의 경도는 브리넬 경도 25~27정도이며, 순은은 가공 경화된 후에도 일반 상온에서 다시 재결정하여 부드럽게 연화되는 것이 특징이다. 전연성과 유연성이 풍부하여 은1g으로

1.702m의 실을 뽑을 수 있으며, 두께는 약 0.000254mm까지 펼 수 있으며, 계산상으로는 $41m^2$까지 얇게 펼 수 있다. 또한 강도는 30~38kg/mm^2 내지는 14~16kg/mm^2 정도이다. 경도는 연질과 경질이 다르며 비커스 경도계로 경질은 60~70, 연질은 23~25를 나타낸다.

2) 은의 화학적인 성질

은은 융점과 밀도가 가장 낮고 내식성도 떨어져 질산, 황산에 잘 녹으며, 대기 중에 방치하던가. 또는 가열하여도 녹이 생기지는 않지만 대기 속에서는 수분과 아황산가스 또는 황화수소, 질소 등에 의해 검게 변하는 약점이 있으며 이러한 현상을 황화(Sulfuration)라고 하며, 카메라의 필름 등은 특히 주의를 해야 하고, 이와 같은 경우를 흔히 볼 수 있는 곳이 유황온천지역에서 은반지를 착용 후 온천이 끝난 다음 은색이 누렇게(검게) 변해 있는 경우 황성분과의 반응 때문이다. 그러므로 미술품, 양식기, 그릇 따위는 부지런히 손질을 하지 않으면 변색이 종종 일어난다. 또한 비소 같은 독극물에는 아주 민감하다. 산 반응에서는 염산, 황산, 질산에 침식되지만 왕수(Aqua Pegia)에서만은 어느 정도 저항력이 강한 내식성이 있는데 그 이유는 은 표면에 염화은(AgCl)의 얇은 막이 생겨서 이것이 반응의 진행을 방해하기 때문이다. 은은 함유되어 있는 불순물(O_2)등의 양에 따라 기계적 성질이 변화하기도 한다. 은의 엷은 박이나 증기는 보라색을 띤다. 용융 온도에서는 자기용적의 20배의 산소를 흡수하고 냉각시키면서 산소를 발산시켜서 발표상태로 된다. 가단성 및 연성 모두 금보다는 못하다.

은을 용해하려면 질산(HNO_3)이 제일 좋으며, 묽은 염산이나 묽은 황산에는 용해되지 않는다. 그러나 끓는 농황산 중에서는 즉시 용해하여 아황산가스를 방출한다.

$$2Ag + 2H_2SO_4 \rightarrow Ag_2SO_4 + H_2O + SO_2\uparrow$$

은이 열황산에 용해하는 성질을 이용하여 합금 중의 금, 백금으로부터 은을 분리시키는데 사용한다. 은은 아산화은(Ag_4O), 산화은(AgO), 과산화은(Ag_2O)등의 3종류에 산화물을 만든다. 이 중 Ag_2O는 염기성 무수은염이며, 이것으로부터 여러 가지 은 화합물을 만든다. 과산화 은은 진한 질산은을 전해할 때 양극에 생기며, 흑갈색 결정성의 분말 상을 나타내며, 이외의 구조식은 Ag_2O_4 = Ag_2O : Ag_2O_3 이며, 일종의 가상 은산 $HAgO_2$이고 Ag[AgO_2]라고 쓰기도 한다. 산화은은 흑갈색의 분말이며, 300℃로 가열하면 완전히 분해하여 산소를 상실하여 은을 유리 한다. 또 은광에서 은의 검출에도 은을 분리 할 때는 은을 납에 흡수시켜, 가열하여 납을 증발시키면 금속 은을 얻을 수 있다. 은염은 무색이 많으나 다음의 염은 색이 있다. 즉 취화은(AgBr)은 엷은 황색, 옥화은(AgI)은 황색, 황화은(AgS)는 흑색, 인산 은은 황색, 아비산은 황색, 비산 은은 갈색, 시안화은(청화은)은 오렌지색, 크롬산 은은 적갈색이다. 은염의 대부분은 물에 불용이며 광선에 쪼이면 검게 변한다.

또한 은은 공기 중에서는 가열하여도 산화물이 생기지 않으며, 알칼리금속의 시안화물 용액 중에서 양극으로 되거나 또는 이 용액 중에 산소가 있을 때는 용해하여서 시안화은 착염 $KAg(CN)_2$ 또는 $NaAg(CN)_2$를 형성한다.

3) 은의 특성

은의 물리적 특성은 아래 **표 7-14**와 같다.

표 7-14 은의 물리적 성질

(20℃)$19.68\times10^{-6}K^{-1}$

원자번호	47	비등점	2.210℃	연신율	48~54%
비 중	10.49(20℃)	전기저항	1.59$\mu\Omega$/cm (20℃)	고유저항	1.47×10−8$\Omega\cdot m$
구 조	면심입방격자	인장강도	12~16kg/mm^2	영 률	73GPa
융 점	960.5℃(1968년 국제온도치수(I.P.T.S)에서 종래 960.5℃를 961.93℃로 개정함)				

위의 물리적 성질이외에도 과학상의 중요한 기준으로서 온도의 보완 교정뿐만 아니라 열전도도는 금속원소 중 가장 높아 1.0cal/cm·sec(20℃)로 가장 높고 구리(Cu)보다 약 33%가 우수하며, 전기 저항은 원소 중 가장 낮은 1.59$\mu\Omega$/cm (20℃)로 구리(Cu)보다 약 8.4% 뛰어나다. **표 7-15**는 은(Ag)을 100으로 하고 열과 전기 전도도를 다른 원소와 비교한 것이다.

표 7-15 열과 전기전도도의 비교표

원 소 명	은	구리	금	아연	주석	철	백금	납
전기전도도[$\mu\Omega$/cm (20℃)]	100	73.3	58.5	22.6	73.6	10.7-	-	10.3
열 전 도[cal/cm·sec(20℃)]	100	73.6	53.2	19.0	14.5	11.6	8.4	8.1

또한 은은 광학적으로 가시광선에 대한 반사율이 90%이며, 적외선에 대한 반사율은 89%로 금속 원소 중에서 최고이므로 이 반사율이 높은 점이 넓게 이용된다. 그리고 전자볼트가 낮으므로 표면에서의 전자방출에너지도 작다.

이러한 저에너지 영역에서는 중성자의 흡수 능력이 뛰어나기 때문에 은+카드뮴의 2원합금은 중성자 합금용으로 적당하지 않아서 은+카드뮴+인듐의 80 : 5 : 15비율의3원 합금 등이 원자로 속에서 중성자 흡수용으로 쓰이게 되었는데 이 합금의 특성으로는 색과 광택이 분홍색을 띠며 매우 아름답다.

4) 은의 용도

(1) 공업적인 면

은은 금 다음으로 애호하는 세공 재료로 이용되며, 세계 총생산량의 70%이상은 공업용으로 사용되고 있으며 나머지는 화폐용으로 사용되고 있다. 공업용으로는 은선, 은박, 은분으로 만들어 쓰기도 하며 장신구, 보석함, 상패, 꽃병, 촛대, 화폐(은화)제조, 식기류, 찻잔 등에 쓰이며 그 외에도 치과용 재료, 전지, 정점금속, 땜납, 바이메탈(bimetal), 진공증착, 베어링, 항공기부품 등에 쓰이며, 브롬화은은 빛에 예민한 화합물로서 사진 감광재료의 질산은과 표준금속으로 사용되며, 특히 도금분야의 용도로서는 전기부품, 고전류용의 단전기, 전기접점, 정밀기기, 장식품도금, 각종 반사기, 양식기도금 등 용도가 다양하다.

(2) 일반적인 면

일반적인 사용방법으로는 은분으로 화상치료에 사용되고, 뼈를 접합하는 판금용으로도 사용되며, 은전을 접시에 넣어 살균소득용으로도 사용되며, 매연, 스모그 제거에 은 산화필터가 사용되고 은 정수기시스템에도 사용되어지고 있으며 모든 세균(약650여종)을 부작용 없이 몇 분 내에 박멸된다.

5) 은의 품위

은의 품위는 보통 백분율(%)과 천분율(%)로 표시하며, 은의 지금에는 99.99%외 99.95%라는 두 종류의 것이 쓰이고 있다.

천분율은 스터링 실버(Sterling silver)의 경우 925/1000으로 표시하며, 우리가 흔히 말하는 순수한 은은 스터링 실버를 말하며, 은의 함량이 92.5%의 은을 말한다.

한국에서는 양식기 등에 925라고 합금 비율을 표시하기도 하며, 영국의 은화는 스터링 실버(Sterling silver)로서 92.5%를 쓰고 있으며, 국제적으로 스터링실버 또는 925실버(Silver)는 장신구 제조에 있어서 최고 품질의 은을 의미하며, 일부국가에서는 저 순도의 은제품의 유통을 금지하기도 한다.

은에 대한 품위 기준은 다음 **표 7-16**과 같다.

표 7-16 은의 품위 표시

표시 문자	순은의 비율(%)
AG 999 또는 순은	99.9
AG 925 또는 은 925	92.5
AG 900 또는 은 900	90.0
AG 800 또는 은 800	80.0
AG 700 또는 은 700	70.0
AG 600 또는 은 600	60.0
AG 500 또는 은 500	50.0

6) 은과 그 합금

은은 전연성이 좋고 전기 및 열의 전도도가 크며 고온에서의 내 산화성이 뛰어나기 때문에 각종 공업제품 및 화폐나 장식품으로 많이 사용되어지고 있으며 강도가 작고 아황산가스에 의하여 황화 되어 흑변(흑색)되는 성질이 있기 때문에 합금으로 개선할 필요가 있다.

따라서 순은은 너무 무르기 때문에 타 금속과 합금(alloy)하여 경도를 증가시키고, 색상이 좋은 합금을 만들어 사용하며, 합금을 하면 변색방지에도 도움을 줄 수도 있으며, 실용합금의 종류에는 구리(Cu), 팔라듐(Pd), 주석(Sn), 니켈(Ni), 카드뮴(Cd), 텅스텐(W), 인듐(In)등이 있고 합금방법으로는 **표 7-17**과 같다.

표 7-17 은합금의 성분 및 용도

명 칭	성 분					용 도
	Ag	Cu	Pt	Sn	기타	
Ag-Cu 합금1	50~90	10~15				화폐, 장식품
Ag-Cu 합금2	80	20				은 납
Ag-Cu 합금3	72	28				화 폐
Ag-Pt 합금	65~75		25~35			화 폐
Ag-Sn 합금	40~60			40~60		치과용 합금
불변색 합금	92~94	Zn 0~7	Cd 0~5	0~3	Sb 0~45	불 변 색
콜슨 합금	92.5		Cd 3.5		Si 4.0	불 변 색
은 축받이 합금	〉90	〈10		0.1~3.0	Cd 0.1~3.0 Zn 0.1~3.1	축받이

(1) 은(Ag) - 구리(Cu)합금

구리(Cu)의 첨가량에 따라 경도 및 인장강도가 증가하는데 구리(Cu)가 40%에서 최고가 되며, 구리(Cu)8%까지는 저온 열처리에 의한 석출경화 현상이 있어서 스터링 은(Sterling silver)으로 이러한 현상을 강화한다. 또한 구리(Cu)는 2원 합금으로 공정을 형성하고 은 가운데 구리의 고용한도가 최고가 되며 공업적으로는 전기 접점재료, 은납, 은제기물, 장식품 등에 많이 쓰이며 영국, 미국은 화폐로도 이용된다.

(2) 은(Ag) - 팔라듐(Pd)합금

2원합금 상태로 전율가공 고용체를 말하며 일명 화이트(White)골드로 장식용으로 사용되며 치과용으로도 사용되며, 합금 후에는 내식성, 강도등이 높아진다.

(3) 은(Ag) - 수은(Hg) - 구리(Cu) - 주석(Sn) 합금

은(33%), 수은(52%), 주석(12.5%), 구리(2%), 아연(0.5%) 의 합금으로 아말감 재료로 사용되며 수십 분 후 고체로 된다.

(4) 은(Ag) - 니켈(Ni)

이 합금은 고온에서 거의 고용하지 않기 때문에 용융 법에 의한 합금은 곤란하며 분말야금

법으로 합금이 가능하며 합금 후 내황화성, 내소모성, 내용착성 전기 전도도와 내구력은 은과 비슷하다.

(5) 기타

은(Ag) - 금(Au), 은(Ag) - 몰리브덴(Mo), 은(Ag) - 텅스텐(W), 은(Ag) - 흑연(C), 은(Ag) - 카드뮴(Cd), 은(Ag) - 산화아연(ZnO), 은(Ag) - 안티몬(Sb)등의 합금이 있다. 은은 보통4가지 이상 합금을 하지 않으며 이 이상이 되면 복잡한 합금이 되며 가공에서도 나쁠 뿐만 아니라 실용성도 떨어진다. 또한 은은 용해될 때 은 부피의 약20배에 달하는 많은 산소를 흡수하여 은이 응고할 때 가스를 방출하면서 기공을 만든다. 순은은 산소의 흡수율이 심하기 때문에 주조성이 좋지 않다. 따라서 이와 같은 결함을 줄이기 위해서는 산화방지제로서는 목탄가루, 식염, 석회석, 등이 사용되며, 탈산제로는 망간(Mn), 규소(Si), 칼슘(Ca), 알루미늄(Al), 인(P), 탄소(C), 카드뮴(Cd) 등이 사용된다.

7) 은 합금재료

은(Ag)이라는 원소는 그 색깔과 광택이 우아해서 예로부터 고급품의 제품재료로 애지중지 되어왔다. 은의 화학적 결점은 지역에 따라서는 하룻밤사이에 변해버리는 번쩍임이 없어지는 점이다.

실용합금으로는 은+금, 은+베릴륨, 은+비스무트, 은+카드뮴, 은+코발트, 은+구리, 은+칼륨, 은+게르마늄, 은+수은, 은+팔라듐, 은+백금, 은+로듐, 은+란탄, 은+주석, 은+스트론튬, 은+텔루륨, 은+아연 등으로 공업적인 면에서 널리 사용이 확대되고 있다.

2원소 합금으로 은+구리 합금이 화폐용도로 가장 많이 사용되며 은720g+구리280g의 조성으로 박판, 세선 동을 만들 수 있지만 구리첨가가 40%이상이 되면 황금색, 60%이상에서는 적색이 된다. 특히 장식품의 중요한 조건은 기계가공이 용이해서 세공시에 납땜이 가능해야한다.

은+백금은 치과용 재료로서 넓은 용도가 있는데 치과용 바탕감에는 은67%+백금33%, 은75%+백금25%로 백금분량이 많을수록 모든 특성이 양호하고 변색도 없고 견고한데 실제로는 용도에 맞춰서 잘 선택을 해야 한다.

7.5 은도금(Silver Plating)

1. 은도금의 개요

은도금은 금도금에 비해 비교적 값이 싸고(약20~30분의1), 산출량도 많기 때문에 그 응용 면이 넓고 장식품, 양식기를 비롯해서 최근에는 항공기나 전자 · 통신기기부품 등의 도금에 많이 이용되고 있다.

역사적으로 볼 때 모든 금속 중에서 은도금이 제일먼저 공업적으로 볼 때 시안알칼리 액의 전기도금이 행하여졌다고 볼 수 있으며, 처음에는 아말감법(일종의 치환 도금법)으로서 사용되었다.

전기도금 법은 금도금법과 함께 1838년 영국에서 시안알칼리 액으로부터 출발을 했으며, 시안액은 독성이 있기 때문에 독성을 피하기 위해 취화물 - 유기산액 등의 방법을 연구하였으나 안정성, 순도, 균일전착성이 시안 액보다 우수하지 못하여 발견하지 못하였고 현재도 시안 알칼리 액으로 도금을 행하고 있다.

은도금을 오랜 기간 연구한 끝에 얻은 것은 광택은 도금액이 개발된 것이며 광택제로서는 유기물 광택제, 안티몬, 셀렌, 실리콘, 주석니켈, 코발트, 팔라듐 등이 광택제로서 쓰이고 있다.

그러나 은도금이 금도금에 미치지 못하는 부분은 경시적으로 연화하여 반도체소자측에 은이 확산침투되는 마이그레이션(migration)현상이 일어나기 쉽고 산화, 황화에 약하기 때문에 고 신뢰성이 요구되는 도금부품에는 대체가 어렵다.

2. 은도금의 특징

(1) 일반적인 특징

① 금속 중에서 최고의 전기 및 열의 전도성을 가지고 있으며 각종의 전기적특성(접촉저항, 고주파전도성, 전자파 실드성)이 우수하다.

② 화학적으로 안정하며 유화변색하기 쉬운 외에는 극히 부식하기 어렵다.

③ 연전성이 금 다음으로 좋으며 기계가공성이 풍부하다.

④ 은백색의 금속으로 귀금속 중에서 융점 및 밀도가 가장 낮다.

⑤ 거울 면에 닦으면 최고의 반사율을 얻을 수 있다.(비촉매형 환원도금법에 의한 거울제조)

⑥ 융점이 비교적 높고, 경도는 낮으나 풀림한 것은 다른 베어링 합금에 비하여 고온이 되어도 연화하지 않는다.

⑦ 유화되기 쉬우나 유화물은 윤활성이 풍부하고 마찰력을 작게 하는 작용이 있다.

(2) 경도

기본조성만의 액에서 얻어지는 은도금의 경도는 Hv 70-90 이지만 이것에 광택제를 가하여 결정질을 바꾸게 되면 Hv 110-130으로 상승한다. 그러나 다른 금속을 경화제로 미량 공석시키면 Hv 140-160까지도 가능하다.

(3) 윤활성

은도금의 윤활성은 비교적 양호하지만, 경도를 올리면 역으로 나쁘게 되는 경우가 많다. 이것은 인성이 소실된 결과 취약하게 되어 결정질의 파괴 및 마모를 초래하는 것으로 생각된다.

(4) 전도도

순은에 비하여 도금된 은은 약간 저항이 높게 되며, 이는 동 또는 알루미늄 정도의 저항수준이 된다.

(5) 표면상태, 특히 거칠기의 피치와 깊이에 관계가 있다.

(6) 내변색성

변색은 피할 수 없지만 변색을 어느 정도 막으려면 로듐, 금 등의 얇은 도금을 크로메이트 처리 또는 기타의 코팅 등으로 보호해 줄 필요가 있다.

3. 은도금의 이용분야 및 사용목적

(1) 용도에 따른 은도금 두께

① 전기단자동과 같은 납땜한 부품에 적용. (도금두께 : 약 7.5μm 정도)

② 비철소지의 내식성향상, 전기전도도향상. (도금두께 : 약 12.5μm 정도)

③ 전기 접촉부품에 적용. (도금두께 : 약 12.5-25μm 정도)

은은 너무 무르기 때문에 보통은 합금을 하여 장식품 및 식기류, 의료기구, 화학공업설비, 전기, 전자 관련부품 회로, 접점 등의 도금에 사용되며 이용분야 및 사용목적은 아래 **표 7-18**과 같다.

표 7-18 은도금의 용도

이용 분야	적용 부품	사용 목적
중전	단로기(40~80μm), 차단기중의 개폐기(1~10μm), 애자단자, 변압기 단자, 분전판, 배전판 부스바(1~10μm), 용접기 아아크 부분	전기전도성, 접촉 저항성, 납땜성
약전	각종 스위치, 접점, 단자, 커넥터(5~10μm), 리드프레임	전기전도성, 납땜성, 접촉저항성
항공기	축수, 고온 환경의 볼트, 너트등	윤활성, 내열성
마이크로파회선	도파관	평활성, 고주파특성
일반적인 이용분야	진공용해조나 특수전동기의 방열기, 직접회로 등의 전자부품 방열체, 계전기 또는 알루미늄으로 만들어진 접속부, 베어링, 레이저의 반사경, 보온병유리를 진공으로 한 내측 은경면	열전도전성, 접착성, 내마모성, 윤활성, 내식성, 광반사성

4. 은도금에 사용되는 은화합물 및 약품

은도금에 사용되는 화합물의 종류는 **표 7-19**와 같다.

(1) 질산은(AgNO3)

은을 엷게 압연하거나 잘게 만들어서 질산(농질산1 : 물1)으로 가열시키면서 용해시키고 계속 가열하면서 질산만 축출하여 농축시킨 다음 결정시킨 후 여과 건조시킨다. 질산은을 사용한 도금은 도금이 잘 되지 않고 모래알 같은 입자로 은이 석출하므로 도금을 할 수 없다.

그러나 연구 논문에 따르면 저온(영도이하)에서는 은이온의 활동성이 낮아서 정상적인 은도금을 할 수 있다는 보고가 있다. 질산은의 함량은 63%이며, 결정체는 무색이다. 분자량은 169.89이다

표 7-19 은(Ag)화합물

약품명	분자식	함량	순도	형상	용 도
시안화은 칼륨 (Potassium Silver Cyanide)	$KAg(CN)_2$	54% UP	99.0% UP	백색분말	Ag도금액에 주성분으로 많이 사용된다.
시안화은 (Silver Cyanide)	AgCN	80% UP	99.0% UP	백색분말	Ag도금용으로 널리 사용되며 불용성이므로 과량의 KCN에 용해된다.
질산은 (Silver Nitrate)	$AgNO_3$	63% UP	99.0% UP	백색분말	사진공업, Silver Paste, 거울제조, 분석용 시약으로 사용된다.
황산은 (Silver Sulfate)	Ag_2SO_4	68% UP	99.0% UP	백색분말	유리 착색제, 환경관리에서 COD측정
염화은 (Silver Chloride)	AgCl	75% UP	99.0% UP	백색분말	전지용, 원재료
산화은 (Silver Oxide)	Ag_2O	92% UP	99.0% UP	흑색분말	전지용, 전자공업용 Paste재료로 사용

(2) 시안화은칼리 : 청화은칼리[$KAg(CN)_2$]

분자량은 199.01이며 금속 함량은 54.2%이며, 백색의 결정체이다. 물에 용해되므로 은 도금 에서 물에 불용인 시안화은을 사용하는 대신 이것을 사용하는 경우가 많다. 제조방법은 질산은 용액에 염화나트륨(소금)을 넣어서 염화은으로 침전시켜서 여러 번 수세한 뒤 과잉의 시안화칼리를 첨가한다. 염화나트륨의 사용량은 은의 무게의 약 50% 시안화칼리의 사용량은 은의 약 135%가 필요하다. 즉

$$AgNO_3 + NaCl \rightarrow AgCl(\text{침전}) + NaNO_3 \quad (1)$$

$$AgCl + 2KN \rightarrow KAg(CN)_2 + KCl \quad (2)$$

이 액을 농축시켜서 결정시키면 $KAg(CN)_2$ 결정되고 KCl는 용액 속에 남게 되므로 여과하여 분리시킨다. 염소이온이 전혀 없는 것을 만들고자 하려면 은 시판의 시안화은을 시안화칼리에 용해시켜서 만들 수도 있다. 또한 질산은 용액에서 염화은을 만들지 않고 직접 시안화은 또는 시안화은 칼리를 만들 수 있다. 즉 질산은 수용액에 시안화칼리를 서서히 넣어서 처음에 백색의 시안화은 침전이 생기고 시안화칼리를 계속 넣으면 다시 용해하여 용액은 투명하게 되며 이때 약간 가열하면 좋다. 이 액을 직접 도금액으로 사용할 수도 있고, 여기서

생긴 KNO_3는 완충제 역할을 하므로 지장이 없다.

$$KAg(CN)_2 \rightarrow K^+ + Ag(CN)_2^-$$

$$Ag(CN)_2^- \leftrightarrow Ag^+ + 2CN^-$$

이로서 상당히 은 착 이온은 안정하다. 이 은염은 건조만 되면 빛에 의해서도 변화하지 않는 특징을 가지고 있다.

(3) 시안화은 : 청화은(AgCN)

원자량은 133.90, 금속 함유량은 80%이다. 백색 또는 회색 무취의 분말이다. 제법은 질산은의 냉포화용액에 계산상의 시안화칼리의 농후용액을 첨가하여 생긴 침전(시안화은)을 열농 암모니아수 속에서 재결정시키고 장시간 140℃에 가열하며 수분 및 암모니아를 제거한다. 이것은 묽은 암모니아수에는 거의 녹지 않으나, 농 암모니아수에서는 상당히 잘 녹는다. 습관적으로 또는 가격 면에서 은도금에는 시안화은칼리를 사용하는 것이 편한데도 시안화은을 사용하고 있다. 물에 녹지 않으므로 시안화은 착이온을 형성시킬 여분의 시안화칼리를 첨가해야 하는 불편이 있다.

따라서 새로 도금액을 만들 때는 시안화은을 사용하는 것도 좋으나, 은 이온의 보충시는 시안화은칼리를 사용하는 것이 편리하다.

(4) 염산(HCl) 및 염화은(AgCl)

은염(銀鹽)의 중성 또는 산성수용액에서 염산 또는 염화물 수용액을 첨가하면 즉시 우유빛의 백색 침전이 생긴다.

$$Ag^+ + Cl^- \rightarrow AgCl$$

이 염화은은 순수에는 꽤 용해하며 특히 끓는 물에는 잘 녹는다. 그러나 질산은이나 염산이 약간이라도 여분으로 존재하면 공통이온의 관계로 전혀 용해하지 않는다, 공통(共通)이온의 효과라면 다음 반응식에서 AgCl의 일부가 용해되었을 때 K는 대략 25℃에서 1.5×10^{-10}정도이다. 만일 외부에서 Ag^+ 이온이나 Cl^- 이온이 들어가면 자연의 법칙에 의해 이 들어간 이온의 농도를 감소시키고자 하는 방향으로 반응하므로 AgCl는 용해된 것이 다시 침전되게 해주는 효과를 말한다. 이러한 현상은 용해도가 적은 화합물이나 약전해질 때 생긴다. 더욱 많은 염산 또는 염화나트륨을 첨가하면 착 이온을 만들면서 용해한다. 염화은은 암모니아에 용이하게 용해된다.

$$AgCl + 2NH_3 \rightarrow [Ag(NH_3)_2]^+ + Cl^-$$

여기에 질산을 첨가하면 다시 침전한다. 염화은은 시안화칼리에 즉시 용해한다. 이 반응은 도금액의 조제에 이용되고 있다. 이것을 산성으로 하면 시안화은의 침전이 된다. 염화은은 산이 없으면 티오황산소오다 용액에 용이하게 용해한다.

5. 은 도금법

은 전기 도금법은 액조성이 수없이 여러 종류가 나와 있지만 모두 큰 범위에서 벗어나지 않고 비슷하다.

1) 스트라이크(strike) 은도금(plating)법

은도금에서는 소재 금속의 종류에 따라서 방법을 선택해야한다. 구리 및 구리합금, 철 및 철합금 등을 사용할 때 이 소재를 은도금액속에 전류를 통하지 않고 침지(침적)할 경우 천한 금속 즉, 치환반응에 의해 은피막이 석출되는데 이 피막은 밀착이 나쁘므로 은도금을 할 때는 반드시 은 스트라이크 도금을 한 후 은도금(본: 두께도금)을 실시해야 밀착력이 우수한 도금 층을 얻을 수 있다. 스트라이크도금은 유리시안분이 많은 액속에서 높은 전류밀도로 단시간(1분 이내)에 얇은 밀착력이 좋은 은피막을 얻는 방법이다.

도금액 형식은 시안알칼리액이며, 주성분은 칼륨액과 나트륨액이 있는데 이 주성분에 전도도염 및 각종 광택제, 경화제, 평활제 등을 사용한다.

시안화물 중 칼륨과 나트륨을 비교했을 경우 많은 연구를 한 결과 칼륨액이 전도도, 한계전류밀도, 석출물의 물성, 외모 등이 우수하다고 판단되어 두께도금(본도금)에는 칼륨액(KCN)이 사용되고 있으며, 얇은 도금이 대부분인 장식용에서는 시안화나트륨(NaCN)액이 사용되고 있다.

일반적으로 은 스트라이크 도금액의 조성은 고농도의 유리시안(시안화칼륨 또는 나트륨)을 함유한 액이 좋으며, 철 계통의 소재를 은스트라이도금을 하기 전에 니켈스트라이크도금 후에 행하면 밀착력이 양호하다.

철계통(스테인리스강 포함)의 니켈스트라이크 도금액 조성은 아래 **표 7-20**과 같다.

표 7-20 철 계통(스테인리스강 포함)의 니켈스트라이크 도금액 조성 및 조건

액조성 성분 및 작업조건	범위 및 조건
염화니켈($NiSO_4 \cdot H_2O$)	240g/l
염산(HCl, 37%)	120ml/l
온도(℃)	20~35
전류밀도(A/dm^2)	15~20
도금시간(min)	1~5
양극	니켈판

장식용 은스트라이크 도금액의 조성은 다음 **표 7-21**과 같다.

표 7-21 대표적 은 스트라이크 도금액 조성과 작업조건

소재 / 조성 및 조건	철 강	비 철 금 속
시안화은($AgNO_3$) 시안화구리(CuCN) 시안화칼륨(또는 나트륨)	1~3g/l 11~12g/l 60~75g/l	3.7~5.5 60~90
도금시간(min) 전류밀도(A/dm^2) 전압(V) 온도(℃)	1분 이내 1.5~3 5~6 10~30	1분 이내 1.5~3 5~6 10~30
교반 여과 양극	음극진동 또는 수(手)에 의한 움직임 연속(상시)여과 스테인리스강 , 은판	음극진동 또는 수(手)에 의한 움직임 연속(상시)여과 스테인리스강 , 은판

2) 은(Silver)도금 방법

은도금에는 여러 가지 종류의 광택 도금법이 있다. 은도금이 시작된 초기단계에서 광택 도금법은 어느 정도 두꺼운 도금을 한 후 광택연마로서 광택을 낸 후 다시 전처리공정을 거쳐서 은도금을 하는 방법으로 하였으나, 현재는 광택제가 우수한 것이 개발되어 연마가 필요없이 광택도금을 할 수 있게 되었으며, 광택제로서 가장 많이 쓰이는 것으로는 이황화탄소

(CS_2)이다.

광택 은도금을 하기 위해서는 반드시 은스트라이크 과정(공정)을 거쳐야 밀착력이 우수한 도금 층을 얻을 수 있다.

광택 은도금을 관악기류(플루트)에 도금하면 음색이 좋아지고, 양식기류에 은도금을 하면 수분중의 미생물이 살균되어 위생상 매우 바람직한 경우 등의 이점이 있으나, 변색의 위험성이 있으므로 반드시 후처리를 실시하여 변색방지를 해줘야한다.

(1) 은 도금액의 조성 및 조건

표 7-22는 은 도금액 조성 및 작업조건을 나타내었다.

표 7-22 은 도금액의 조성 및 조건

액조성 / 약품 및 작업조건	I	II	중농도	고농도	완전 광택법
AgCN(g/l)	30	24	55	105~140	45
KCN(g/l)	45~50		80	115~150	115~150
NaCN(g/l)		30~35		KOH : 30	KOH : 7.5
Na_2CO_3(g/l)		10~30		-	-
K_2CO_3(g/l)	45	-	KNO3 : 80	15~75	20~50
유리CN(g/l)	35~40	16~20	18 ~ 20	-	30~40
광택제(cc/l)	1	1~1.5	5	4~5	시판되는 각 사 표준 사용
금속은(g/l)	25	18~20	-	-	-
온도(℃)	10~25	10~25	10~25	30~50	20~40
전압(V)	5~7	5~7	5~7	-	-
양극	은 판	은 판	은 판	은 판	은 판
전류밀도(A/m^2)	1.5~3	1.5~3	0.8~4	5~11	1~6

(2) 은 도금액 조제 방법

㉮ 깨끗한 도금탱크에 용량의 1/2정도 물(반드시 증류수 또는 이온교환수)을 채운다.

㉯ 수산화칼륨(KOH), 시안화칼륨(KCN), 탄산칼륨(K_2CO_3)등을 순서대로 녹인다.

㉰ 액온도를 55~60℃까지 올린다.

㉣ 활성탄을 0.5~1.0g/l 넣는다.(유기 불순물 제거를 위해서)

㉤ 온도를 올린 상태에서 1~2시간 교반 해준다.

㉥ 4~5시간정도 정지시켜 놓는다.(여과기 성능이 좋을 경우 곧바로 여과를 실시해도 된다)

㉦ 시안화은(청화은)을 별도의 용기(비커 등)에 과량의 시안화칼륨(KCN)에 넣고 용해시켜서 도금액에 투입한다.

㉧ 적정량(각 회사의 규정량)의 광택제를 넣는다.

㉨ 순수(증류수 또는 이온교환수)로 전체용량을 채운다.

※ 시안화은(AgCN) 단독으로는 물에 불용성이므로 반드시 시안화은 착이온(착염)을 형성시킬 시안성분(KCN, NaCN)을 시안화은 무게의 2배 정도를 녹인 용액에 첨가해야 용해가 되며, 시안(CN)이 그 이상 남는 성분은 액중에 남아 전도성을 좋게 해주는 역할을 한다.

(3) 소재별 은도금 공정

① 철(Fe) 및 철 합금 소재 위의 은도금

일반적으로 이용되는 재료는 순철, 코발트, 티타늄합금 등이 있으며, 가공방법은 스탬핑(stamping), 열간 부식(hot etching)등의 방법으로 제품을 생산하고 있다.

연마 → 예비탈지(초음파 사용) → 수세(2~3회)) → 전해탈지(양극전해탈지 또는 P.R전해탈지) → 수세(2~3회) → 염산(HCl)활성화(20%) → 수세(2~3회) → 니켈 또는 구리스트라이크도금 → 수세(2~3회) → 은 스트라이크도금 → 은액 회수조 → 수세(순수) → 은도금 →은액 회수조 → 수세(2~3회) → 열탕수세 →변색방지(후처리) → 수세(2~3회) → 건조

② 구리(Cu) 및 구리 합금 소재 위의 은도금

일반적으로는 이용되는 재료로는 무산소구리 탈산구리, 주석함인구리, 철함인구리, 함인구리, 인청구리, 베릴륨구리 등이 있다.

도금순서는 화학연마 또는 전해연마 → 수세(2~3회) → 전해탈지 → 수세(2~3회) → 염산(HCl, 50%)활성화 처리 → 구리스트라이크도금 → 수세(2~3회) → 광택니켈도금(무광택일 도금을 할 경우 제외) → 수세(2~3회) → 은스트라이크 도금 → 은액 회수조 → 수세(순수) → 은도금 → 은액 회수조 →수세(순수:2~3회) → 변색방지처리 → 수세(순

수:2~3회) → 열탕수세(탕세) → 건조

(4) 은도금액 성분의 역할과 작용

① 시안화은(청화은), (AgCN)

은이온의 공급원이 되며, 양극에서 용해되는 은으로 그 농도는 유지된다.

$$Ag + \oplus \rightarrow Ag^+,\ Ag^+ + CN^- \rightarrow AgCN,\ AgCN + KCN \rightarrow KAg(CN)_2$$

은이온은 농도가 높고, 은시안 착염의 농도가 높을수록 높은 전류밀도로 작업이 가능하기 때문에 고속도(빠른 도금) 도금이 가능하다.

② 시안화칼륨 : 시안화나트륨(시안화칼륨 KCN : 나트륨 NaCN)

금속 착이온을 만드는데 필요하며, 유리 시안화칼륨이나 나트륨은 전기전도도를 좋게 해주며, 양극의 용해를 돕는다. 부족하면 은 양극의 용해가 좋지 않아서 도금이 하얗게 되며, 양극판에 백색피막이 생성된다. 과잉일 경우에는 양극판이 광택과 윤이 나며, 은농도가 진해지며 균일 전착성 및 전도도는 좋아진다.

③ 탄산염(K_2CO_3 : Na_2CO_3)

탄산칼륨이나 탄산소오다는 전기 전도도를 증가시키며, 광택 석출 물을 얻기 쉬운 작용을 하지만, 칼륨은 소오다 보다는 이러한 점에서 우수하다. 또한 탄산소오다는 그의 용해도가 온도에 의해서 영향을 받아 온도가 낮아지면 탄산소오다의 적은 결정이 생겨서 음극 상에 붙어서 은의 석출에 악영향을 준다. 20~30g/l정도까지는 도금에 별로 영향을 미치지 않으며, 80g/l이상의 과잉일 때는 저 전류 밀도 부분이 뿌옇게 되고 광택 및 평활성도 나빠진다.

교반의 정도를 감소시키면 음극 분극을 급격히 크게 하는 경향이 있어서 도금이 타는 원인이 된다. 탄산염은 도금에 묻어 나오는 양이 있지만 시안화물과 공기 중의 탄산가스와의 작용에 의해서 생긴 것과 대체로 평형을 이루게 된다. 이상의 점에서 칼리가 소오다보다 우수하므로 일반적으로 칼리를 사용하게 된다.

④ 광택제

광택제로서는 이황화탄소가 예로부터 사용해 왔고, 현재도 사용하는 데가 있으나, 이것은 첨가 후 어느 시간이 경과 후에만 은액과 반응해서 광택효과를 낸다. 따라서 이것을 촉진시키기 위해서 티오요소 1.2.3 티오 탄산염 등을 가하는 경우도 있고 물에 용해시키기 위해서 이황화탄소 28g를 에탄올 56g에 용해해서 그 중 7.55cc를 100ml의 은도금액에다 첨가하기도 한다.

이 외에 키산토게네이트(Xanthogenate), ASK(acrolein - Sulfurdioxide, 종합반응물), 티오황산암모늄, 티오황산소오다 등과 황화소오다 및 초산의 혼합물, K_2Se, KCaSe를 0.001~ 0.003g/l 가하는 방법 또는 안티몬을 가하는 방법이 있으며, 시판되는 은도금광택제로는 실버륨-A.B, 알가룩스64, Ag-0-56등이 있으며, 교반 및 도금조건을 잘 조절하여 광택이 잘 나도록 할 필요가 있다.

무광택 은도금의 경우 경도는 약70~90Hv이나 광택은도금의 경우는 110~130Hv정도가 되며, 광택제는 우수한 것이 많이 보급되고 있으므로 작업조건을 충분히 검토 후 선택하여 사용하도록 한다.

(5) 은 도금작업조건

① 도금조(탱크)

내식성 염화비닐탱크도 사용되지만 대부분의 은 도금탱크는 스테인리스(27종)를 직접 사용하던가. 철조(탱크)에 염화비닐로 라이닝 한 탱크를 사용한다.

② 양극

은 스트라이크 양극판으로는 스테인리스판(27종)이 사용되며 은도금에는 은판을 사용하는 것이 좋고 농도는 순도가 높은 것(99%이상)을 사용해야한다. 양극과 음극의 면적 비를 충분히 해줘야하며 양극효율을 좋게 하기 위해서는 은의 농도가 높아야한다. 만약 양극판의 순도가 낮으면 양극판 속에 함유되어있는 금속불순물(철, 구리, 납, 아연)이 도금액 중에 용해되어 혼입되면 도금상태를 나쁘게 한다.

또한 양극판은 양극주머니나 격막을 설치하여 불순물이 도금액 중에 혼입되는 것을 방지하여 고품질의 은도금석출이 도금될 수 있도록 해야 한다.

양극이 정상적인 용해에서는 양극표면은 광택이 없고 엷은 회색이 된다. 흑색으로 색상이 변해 가면 불용성이 되는 증거이므로 액의 조성을 맞추어야 한다.

(6) 은(Ag)도금액의 관리방법

은도금액을 안정된 상태로 유지하기 위해서는 항상 작업관리를 철저히 해 주어야한다.

은 도금액은 액조성이 단조롭기 때문에 변동 폭도 적고 관리범위도 다른 도금액에 비해 간단하기 때문에 조금만 관심을 갖고 관리하면 된다.

매일 도금액의 농도를 보우메로 측정해주고 금속불순물은 일주일에 1회 정도 분석을 해서 액조성의 변동을 사전에 관리를 해줘야한다.

① 은 함유량

일반도금액의 은 함유량은 24~33g/l의 범위에서 양호한 도금 층을 얻을 수 있으며 은의 함유량이 이것보다 증가하면 균일 석출능력이 약간 떨어진다. 스트라이크액에서는 0.75~1.5g/l일 때가 밀착력이 가장 좋으며, 이때 유리 시안 물은 충분한 양이 있어야하며 유리시안양이 적게 되면 검은색의 탁한 도금이 되며 양이 과량이 되면 도금속도는 빨라지지만 시안가스의 발생 양이 많아진다.

② 유리 시안화물

도금액 중에 시안화물이 적정량이 있나를 확인할 수 있는 간단한 방법으로는 도금액을 소량시험관에 취하고 여기에 질산은을 한 방울 가했을 때 생긴 침전물을 흔들어서 용이하게 용해되면 좋다. 또한 양극이 검은 피막으로 덮여 있으면 시안화물이 부족한 의미이며, 과량일 경우에는 양극표면에 광택이 나며 적당한 것은 도금 중 양극이 회색으로 나타나며 도금을 하지 않았을 경우에는 양극판에 회색이 없어지며 광택이 생기면 시안화물의 양이 적당하다고 볼 수 있다.

③ 전류밀도

스트라이액에서 작업은 처음 5~15초 동안에는 2.5A/dm^{2}로 작업을 해도 좋으나 1~3분간 길게 행할 때는 1.5A/dm^{2}정도로 감소하는 것이 좋다. 스트라이크도금 한 위에 은도금을 할 때에는 최대전류밀도를 1.5A/dm^{2}로 감소시켜 작업을 하며 교반을 잘해주면 1.5A/dm^2 이상으로 할 수 있다.

④ 음극 전착율

1.5A/dm^{2}의 전류밀도에서 도금을 행하면 대략 1분간에 1μm의 은이 석출된다. 따라서 은의 소모율은 100A/min에 대해서 6.6g이다. 양극판이 은(Ag)판일 경우에는 자동으로 이양(은이 소모되는 양)이 보충되지만 불용성양극을 사용한다면 시안화은으로서 보충을 해주어야한다.

(7) 불순물 관리

① 무기불순물 관리

무기 불순물 혼입을 피하기 위해서는 물건이 도금액에 들어가기 직전에 수세는 반드시 순수로 행하는 것이 바람직하며 그래도 불순물은 소량씩 들어가서 점차 축척 된다. 금속(무기) 불순물로는 구리(Cu)혼입이 가장 들어가기 쉽고, 성분이 증가하면 누런색(황색)을 띤 상태가 되며 그 외에도 철, 니켈, 아연 등이 혼입될 수 아연(Zn), 주석(Sn), 니켈(Ni)등의 혼입이 예상되며 이러한 금속불순물은 약전해에 의한 방법으로 제거할 수 있다.

구리의 혼입에 의해 은 도금색깔이 황색을 띠는 경우 외에 후처리과정에서 세척작업이 충분하지 않으면 잔류된 알칼리 또는 염류에 색깔이 변색되는 수가 있다.

도금액 관리는 항상 관리를 철저히 해야 안정된 품질관리를 할 수 있으며, 도금액과 관련된 사고를 미연에 방지할 수 있다.

② 유기 불순물 관리

모든 광택 도금액 중에서는 유기불순물의 혼입은 도금액에 큰 지장을 초래하여 고장의 원이 되므로 사전에 최대한 방지를 해줘야 한다. 유기 불순물은 탈지제중의 계면활성제의 혼입, 버프(바후)연마제, 유기용제, 피복물의 분해, 먼지 등이다.

이러한 유기불순물은 상시여과에 의해서 항상 제거해야 하며 여과로서 제거가 부족한 경우에는 정기치환여과(1개월 또는 2~3개월에 1번씩 예비 탱크에 옮겨서 여과하는 방법)를 실시해야만 하며, 정기 치환 여과시에는 반드시 활성탄처리를 겸해서 하는 것이 좋으며, 처리 방법은 다음과 같다.

㉠ 도금탱크위에 설치되어 있는 부스바(bus bar)와 양극판을 제거한다.

㉡ 도금액을 50~60℃정도로 가열한다.

㉢ 활성탄을 불순물의 양에 따라 1~3g/l를 가한다.

㉣ 도금액 온도를 유지하면서 공기교반(불가능할 때는 P·V·C파이프로 저어준다)을 한다.

㉤ 3~4시간 정지 후 상등 액부터 여과를 실시하고, 여과기 성능이 우수할 경우 여과기로 곧바로 여과를 실시한다.

㉥ 여과상태를 비커로 도금액을 취한 후 햇빛을 향해 비춰보면 활성탄의 존재여부를 확인할 수 있다.

6. 무전해 은도금

외부로부터 전류를 흘리지 않고 치환반응에 의해 도금을 하는 방법으로 대부분 작은 부품에 적용이 많이 되는 편이며 시안화은도금액에서 전기화학적으로 귀중한 금속염 용액 속에 그 금속보다 전기 화학적으로 천한 금속을 담그면 치환반응이 일어나서 표면에 은이 석출된다.

일반적인 침지도금액의 액조성은 아래와 같다.

표 7-23 은 침지도금액 조성 및 조건

AgCl	7g/*l*
NaCN	10g/*l*
온도	30~40℃

큰 제품에는 브러시(쉬)도금에 의한 방법을 사용할 수 있으며, 주로 마모된 부분에 돋음새김용으로 많이 사용되며 기계적 마멸에는 견딜 만큼 강하지 않다는 것을 알아야 하며, 고속도 도금을 원할 경우 고농도(은60g/*l*이상), 고온(50℃이상), 광택제가 있어야 가능하다.

도금액을 500m*l*정도 채취하여 확인한(활성탄 존재여부 확인) 다음 이상이 없을 때 광택제를 표준량보다 조금 적게 투입하여 샘플작업을 실시하고 액이 정상적으로 된 다음 광택제 양을 표준 양으로 맞추고 작업을 실시한다.

7. 은도금액의 결함·원인 및 대책

은 도금액 결함 원인 및 원인 대책으로는 **표 7-24**와 같다.

표 7-24 은 도금액 결함 원인 및 원인 대책

결 함	원 인	대 책
양극이 검은 피막으로 덮였다.	유리시안화물의 양 부족	KCN 또는 NaCN보충
조악, 또는 피트 있는 석출	탄산염이 너무 많다.	분석에 의해 과잉이면 시안화바륨으로 침전시켜 제거하고 또는 냉각에 의해 제거
석출물의 껍질이 벗겨진다.	은 스트라이크를 하지 않았다.	은 스트라이크 후 수세 후 은도금을 행한다.
부분적 밀착불량	소지 금속이 인을 함유	결함부분을 박리하고 은 스트라이크 후 은도금 실시
도금 후 오랜 기간이 경과 후 작은 반점이 생김	소지금속 핀홀 부분에 도금액이 혼입 후 방출 됨	은도금 후 열탕수세 및 순수로 수세처리를 한다.
석출물이 해면상	유리시안화물 부족, 전류과대	시안화물보충, 전압 조정
석출물(도금층)의 색상이 황색기가 돈다.	유리시안물 부족, 전류밀도가 낮음.	유리시안보충, 규정전류밀도로 맞춘다.

8. 은도금 변색 방지처리 방법

은도금의 역사는 오래되었지만 은의 변색을 완전하게 방지하기 위한 방법은 지금까지 없다.

은은 공기 중에 방치하면 단시간에 변색을 한다. 이것은 공기 중의 SO_2 가스등과 반응하여 Ag_2S, Ag_2SO_4가 표면에 생기기 때문이다.

특히 장식품 등에 은도금을 했을 때 변색을 방지하기 위해 도장(투명 락카)처리를 도포하는 방법이 행해졌으나, 은 자신의 감각이 손상되어 고급품에는 좋아하지 않았다.

현장에서는 도장처리를 코팅(Coating)이라고 부르고 있으며 코팅 방법으로는 자연 건조형과, 건조형이 있는데 경도라든지 오랜 기간 변색방지를 요구하는 제품에는 건조기에 의한 코팅처리를 해야 좋다. 건조형으로 코팅을 하는 방법으로는 락카와 신나를 1 : 2~3정도의 비율로 혼합 후 스프레이를 사용하여 제품 표면에 뿌린 다음 제품을 건조기 속에 넣고 온도를 100~150℃정도로 맞춘 후 30분~1시간동안 건조기내에서 놔두면 완전한 코팅처리가 된다. 건조를 하는 동안 제품끼리 겹쳐있는 것은 서로분리를 해놓지 않을 경우 코팅 층이 굳게 되면 떼어내도 서로 겹쳐있던 자국이 남아있게 되므로 건조 전에 완전하게 분리를 해놓던가, 또는 건조도중 제품을 한번 꺼내서 한 번씩 떼어놓는 것이 좋다. 건조기를 사용할 경우 주의할 점은 반드시 건조기 온도가 60~80℃까지 상승하였을 때 건조기 문을 한번 열었다 닫아서 공기의 순환이 이루어지도록 해줘야 한다.

그 이유는 건조기 내부에 가스가 차게 되면 건조기 내부에 가스가 포화상태로 되어 폭발의 위험성이 있기 때문이다.

자연 건조형 코팅방법은 건조기를 사용하지 않고 자연적으로 외부공기에 의해 코팅 층이 굳게 만드는 것이기 때문에 제품이 일회용이라든지 소형제품에 많이 응용되고 있으며 면이 있는 제품은 스프레이를 사용하여 뿌려줘야 되며 탈수기를 돌려서 코팅 액을 돌려줄 경우에는 신나의 비율을 약간 많게 하면 좋고 너무 많으면 무지개 색깔이 형성되므로 적절하게 비율을 조정할 필요성이 있다. 또한 락카와 신나는 국내 유명 페인트회사에서도 도금용으로 생산이 되고 있으므로 충분한 상담을 거쳐 제품 용도에 알맞은 제품을 선택해야 할 것이다.

그 대신 여러 가지 화학처리로 변색 방지를 시도하고 있으나, 효과를 크게 기대할 수가 없다. 화학적 처리방법은 주로 크롬염이 주성분이며, 침지형과 전해(음극)형이 있으며 변색 방지 효과는 전해법이 더 우수하다.

변색처리 방법으로는 아래 **표 7-25**과 같다.

표 7-25 은도금 변색 방지 방법

처 리 방 법	조성 및 조건	
크롬산 처리법(전해법)	중크롬산칼리($K_2Cr_2O_7$)	20~30g/l
	수산화 칼리(KOH)	15g/l
	탄산칼륨(K_2CO_3)	30g/l
	시안화칼륨(KCN)	0.5g/l
	음극처리	1A/dm²
	처리 시간	30초~60초
	양극판	스테인리스
	온도	상 온
유기피막처리(락카 코팅 이외)	수산화나트륨(NaOH)	1g/l
	2-멜카프트. 벤졸. 지이졸	8.5g/l
	양극판	스테인리스
	음극전해	0.5A/dm²
	시간	15~30초
	온도	상 온

표 7-25 은도금 변색 방지 방법(계속)

처 리 방 법	조성 및 조건
은도금 위에 다른 금속을 입혀서 변색 처리하는 방법	베릴륨(Be) "투명 금속 피막 생성" $BeSO_4 \cdot 4H_2O$ 2.4g/l NH_4OH(pH조정) 5.7~5.8 음극전류밀도 0.005A/dm² 양극판 스테인리스
	- 로듐(Rh)으로 플래시(약5초정도)도금을 실시한다. - 은색에 가장 가깝기 때문에 사용된다. - 높은 경도를 요구할 때 사용한다. - 장식용 또는 접점용으로 사용된다.
도포(Coating)방법 "투명도장" - 자연 건조형 - 가열 건조형(100℃~150℃)	락카 + 신나 (비율 → 락카1 : 신나2) ※신나 양(量)이 많을 경우 무지개 색상이 나며 락카가 많을 경우 색상이 둔탁해 보인다. 따라서 스프레이방법과 디핑 방법을 잘 선택한 후 액조성(비율)을 맞춰줘야 한다. 제품이 소형일 경우에는 탈수기를 이용하여 디핑(deeping)처리를 하고, 면제품일 경우는 스프레이 작업을 하여 긁힘 등을 사전에 방지해야한다.

7.6 로듐도금

백금족인 오스뮴(Os), 루테늄(Ru), 이리듐(Ir), 팔라듐(Pd), 백금(Pt), 로듐(Rh) 중에서 로듐, 백금, 팔라듐의 순으로 도금을 많이 한다. 이 중에서도 로듐은 백금이나 팔라듐보다 백색이고 상당히 얇은 도금막으로도 광택을 장시일 유지해 주며, 경도가 상당히 크기 때문에 백금도금보다도 이 도금을 주로 하고 있다. 이에 반하여 백금도금은 연하고 로듐보다 회색기가 있어서 장식품에는 로듐을 대신 사용하고 있다. 또한 로듐이 백금보다 좋은 점은 값이 백금보다 약 30% 더 비싸더라도 비중이 백금은 21.45인데 로듐이 41% 가벼우므로 부피를 감안할 때 같은 두께로 도금할 경우 오히려 싸게 도금할 수가 있다. 특히 내식성(500℃까지 대기 중에서 산화하지 않는다)이 백금족에서 제일 좋고 안전한 반사율, 전기전도 특히 접촉저항이 극히 적어서 각종 전기 접점, 전자공업용 부품 등 공업적인 두꺼운 도금의 용도가 많아졌다.

일반적으로 장식용에는 0.005~0.125μ를 사용하고 있으며, 우리나라에서는 이것보다 얇은 0.03~0.04μ 정도로 도금을 하고 있는데, 요즘에는 도금액이 개선되어 1μ까지도 할 수 있게 되었다. 공업용의 두꺼운 도금은 목적에 따라서 0.5~25μ 이상으로 도금을 하는데, 이 때는 상당한 잔류 내부응력을 가지고 있어 균열이 생기기 쉽고 표면이 거칠게 되거나 박리하는 경향이 있다. 따라서 내부응력이 적고 균열이 없는 도금을 하기 위해서는 특별한 첨가제를 넣어야 한다.

1. 액조성

로듐의 농도는 액의 가격, 묻어나는 손실 등 주로 경제적인 면에서 결정되며 명백한 범위는 존재하지 않는다. 양극은 어느 것이나 불용성인 백금판을 사용하며, 보충은 판매되는 농액(보통 10ml당 1g의 로듐 함유)으로 한다. **표 7-26**는 장식용의 기본 조성액이다.

이 때 각 산은 시약용이라야 하며 증류수를 사용해야 한다. 광택 로듐액의 도금 속도는 1A·min에 2mg이며 2A/dm^{2}로서 30분간에 1μ전착된다.

표 7-26 얇은 로듐도금액

	황산액	인산액	인산-황산액	광택 로듐액 (시판)
로듐(금속으로서)(g/l)	(황산로듐) 1~2(2)	(인산로듐) 1~2(2)	(인산로듐) 2	2(20ml)
황산(96%)(ml/l)	20~60(20)	-	20~80(20)	20
인산(85%)(ml/l)	-	40~80(40)	-	-
액온(℃)	40~50	40~50	40~50	25~50(40)
음극 전류밀도(A/dm^2)	1~10(3~6V)	2~15(4~8V)	1~10	1.8~8(2)

공업용 두꺼운 도금(0.5~25μ)은 황산액이 가장 좋으며, 목적으로 하는 두께와 묻어 나오는 손실을 참작해서 **표 7-27**과 같은 범위에서 사용하고 있다.

표 7-27 공업용 두꺼운 도금

	황산액	시판 무응력 도금액
로듐(금속으로서)(g/l)	5~12	25ml/l(농액으로서)
황산(96%)(ml/l)	20~50	(5g/l 로듐함유)
액온(℃)	40~50	20 50
음극전류밀도(A/dm^2)	5~15	0.5~2.5(1)

제 8 장 화학도금과 무전해도금

8.1 서론

최근 화학도금과 플라스틱도금은 플라스틱의 급속한 진보와 더불어 그 사용 범위가 커졌고, 플라스틱의 도금으로 종래의 금속재료 분야를 많이 잠식하고 있다. 초창기에 플라스틱은 장식면에서 금속과 같은 외관을 필요로 하게 되었고 진공도금으로서 이 목적을 달성하고 있었으나 내구성으로 볼 때 좋지 못하였다. 1950년 초기에 프린트기판의 스루우 호울(through hole)에 도금을 해야 할 필요에 의해서 무전해 구리 도금에 대한 연구가 시작되었고, 이 연구가 현재의 플라스틱상 도금의 시초가 되었다. 처음에는 표면을 기계적으로 거칠게 만들어서 도금의 밀착을 좋게 하였으나, 이것은 생산성이 나쁜 것 등의 결점에 있어서 1960년경 아크릴니트릴, 부타디엔, 스티렌의 공중합체인 ABS 수지를 화학에칭 함으로써 충분한 밀착력을 얻을 수 있다는 것이 판명되었다. 그 후 급속히 발전되어 현재와 같이 되었고 앞으로 더욱 발전할 것으로 보인다.

현재 플라스틱상의 도금은 ABS 수지만이 공업적으로 사용되고 있으나, 폴리카아보네이트, 폴리프로필렌 등의 수지도 ABS 수지 못지않은 밀착력을 얻을 수가 있게 되었고, 카아본과 혼합하여 전도성으로 만든 수지를 사용하는 방법도 연구하였다.

한편 무전해니켈 도금법이 내식성이 높은 도금을 얻을 수 있기 때문에 이 방법도 사용하게 되어, 현재 구리와 니켈의 두 가지 도금법이 많이 사용되고 있다.

8.2 플라스틱 도금의 특성

플라스틱도금의 이점을 들면 다음과 같다.

㉠ 아름다운 금속외관을 얻을 수 있다.

㉡ 기계적 성질이 향상된다.

㉢ 내열성이 향상된다.

㉣ 내후성이 개선된다.

㉤ 희망하는 장소에 전도성을 준다.

㉥ 흡수성을 제로로 할 수 있다.

㉦ 내식성이 좋다.

㉧ 경량화가 된다.

㉨ 디자인의 자유도가 높다.

㉩ 단가를 저렴하게 할 수 있다.

8.3 화학도금용 수지

현재 실험적으로 화학처리를 한 수지의 밀착력과 열변형 온도를 보면 **표 8-1**과 같다.

표 8-1 수지의 밀착력과 열변형온도

수지명	밀착력(kg/cm)	열변형온도(℃)
폴리페니렌옥사이드	0.9	193
폴리카아보네이트	2.7	103~140
노릴	0.9	130
폴리아세탈	1.4	124
나일론	1.4	66
폴리프로필렌	4.5	90~115
폴리술폰	3.5	168
고충격용폴리스티렌	1.3	70~80
ABS	3.5	70~100

이상과 같이 ABS, 폴리프로필렌, 폴리술폰, 폴리카아보네이트가 다른 수지와 비교해서 상당히 큰 밀착력을 가지고 있다. 이 점에서 공업적으로 도금이 될 수 있는 수지는 위의 4가지로 결론지을 수 있다. 그러나 성형 조건, 에칭 조건 등에 관해서 가장 많이 연구되어 있는 것이 ABS수지이므로 현재 대부분이 ABS수지를 사용하고 있으며, 최근에는 폴리프로필렌도 많이 연구되어 사용하기 시작하였고, 수지 자체에 카본이 들어 있어서 전도성이 있는 수지를 사용하는 방법도 있다.

1. 도금이 가능한 플라스틱의 분류

① 범용 플라스틱
- 장기 내열온도가 100℃ 이하인 플라스틱.
- ABS, PP 등

② 범용엔지니어링 플라스틱
- 100~150℃의 장기내열 온도를 갖는 플라스틱
- POM, PC, PA, PET, PBT, MPPE, PPO 등

③ 특수(고성능)엔지니어링 플라스틱
- 150~200℃의 장기내열온도를 갖는 플라스틱
- PSF, PES, PEI, PPS 등

④ 슈퍼(초내열)엔지니어링 플라스틱
- 200℃ 이상의 장기내열 온도를 갖는 플라스틱
- PEEK, PI, 액정폴리머 등

8.4 무전해 도금

무전해 도금은 일반적으로 화학 도금과 거의 동일한 뜻으로 사용된다. 그러나 화학도금은 전기를 사용하지 않고 수용액 중에서 화학반응을 이용하여 도금 층을 얻는 여러 방법을 포함하나 무전해 도금은 그 중 촉매화학도금만을 의미한다.

1. 무전해도금의 장점

① 제품형상에 제한이 없다.

- 무전해 도금은 어떤 복잡한 제품모양이나 형상에도 도금이 가능하다.

② 균일한 두께로 도금이 가능하다.

- 무전해 도금은 화학적 환원반응으로 금속이 석출하기 때문에 균일하게 순환되기만 하면 제품에 균일한 두께로 도금이 가능하다.

③ 도금반응은 온도와 PH에 의해 제어가능하다.

- 화학반응은 온도를 10℃ 상승시키면, 그 반응속도가 2배로 증가하므로 석출속도를 높이려면 온도를 올려주고, 석출을 중지시키려면 온도를 내리면 된다.

④ 도금액의 PH에 따라서 무전해도금의 석출속도가 달라진다.

- 무전해 도금의 석출속도는 PH가 낮으면 감소하고, PH가 높아지면 증가한다.
- 무전해 도금액의 수면은 PH가 낮을수록 길어지고, 높아지면 짧아진다.

⑤ 한 번에 많은 제품을 처리할 수 있다.

- 동일 용량의 도금조에서 전기도금보다 더 많은 제품을 처리할 수 있다.

⑥ 특별한 경우를 제외하고는 특수한 전용의 걸이, 지그가 필요 없다.

⑦ 일반적으로 테인리스강으로 만든 그물망 용기를 사용하여 도금한다.

2. 무전해도금의 단점

① 색상의 종류가 적다.

- 전기도금과 같이 색상의 종류가 적은 것이 사실이다.
- 최근에는 어느 정도 두께를 갖는 흑색 무전해니켈 도금의 요구가 증가하고 있다.

② 액온도가 높다.

- 무전해 니켈도금에서 보듯이 석출속도를 높이기 위해 95℃ 정도의 높은 작업온도가 사용되고 있다.

③ 도금액 수명이 짧다.

- 무전해니켈 도금액은 보통 5~7턴 사용 후 폐기되고 있다.

1) 무전해 구리도금

무전해 구리 도금은 주로 플라스틱 위에 도전성을 주기위한 도금으로 인쇄회로기판의 제작에 이용된다.

최근에 제작되는 인쇄회로기판은 절연체인 페놀수지나 에폭시 글라스 수지의 양면에 도금을 하여 회로를 구성한다.

따라서 양면을 전기적으로 연결하기 위하여 절연기구에 구멍을 뚫은 다음 그 사이에 도금한다. 그러면 수지로 만든 소재의 위아래 면이 구멍 안의 구리 도금 층에 의해서 전기를 통할 수 있다. 이러한 도금은 스루홀(through hole) 도금이라 한다. 주성분은 구리의 공급원(황산구리)과 환원제(포르말린)이다.

2) 무전해 니켈도금

무전해 니켈 도금은 1950년대부터 본격적인 상업적 이용이 시작되었다. 무전해 니켈 도금층은 균일성이 뛰어나며, 부식 및 마멸에 매우 강한 특성이 있다. 알루미늄 표면에 피복하여 납땜을 하기 위한 보조 수단으로도 흔히 사용되며 금형의 윤활성 및 분리성을 증가시키기 위한 용도로도 사용된다.

무전해 니켈 도금액에서 니켈을 공급하는 주성분은 황산니켈이다.

3) 세라믹상의 도금

최근 전자 부품 및 기계 부품에 세라믹의 사용이 증대 되면서 세라믹 위에 도금하는 기술이 발달되고 있다. 도금하는 방법은 근본적으로 플라스틱 위에 도금하는 방법과 유사하다. 다만 세라믹은 표면 자체의 요철이 플라스틱에 비하여 크므로 가볍게 에칭하거나 에칭을 하지 않고도 표면을 활성화 처리하여 무전해 도금을 할 수 있다.

현재 도금이 이루어지고 있는 대표적인 세라믹으로는 알루미나기판과 티탄산바륨 및 PZT 등의 유전체에 도금이 되고 있다.

에칭 후에는 감수성을 부여하고 염화팔라듐 수용액에서 활성화를 거쳐 촉매화 및 가속화 처리를 하여 플라스틱과 동일한 방법으로 무전해 도금을 진행한다.

4) 비촉매 화학 도금

은거울 처리가 비촉매화학 도금의 한 가지 예이다. 이 처리는 플라스틱이나 각종 부도체의 도금 활성화 처리로 이용되기도 하며, 전주도금, 레코드원판의 제작 등에 이용된다. 도금을 입히려는 면은 염화제일주석으로 활성화해야 하나 활성화되지 않은 일부분에서도 일부은 석출이 일어날 수도 있다.

은거울 처리를 위한 용액의 제조에는 질산은 9g/l의 용액에 암모니아수 17ml/l를 첨가하면 액에 갈색 침전이 형성되거나 투명해지기 직전에 암모니아수 첨가를 중지하여 만든 은 용액과 황산히드라진 19g/l, 수산화나트륨 5g/l의 환원액을 사용 직전에 혼합하여 사용한다.

8.5 치환도금

이온화 경향이 작은 즉 귀한(noble) 금속이온이 녹아 있는 용액에 이온화 경향이 큰 비한(basic)금속을 담그면 금속이 녹으면서 그 표면에 귀한 금속이 석출되는 것이 치환도금의 원리이다.

$$Mn^{2+} + M_b \rightarrow Mn + M_b^{2+}$$

(Mn : 귀한 금속, M_b : 비한 금속)

치환도금은 내구성 및 밀착성이 전기도금에 비해 낮아 공업적인 이용은 별로 없으며, 현재 활용되는 치환도금의 예로는 알루미늄에 전기도금을 하기 위한 전처리 과정인 아연치환처리가 있다.

8.6 플라스틱상의 화학도금

플라스틱 표면에 화학도금을 하는 것은 플라스틱 표면에 전도성을 주기 위한 것이다. 화학적 환원법에 의한 도금법을 예부터 은경법으로 유리 등에 이용되어 액조성도 수십 종이다. 이 방법은 현재 플라스틱 도금에서 응용되고 있으나, 은이 주성분이기 때문에 재료비가 비싸고 밀착성 등이 좋지 않은 결점이 있지만 플라스틱 표면에 쉽게 전도성피막을 만들어 주는 데는 가장 편리한 방법이다.

ABS상의 도금을 하기 위한 공정은 탈지(정면처리)→에칭→중화→촉매화처리→가속화

→무전해도금 순으로 진행되며 각 공정 사이에 완전한 수세가 필수적이다. 정면 및 세정의 공정은 플라스틱의 성형응력을 제거하고 성형품에 부착한 이형제나 지문 등을 제거하여 다음 공정의 에칭을 고르게 하기 위해서 하는 것이다.

정면은 열변형온도 직전인 탈지액 속에서 수십분간 가열하여 서냉시킴으로써 내부응력을 제거하는 것이고, 탈지는 약 알칼리성 또는 중성세제와 계면활성제의 혼합액을 사용한다.

1) 에칭

에칭(조면화)의 공정은 플라스틱표면에 친수성을 주며, 표면에 흠을 많이 만들어 홈에도 도금이 되게 하여 밀착이 좋도록 할 목적으로 한다.

플라스틱상의 도금의 밀착기구는 물리적 결합이 주가 되므로 플라스틱면의 조화상태, 즉 에칭의 조건이 도금의 밀착성에 커다란 영향을 미치게 된다. 에칭액의 조성과 그 조건의 예를 들면 **표 8-2**와 같다. 일반적으로 **표 8-2**의 크롬산의 저농도와 고농도를 1회씩 2회 에칭 하는 경우가 많다.

ABS수지는 이 에칭처리에 의해 고무성분의 2중결합이 산화되어 액 중에 용해되기 때문에 수지의 표면은 고무성분이 빠져 나가 수많은 구멍이 만들어진다. 이 구멍들이 갈고리효과(anchoring effect)를 일으켜 기계적 결합을 주도하게 되는 것이다.

표 8-2 ABS수지 에칭액의 조성과 조건

액종류 / 약품 및 조건	①	②	③	④
크롬산(g/l)	40	100	30	550
황산(비중 1.84)(ml/l)	550	42	600	250
인산(비중 1.7)(ml/l)	10	200	-	-
액온도(℃)	60~65	60~65	55	65
침지시간(분)	15~30	15~30	15~30	5~30

에칭 적합여부 판정은 다음과 같다.

① 에칭 부족 : 에칭 후 또는 화학구리 도금에서 광택이 아주 좋으면 부족이다.

② 에칭 과다 : 에칭 후 완전 광택이 없어지거나 최초의 화학구리 석출이 흑색 또는 전기도금 후 박리했을 때 표면이 흑색일 경우는 Over - Etching이다.

- 화학도금의 석출이 빠르면 과잉에칭으로 밀착불량이 발생함(흑색 화학도금이 됨)

③ 수지의 성형조건에 따라서 가장 적합한 에칭시간은 매우 다르다.

④ 기본 에칭액 속에 인산을 첨가함으로서 크롬산의 용해도를 높여서 산화력을 증가시킴과 동시에 에칭작용의 완충제로서 작용하여 오버 에칭을 방지한다.

⑤ ABS수지의 에칭에서는 인산 및 브롬산칼륨(산화제) 첨가제 AN-S(아크릴-니트릴 스티로울)분의 용해가 적고 PB(폴리브타디엔)이 선택적으로 용해하여 균일한 에칭작용을 준다.

⑥ 3가 크롬이 15g/l이상일 때는 응력부분에(게이트부 등) 밀착불량이 나타나기 쉽다

⑦ 에칭액의 노화를 방지하고 다시 밀착강도를 개선하는 방법으로서 에칭액 속에 크롬산 이외의 산화제를 첨가하면 ABS수지의 구성성분인 폴리브타디엔이 선택적으로 용해하여 균일한 에칭작용을 준다.

⑧ 브롬산칼리를 첨가한 액에서는 수명이 연장됨과 동시에 밀착강도는 기본액의 약 2배로 올라간다.

2) 감수성 처리

감수성 부여 공정은 친수성이 된 플라스틱 표면에 감성을 주기 위해서 다음 액에서 처리한다. 이 처리를 하지 않으면 화학도금은 되지 않는다.

표 8-3 감수성 처리액 조성과 조건

염화제일주석	10~50g/l
순수	1000ml/l

3) 활성화 처리

활성화처리의 공정은 다음의 화학도금을 하기 위한 발판, 측 핵생성의 과정이다. 감수성 부여(센시타이징)와 활성화처리(액티베이션)를 하면 은이나 팔라듐 등의 촉매입자가 먼저 공정에서 고무성분이 용해되어 생긴 작은 구멍 중에 석출한다. 이 상태에서 화학 구리 또는 화학 니켈도금 등을 하면 우선 작은 구멍 안의 촉매를 핵으로 하여 도금이 시작되어 구멍을 메우고, 계속해서 수지상에 수십 분의 1μ의 얇은 막이 생기면서 충분한 전도성을 가질 때까지 피막이 성장되어 전기도금이 가능하게 되는 것이다.

액티베이션은 다음의 액과 조건에서 한다.

표 8-4 액티베이션 액 조성 및 조건

염화팔라듐	0.25~0.5g
물	1000ml
염산	2.5~10ml
상온에서 30초~5분간 처리	

염화금	0.5~1.0g/l
염산	10ml
상온에서 0.5~5분간 처리	

질산은	2.5~10g/l
암모니아	10~20ml/l

순수를 사용한다. 질산은의 경우 암모니아를 처음 가할 때는 침전이 생기나, 더 가하면 착염이 되어 투명하게 된다. 상온에서 침지 처리한다.

활성화처리는 염화제일주석인 2가의 주석염이 용이하게 산화되어 4가로 된다. 이 때 액 중의 팔라듐, 금, 은의 이온은 환원되어 금속의 팔라듐, 금, 은으로 만들어서 플라스틱 표면에 석출하게 된다. 따라서 센시타이징의 액이 노화하여 전부가 4가의 주석이온으로 변하면 액티베이션의 방응은 생기지 않게 된다.

플라스틱 표면은 센시티이징을 하면 변색이 없으나 액티베이션을 시키면 약간 변색한다.

질산은을 사용하면 팔라듐이나 금보다 피막이 두껍게 되며 배럴도금 등에 적합하다. 화학 은도금을 할 경우에는 액티베이션을 생략하고 화학 은도금을 할 수가 있다.

4) 캐탈리스팅(catalysting)

이 방식은 프린트기판의 스루우 호울(through hole)에 쓰여 온 방식이며, 기판의 구리 박 위에는 팔라듐의 금속이 치환 석출되지 않았으므로 기판과 다음의 구리 도금과의 밀착이 좋은 것이 얻어진다. 앞의 센시타이징→액티베이션 방식과는 달리 논 브러싱(non brushing)이 가능한 특징이 있으므로 프린트기판에 쓰였다. 이것이 플라스틱상의 도금일 경우 원 래크(one rack)방식(전자동식)에 적합하다는 것이 인정되어 최근에 비교적 많이 쓰이고 있다. 이 경우의 실례를 들면 다음과 같다.

표 8-5 캐탈리스팅 액 조성 및 조건

염화팔라듐	0.5g/l
염화제일주석	25g/l
염산	300ml/l
물	600ml/l
안정제 등 첨가제 약간	

위의 용액 중에서는 팔라듐이온의 금속팔라듐으로 되고 동시에 4가인 주석이온이 이것을 안정화 분산시키고 있다. 이 때문에 캐탈리스트처리 후에는 반드시 산처리를 하여 활성화할 필요가 있다. 이 처리의 실례를 들면 다음과 같다.

캐탈리스트처리 → 수세 → 산침지 → 수세

(40~60℃, 5분간) (염산10%, 상온에서 2분간)

1. 구리의 화학도금

플라스틱 표면에 화학 구리도금을 하는 것은 은도금과 더불어 예부터 전해져 왔으나, 현재와 같은 촉매 처리에 의한 방법은 1940년경부터 연구를 한 끝에 1960년경에 실용화되었다.

(1) 도금액의 반응

구리의 화학 도금액은 현재로서는 알칼리성 2가의 구리착염을 주성분으로 하며 환원제로서는 포르말린, 히드라진염 및 금속의 아연산염 등이나 이들의 복합제를 사용할 수 있으며, 공업적으로는 포르말린이 주로 사용되고 있다.

알칼리성 2가의 구리착염의 환원반응은 다음과 같다.

$$2HCHO + 4OH^- \rightarrow 2HCOO^- + 2H_2O + 2e + H_2 \text{(산화)}$$

$$Cu^{2+} + 2e \rightarrow Cu\downarrow \text{(환원)}$$

위식과 같이 2가의 전자가 2가 구리이온을 금속구리로 환원시키는데 사용되며, 동시에 포르말린(포름알데히드)이 개미산으로 산화된다.

이것이 기본 반응이지만 실제로는 환원제로서의 포르말린의 효과, 표준 산화 전위의 강도, 활량, 과전압 등의 여러 인자가 액의 안정, 금속피막의 환원 속도 등에 관계된다.

포르말린의 각 pH에서의 표준 산화—환원 전위는 다음과 같다.

표 8-6 포르말린의 각 PH에서 표준 산화환원 전위

pH	0	9	10	11	12	13	14
E_0	+0.08	−0.62	−0.71	−0.81	−0.87	−0.98	−1.07

즉 알칼리성에서 강력한 환원력을 갖고 있으며, 구리에 대하여 촉매독성이 없으므로 포르말린이 많이 사용되고 있다.

화학도금액의 조성을 이루고 있는 성분으로는 다음과 같은 것이 있다.

① 수산화나트륨(가성소다) : pH를 조성

② 로셀염 : 알칼리성에서 구리가 침전하지 못하게 하는 착화제

③ 탄산염 : 도금 속도를 증가시키며 액을 안정시킨다. 다만 50g/l가 되면 오히려 도금 속도가 떨어지고 부풀음이 생기기 쉽다.

④ 포르말린 : 환원제

⑤ 도금 촉진제 : EDTA, 트리메탄올아민 등

⑥ 안정제 : 도금 속도를 늦추지만 도금액의 안정성을 증가시킨다. 예로서 티오요소, 메르캡트벤조디아졸 등이 있다.

(2) 화학 구리도금의 단점으로는 다음과 같다.

① 석출 속도가 늦다.

② 자기분해가 일어나기 쉽다.

③ 사용하지 않고 오랫동안 방치하여도 석출속도가 늦어지던가 분해한다.

④ 분해 된 화학 구리용액 재생은 곤란하다.

(3) 화학구리 도금액 조성의 예

표 8-7 화학구리 도금액 조성 및 조건(1)

황산구리	7g/l	로셀염	22g/l
염화니켈	2g/l	수산화나트륨(가성소다)	5g/l
탄산소다	2g/l	포르말린	25ml/l

표 8-8 화학구리 도금액 조성 및 조건(2)

황산구리	0.04M	파라포름알데히드	0.3~0.5M
로셀염	0.1M	티오요소	0.05~0.2mg/l
수산화나트륨(가성소다)	pH 12.5		

관리 방법은 각 메이커의 지시에 따라야 하나 보통 분석법으로 알칼리도와 금속구리분을 분석하든가 간단히 pH 측정과 화학 도금액의 색으로 판정할 때도 있다.

석출속도는 1시간에 1μ 정도가 적당하며, 작업 중 PH는 항상 수산화나트륨으로 11.5~12.5 정도로 유지해야하며, PH가 높을수록 석출속도 및 자기 분해가 빨라진다. 그러므로 작업을 중단 시에는 PH를 10.5정도로 낮추어 자기 분해를 방지해 주는 것이 좋다.

도금두께는 ABS상에 도금을 할 때는 0.2~0.3μ의 두께로 화학도금을 하며, 너무 두꺼우면 도금면이 조잡하게 되거나 밀착이 나빠진다. 따라서 새로 만든 액에서는 10~15분 동안 도금하면 된다. 그러나 액을 만든 후 시간이 경과하면 도금 속도가 늦어진다. 이것을 방치하면 시간과 더불어 자기분해를 일으켜 액 중의 구리가 석출된다.

2. 무전해니켈도금

ABS수지상에 가장 많이 사용되는 금속이 니켈도금이다. 대개의 니켈액은 환원제로서 차아인산소다를 사용하고 있으며, 산성과 알칼리성으로 대별된다. 알칼리성은 산성에 비해서 광택이 있고 산성은 도금이 되기 힘든 금속에도 응용되는 이점이 있으나, 수명이 약간 짧고 석출속도도 늦다. 또 암모니아수를 사용하는 알칼리액은 연속 보충을 해야 하는 등의 결점이 있다.

화학니켈의 반응은 Brenner, Gutzeit 등의 이론에 따르면 차아인산에 의해 산화될 때 원자상태의 수소를 발생한다. 즉

$$H_2PO_2^- + H_2O \rightarrow HPO_3^{2-} + H^+ + 2H \text{ (촉매상에)}$$

이 원자상의 수소에 의해 니켈이온이 환원되어 결국 액 중에서 다음과 같은 반응을 하게 된다.

$$H_2PO_2^- + Ni^{2+} + H_2O = Ni + 2H^+ + H_2PO_3^- \quad ①$$

차아인산이온　　　　　　아인산이온

$$H_2PO_2^- + H_2O = H_2PO_3^- + H_2 \qquad ②$$

$$3H_2PO_2^- = 2P + H_2PO_3^- + 2H_2O \qquad ③$$

즉 차아인산소오다의 효율은 약 33%이며, 3몰의 차아인산이온은 니켈 1몰을 석출시키는데 사용된다. 또한 차아인산소오다는 아인산소오다로 산화되며 비교적 불용성이므로 액 중의 pH도 낮아지고(보통 pH=4.5~5.5), 농도가 높아지면 미세하게 액 중에 분산하여 액이 흐려지며 콜로이드상의 침전이 생긴다. 이것이 핵이 되어 차아인산소다가 분리되어 이 침전물에도 니켈이 석출하게 된다. 그러나 착화합물을 첨가하면 아연산이 1mol/l의 농도까지도 침전하지 않게 된다. 산성에서는 아연산의 용해도는 0.07mol/l이며 알칼리성에서는 이보다 훨씬 낮다. 이것으로 니켈 석출 속도가 늦어지든가 니켈 층의 상태를 나쁘게 하는 등의 장해가 있으므로 여러 가지 특허가 나오게 되었다.

화학 니켈도금액은 다음과 같은 성분으로 되어 있다.

① 니켈염 : 니켈이온의 공급

② 차아인산소다(NaH_2PO_2) : 환원제

③ 킬레이트제(착화제) : 히드록시착산, 히드록시프로피온산, 구연산, 인산 등의 히드록시카르본산 등

④ 촉진제 및 완충제 : 도금액의 pH가 화학도금 중에 변동하므로 완충제가 필요하나, 이들 약품은 동시에 도금 속도를 촉진시키는 역할도 하는 경우가 많다. 위의 킬레이트제도 이 작용을 갖고 있다. 대개 카르복시기를 가진 것이 사용되고 있으며, 예를 들면 식초산, 프로피온산, 말론산, 호박산 등이다.

⑤ 기타의 첨가제 : 티오요소, 황화납 등은 도금의 성질 또는 액을 한층 안정화시키기 위해서 억제제(inhibiter), 광택제 등이 사용된다.

무전해 니켈도금액으로는 많이 연구 발표와 특허가 있으나 수지도금에는 다음과 같은 것이 있다.

표 8-9 인산염을 환원제로 한 무전해 니켈 도금액과 조건

조성 \ 액의 종류	산성형(고온)	알칼리형(고온)	알칼리형(상온)
황산니켈(g/l)	33	–	–
염화니켈(g/l)	–	30	21
차아인산소오다(g/l)	20	10	24
능금산(malic acid)(g/l)	18	–	–
호박산소다(g/l)	16	–	–
납(Pb^{++}로서)(g/l)	0.003	–	–
구연산암모늄(g/l)	–	65	–
구연산소다(g/l)	–	–	45
염화암모늄(g/l)	–	50	30
pH	5~6	8~10	8~9
온도(℃)	85~95	80~90	30~40

표 8-10 보통 화합물을 환원제로 한 무전해니켈 도금액과 조건

조성 \ 액의 종류	산성형(고온)	알칼리형(고온)	알칼리형(상온)
염화니켈(g/l)	30	30	–
황산니켈(g/l)	–	–	20
에틸렌 디아민(g/l)	60	–	–
수소화붕소나트륨(g/l)	0.6	–	–
디에칠아민보오른(g/l)	–	–	3
질산칼륨(g/l)	0.07	–	–
아세트산소오다(g/l)	–	20	–
호박산소오다(g/l)	–	20	–
구연산소오다(g/l)	–	10	–
구연산암모늄(g/l)	–	–	12
염화암모늄(g/l)	–	–	15
2-엘캡토벤조지아졸(g/l)	–	–	0.0002
수산화나트륨(g/l)	40	–	–
에탄올(ml/l)	–	40	–
디에틸아민보오론(g/l)	–	3	–
온도(℃)	90~95	50~60	25~35
pH	15	5~6	6.5~7.5

표 8-11 무전해 니켈도금의 석출속도

온도(℃)	90	80	70	60	50
μ/h	25	14	7	4	2

보통 화합물을 사용했을 때는 다음과 같은 반응으로 환원될 것이라는 추측이다.

$$NaBH_4 + 4NiCl_2 + 8NaOH \rightarrow 4Ni + NaBO_2 + 8NaCl + 6H_2O$$

$$2NaBH_4 + 4NICl_2 + 6NaOH \rightarrow 2Ni_2B + 8NaCl + H_2 + 6H_2O$$

석출된 니켈은 5~7%의 보오론이 함유되어 있다고 하며, 10~30μ/h의 도금 속도를 가진다.

8.7 화학 도금 후 전기도금

① 전기도금으로서는 황산구리 도금을 하고 있다.

② 시안화구리 도금을 할 경우에는 아무리 전처리를 잘 한다고 하여도 부풀음이 생긴다.

③ 피로인산구리 도금도 밀착이 좋지 않다.

④ 황산구리 도금에서도 광택제가 미 함유 된 도금액에서 최고의 밀착을 얻을 수 있다.

⑤ 화학도금을 한 후 황산의 양이 적은 도금액에서 스트라이크 도금을 한 후 황산구리 도금을 하면 완전한 밀착을 얻을 수 있다.

⑥ 광택 황산구리 도금 두께는 최소한 15㎛이상을 필요로 한다.

제 9 장 인산염처리법

9.1 인산염 피막 처리법

1. 목적

화학적으로 금속면을 처리하여 표면에 피막을 생기게 하는 방법으로 방청성, 내식성, 내고온 산화성 등의 화학적 성질을 향상시켜 주는 것이 주요 작용이며, 동시에 경도 내마모성을 증가시키는 효과를 수반하는데 있다.

인산염피막은 강이나 아연 코팅된 강 표면에 형성하여 금속과 페인트 사이에 좋은 결합력을 유지한다. 인산염피막이 없으면 자동차 표면이 긁힐 경우 페인트가 쉽게 떨어져 나갈 것이다. 또한 부식이 페인트 필름 밑에서 진행되어 곧 페인트는 금속에서 종이처럼 떨어져 나오게 된다. 인산염피막을 코팅할 때에는 전류가 사용되지 않는다. 부품을 단지 약 30초에서 2분 동안 인산염처리 용액에 담그기만 하면 된다. 강이나 아연은 용액과 반응하여 불용성 인산염피막을 형성하며 이것이 금속 표면에 코팅된다. 인산염피막은 페인트 하지용도로 널리 사용된다.

인산염 피막처리는 파커라이징(Parkerizing)이라고도 한다.

2. 인산염피막 처리공정

처리법은 다음 공정으로 나눌 수가 있다.

① 사전처리 ② 표면청정 ③ 피막화성 ④ 시일링 ⑤ 사후처리 ⑥ 완성처리

(1) 사전처리

조립되어 있는 것은 해체하고, 총이나 포신은 내면은 처리하고 않으므로 구멍부분을 견고

하게 막는다(고무, 나무 등을 사용). 또한 Zn, Al 등 산성용액에서 쉽게 방응 될 부분은 제거하고 또 피막을 하지 않을 부분은 내산도료를 칠한다.

(2) 표면청정

① 충분히 전처리(탈지)를 한다.
② 주철품은 산, 알칼리 처리를 피한다.
③ 특수강 등은 산세하지 않는다.
④ 유기용제탈지 후 와이어 브러싱을 한다. 산세 후는 반드시 닦아낸다.

(3) 인산염피막처리

표면을 청정하게 한 철강 제품을 인산염 처리액에 침지한다. 이 때 즉시 표면으로부터 수소가 발생한다. 가스가 멈춘 후 약 5분 후에 물건을 꺼낸다. 수세 또는 탕세를 한다.

(4) 봉공처리(시일링)

피막의 내청성을 향상시키기 위해서 봉공처리를 하게 되며, 이로써 좋은 결과를 얻을 수 있다. 봉공처리는 각종의 방법이 제안되고 있으나 크롬산 또는 크롬산과 인산의 엷은 수용액 중에서 처리하는 것이 효과적이어서 이것을 많이 사용하고 있다. 인산염피막을 한 후에 수세를 잘 하고 아직 젖어 있을 때 봉공처리액에 침지하여 60~70℃에서 30~60초간 처리하여 꺼내서 그대로 건조하면 된다. 봉공처리액의 조성은 다음과 같다.

① CrO_3 2g을 물 1l에 용해시킨다.
② 85% 인산 1.2g과 CrO_3 1.2g을 물 1l에 용해시킨다. 봉공처리액의 관리는 전산도와 유리산도로서 한다.

이의 비가 5 : 1 이상이 되면 폐기 갱신해야 한다. 이 관리는 엄격히 해야 하며 그렇지 않으면 봉공처리 효과가 반감된다.

(5) 사후처리

피막처리가 끝난 것은 마무리작업에 들어가기 전에 다음의 처리를 해야 한다.

① 가공품 표면에 때가 끼어 있으면 손브러시 또는 오일스키머로 가볍게 닦아낸다.
② 재질에 따라서는 수소취성이 생기므로 수소를 제거해야 한다(이것은 200℃ 정도에서 30분 이상 가열하면 된다)

(6) 완성(마무리) 작업

마무리는 피막의 사용 목적에 따라서 기름, 왁스, 라놀린 등을 도포한다. 방청유에 처리해도 되며, 방청유는 각종의 규격이 있으므로 각각 선택하여 사용한다.

조작은 장치만 완전하면 매우 간단하다.

3. 인산염처리액의 조성과 조건

표 9-1 인산염처리액의 조성과 조건

피막계		처리액의 주성분	시공법	처리온도 (℃)	처리시간 (min)	피막중량 (g/m^2)	주요용도
Mn 계	A	$Mn(H_2PO_4)_2$ $Fe(H_2PO_4)_2$ H_3PO_4	D=침지	97~99	50~70	15~25	방청
	B	$Mn(H_2PO_4)_2$ $Fe(H_2PO_4)_2$ H_3PO_4 $Mn(NO_3)_2$	D	95~99	10~20	15~20	내마모
Zn 계	C	$Zn(H_2PO_4)_2$ $Fe(H_2PO_4)_2$ H_3PO_4 $Zn(NO_3)_2$ (Ni^{++})	D	80~95	10~45	10~20	방청 도장하지
Mn·Zn 계	D	$Mn(H_2PO_4)_2$ $Zn(H_2PO_4)_2$ $Fe(H_2PO_4)_2$ $H_3PO_4NO_3^-$	D	60~75	8~20	7~12	도장하지
Zn 계	E	$Zn(H_2PO_4)_2$ $Ca(H_2PO_4)_2$ H_3PO_4, NO_3^- ClO_3^-	D	65~75	3~5	2~5	
	F	$Zn(H_2PO_4)_2$ NO_3^-, NO_2^- (Ni^{++})	D S=스프레이	D 50~55 S 45~57	D 5~10 S 1~3	3~8 2~5	도장하지 소성 변형가공
	G	$Zn(H_2PO_4)_2$ NO_3^-, ClO_3^- (NO_2^-)	D S	D 50~70 S 45~57	D 3~10 S 1~3	2~5 1.5~4	

피막계		처리액의 주성분	시공법	처리온도 (℃)	처리시간 (min)	피막중량 (g/m^2)	주요용도
Fe 계	H	NaH_2PO_4 Na_2HPO_4 계면활성제	S	40~70	1~3	0.4~1.5	도장하지
	I	NaH_2PO_4 NO_3^-, ClO_3^- (BrO_3^-)	S	43~70	1~3	0.5~1.5	

주) ( )안은 있을 때도 없을 때도 있는 것

현재 공업적으로 사용되고 있는 인산염피막 처리액의 조성은 다종다양하나, 이것을 대략적으로 분류하면 **표 9-1**과 같다.

4. 인산염피막 생성기구

미리 표면을 청정한 철강을 적당한 조성을 가진 인산염 수용액에 처리하면 화학변화에 의해서 그 표면에 불용해성의 금속인산염으로 된 피막이 형성된다. 전기화학적 전압계열에서 알칼리금속(암모늄을 포함)으로부터 철에 이르는 금속의 가용성 인산염은 이 피막화성의 목적에 사용할 수가 있다. 철보다 귀한 금속, 즉 귀금속의 인산염은 사용할 수 없다. 이용 가능한 금속인산염 중에서도 Ba, Cr, Sr, Cd 등은 값이 비싸므로 공업적으로 사용하지 않는다.

인산칼슘 또는 마그네슘은 값이 저렴하지만 이들 수용액의 해리도 관계로 단독으로는 사용하고 있지 않다. 또한 인산철도 좋은 피막이 되지 않으므로 많이 사용되지 않고 있다. 결국 아연 또는 망간의 정인산염이 여러 가지 유리한 점과 경제적 이유로 많이 실용되고 있고, 특히 아연염이 많이 사용되고 있다. 그러나 근년에 엷은 인산철피막을 얻을 목적으로 알칼리금속염(NH_4포함)이 많이 사용되게 되었다. 따라서 인산염피막의 화성은 부식생성물을 교묘하게 피복제로 이용한 것에 지나지 않는다.

정인산은 염기산이므로 3가지 종류의 염을 만든다. 이 중 제일인산염(2수소인산염)은 거의 어떠한 금속염도 물에 가용성이며 제이, 제삼인산염은 알칼리 금속염(NH_4포함)을 제외하고는 다른 어떠한 금속염도 모두 물에 불용성이다. 인산염피막 화성반응은 이들의 성질을 이용한 것이라고 생각할 수 있다.

제일인산염은 수용성이라고 했는데, 대체로 어느 농도 및 온도에서는 다음의 식 ①, ②,

③와 같이 해리하는 성질이 있다.

$$Me(H_3PO_4)_2 \rightleftharpoons MeHPO_4 + H_3PO_4 + H_2 \quad ①$$

$$3MeHPO_4 \rightleftharpoons Me_3(PO_4)_2 + H_3PO_4 \quad ②$$

$$3Me(H_2PO_4)_2 \rightleftharpoons Me_3(PO_4)_2 + 4H_3PO_4 \quad ③$$

(Me는 Zn, Fe, Mn 등의 2가의 금속을 나타낸다.)

이러한 성질은 인산염피막 화성반응의 과정에서 가장 중요한 의미를 갖고 있다. 해리도는 금속염의 종류에 따라서 다르며, 또한 농도와 온도의 함수이다. 적당한 해리도를 가진 것, 또는 갖도록 할 경우에 인산염피막 화성반응으로 이용시킬 수가 있다.

여기서 $Mn(H_2PO_4)_2 \cdot 2H_2O$ 또는 $Zn(H_2PO_4)_2 \cdot 2H_2O$ 의 약 3% 수용액을 97~99℃에서 가열하면 위식 ①, ② 또는 ③의 해리가 생겨서 어느 점에서 평형에 달한다. 그 결과 용액 중의 약간의 유리인산과 미해리의 이수소염이 있어서 일수소염 및 정규염 [$Me_3(PO_4)_2$]은 불용해성이어서 침전하게 되며 탱크 밑으로 가라앉게 된다. 이 상태의 액에 미리 표면이 깨끗한 철강제품을 넣게 되면 우선 다음 반응이 생긴다.

$$2H_3PO_4 + Fe \rightarrow Fe(H_2PO_4)_2 + H_2 \quad ④$$

수소를 발생하면서 철이 액 중에서 용해한다. 이와 같이 하여 철면과 인산염 용액과의 계면에는 pH가 높아지게 되며(유리산도가 낮아진다), 따라서 앞의 ①, ②, ③식의 해리가 좌에서 우로 진행하여 $MeHPO_4$ 또는 $Me_3(PO_4)_2$가 생긴다. 이들은 불용해성으로 생성된 순간 신선한 철면에 석출하며 층을 이루면서 피막을 구성하게 된다. 더욱이 이 반응에서 생긴 불용해성염은 전부 철면에는 석출하는 것이 아니고 일부는 침전해서 낭비되는 것은 어쩔 수 없다.

위에서 말한 것은 피막 생성의 화학적 기구에 대해서 설명한 것이지만, 피막 화성은 철의 부식반응의 과정에서 이루어지므로 전기화학적인 지배를 많이 받게 된다. 실용철강 재료는 표면이 완전히 균일하지 않으므로 많은 국부적 전위차가 있다고 생각한다.

5. 인산염피막형성에 영향을 미치는 여러 인자

(1) 처리액의 농도

처리액의 조성은 **표 9-2**에서와 같이 단순한 것에서부터 복잡한 것까지 여러 가지가 있다. 처리액의 관리는 엄밀히 말하면 각 음이온, 양이온을 측정해야 할 것 같지만 보통 공업적으로 유리산도, 전산도, 철분 등을 측정하면서 관리하고 있다. 유리산도라고 하면 처리액 10ml를 취하고 브롬페놀 블루우를 지시약으로 하여 0.1N NaOH를 적정한 ml 수로 나타내며, 전산도는 똑같이 페놀프탈레인을 지시약으로 하여 적정했을 때의 ml수로 나타내고 있다. 전산도를 유리산도로 나눈 값을 산의 비라고 한다.

각 처리액을 통해서 이 산의 비가 가장 중요한 의미를 갖게 된다. 산의 비가 낮으면(유리산이 많다), 부식반응이 너무 강해서 피막형성이 길게 되어 거친 결정성피막이 된다. 반대로 산의 비가 높으면(유리산이 적으면) 부식반응의 개시가 늦어서 이 때 또한 좋은 피막의 형성이 되지 않는다. 전산도는 철강의 종류와 그의 표면 상태에 따라 경험적으로 적당한 농도를 정하고 있다. 전산도가 너무 높으면 유리산의 절대량이 많아지므로 앞에서 말한 바와 같이 좋지 않으며, 약제의 소비량이 높아진다(반응량이 많은 것과 액이 묻어 나오는 양이 많기 때문에).

지금 단순한 인산망간법(파카라이징)을 예를 들어서 농도가 피막 화성시간 및 생성 피막의 내청성에 미치는 영향을 **그림 9-1**에 나타내었다. 산의 비는 처리액의 조성에 따라서 다르며 일률적으로 정할 수는 없다.

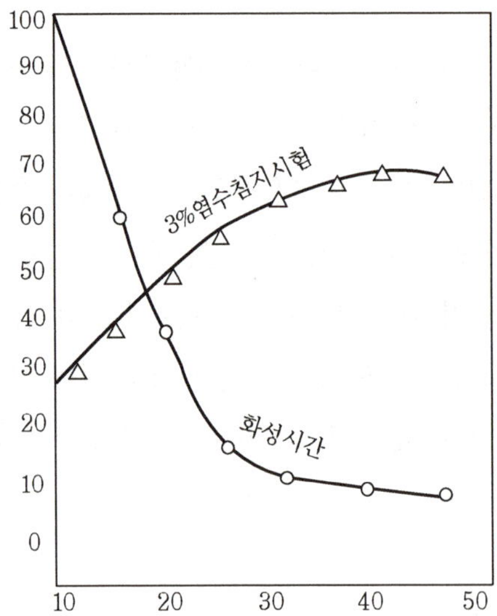

그림 9-1 파카라이징액의 농도가 피막화성시간 및 내청성에 미치는 영향

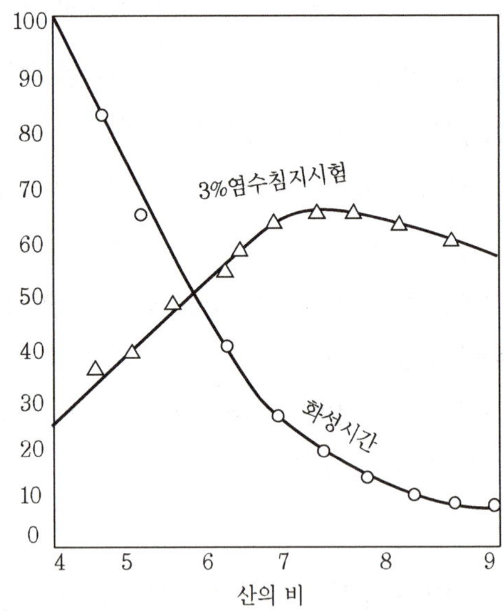

그림 9-2 파아카라이징의 산의 비가 피막화성시간 및 내청성에 미치는 영향

단순법(NO_2^-, ClO_3^- 등의 촉진제를 갖고 있지 않은 액)에서는 5~7이 좋고, 촉진법에서는 대략 10 이상에서 20정도까지 된 것도 있다. 산의 비는 처리 온도와 피막 화성 시간에 대단한 영향을 주며, 클수록 처리 온도를 낮출 수가 있으며 또한 화성 시간도 수십분에서 수분으로 단축시킬 수가 있다. 그러나 한편 화성피막은 엷어지며 방청성은 저하한다.

처리액 중의 양이온, 즉 Mn, Zn, Fe 등의 함유량 및 이의 비율도 인산염 피막 화성반응 및 생성피막의 성질에 큰 영향을 준다. 경험으로 보아 보통 강철의 경우 단순한 인산망간법 또는 아연법은 처리액 중의 Me/Fe 또는 Zn/Fe는 9 : 1~7 : 3의 양비를 유지하면 방청이 좋은 피막을 얻을 수 있다. 철분이 많아질수록 피막의 화성시간이 길어지고 또한 피막결정이 거칠어져서 방청성이 나쁘다. 처리액 중의 Mn, Fe 또는 Zn, Fe의 양과 생성된 피막 중의 이들의 성분의 비율을 보면 **표 9-2**와 같다(철분은 반응식 ④에 의해 필연적으로 액 중에 증대하는 경향이 있다. 도장하지용 피막을 형성시키는 피막처리액은 산화제를 공존시켜서 철분을 항상 액에서 구축되도록 하고 있다)

표 9-2 단순 인산망간계 및 아연계의 인산염피막 처리액과 피막 중의 성분

처리액 중의 성분			피막 중의 성분			물(%)	
Mn(g/l)	Fe Ⅱ (g/l)	P_2O_5 (g/l)	Mn(%)	Fe Ⅱ (%)	P_2O_5(%)	Mn	Fe
4.17	-	14.90	29.6	6.2	38.6	83.0	17.0
1.57	2.55	14.98	15.6	22.1	36.1	41.8	58.2
1.16	3.62	14.31	14.0	19.4	39.9	42.3	57.7
1.50	2.76	14.90	11.7	23.5	38.0	33.6	66.4
1.27	3.30	15.67	12.6	24.1	39.7	34.3	65.7
Zn(g/l)	FeⅡ (g/l)	P_2O_5 (g/l)	Zn(%)	Fe Ⅱ (%)	P_2O_5 (%)	Zn	Fe
4.56	-	17.50	42.0	3.4	32.7	91.6	8.4
1.80	2.74	18.60	29.7	12.3	31.8	67.3	32.7
0.38	5.55	18.75	26.2	15.2	32.8	59.5	40.5
0.28	4.85	18.75	27.3	14.5	32.7	61.6	38.4
0.55	5.03	19.42	25.8	15.5	32.7	58.6	41.4

(2) 처리온도

처리액 온도는 인산염의 해리도에 관계하여 피막 생성반응에 중대한 영향을 주고 있다. 단순 인산망간법은 **그림 9-3**에 나타내는 바와 같이 97℃ 이상은 절대로 필요하며, 이 이하

의 온도에서는 피막 생성에 장시간을 요하며, 또한 생성된 피막의 성질은 대단히 노화된다.

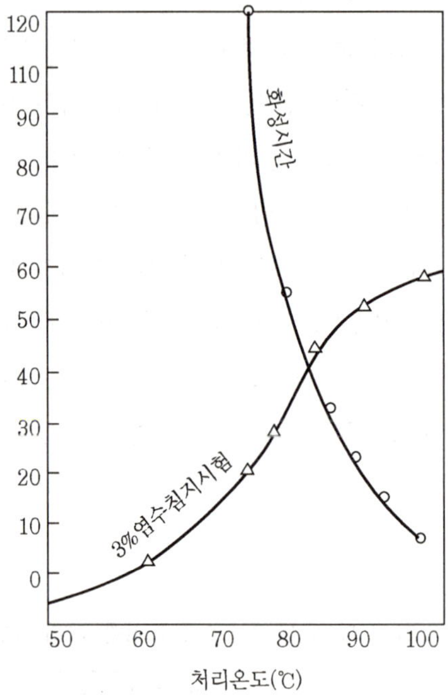

그림 9-3 파카라이징 처리 온도가 피막 화성시간 및 내청성에 미치는 영향

도장하지용 피막을 형성시키는 **표 9-1**의 D계 이하의 처리액의 경우는 70℃이하의 온도에서 처리하고 있으나, 이때는 산의 비를 10이상으로 올리고 산화제를 병용함으로써 비로소 가능하다. 다시 말하면 처리 가능 온도를 낮추기 위해서 처리액의 조성을 여러 가지로 연구하고 있다.

(3) 처리시간

피막을 완성시키는데 필요한 시간은 주성분, 즉 인산망간이냐, 인산아연이냐, 농도와 산의 비, 촉진제의 유무와 이의 질과 양, 가공품의 재질과 이의 표면상태, 시공 방법(침지, 스프레이) 등에 따라서 크게 좌우된다. 피막이 완성되었는지 아닌지의 판단은 보통 금속 표면으로부터 수소의 발생이 보이지 않게 되었을 때이다. 실험적으로는 백금판을 대극으로 하여 전류를 측정해서 정한다.

피막이 완성된 후에도 길게 처리를 계속하면 피막의 두께는 얼마간은 증대하나 방청력은 그리 좋아지지는 않는다. 그러나 피막이 완성되기 전에 꺼낸 것은 분명히 방청성이 나쁘다.

따라서 피막이 완성되는 종점까지는 반드시 처리를 계속해야 한다.

(4) 촉진제의 종류와 이의 영향

처리액 중에 구리 또는 은이온이 있게 되면 피막 화성반응에 선행하여 철면에 구리 또는 은의 미립자가 석출하여 이것이 인산염결정의 핵이 된다는 것과 ⓓ식의 반응을 전기화학적으로 촉진시키면서도 피막의 화성을 빠르게 하는 효과가 있다. 다만 구리 또는 은이온의 양은 처리액의 양과 처리 면적과의 비율로 적정량을 정해야 한다. 이 방법은 초기에 본데라이징이라고 일컫고 몇 년 전까지는 실용하고 있었으나, 현재는 다른 촉진법이 발달되어 사용하지 않게 되었다.

Ni 또는 Co 이온이 처리액 중에 있게 되면 이유는 불명하나 표면 산화된 강의 피막화성에는 좋은 효과를 준다. 질산근, 염소산근, 질소산근, 아질산근(이 때는 산화제)과 같은 산화제가 처리액 중에 있게 되면 피막 화성반응을 크게 촉진시킨다. 보통 이와 같은 산화제를 촉진제라고 한다.

히드록실아민, 아황산과 같은 보통 환원제라고 부르는 것도 원자수소가 발생하는 금속의 부식반응의 과정에서 산화제로 역할 하는 것으로 믿고 있다. 유기니트로 화합물도 똑같은 효과가 있다. 산화제는 피막 화성반응의 과정에 생기는 제일철이온을 제이철이온으로 산화시키고 침전(인산제이철은 난용성)으로 처리액에서 제거되는 효과와, 반응 중 철면으로부터 발생하는 수소를 산화시켜서 물을 만들어서 철면으로부터 빨리 제거시키는 것, 수소 과전압을 저하, 소극작용, 양극부에 대한 음극부 면적의 증대 등의 상승결과에 의해 피막의 화성시간을 대단히 단축시킨다. 한편 산화제의 양은 처리액의 유리산도와 상관관계가 있고, 너무 많으면 철면을 수동태화하며 오히려 피막의 화성을 저해한다.

(5) 불순물의 영향

처리액 중에 인산 이외의 음이온이 있으면 큰 영향을 미친다. 붕산과 같은 약산은 문제가 되지 않으나 황산, 염산과 같은 강산이나 이의 염은 피막의 화성을 저해한다. 질산, 아질산, 취소산, 염소산근은 앞에서 말한 바와 같이 일부러 촉진제로서 처리액에 첨가할 수가 있는데 이들은 피막의 화성시간을 단축하며 결정을 치밀하게 하는 효과가 크다. 그러나 피막의 방청성은 그리 많지는 않다. 플루오르화물, 붕소플루오르화물, 규소플루오르화물 등은 pH 완충제로서, 또한 이온봉쇄제로서 첨가할 때가 있다. 이상의 음이온은 다소 후유증이 수반할 때가 있으나 다른 공업적으로는 이익이 있을 때 이용되고 있다. 유기산은 개미산, 수산을 제외하면 크게 영향은 없다. 양이온으로서는 As, Al, Cr 등이 해롭다. 이들의 허용한도는 처리액의 조성에도 따르지만 대략 0.01g/l이다. 계면활성제는 전처리의 탈지액에서부터 묻어 들어올 때가 있으나 아니온, 비이온계는 해가 없으며(다만 거품이 일어난다), 카티온계는 약간의 장해를 준다. 산세에 사용되는 인히비터가 혼입되면 악영향이 있으며, 이의 양이 많으면 피막이 화성되지 않는다.

이상을 요약하면 ① 강의 수소 과전압을 높이는 것, ② 강을 수동태화하는 것, ③ 피막을 용해하는 것 등은 해롭다.

(6) 재질

철강의 재질은 인산염피막 화성반응에 크게 관계되는 것은 명백하다. 탄소강은 공석강으로 반응하기 쉽고, 특수강이 되면 복잡하여 전산도와 산의 비에 주의가 필요하다. Ni 5%이상, Cr 10% 이상을 품은 강은 경험상 피막화성이 불가능하다. 요컨대 녹이 슬기 쉬운 재질일수록 화성반응은 용이하다.

(7) 표면상태

재질도 그러하지만 이것보다도 더 중요한 것은 표면 상태이다.

압착, 인발, 압연 등의 소성가공을 받은 면은 단순 인산망간법으로는 피막이 되기 힘들다. 그러나 촉진제가 있는 처리액은 이와 같은 면에도 좋은 피막을 만든다. 변형가공면에도 비정질층이 있고 인산염 결정이 석출할 핵이 작은 것과 액에 대해서 다분히 양극적이기 때문이다.

샌드블라스트한 면은 인산염 피막처리에는 가장 안성맞춤이다. 다만 사용하는 모래의 입도가 굵으면 조면이 되고 생성 피막의 방청성에 영향을 준다. 그리트나 쇼트블라스트 된 면은 흡부압력이 높고 표면산화가 되면 전술과 같은 효과가 있다.

황산, 염산, 인산 등으로 산세한 면은 수세하고 곧 인산염 처리를 하면 어떠한 처리액에서도 또한 어떠한 시공법에서도 거친 결정의 피막이 된다. 특히 스머트가 생긴 면은 특히 거친면이 되며 방청성도 나쁘고 도장하지로서도 부적당하다. 따라서 산세후에는 반드시 브러싱, 걸레질, 모래닦이, 와이어 브러싱 등으로 표면을 닦지 않으면 좋지 않다. 산세 후에 이와 같은 장해를 없애기 위해서 기계적 연마 대신 화학적으로 수산으로 처리하든가, 수산화티탄을 인산소오다에 분산시킨 처리제로 처리하는 등으로 구제할 수가 있으므로 공업적으로 때

때로 사용되고 있다.

pH 10 이상의 알칼리성 용액에서 처리한 면에서는 거친 결정성 피막이 생기므로 만일 알칼리처리를 했을 대는 앞에 말한 표면조정처리를 하는 것이 좋다.

가솔린, 벤졸, 솔벤트, 나프사 등 이른바 유기용제류가 묻어 있는 면은 인산염 피막처리 반응에 지장이 없다. 기계유, 스핀들유, 모빌유, 유도파라핀과 같은 고점도유가 될수록 피막의 생성을 저해한다. 그러나 최근의 스프레이식 인산염 피막법에서는 이와 같은 면에도 피막처리가 되도록 유기용제 도는 계면활성제를 병용하여 피막이 되도록 고안되어 있으나, 원칙적으로 유지분은 완전히 제거한 후에 인산염 피막처리 공정으로 들어갈 필요가 있다.

녹, 흑피는 인산염 처리액에 용해되어 없어지지 않으므로 미리 제거해야 한다. 다만 아직 수산화철의 상태, 즉 황녹 정도의 것, 엷은 사삼산화철막(이른바 템퍼칼라)등은 고온 처리액의 경우는 유리산에 녹아 없어지므로 지장이 없으나 70℃ 이하의 처리액에서는 이러한 산화막도 제거해 놓아야 한다.

전류를 흘리면서 인산염 처리를 하면 특수한 효과가 있는 것을 알고 있으나 생산성의 관계로 잘 이용되고 있지 않다. 물건을 음극으로 해서 직류를 흘리면서 처리하면 산화철이 용해하므로 녹이 있는 물건의 피막처리법으로 응용하는 경우가 있다. 피처리품에 교류를 흘리면서 처리하면 균일한 두께의 피막이 된다.

진동을 주든가 피처리 물건을 흔들면서 처리하면 피막 생성이 빨라진다. 표면의 수소기포가 빨리 제거되기 때문이다. 초음파에 따른 영향은 현재로서는 효과를 확인하지 못했다. 액에 압력을 가하고 물건 표면에 스프레이로 처리하면 화성반응이 매우 촉진된다. 단시간에 치밀한 피막이 생긴다. 이것은 걸레질효과(wiping effect)가 수반되기 때문이다.

6. 인산염피막의 성질과 시험법

1) 외관

① 인산망간계 : 회색 또는 회흑색의 결정성의 외관이며, 손톱으로 긁으면 백색의 줄이 생긴다. 피막 중의 철분이 많을수록 또한 결정입자가 거칠수록 검게 보인다.

② 인산아연계 : 두꺼운 피막은 회색 도는 회흑색의 결정성의 외관을 나타내는 것은 망간계와 같으나 다소는 색이 엷다. 엷은 막은 결정입자가 가늘기 때문에 회색 또는 은회색이다.

③ **인산철계** : 피막은 극히 엷으므로 황, 청, 청자색 등의 우적색을 나타낸다. 결정성의 외관이 아니다.

2) 현미경적 외관

피막면은 현미경×100으로 충분히 관찰할 수 있다. 다만 인산철계는 결정성이 아니기 때문에 전자현미경이라야 알 수 있다. 각각 특유한 구조를 가지고 있으므로 현미경 관찰로 피막계를 관찰할 수 있다

3) 인산염 피막의 결정구조 및 화학조성

인산아연 피막의 결정조성 **그림 9-4**와 같다.

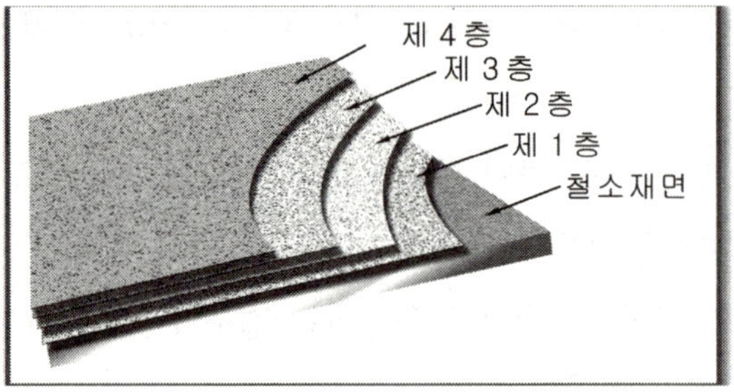

그림 9-4 인산아연 피막의 결정조성

제1층 : $Zn_3(PO_4)_2 \cdot 4H_2O$ – Hopeit 층 : 5%

제2층 : $Zn_2Fe(PO_4)_2 \cdot 4H_2O$ – Phosphophyllitet 층: 95%

제3층 : $Fe_3(PO_4)_2 \cdot 4H_2O$ – Vivanite 층

제4층 : $Fe_3H_2(PO_4)_2 \cdot 4H_2O$ – Iron–Hreaulite 층

표 9-3 인산염피막의 성분과 화학조성

피막계	화학조성	실험자
인산망간	$Mn_5H_2(PO_4)_4 \cdot 4H_2O$ $Fe\ HPO_4 \cdot 2H_2O$	PB Report 100514
인산아연	$Zn_3(PO_4)_2 \cdot 4H_2O$ $FeHPO_4 \cdot 2H_2O$	D.E. Fishlook, Product Finishing, (1957), 90~91
인산철	$FeHPO_4 \cdot 2H_2O$ $\gamma\ Fe_2O_3$	S.L. Eisler

4) 피막의 두께

피막의 두께는 전처리 방법, 인산염 피막액의 조성, 가공 방법의 차이에 따라 두껍고 얇은 것 등 여러 가지가 있다. 대략적으로 말하면 1~30μ의 사이의 것이 생긴다. 이 때 물건의 전 표면이 완전히 균일하게 피막의 두께로 된다고는 할 수 없다.

예를 들어 굽은 곳, 원통 같은 것은 외면보다는 내면이 어느 정도 두껍다. 경강과 연강, 또는 부분적으로 열처리된 것은 두께를 달리 한다. 두께의 비파괴식 측정법으로는 보통 전자식 막후계를 사용한다.

5) 피막중량

피막 면은 요철부가 많고 피막과 지금 면과의 경계도 같으므로 두께를 정확히 측정하는 것은 곤란하다. 따라서 근래에는 단위면적당의 피막중량으로 두께를 나타내는 방법이 사용되고 있다. 즉 피막을 만든 물건으로 중량 100g 이하로서 면적을 측정할 수 있는 물건 또는 시험편을 저울로 정확히 칭량하고, 이것을 **표 5-4**에 나타내는 피막용해액으로 처리하여 피막을 제거하고 수세, 건조한 것을 무게를 측정하여 전·후의 중량차로부터 g/m^2의 피막중량을 산출한다.

피막의 중량은 약품의 종류, 처리온도, 처리전의 철판의 상태, 전처리의 조건 등에 따라 다르다.

표 9-4 피막용해

피막계	용해액조성	처리조건		비 고
		℃	min	
인산망간	처방 Ⅰ 5% CrO_3 수용액	약 75	15	20% CrO_3용액일 때는 상온이라도 좋다.
인산아연	처방 Ⅱ NaOH 180g 물 1l NaCN 90g	상온	10	처방 Ⅰ이라도 좋다.
인산철	처방 Ⅲ NaOH 180g NaCN 90g 물 1l EDTA 90g	상온	10	처방 Ⅰ, Ⅱ 모두 좋지 않다.

피막의 두께(Thickness)는 매우 측정하기 어렵지만, 피막중량(g/m^2)을 1.2로 나눈 값을 Micron(μ)으로 생각해도 좋다.

6) 피막의 내식성

피막의 내식성은 일반적으로 얇은 피막일수록 약하고 특히 인산철계 피막은 얇을 뿐만 아니라 상당히 약하기 때문에 가능한 빨리 도장을 행해야 한다.

표 9-5 피막중량에 따른 내식성

피 막 중 량	3% NaCl, 20℃ DIPPING
10 - 20 g/m^2	240분 - 20시간 발청
5 - 8 g/m^2	60분 - 240분 발청
2 - 5 g/m^2	30분 - 210분 발청
0.3 - 0.7 g/m^2	20분 - 이하 발청

7) 피막의 내열성

① Mn 계는 160℃ 까지는 거의 변화가 없지만 160 - 170℃에서 급격한 중량 변화를 일으켜 약 8% 중량 변화를 가져온다.

② Zn 계는 106℃부터 중량변화를 일으켜 온도가 상승함에 따라 차차 안정하여 106 - 190℃ 사이에서 8 - 10%의 중량변화를 일으킨다.

③ Fe 계는 250℃ 까지는 전혀 변화가 없고 500℃까지는 견딘다.

8) 피막의 내약품성

피막은 유기 용제에는 강한 편이지만, 강알칼리와 접하면 피막은 용해된다. 인산염 피막의 장점을 들면 다음과 같다.

(1) 장 점

① 전기도금에 비하여 가공 방법은 간단하며 설비비용도 싸다.

② 전류를 필요로 하지 않는 화학처리이기 때문에 복잡한 형상이나 대형의 물건도 다량처리가 가능하다.

③ 가공온도가 100℃ 이하이기 때문에 재질에 물리적 변화를 거의 끼치지 않는다.

④ 처리 전후에 있어서 물건의 중량변화가 극히 적다.

⑤ 내마모성이 양호하다.

⑥ 내식성이 양호하다.

⑦ 피막은 전기의 불량도체이다. 이점이 내식성에 유리하다.

(2) 단점

① 피막은 외력에 의해 상하기 쉽다.

② 피막만으로는 장기적 시간의 방청이 불충분하다.

③ 피막은 굴곡, 충격에 견디지 못하기 때문에 처리 후 재료의 변형 가공이 곤란하다.

④ 피막 상에 가스나 전기 용접은 가능하지만 그 부분은 파괴된다.

⑤ 강산, 강알칼리에 견디지 못한다.

7. 인산염 피막의 처리액 관리

표 9-6 인산염 피막의 고장 원인 및 대책

항 목	원 인	결 과	대 책
온도가 높을때	부 주 의	FA 상 승	온 도 조 절
온도가 낮을때	열 원 부 족	피막화성 불량	열 원 조 정
반응시간이 길때	FA가 높다 촉진제 부 족 TA, 온도 부 족	피막결정이 거칠다 피막이 흑색화 된다.	각 원인의 배제
피 막 얼 룩	금속표면 불균일, 탈지부족, Spray량 부족, 보급부족	도장에 나쁨	상 동
전산도가 높을때	보급 부정화	약품 소비량 증가	보급을 적당히 함
전산도가 낮을때	보급 부족	피막화성 불량	상 동
유리산도가 높을때	온도가 높다 촉진제 보급 부족	피막화성시간이 길다 결정이 거칠다	원인 배제 중화제를 보급
유리산도가 낮을때	알칼리액이 넘어옴	Sludge가 많게 된다. 피막화성 불량	수세 후 오염도를 조절 항상 Over Flow
촉 진 제 부족	보급법이 부정확 온도가 높다 유리산도가 높다	피막화성 시간이 길다 흑색 피막화	원인 배제
촉 진 제 과다	보급법이 부정확	피막이 얇게 된다. Sludge 증가 약품소비 증가	보급법 개선
철분이 있을 때	촉진제 부족	피막 흑색화 내식성 저하	촉진제 보급법을 개선함

표 9-7 인산염 피막의 품질관리 POINT

공 정	점 검 사 항
탈 지	- 탈지제 농도관계 - Nozzle의 점검, 청소 (1회/주) - 부유물의 제거 - 정기 갱신 (2주 - 1개월사이)
수 세	- 항상 Over Flow - Nozzle의 점검, 청소 (1회/주)
표면 조정제	- 농도 관리 - Nozzle의 점검, 청소 (1회/주) - 정기 갱신 (1회/주)
피 막 화 성	- 탈지제 농도 관계 - Nozzle의 점검, 청소 (1회/주) - Setting Tank를 이용하여 Sludge제거 (1회/주) - 정기산세 (1회/3개월)
기 타	- 전압, 전력계 점검 (1회/1개월) 온도 조절계 점검 (1회/1개월) - Motor의 점검 (매일 수시로 할 것) - Pump의 점검 (1회/주)

제 10장 양극산화

10.1 알루미늄 양극산화

1. 양극산화 개요

양극산화법(anodizing)은 그 방법이나 설비가 전기도금과 공통된 점이 많다. Al부품을 전해액에서 양극으로 하고, 전기를 통하면 양극에 발생하는 산소에 의해서 Al면이 산화되어 산화알루미늄(Al_2O_3)의 피막이 생기게 된다. **그림 10-1**이 피막은 대단히 단단하며 내식성이 크고, 매우 미세하며 작은 기공성의 섬유상으로 되어 여러 가지 색으로 염색을 할 수 있기 때문에 내식, 내마모성 등의 실용성과 더불어 미관상으로 이 처리를 많이 한다. 산화 피막층은 도금층과는 달리, 투명 또는 반투명인 것이 일반 장식용에 사용되고 있으므로 Al의 표면상태, 조직 등이 직접 나타나게 되고, 다른 금속원소가 합금되어 있을 때는 이것의 영향을 크게 받게 된다. Al의 순도가 높을수록 아름답고 광택 있는 피막을 얻을 수 있다.

양극산화법에 사용하는 전해액은 여러 가지가 있으나 **표 10-1**과 같이 옥살산, 황산 및 크롬산 등이다. Al 이외에도 마그네슘(Mg), 티탄(Ti), 탄탈(Ta), 하프늄(Hf), 니오브(Nb) 등의 양극산화에 대한 연구와 상용화가 진행되고 있다. 양극산화의 용도는 취사 도구에서부터 건축 자재, 전기통신 기기, 광학 기기, 장식품, 기계 부품, 자동차 부품 등의 광범위한 용도를 가지고 있으며, 그 범위는 더욱 확대되어 가고 있다.

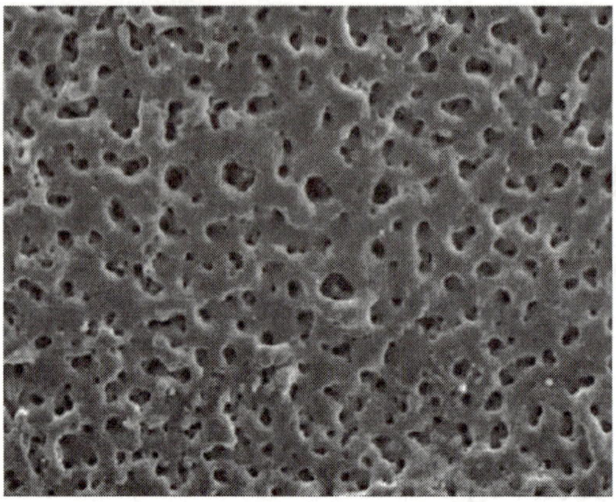

그림 10-1 알루미늄 양극산화된 피막의 모습

2. 양극산화법의 종류

양극산화법에 의한 양극산화 피막은 전해액의 종류, 농도, 전압, 전류의 성질, 전류밀도, 온도, 전해시간 등에 따라 다르며, Al의 재질, 가공 상태에 적합한 조건을 선정해야 한다. 또한 도금의 전후처리 정도, 래크(rack)의 적절 여부 등에 영향을 받는데, 그 중 전류밀도, 시간, 액온을 가장 정확하게 지켜야 한다.

표 10-1 주요 아노다이징 법

종류 / 조건	옥살산법	황산법	크롬산법
농도 (중량%)	$H_2C_2O_4$ (1) 3~5% (2) 10%	H_2SO_4 10~20%	CrO_3 3%
온도	(1) 20~30℃ (2) 15~60℃	(1) 15~22℃ (2) 35℃ 옥살산 첨가시	40±20℃
전압	(1) AC 40~80V (2) DC 25~30V	(1) DC 12~20V (2) AC 15~25V	DC 0~40V
전류밀도	(1) AC 1~3A/dm^2 (2) DC 1~3A/dm^2	0.5~1.5A/dm^2	0.3~0.4A/dm^2

조건 \ 종류	옥살산법	황산법	크롬산법
시간	10~60분	5~100분	60분
피막두께	$H_2C_2O_4$ 5%, 30±2℃ AC 3A/dm^2, 40분 10~12μ	H_2SO_4 20%, 30±5℃ DC 1.0A/dm^2, 20분 5~7μ	15분 3~3.5μ
특징	*순 Al에 대해서 경도, 내식성 등 우수한 피막 얻음 *광택 좋음, 결점으로는 전력, 약품비가 많음	*설비가 많이 드나, 유지가 용이 *Al 합금 및 착색용의 아노다이징에 적합	*듀랄루민계에 적합. *내식성이 있고, 회색 도자기와 같은 표면의 피막. 강도약함. *착색에는 부적합.

3. 양극산화용 알루미늄 재료

각종 Al 재료에 양극산화를 하면 전해액의 종류와 전해 조건에 따라서 색상, 두께, 내식성, 내마모성 등의 산화 및 피막의 성질을 달리하게 된다. 순도가 높을수록 제일 좋은 피막이 생기며 불순물이 들어가는데 따라서 질이 저하된다. 합금원소로 Mg와 Mn은 기계적 성질을 향상시키며, 반면 피막의 질에는 거의 영향이 없다. 그러나 Cu, Si 등은 피막의 질을 매우 저하시키며, 특히 Cu는 내식성을 대단히 나쁘게 한다. **표 10-2**, **표 10-3**은 알루미늄 재료의 분류이며, 합금 소재별 특성과 용도이다.

표 10-2 알루미늄 재료 분류

분류		Al 재료의 명칭(AlCOA 호칭)
압연재	Al Al-Mn Al-Mg Al-Cu-Mg Al-Mg-Si	고순 Al(99.8% Al), EC(99.5% Al), 2S(99.0% Al) 3S(1.2% Mn) 52S(2.5% Mg, 0.25% Cr), 56S(5.2% Mg 0.1% Mn, 0.1% Cu) 듀랄루민 17S(4% Cu, 0.5Mg), 24S(4.5% Cu, 1.5% Mg) 61S(1.0% Mg, 0.6% Si)
주물재	Al-Si Al-Cu-Si Al-Mg	실루민(11~14% Si) 라우탈(3~5% Cu, 2~5% Si) 히드로나트륨(4~10% Mg)

표 10-3 알루미늄 합금소재의 특성과 용도

순알루미늄계

합금 종류	특성	용도
1060	도전재로 사용, 강조를 필요로 할때는 6101를 사용.	전선, 부스바
1080	가공성, 표면처리성이 우수, 내식성은 알루미늄합금 중 최상.	네임프레트, 장식품, 화학공업 탱크류, 용접선
1070	순 알루미늄으로 강도는 낮으나 열이나 전기의 전도성은 높고, 용접성, 내식성이 양호.	
1050	1070과 동일	
1100	Al순도 99.0%이상의 일반용도의 알루미늄, 양극산화	주방용품, 인쇄판, 건재, 캡
1200	처리후의 외관이 약간의 흰띠 발생	

Al-Cu 계

2011	쾌삭합금, 절삭성 우수 ,강도 높음, 내식성 떨어짐. 내식성이 요구될 경우 6262계 합금 사용.	주방용품, 광학부품, 나사류
2014	Cu를 많이 함유하고 있어 내식성이 좋지 않으나, 강도가 높고 구조용재로써 주로 사용. 단조품에도 적용	항공기 기어, 유압부품
2017	용체화 처리후 코킹하는 리벳용재로 상온 시효 속도를 느리게 한 합금.	
2024	2017보다 강도가 높고 절삭 가공성이 양호하다.	
2117	용체화 처리후 리벳용재로서 상온 시효 속도를 느리게한 합금	리벳용재
2018	단조용합금, 단조성이 우수, 고온강도가 높기 때문에 내열성이 요구되는 단조품에 주로 사용되나 내식성이 떨어짐	피스톤, 실린더헤드
2025	단조용합금, 단조성이 양호하며 경도가 높지만 내식성이 떨어짐.	프로펠러 자석드럼
2219	강도 높고 저온 및 고온특성이 우수, 용접성 양호하나 내식성 불량	저온용 탱크
2618 (2N01)	단조용합금, 내열성이 있고 강도가 높지만 내식성이 떨어짐	항공기 엔진, 유압부품

Al - Mn 계

3003	1100보다 강도가 약 10%높고 가공성, 내식성이 우수함	열교환기 부품, 주방용품, 화장판
3203	-	
3004	3003보다 강도가 높고, 가공성이 우수, 내식성이 양호	항공기 엔진, 유압부품
3005	3003에 비하여 강도가 20%높고 내식성도 비교적 양호	도장판, 건재
3105	3003에 비하여 약간 강도가 높고 기타 특성은 3004와 유사	도장판, 건재, 캠

Al - Si 계

4032	내열성, 내마모성 우수, 열팽창계수 작음.	피스톤, 실린더헤드
4043	탕흐름 좋고, 응고수축이 적고, 황산 양극화처리에 의해 회색으로 자연발색	용접선, 건축외장

Al - Mg 계

5005	가공성, 내식성 우수, 양극산화 후 사상이 양호	일반관금, 선박, 차량, 건축, 캔엔드
5050	6063형제와 칼라 매치가 잘됨.	
5052	중성도를 가진 가장 대표적인 합금, 내식성, 가공성이 좋음. 특히 경도에서 피로 강도가 높고 내해수성이 우수.	
5652	5052의 불순물 원소를 규제하여 과산화수소의 분해를 억제한 합금으로 기타특성은 5052와 동등	과산화수소 용기
5154	5052보다 강도가 약20%높음. 기타특성은 5052와 동등	5052와 같음, 용접선
5254	5154의 불순물 원소를 규제하여 과산화수소의 분해를 억제한 합금으로 기타특성은 5052와 동등	호일
5454	5052와 비교하여 강도가 약20%높음. 5154와 거의 같은 특성을 가지지만 엄한 환경에서 내식성은 5154보다 우수.	자동차용 휠
5052	내식성 우수, 절삭가공에 의한 표면사상, 양극산화 처리성과 그 염색성이 좋음.	카메라경통, 통신기기부품, 화스너(지퍼)
5082	5083에 가까운 강도를 가지며 성형가공성, 내식성이 좋음.	음료통
5182	5082에 비하여 약 5%강도가 높음. 기타 특성은 5082와 동등	

5083	용접구조용 합금, 실용비열처리합금 중 가장 강도가 높은 내식재료로 용접구조에 적합, 내해수성 저온 특성도 양호	선박, 차량, 저온용탱크, 압력용기
5086	5154보다 강도가 높고 내해수성이 우수한 비열처리계용접구조용 합금	선박, 압력용기, 컴퓨터디스크
5N01	강도는 3003과 같으나 광휘처리후의 양극화산화처리로 광휘도를 얻을 수 있음. 가공성,내식성도 양호	주방용품,카메라, 장식부품,명판

Al – Mg – Si 계

6061	열처리형의 내식성합금, T6처리로 높은 내력치가 얻어지지만, 용접계수 강도가 떨어지지 때문에 볼트, 리벳구조용에 주로 사용	선박, 차량, 육상구조물
6N01	중 강도의 압출용합금, 6063의 중간의 강도를 가지며 압출성 우수, 복잡한 대형형재 가공, 내식성양호, 용점가능	차량, 육상구조물, 선박
6063	대표적인 압출용 합금, 6061보다 강도가 낮으나, 압출성 우수 복잡한 단면형상의 형재를 얻으며 내식성,표면처리성도 양호	건축, 차량, 가구, 가전제품
6101	고강도 도전용재, 55% 1ACS보증	전선, 부스바
6151	특히 단조 가공성이 우수 내식성, 표면처리성이 좋고 복잡한 단조품에 적용	기계, 자동차부품
6262	내식성쾌삭합금,2011에 비하여 내식성,표면처리성이 한단계 우수하고 6061과 동등의 강도를 가진다	카메라 경통, 기화기 부품, 브레이크부품, 가스기구부품

Al – Zn– Mg 계

7072	전극 전위가 낮고 방식성 크랏트 피재로서 주로 사용되지만 희생양극 작용을 이용하여 열교환 핑거에도 적용.	알루미늄 합금 피재,Al제 열교환 핑거
7075	알루미늄 합금중 최고의 강도를 가진 합금의 하나 로 내식성은 떨어짐. 7072와의 그랏드에 의하여 내식성이 개선되지만 가격이 높음.	항공기, 스키용구 부품.
7N01	용접구조용합금, 강도가 높고, 용접부의 강도가 상온방치에 의하여 모재강도에 가까이 회복됨. 내식성도 상당히 양호	차량, 기타 육상구조물
7003	용접구조용 압출 합금, 7N이 강도가 약간 낮음, 압출성 양호, 엷은 대형 형재를 얻을 수 있음, 기타 특성은 7N과 거의 같음(7N01)	차량 오토바이임(rim)

표 10-4는 Al 재료에 따르는 양극산화 피막의 색상에 대한 결과로서 교직류 중첩에 대한 색상을 나타낸 것이다.

표 10-4 양극산화 피막의 색상 (두께 9μ)

Al재료 \ 피막의 종류	옥살산 피막 (교류)	황산 피막(직류)	크롬산 피막 (직류)
99.8% Al	투명	투명 무색	불투명 회백색
99.5% Al	반투명 다갈색	투명 무색	불투명 회색
2S(90.0% Al)	불투명 다갈색	반투명 담황색	불투명 회색
3S(1.2% Mn)	불투명 황갈색	반투명 담황색	불투명 다회색
50S(1% Mg)	투명 담금색	투명 무색	불투명 회색
52S(25% Mg, 0.25% Cr)	반투명 금색	투명 담황색	불투명 황회색
Al-Si(실루민 43S 등)	불투명 회색	불투명 암회색	불투명 암회색
Al-Cu(듀랄루민 등)	반투명 적갈색	반투명 담회색	불투명 적회색

4. 양극산화 피막의 구조

산화피막의 생성과 구조에 대해서는 아직도 정확히 알려져 있지는 않다. 양극산화 전해액 중에 Al을 양극으로 해서 통과하면 우선 Al_2O_3의 활성층(Barrier layer)이 생긴다. 이 때 전압이 충분히 크면 전해액의 침식 작용과 겸해서 이 얇은 피막이 파괴되면서 상당한 열을 발생하고, 이 열은 더욱 전해액에 의한 침식을 조장시켜 다공성의 피막이 되며 통전이 된다. 이 때 생긴 발생기 산소가 내부에 있는 Al을 산화시켜 새로운 활성층이 생성되며, 이와 같은 것이 반복되어 산화피막이 내부로 성장한다는 이론이다.

Keller는 전자 현미경을 사용해서 황산, 옥살산, 인산 및 크롬산 피막의 다공성 구조를 관찰한 결과를 **그림 10-2**와 같은 새로운 모형을 제시했다. 이것을 보면 미세기공은 별모양으로 정 6각형의 중심에 한 개 있으며, 구멍의 지름은 전해액에 따라서 정해진다고 했다. 이에 대해 과학자들 사이에는 너무 단순한 모형이라고 했으며, 그 중에서도 Murphy 같은 사람은 **그림 10-3**과 같은 콜로이드 겔(colloid gel) 모형을 제시했다.

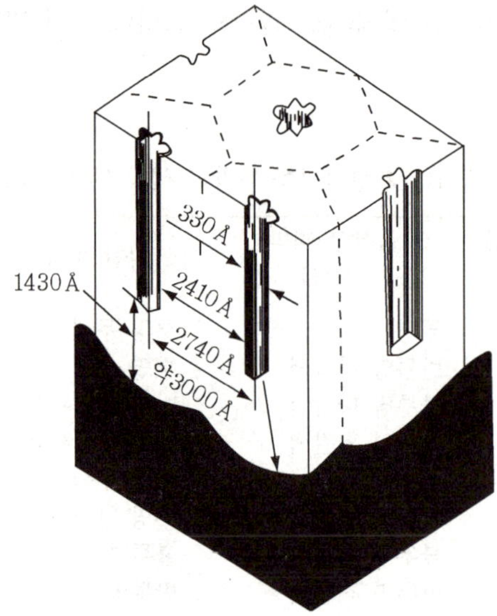

그림 10-2 양극산화 피막의 Keller 모델

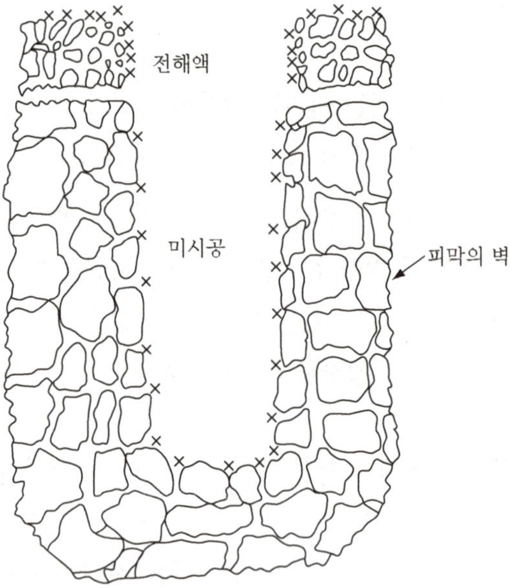

그림 10-3 양극산화 피막의 Murphy 모델

5. 양극산화 설비

양극산화는 그 방법에 있어서 전기 도금과 별 차이가 없으며, 공장 입지, 배치, 설비 등의 공통점이 많으므로, 일반 도금 공장에서도 용이하게 적용할 수 있다. 그러나 피막 생성은 도금과는 좀 다른 점이 있고, 전원에 있어서 정류기는 최소한 15V 내외로 직류를 사용하나, 교류 전압 조정기가 필요할 때가 있다. 광택을 좋게 하고자 하는 경우는 전해 연마 장치가 필요하며, 양극산화 탱크, 냉각 장치, 착색 및 봉공처리 등 작업이 있는 것이 도금과 다른 점이다.

양극산화 탱크는 양극산화 방법, 물건의 수량과 가격 등에 의해서 그 재료의 구조나 형상 등을 달리하지만, 일반적으로 내산 콘크리트, 철판 목재 등의 조에 경질 비닐, 경질 고무 등을 라이닝하고 있다. 황산액의 경우에는 납을 라이닝 할 수 있으며, 때에 따라서는 이것 자체를 음극으로 사용하고 크롬산의 경우에는 철판 자체로도 무방하다. 양극산화 탱크의 부스바(busbar)는 중앙 부스바가 양극이 되며, 음극은 납판을 사용하든가 냉각수용 납관 자체를 음극에 연결하여 사용할 수도 있다.

1) 걸이

걸이(rack)의 재질은 절대로 도금에서와 같이 구리선이나 황동선을 사용해서는 안되며, 반드시 Al선을 사용해야 한다. 이때는 양극산화를 할 때마다 반드시 가성소다나 인산크롬산을 혼합한 고온액에서 걸이의 산화 피막층을 용해 제거한 후 다시 사용한다. 만일 그대로 사용하면 피막이 절연체이기 때문에 물체에 전기 접속이 되지 않는다. 따라서 이런 불편과 소모를 고려해서 외국에서는 물건과의 접촉부분만 티탄(Ti)을 사용하고 있다. Ti는 전혀 산화피막이 생기지 않고 소모가 없어 편리한 반면, 값이 비싼 결점이 있지만 장기적으로 사용에는 유리하다.

음극재료는 납 이외에 탄소관, 규소철판 등을 사용할 수 있고, 황산법에도 순도가 높은 Al판을 사용할 수도 있으며 크롬산법에서는 철판도 좋다. 납 라이닝 자체를 음극으로 할 때는 지하와 탱크와의 절연, 액이 누출되는 것에 주의해야 한다. 음극 면적은 큰 것이 좋고, 물건을 틀 걸이에 많이 걸게 되기 때문에 자칫하면 음극 면적이 적게 될 우려가 있는데, 적어도 물건 총면적의 1/2 이상이 필요하다.

2) 미스트 방지법

양극산화 전해 중 음극으로 부터 다량의 수소가스가 발생한다. 전해액의 미세입자가 비산하여 장치, 물건 등을 부식시키며 인체에도 해를 주게 되므로, 이것을 보완하는 방법으로 염화비닐이나 폴리프로필렌 소재의 작은 공을 액면에 띄우며, 전해액과 반응성이 없도록 비이온 계면활성제를 소량 첨가한다. 전해액의 물방울은 이 층을 통과하지 않고 수소가스만이 상승하므로 미스트 방지 효과가 있다.

양극산화가 진행 중에는 기름, 오물 등으로 차츰 액이 더러워진다. 특히 황산 양극산화로 흑색의 염색을 내고자 할 때, 염색 불량이 생기기 쉽다. 전해 중에 계속적으로 여과하면 깨끗한 액이 상시 보급되며, 공기교반 대신으로 겸용할 수도 있다. 피막 생성 중 양극에서 발열하므로 액 중에서 온도의 불균일이 생겨 온도 조건을 맞추기가 힘들고, 탱크 상하에 온도 불균일이 생기기 쉽다. 이 때문에 양극산화에는 공기교반이 필요하다.

3) 냉각설비

양극산화는 옥살산법, 황산법, 크롬산법 등의 종류와 목적으로 하는 조건에 따라 적정 온도가 다르다. 그러나 어느 경우에도 일정한 범위에 액온을 유지하지 않으면 좋은 양극산화 피막의 내마모성이 감소되고, 표면에 백분이 생기거나 광택이 감소한다. 온도가 저하하면 양극산화 피막이 성장하기 힘들 뿐만 아니라, 염색할 때 부분적으로 농담이 생기기 쉽다. 양극산화는 전해 중 다량의 열이 발생하는데, 이것은 소비 전력에 의한 것이 크며 또한 Al의 산화피막 형성에 의해서도 일어난다. 따라서 온도 관리는 매우 중요하다.

양극산화의 온도 조절로서는 결국 냉각 설비가 주이며 필요한 경우에는 가온 설비를 해 놓고 되도록 자동 온도 조절장치를 마련해서 앞에서 언급한 공기 교반장치와 겸용해서 탱크의 온도를 일정하게 보존하도록 한다. 양극산화를 냉각하는 방법은 직접냉각법과 순환냉각법 두 종류가 있다. 옥살산 양극산화의 경우 납 냉각관이 부식되기 쉬우므로 후자의 방식을 취하는 것이 좋다. 일반적으로는 전자인 직접 냉각법이 많이 사용되며 냉각관의 재료의 선택을 잘 해야 한다. 납관 외에 염화비닐 등의 합성수지의 파이프는 부식에 대해 강하지만 열전도율이 좋지 않으므로 관의 길이가 커야 한다. 유리관, 탄소관 등도 사용할 수 있으나 파손되기 쉽다.

6. 전처리

양극산화의 전처리로서 탈지는 옥살산액의 경우 전해 중에서 탈지가 행하여진다. 그러나 황산액의 경우는 별도로 탈지처리를 해야 한다. 탈지가 충분하지 않으면 외관상으로 더러움이 그대로 나타나고 염색을 할 때는 반점, 부분적 무착색 등의 얼룩이 생긴다. 탈지로서 가장 간단한 방법은 휘발유, 석유, 트리클로르에틸렌, 벤젠 등 유기용제에 침지하는 방법이다. 이 중 트리클로르에틸렌의 것은 인화성이 있어서 위험하므로 트리클로르에틸렌의 증기 탈지를 하는 것이 가장 좋다. 물건이 심하게 더럽지 않으면 용제 탈지는 생략해도 좋다. 탈지를 충분히 하려면 알칼리 탈지를 하고, 음극 전해 세정을 하는 것이 이상적이다. 알칼리 탈지 때 초음파를 사용하면 탈지 효과는 더욱 좋아진다.

1) 알칼리 탈지법

알루미늄은 알칼리에 침식이 되므로 pH9~11의 약알칼리로 탈지할 필요가 있다. 탈지제는 비침식성(non-etching type)의 것으로서 버프의 광택을 전혀 손상시키지 않고 탈지하는 것이라야 한다. 대표적인 조성은 2가지로 다음과 같다.

Type 1		Type 2	
탄산소오다	6~18g/l	탄산소오다	12~43g/l
제3인산소오다	6g/l	규산소다	6~12g/l
계면활성제	약간	계면활성제	약간
온도	80~90℃	온도	70~80℃
계면활성제	비이온 활성제		

2) 음극전해탈지법

전처리로서 전해연마 또는 화학연마는 프레스 제품, 버프연마 제품, 서리면 가공을 한 것에 광택을 부여하기 위해 하는 것으로, 반사경, 광학기계, 장식품 등에 이 방법이 많이 쓰여지고 있다. 전해연마 후 피막처리를 하면 백색으로 구름이 낄 때가 많은데, 이것은 전해연마 때 얇은 산화피막이 생겼기 때문이다. 5~10% NaOH, 40~50℃ 조건에서 가스가 발생할 때까지 침지해서 제거하거나, 인산-크롬산 혼합 고온액에서 피막을 제거하도록 하면 된다.

이 처리를 해도 역시 구름이 낄 때는 한 번 더 침지해서 산화피막을 제거하도록 한다.

황 산	15(vol)% 내외
비이온활성제	0.5%
음극 전류밀도	3~10A/dm^2
온 도	상온
시 간	30초~3분
양 극	Pb 판

7. 옥살산법

일명 수산법이라고 하며, 합금의 경우 염색에는 황산법이 더 좋으나 옥살산법이 손쉽고 예비 탈지가 필요 없으며, 광택도 황산법보다 좋으므로 황색의 일반용에는 주로 이것을 사용한다. 옥살산법에는 **표 10-5**와 같이 3가지 방법이 있다.

표 10-5 옥살산법의 3가지 방법

	피막 성질	피막 생성	온도, 농도	조작	조건
교류법	연하고 굴곡성이 있음.	적음. 교류 전류계의 읽기에 0.36을 곱하면 직류값에 해당.	액온은 보다 높아도 좋으나, 농도의 영향은 큼.	간단	40~60V 2~3A/dm^2 25~30℃ 5~60분
직류법	경도 큼. 전기 부식에 의해 구멍이 생기기 쉬움.	많음.	액온은 낮을 필요가 있음. 농도의 영향은 적음.	간단	40~60V 1~2A/dm^2 18~20℃ 10~60분
교직중첩법	단단하며, 내식성이 있고 최고의 피막을 얻을 수 있음.	많음. 단시간에 두꺼운 피막을 얻을 수 있음.	-	복잡	DC 25~30V, 1~3A/dm^2 AC 40~80V 1~3A/dm^2 20~30℃ 15~60분

옥살산의 농도는 보통 1~5%이며, 40℃ 이상에서 신속히 피막을 생성시키고자 할 때는 10%까지도 사용한다. 사용 중 옥살산량이 점차 감소하므로 보급해야 한다. 옥살산의 소모량은 1Ah 당 0.13~0.14g이며, 0.08~0.09g의 Al이 녹아 들어간다. 옥살산을 직류만으로 전해하면 피트(pit)가 생겨 구멍이 군데군데 뚫어지게 되므로 교류를 혼합하든가 크롬산, 글리세린 등의 조정제를 넣어서 직류 전해하면 이러한 현상이 없어진다. 또한 옥살산의 피막은 황색이므로 피막을 두껍게 만들면 충분히 황금색이 되어 착색이 필요 없게 된다. 따라서 무색을 필요로 할 때는 크롬산 0.3% 정도를 첨가하면 된다.

표 10-6은 직류 전해조건에 따른 옥살산의 피막색을 나타내며, **표 10-7**은 옥살산의 피막두께에 따른 피막색을 나타내었다.

표 10-6 전해조건에 따른 옥살산의 피막색(직류)

피막 색	온도(℃)	양극전류밀도 (A/dm^2)	전압(V)	시간(분)
은색	25	1.5~2.0	35~40	35~40
황동색	40	3.0	50	35~40
청동색	50	4.0~5.0	50	35~40

표 10-7 옥살산의 피막두께에 따른 피막색(직류)

피막두께	5μ	15μ	50μ	100μ
피막색	백색	황색	황금색	황갈색

교류로 전해할 때는 일반적으로 온도가 높은 조건하에서 전해를 하기 때문에 **표 10-7**의 두께보다 얇아도 색이 진하다. 옥살산법은 황산법보다 전류효율이 좋고 피막의 두께는 거의 통전량에 비례한다. 다만 교류의 경우에는 양극으로 된 반파만이 유효한 피막을 만들므로 전류계에서 읽은 전류의 값에 0.36을 곱해서 전류량을 계산하면 직류 때에 해당된다. 그러나 교류에서는 전류의 크기가 항상 변화하고 있기 때문에 발열작용이 급격히 생기고, 전류가 적을 때나 음극으로 되었을 때 용해되므로 두께의 생성은 직류일 때보다는 훨씬 적으며, $2A/dm^2$일 때 비로소 이론값에 가까워진다. 옥살산액에서도 액온이 상승하면 용해작용이 급상승하므로 직류나 교류에도 온도의 상승과 더불어 전류효율은 급격히 저하한다.

전해액 중에 Al분이 많아지면 피막이 탁해지고 액의 저항이 커져서 옥살산을 다량 보충해야 비로소 소정의 전류가 흐르기 때문에, 오히려 새로운 액으로 대치하는 방향으로 나가는 것이 경제적이다. 신액에 구액을 약 5% 정도 혼합하는 것이 오히려 광택을 도와주는데, 이것은 Al의 양이 약간 있을 때 광택이 향상하기 때문이다. 전해액 중에 Al의 함유량이 많아지면 전류가 흐르기 힘들고 정상적인 운전이 곤란하게 된다.

따라서 액이 소모되어 옥살산을 보충하려면, 부족한 산뿐만 아니라 전류를 원상으로 흘리기 위한 보상용으로 산을 추가해야 한다. 보상방법으로는 우선 3%의 옥살산 용액을 출발점으로 하고 장시간 전해한 후 보충을 필요로 할 때 0.1N-$KMnO_4$로 분석해서 전옥살산분의 농도를 x, 0.1N-NaOH 로서 유리옥살산분의 농도를 y 라고 하며, 이때의 옥산살의 보충량은 $3+x-2y(\%)$인 양이다. 이때 $(3-y)\%$는 소모된 산에 대한 보충이며, $(x-y)\%$는 전도도에 대한 보상이다. 그러나 전해액 중에 Al의 함유량이 $3g/l[(x-y)\%=2.1\%$에 상당]가 되면 이 액은 전부 버려야 한다.

8. 황산법

황산법은 옥살산법에 비해 피막 두께에는 저온, 고전압으로 하지 않는 한 한계가 있다. 합금 성분에 의한 악영향이 적으며, 피막의 색상도 옥살산보다는 엷으며 착색에 적합하다. 또한 전압이 낮고 소모 전력량이 적으며 약품 가격이 저렴하다. 황산액에 의한 피막의 용해가 크기 때문에 피막이 무르며, 착색력이 좋은 막을 만들고자 할 때는 액온을 27~30℃로 상승시키고, 황산농도를 높여준다. 또한 경도가 크고 다공성이 적은 피막을 얻고자 할 때는 황산 농도를 7% 정도로 낮추고 온도를 21~24℃로 한다. 한층 견고한 막을 얻고자 할 때는 황산 6~15%에 옥살산 3~6%를 혼합해서 22℃에서 전해를 한다.

그림 10-4는 전해시간과 황산농도에 의한 피막의 중량 변화를 나타내었고, **그림 10-5**는 전해액 온도와 산화피막의 중량관계를 나타내었다. 액온이 50℃이면 피막은 거의 용해되어 없어지는 것을 알 수 있다.

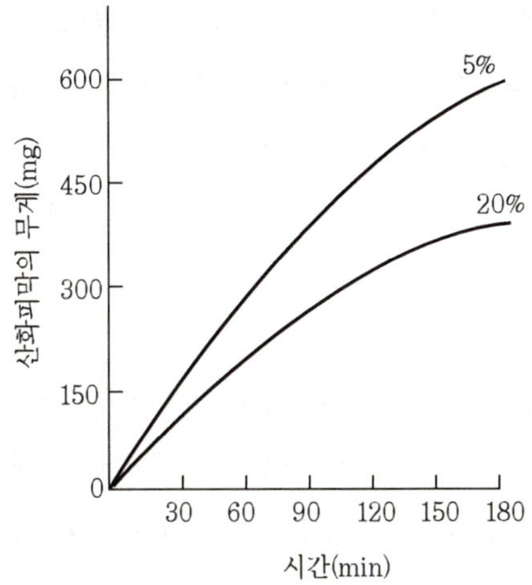

그림 10-4 전해시간과 황산 농도에 의한 산화피막의 중량관계.
(ⓐ 5% ⓑ 20%)

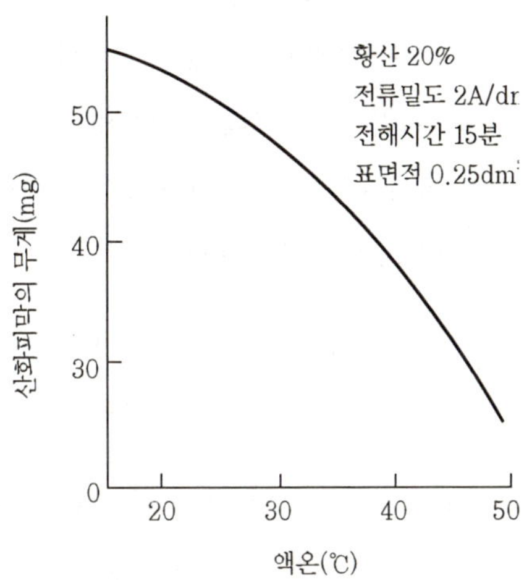

그림 10-5 액온도와 피막의 중량관계

알루미늄 순도의 영향은 옥살산보다는 작다. Al 금속화합물 중 $MnAl_6$, $FeAl_2$, $CuAl_2$ 및 Si는 용해하지 않고 피막 중에 잔존하여 피막의 광택과 내식성 등을 해치나, Mg_2Si, Al_2Mg_3, $Al_2Mg_3Zn_3$ 등은 용해되어 없어지므로 피막생성 후의 질은 순알루미늄과 차이가 없다. $MgZn_2$, AlZn, Pb는 일부 남고 일부 녹는다. 또한 합금 성분에 의해서는 전류가 통하는 정도가 다르므로 피막의 생성에 영향을 미친다.

황산의 농도는 10~20%이며, 액온도는 20℃ 내외, 전압은 12~15V를 사용하고 있으나,

액이 노화됨에 따라 액의 저항이 커지므로 소정의 전류밀도를 유지하기 위해서는 20~24V까지도 상승시켜서 사용한다. 황산 양극산화를 한 후에 수세와 중화를 충분히 하지 않으면 피막이나 물품의 홈부에 황산이 잔류하여 후에 Al을 부식시키며, 동시에 착색을 할 때도 황산액이 흘러내려 탈색이 되므로 희박한 암모니아수나 중조의 열액 내에 침지하여 충분히 중화한 후 착색하여야 한다.

황산도 옥살산과 같이 가스가 비산하거나 Al의 용출 등으로 중화되어 약해진다. Al이 녹아들어 가면 액의 저항이 커져서 전류가 흐르기 힘들다. 이때 황산을 추가하면 회복된다. 그러나 단순히 산도만을 회복하는 것으로는 불충분하며, Al 함량의 통전 장해를 보상하는 분량을 넣어 주어야 한다. Al의 함유량이 20g/l에 달하면 전류밀도가 최초 2.1A/dm^2였던 것이 1.35A/dm^2까지 내려간다. 그러나 이때 황산을 추가해도 난용성인 결정 황산알루미늄이 석출해서 액이 매우 탁해진다. Al 함량이 많아지면 20V까지 올려도 0.5A/dm^2 밖에 흐르지 않을 때가 있는데, 이렇게 되면 황산을 보충해도 소용이 없다. Al의 함유 한도량은 25g/l이다. 따라서 보충법으로는 매일 아침 전해를 시작할 때, 액 중에 50×50cm^2의 순알미늄판을 걸고 15V의 전압을 주어서 15분 후에 80~150A, 즉 1.6~3.0A/dm^2가 되도록 황산을 보충한다. 작업조건은 15±0.5V, 21±1℃ 이다.

9. 경질피막법

경질양극산화는 전해온도를 저온(10~-10℃)으로 설정하여 작업한다. 30μ 정도의 두께를 올리려면 10℃가 좋다. 두꺼운 피막이 필요할 경우 높은 전류밀도(3~4A/dm^2)를 많이 사용하며 전압도 20에서 180V까지 점차 상승시키면서 전해한다. 전해액은 보통 황산 10~20%를 사용하며, 60분에 60μ전후의 두께로 된다. 온도는 일반적으로 0~10℃를 많이 사용하며, 두께가 두꺼워질수록 전압을 상승시키면서 전류밀도를 유지한다.

10. 착색법

착색처리가 가능하다는 것은 양극산화법의 특색이다. 염료 또는 안료가 다공질 산화피막에 흡착되고 일부는 화학적 결합에 의해서 착색피막이 이루어지며 따라서 어떠한 색이라도 염료의 선택에 따라 착색할 수 있다.

1) 유기염료

유기염료에는 산성, 염기성, 매염 등의 수용성 염료외에 유기용제에 의한 유용성 염료가 있다. 산화피막용 염료는 색조, 작업성, 퇴색성(내광성), 내열성 등에 의해서 결정되며 사용자에 의해서 검토할 필요가 있다. 염료를 사용할 때는 염료에 따라 사용 pH가 각기 다르므로 제조업자의 설명서를 잘 읽고 사용할 필요가 있다. 또한 염료에 따라서 햇빛이 퇴색하는 정도, 즉 내광도가 있는데 카탈로그에는 각 염료의 내광성(light fastness)이 숫자로 표시되어 있으므로 이것을 확인하고 사용해야 한다.

내광성 8이 제일 강하고 0은 내광성이 전혀 없다는 표시이다. 따라서 양극산화용 염료는 적어도 내광도가 5이상이어야 좋고, 되도록 7~8의 것을 사용해야 한다. 착색작업에서 제일 주의할 것은 피막생성 후 절대로 손을 물건에 대지 말 것이며, 손을 대면 거의 전부가 손을 댄 자리에 착색이 되지 않으므로, 피막이 생성한 후에는 걸이에 건채 착색작업에 들어가야 한다. 이때 오목부분이나 접착부분 등에 옥살산, 황산 등의 전해액이 남아있기 쉽고 이것이 남아 있으면 착색을 할 때 서서히 흘러나와 그 부분이 탈색되므로 양극산화를 한 후 전술한 바와 같이 중조 2~5% 용액을 60~70℃ 중에 2~10분간 침지해서 중화, 수세 후 착색하도록 한다. 중조 대신 암모니아수(1~2%, 60℃, 20~30초간)에 침지하는 방법도 있다. 착색이 잘못되거나 너무 진하게 되었을 때는 옥살산, 황산의 전해액이나 진한 질산액 내에 침지하면 피막은 거의 악영향 없이 퇴색되므로 재차 착색하여 사용할 수가 있다. 탈색액으로 ㉠ 질산 10% + 황산 20%, ㉡ 진한 질산, ㉢ 과망간산칼륨 2% + 질산 10%, ㉣ 옥살산 전해액 등이 사용된다.

2) 무기염료

무기염료 중 황금색 염료인 옥살산제이철암모늄은 무기물이므로 내광도가 다른 유기물보다 강해서 퇴색이 잘 되지 않고, 농도에 따라 여러 가지의 황색을 얻을 수 있다.

옥살산제이철암모늄	10g/l	황금색	시간 0.5~2분 온도 70℃
옥살산제이철암모늄	25g/l	황갈색	

아세트코발트	50g/l	금색~적갈색	시간 2분 온도 30 ~ 50℃
과망간산칼륨	25g/l		

그 밖에 안료의 착색법으로는 다음과 같은 것이 있다.

① 적갈색 : 황산구리 용액에 침지한 후 적혈염용액에 침지한다.

$$2CuSO_4 + [Fe(CN_6)]K_4 \rightarrow [Fe(CN)_6]Cu_2 + 2K_2SO_4$$

② 갈색 : 질산은 용액과 중크롬산칼륨 용액

$$2AgNO_3 + K_2Cr_2O_7 \rightarrow Ag_2Cr_2O_7 + 2KNO_3$$

③ 흑갈색 : 아세트산납과 황화암모늄

$$PbAc_2 + (NH_4)_2S \rightarrow PbS + 2NH_4Ac$$

또한 질산코발트와 과산화수소의 암모니아용액

$$2Co(NO_3)_2 + H_2O_2 + 4NH_4OH = 2Co(OH)_3 + 4NH_4NO_3$$

④ 황색 : 아세트산납과 중크롬산칼륨 또는 크롬산칼륨

$$PbAc_2 + K_2CrO_4 = PbCrO_4 + 2KAc$$

또는 아세트산카드뮴과 황화암모늄

$$CdAc_2 + (NH_4)_2S = Cds + 2NH_4Ac$$

⑤ 백색 : 아세트산납과 황산소오다

$$PbAc_2 + Na_2SO_4 = PbSO_4 + 2NaAc$$

⑥ 청색 : 적혈염과 황산제이철

$$2Fe_2(SO_4)_3 + 3[Fe(CN)_6]K_4 = [Fe(CN)_6]_3Fe_4 + 6K_2SO_4$$

⑦ 흑색 : 아세트산코발트와 황화소오다

$$CoAc_2 + Na_2S = CoS + 2NaAc$$

〈주〉 Ac = COOH, Ac_2 = $(COOH)_2$(acetic acid의 약자임)

3) 자연발색법

알루미늄의 자연발색은 염색이나 안료를 사용하는 착색법과는 달리 양극산화 그 자체의 피막을 발색시키는 방법과 양극산화 후 교류전해에 의해서 착색시키는 두 가지 방법이 있다.

이 피막의 색은 일광에도 견고하며 퇴색되지 않으므로 건축자재 등에 많이 사용한다.

(1) Al에 합금과 열처리를 달리함으로써 발색시키는 방법

예를 들어 Al-5% Si에서 Si가 고용체로 되어 있을 때는 황산 피막에는 무색이지만, 공정(Al과 Si의 화합물로 석출한 것)이면 회색, Si 공정의 200~400℃의 저온에서 압연하여 입자가 미세하게 된 것일수록 진한 회색에서 검은색까지 된다. 그 반면에 Al-Cr은 황산피막에서 고용체일 때 황금색, 공정일 때 회색이다. 또 Al-Mn은 고용체일 때 무색, 공정일 때 엷은 적갈색에서 부터 검은색까지 된다. 즉 피막 중에 불용 성분이 미세하게 분산되어 광선을 흡수하거나 그 자체의 특유한 색상으로 인한 발색이다.

(2) 전해액의 조성과 전해방식에 따라 발색시키는 방법

이 방법은 옥살산, 황산 및 각종 유기산 등의 단독 또는 혼합액에서 전해 방식 등을 달리함으로써 발생시키는 방법으로 전해발색법이라고도 한다. 전해는 직류 또는 교류, 직교류 중첩 등을 한다. 양극산화를 할 때 전해액 내에서 산화피막을 형성시킴과 동시에 발색시키는 방법을 1차 발색 또는 전해발색이라고 하며, 양극산화 후 다른 전해액 내에서 교류 또는 직류로 착색시키는 방법을 2차 발색 또는 전해착색이라고 한다. **표 10-1-8**은 교류전해 착색의 조성과 조건을 나타내었다.

표 10-1-8 교류전해착색의 예

착색염	액조성		온도 (℃)	시간 (min)	전압 (V)	pH	색	색상 (H)	명도 (W)	채도 (C)
	성분	농도 (g/l)								
Cu	$CuSO_4 \cdot 5H_2O$ H_2SO_4	30 10	20	5	15	2.0	농암적색	5.0 R	2.9	0.2
Ni+ Sn	$NiSO_4 \cdot 7H_2O$ $SnSO_4$ H_2SO_4 안정제	25 5 5 약간	20	5	12~15	1.0	농 색	2.5 YR	1.8	1.0
Mn	$KMnO_4$ H_2SO_4	20 20	20	5	15	0.5	황녹색	2.5 Y	6.9	5.5
Se	Na_2SeO_3 H_2SO_4	5 10	20	8	8	1.0	담황색	10.0 YR	7.4	4.0

11. 봉공처리

양극산화는 다공질이며 흡착성이 있다. 이 때문에 피막은 더러워지기 쉽고 손에 들러붙는 성질이 있으며, 구멍 내부에 황산 등의 잔류물이 있어서 후에 부식의 원인도 되고, 염색을 했을 때 염료가 우러나거나 퇴색되기 쉬우므로 반드시 봉공처리를 할 필요가 있다. 봉공처리(sealing)는 고압수증기, 끓는 물, 화학 약품의 고온용액 등에서 처리를 함으로써 Al_3O_3 피막이 가수물이 되어, $Al_2O_3 \cdot H_2O$ 또는 AlOOH로 되어 팽창해서 다공질 부분의 구멍을 메워 준다. 화학 약품을 사용한 봉공처리일 때는 약품 중의 금속수산화물이 침전하여 구멍을 메워 주므로 봉공 효과를 조장시켜 주고 있다.

1) 증기 봉공처리

옥살산피막은 이 방법에 의한 내식성의 향상에 효과가 크지만, 황산피막에서는 다공질층이나 접합부분 내의 황산을 축출해 주지 못하므로 점식의 원인이 되기 쉽다. 또한 비내식합금(예 : 듀랄루민) 등은 오히려 내식성을 해치므로 주의할 필요가 있다. 설비로는 3~5 기압의 고압증기 중에서 20~60분간 봉공을 하도록 해야 한다. 만일 고온증기를 사용하지 않을 경우에는 염색한 물건에는 전해액이 접합부 등에서 흘러내려 봉공 도중 탈색되는 경향이 있다.

2) 순수 봉공처리

증기 처리의 간편법으로서 많이 이용하고 있고, 시일링 효력 자체는 불충분해도 증기 처리의 결점은 없어진다. 방법으로는 일반 수돗물이나 우물물은 좋지 않고 증류수나 이온 교환수를 사용해야 한다. 80~100℃에서 10~30분간 침지해서 실링을 한다. **그림 10-1-6**을 보면 실링 온도가 높을수록 실링 효율이 증가한다. 그중에서 증류수에 의한 실링이 가장 효과적임을 나타내고 있다.

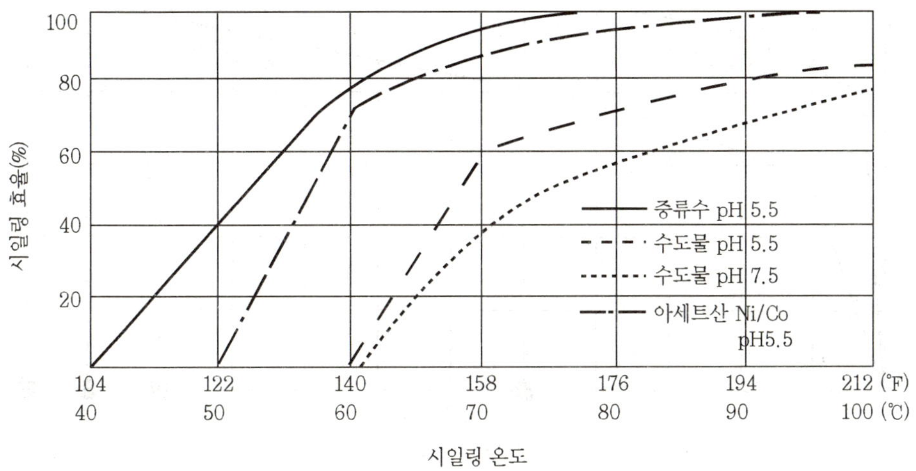

그림 10-6 봉공처리 온도와 효율

3) 아세트산 니켈-코발트 봉공처리

염색을 한 것을 수증기 또는 수처리를 하면 염료가 우러나서 염색이 엷어지게 되는 경우가 있다. 아세트산 Ni-Co실링이 가장 단시간에 완전한 실링이 되는 것을 **그림 10-7**에서 볼 수 있다. 이러한 경우 Ni-Co 염의 수용액에서 실링을 하면 염료가 빠지는 예가 없고 실링 속도가 빠르므로 이것을 사용하는 예가 많다. 조성은 다음과 같다.

아세트산니켈	5~5.8g/l
아세트산코발트	1g/l
붕산	8~4g/l
pH	5~6
처리시간	15~20분
온도	70~100℃

위의 조성 중 아세트산니켈 대신 황산니켈이나 질산니켈을 사용할 수도 있다. 만일 수산제이철암모늄을 사용했을 때에는 아세트산니켈 0.5g/l과 붕산 0.1g/l만 가지고도 충분히 실링이 되며 pH와 기타 조건은 위와 동일하다. 염료가 실링 중에 퇴색되는 것만을 방지하고자 할 때는 염화바륨 20% 액에 5분간 침지한 후 비등수 또는 수증기 실링을 하면 된다.

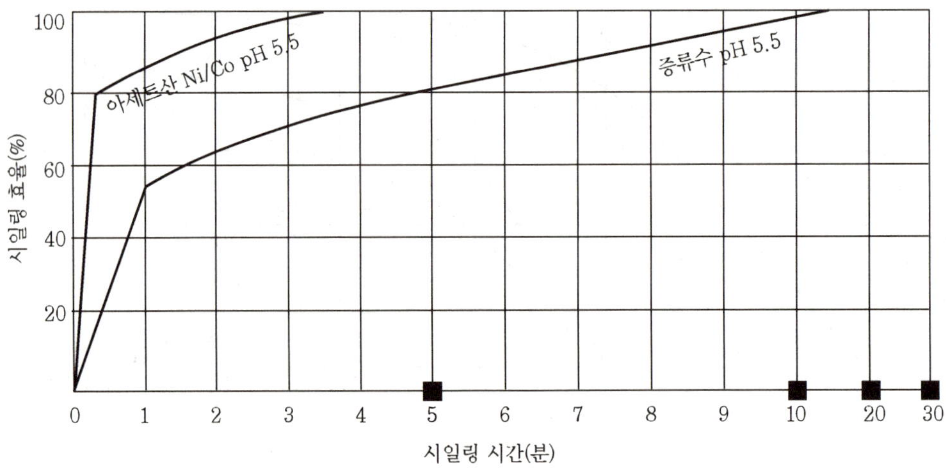

그림 10-7 봉공 처리 시간과 효율

10.2 마그네슘 양극산화

1. 마그네슘 양극산화의 특성

마그네슘 합금이 가지는 경량성, 차폐성, 방열성, 진동감쇠능 등의 우수한 특성에도 불구하고 산업 전반에 걸쳐 적용이 늦은 가장 큰 원인은 내식성이 약하다는 것이다. 그 이유는 순 마그네슘의 표준 전극전위가 알루미늄이나 철 등의 다른 금속원소에 비해 현저히 낮기 때문이다. 특히 전기화학적으로 귀(noble)한 불용성의 천이금속(Fe, Cu Ni 등)이 기지(matrix) 내에 미량 존재할 경우 마그네슘 기지가 비(base)하게 되므로 국부적으로 cell 전극을 형성하여 부식속도를 가속화 시킨다. 따라서 여러 가지 사용 환경에서 마그네슘 합금 부품의 내식성 및 내구성을 향상시키기 위해서는 화성처리나 양극산화 등을 이용한 표면처리가 필수적이다.

마그네슘 합금 부품의 표면처리 공정은 표면 전도도, 내식성, 내마모성 등의 사용조건과 합금의 종류, 그리고 다른 금속이 함께 조립되는지의 여부 등에 따라 결정 되어지며 일반적으로 화성처리, 양극산화, 도금 및 도장 등이 있다. 여기서 가장 많이 사용되고 있는 표면처리 방법은 화성처리 및 양극산화이며 도장할 경우에 전처리로서 화성처리나 양극산화처리를 한다. 일반적으로 마그네슘합금 부품을 성형한 뒤에는 표면처리를 위한 전처리로서 세정 및 표면조정 처리를 하고 화성처리 혹은 양극산화처리를 한 뒤 도장으로 마무리한다.

화성처리는 도장하거나 부품을 보관할 경우 등 환경이 깨끗하고 부식조건이 심하지 않은 환경에 사용되며 양극산화는 내마모성이 요구되고 화성처리에 의해 견딜 수 없는 가혹한 부식 환경에 사용된다. 화성처리 시에는 주로 6가 크롬이 함유되어 있는 액을 사용하게 되는데, 최근 환경문제가 심각해짐에 따라 크롬계 화성 처리액의 사용에 대한 규제가 심화되고 있다. 이에 따라 선진국에서는 인산염계, 주석산염계, 불화물계 등의 크롬을 함유하지 않는 약품을 이용한 표면처리 방법을 개발하고 있다. **표 10-9**과 **표 10-10**는 마그네슘 아노다이징 특성과 크로메이트 처리와의 비교 내용이며, **그림 10-8**, **그림 10-9**는 크로메이트처리 및 아노다이징처리한 피막의 형상이다.

표 10-9 Mg-Anodizing 표면물성의 일반적인 특성

피막두께	경도(Hv)	전기 절연성	내식성	내마모성	도장 밀착성	피막성분
10±3μm	350 이상	부도체	염수분무 72hr이상	매우양호	매우양호	MgO 외

표 10-10 Mg Anodizing과 Chromate와의 비교분석

항 목	Mg Anodizing	Chromate
도장부착성1)	우수함	우수함
내마모성	매우 우수함	향상 없음
두 께2)	원하는 두께로 성장	향상 없음
경 도	Hv 300 이상	향상 없음
내식성	72 Hr 이상	48 Hr 이상
착색성3)	착색 가능	착색 불가능

그림 10-8 크로메이트처리 피막형상〈x 5000〉

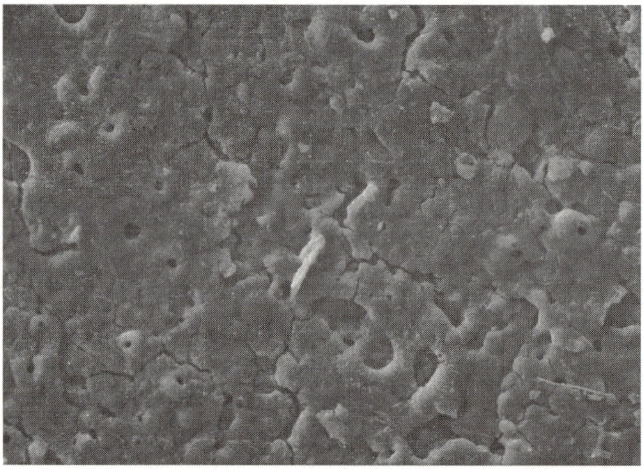

그림 10-9 아노다이징처리 피막형상〈x 5000〉

2. 전처리

마그네슘의 전처리는 표면의 먼지, 산화물, 윤활제, 이형제, 주물사, 절삭유등의 오염물을 제거하여 각종 표면처리시 피막의 부착성을 높여 건전한 피막을 얻는데 있다. 표면 상태가 불량한 소재를 그대로 표면처리 하였을 경우 부식 도장밀착성 불량, 표면저항증가 등의 원인이 되기 때문에 물리적, 화학적으로 오염물의 제거가 필요하다.

1) 기계적 전처리

마그네슘합금을 기계적으로 클리닝(cleaning)하는 방법은 다른 합금의 표면 전처리와 유사하다. 즉 바렐(barrel), 블라스트(blast), 샌드 페이퍼(sand paper), 브러쉬(brush) 등이 적용된다. 바렐 연마는 연마제로 세라믹과 수지 등을 사용하여 용기 중에 성형품과 함께 넣어 물리적으로 성형품 표면을 연마하는 방법으로 건식법과 습식법 두 가지로 나눌 수 있다. 보통 습식법이 사용되며 부식억제제와 계면활성제를 함유한 연마제를 사용하게 된다. 연마방법과 연마제의 종류를 어떻게 선택하는가에 따라 버(burr)의 제거, 광택성 부여가 가능하게 된다. 그러나 장시간 연마하면 끝단 부분이 주로 마모되기 때문에 주의를 요구한다. 블라스트 연마는 금속 표면에 연마제를 강하게 뿌려 연마하는 방법이다. 바렐 연마보다 연삭힘이 강하고 단시간에 표면의 균일화와 버의 제거가 가능하다. 사용하는 입자에 따라 금속 표면을 경화시키는 효과가 있지만, 두께가 얇은 제품의 경우에는 응력이 가해지기 때문에 변형에 주의해야 한다.

연마제로서는 유리질 Glass-bead, 아연, 알루미나 입자 등을 사용하며 이때 블라스팅 입자 또는 입자에 묻은 오염물이 마그네슘 표면으로 침투하여 부식을 일으킬 수 있으므로 주의가 필요하다. 이런 경우 최종적으로 산세 처리를 하여 방지할 수 있다. 또한 기계적 전처리에서 발생되는 마그네슘 분말의 취급에 주의하지 않으면 분진폭발 또는 분말의 부식에 따른 수소발생 및 화재의 위험성이 있으므로 발생되는 마그네슘 분말은 습식 집진시설을 이용하여 처리하여야 한다.

2) 화학적 전처리

화성처리, 양극산화처리 등의 표면처리를 하기 전 성형품을 각종 용액에 침지시켜 화학적 반응에 의해 표면의 가공유, 이형제, 산화물 등의 오염물질을 제거하고 표면을 활성화시켜 표면처리 특성을 향상시키는데 이를 화학적 전처리라 한다. 마그네슘은 고알카리용액 중에서도 상대적으로 안정적이기 때문에 작업이 용이하고 저비용으로 할 수 있는 알칼리탈지를 주로 행하고 있다. 알칼리탈지는 pH8.3 이하일 때 효과가 거의 없기 때문에 수산화나트륨에 인산염, 탄산염 등을 첨가하여 pH 11로 맞추어 70℃ 이상으로 가열하여 3~5분 침지시키는 것이 일반적이다. 이러한 알칼리 탈지법은 일반적으로 값이 싸고 조작이 쉽지만 합금

성분에 따라 알칼리에 대한 저항성이 다르므로 탈지액의 수소이온농도(pH) 및 조성에 주의해야 한다. 대표적인 알카리탈지처리를 **표 10-11**에 나타내었다.

표 10-11 대표적인 알카리 탈지액 조성과 조건

용액 성분(g/l)		처리시간(min) 및 온도(℃)	pH 농도
가성소다 안산소다 개량제	15~60 10 0.7~1	3~10 90~100	pH 11 이상
안산소다 탄산소다 개량제	30 30 0.7~1	3~10 90~100	pH 11 이상
가성소다 개량제	100 0.7~1	10~20 90~100	약 pH 13
불화소다 4붕산소다	15 70	3~5 70~80	pH 12 이상

산세처리는 일반적으로 금속표면의 산화물 제거를 말하지만 탈지 공정에서 제거되지 않는 산화피막, 부식생성물, 이형제, 부착된 연마제를 제거하는 공정이다. 산세 시에는 치수의 변화와 처리공정, 용액관리에 주의해야 한다. 처리방법은 산의 조성에 따라 약간씩 다르지만, 대체로 크롬산, 질산, 인산 등을 함유한 실온 용액에서 30~60초간 유지한다. 이때의 에칭량은 3~25μm이며 이형제, 유지 등을 제거하고 표면저항을 낮추기 위해서는 8μm의 에칭량이 필요한 것으로 알려져 있다.

화학적 전처리는 화성처리와 도금 등의 후 공정에 큰 영향을 주기 때문에 농도와 작업시간에 주의해야 하며 또한 균일한 표면을 얻기 위해서 지나치게 에칭하는 것은 치수정밀도를 떨어뜨리고 용액관리와 폐수처리를 어렵게 하며 비용을 증가시키는 원인이 된다. 그러므로 자원의 낭비를 줄이고 고효율의 표면처리를 위해서는 적절한 효과를 얻을 수 있는 조건의 확립이 중요하다.

3. 화성처리

화성처리는 마그네슘합금 제품을 처리액에 직접 침지시켜 이때 발생되는 전기화학적 반응

을 이용하여 표면에 피막을 생성시키는 표면처리 방법이다. 화성처리의 목적은 일반적으로 저비용으로 부식을 방지하고, 도장 밀착성을 향상시키는데 있다. 화성처리에도 여러 가지 종류가 있고 반응기구가 다르지만 크롬산을 함유하는 화성피막을 생성하는 경우는 기본적으로 다음의 반응식에 따른다. 먼저 산성액 중에서 6가 중크롬산 이온 $Cr_2O_2^{2-}$가 생성된다. 중크롬산은 산화제로서 작용하고 스스로 환원되어 3가 크롬 이온 Cr^{3+}가 된다. 용액 중 3가와 6가 크롬 이온이 존재하면 마그네슘 표면에 크롬산 복합피막이 형성된다. 마그네슘의 용해에 따라 표면이 알카리화되고 이때 수산화크롬($Cr(OH)_3$)의 생성이 동시에 이루어 진다.

1) 크로메이트 및 비크로메이트

화성처리는 크로메이트(chromate)계와 비크로메이트(nonchromate)계로 크게 구별된다. 크로메이트계는 Dow Chemical사에 의해 개발되어 Dow1, Dow7 등으로 불리며, ASTM과 JIS 등과 국제 규격에도 표준화되어 있다. 크로메이트 처리액은 산성용액이기 때문에 표면이 에칭되고 처리표면의 대부분이 황색에서 갈색으로 착색되지만 질산제 2철용액을 이용하면 소재의 금속광택 또는 반광택을 나타낸다. 크로메이트 처리에 의해 생성된 피막은 얇고 내식성, 작업성이 양호하며, 저비용으로 우수한 도장밀착성을 얻을 수 있다. 크로메이트 처리는 비용이 싸고 용액관리가 용이하며 내식성 및 도장밀착성이 우수하지만 6가 크롬은 환경오염물질로 현재 규제가 강화되고 있으므로 크롬의 함량을 감소시키거나 비크로메이트 처리로의 전환이 필요하다.

비크로메이트 처리액의 조성은 표면처리 업체의 know-how로서 공개되지 않고 있지만 대표적으로는 인산염계, 수산계, 망간계, 주석산계 등으로 구분할 수 있다. 비크로메이트계의 피막의 경우 염수분무시험에서 5~7 사이클을 견디는 내식성을 가지는 것이 보통이다. 마그네슘합금의 사용이 증대되고 있는 정보통신업계에서는 이러한 내식성 뿐만 아니라 전자파 차폐성, 즉 낮은 표면저항치를 요구하고 있다.

2) 화성처리 피막의 특징

전자부품 산업에 있어서는 사용기기에서 다른 기기로의 전자파에 의한 오작동 영향, 역으로 다른 기기에서 사용기기로의 오작동을 방지하기 위하여 전자파 차폐 특성이 요구되는데, 화성처리피막에 의해 표면저항이 증가하게 되면 차폐 특성이 감소하게 된다. 표면저항을 평가하는 방법으로는 ①표면저항측정 ②절연피막 파괴법이 알려져 있지만 대부분의 경우 표면저항측정법을 이용한다. 표면저항이 0.6Ω 이하이면 문제가 되지 않는다. 절연피막파괴법은 하중 5g을 인가한 직경 3mm의 전극에 2~10V의 낮은 전압을 인가하여 통전시킴으로써 피막파괴가 일어날 때의 전압을 표시하는 방법이며, 보통 6V 이하의 전압이 양호하다.

도장밀착성은 사용한 화성처리와 프라이머의 종류에 의해 좌우되며 최근 업체에서 마그네슘전용 프라이머를 개발하여 사용하고 있어 밀착성이 향상되었다. 말착성은 1~2mm 간격으로 "+" 선을 그어 테이프로 박리성을 평가하거나, 염수분무시험 후와 온 · 습도시험 후에 실시하는 경우도 있다.

3) 화성처리시 주의 사항

화성처리에 있어서 주로 문제가 되는 것이 선행 공정에시 마그네슘 표면에 흡착되어 있는 이형제가 완전히 제거되지 않거나, 화성처리 피막의 불균일 등 도장 밀착성에 악영향을 주는 현상이다. 이형제 중에 함유되어 있는 칼륨이 원인이라고도 할 수 있지만 칼륨을 함유하지 않는 이형제라도 조건이 적당하지 않을 때 발생할 수 있다고 알려져 있으며, 아직 명확하게 규명되지 않고 있다. 이형제를 제거하기 위해서 과도한 산세를 했을 경우 치수변화의 문제가 발생하기 때문에 주의가 필요하다. 일반적으로 피막 두께를 증가시키면 내식성은 향상되지만, 표면저항도 증가한다. 그리고 처리용액의 열화도 빠르기 때문에 적절한 피막 두께를 얻을 수 있도록 조건의 설정과 용액의 관리가 중요하다.

4. 양극산화

양극산화는 외부전원을 이용하여 마그네슘 표면에 산화물 및 금속염을 비교적 두껍게 형성시키는 방법이다. 마그네슘을 양극(+)에, 다른 불용성 금속을 음극(−)에 접속시켜 반응조 내에 전류를 흐르게 한다. 양극산화처리를 하기 위해 전류를 걸면 아주 낮은 전압에서 마그네슘 수산화물이 미세한 막을 형성하고 약 10V의 전압이 걸리게 되면 마그네슘 산화층이 형성된다. 일단 산화층이 형성되면 저항이 증가되어 마그네슘 산화층에 내부 응력이 집중되고 70V 전압에서 산화층이 파괴된다. 그리고 다시 전압을 올려주면 제2의 다공성 산화층이 형성된다. 이 공정 중에 스파크가 발생되며 강제적으로 전기를 걸어 산화층을 형성하므로 전기효율이 나쁘게 된다. 스파크가 난 국소부위는 열응력을 받아 마그네슘 물성에 나쁜 영향을 주며 스파크가 발생한 부위는 표면 접착력이 떨어져 최종 물성을 떨어뜨린다.

양극산화 피막을 필요 이상 두껍게 하면 재료가 변형되어 균열이 발생되기 쉽고 양극산화 처리를 할 때 피로강도가 낮아지는 것이 보고되어 있다. 그 원인으로 피막생성 과정에서 마그네슘 표면이 거칠어져 이것이 시작점이 되어 균열이 광범위하게 발생되기 때문이다. 마그네슘 위에 직접 도금 가능한 금속은 아연과 니켈이 있다. 단 이들 도금층은 하지도금으로 이용되고 장식과 내마모성을 부여하기 위해서는 다른 금속도금을 이용한다. 과거에는 아연도금-동도금의 전기도금 공정이 이용되었지만, 최근에는 무전해 니켈도금이 확대되고 있다.

1) 마그네슘 도장 공정

마그네슘합금은 부식이 쉽게 일어나는 금속이므로 내식성을 유지하기 위해서 하지처리부터 도장처리까지 각 공정을 적절히 관리하는 것이 필요하다. 특히 철과 알루미늄 등과 같이 화성처리를 하지 않고 프라이머-도장처리만으로 밀착성 및 내식성을 부여하는 것은 어렵고 마그네슘합금 도장 공정에 관해서는 도장공정의 전처리로서 하지처리에 충분한 주의가 필요하다.

기본적인 도장공정은 일반적인 금속 도장과 유사한 공정이며 사용하는 도료 종류에 의해 색상, 기능 등의 특성이 결정된다. 마그네슘합금 케이스 도장은 노트북, 휴대전화 등의 제품이 주류를 이루고 있으므로 일반 금속도장에 비해서 도장 마무리 품질이 엄격하다. 컴퓨터 케이스 등의 전자제품에 피막 관리가 1um로 엄격히 요구되며, 이들 도료는 가격이 고가이기 때문에 도장 효율 향상을 통한 도료비용 절감이 매우 중요하고 고품질 도장처리를 위해 전용 스프레이건과 도료 공급 장치의 개발이 필요하다. 도장 세부공정의 기술적 완성도는 다른 수지 성형부품이나 일반적인 금속제품과 비교하면 상대적으로 낮고 기술자의 시행착오에 의한 경험에 의존하는 것이 대부분이다.

마그네슘은 광범위하게 적용되고 있지만 도장처리가 실시되는 대표적인 예로서 컴퓨터, 디지털 카메라 등의 가전제품 케이스류와 스티어링휠 등의 자동차 부품류, 전동공구류 케이스 등이 있다. 도장처리를 실시하는 목적으로는 일반적으로 방청 · 내식성 강화 등의 보호 목적, 외관의 미장목적, 그리고 광촉매 도료와 같은 특수기능을 부여하기 위한 목적이 있다. 철을 대표로 하는 금속 도장분야에 있어서는 기술적으로 거의 차이가 없다. 그러나 마그네슘합금 자체는 다른 일반적인 금속과 비교하여 부식이 쉽기 때문에 도장 자체보다 도장 전처리 공정이 중요하다. 전처리 공정의 불량이 마그네슘합금 부품의 도장 품질을 직접적으로 결정한다고 할 수 있다. 이와 같은 단점 요인이 있지만, 마그네슘합금 제품에 도장이 행해지는 것은 노트북, 디지털 캠코더, 휴대전화 등이 마그네슘합금 제품의 주류를 이루고 있음으로 미장성 요구가 높고 양산 효과를 기대할 수 있기 때문이다. 도장처리가 실시되고 있는 대표적인 제품의 예와 제품별 요구 특성을 **표 10-12**에 나타내었다. 마그네슘합금의 적용 범위는 향후 꾸준히 확대될 것이라 예상되며 그중 자동차 부품과 전자부품이 특히 주목받고 있는 분야이다. **표 10-13**은 용도별 마그네슘 합금의 화학조성과 기계적 성질을 나타낸 것이다.

표 10-12 마그네슘합금 적용 제품별 요구 특성

제 품	경량성	강도	방열성	차폐성	치수정밀	박육성형	재활용
자동차 그티어링 휠	O	O			O		O
네비게이션 부분		O	O	O	O	O	O
카메라 부품	O	O			O	O	O
비디오카메라	O	O		O	O	O	O
전자수첩	O	O		O	O	O	O
노트북	O	O		O	O	O	O
휴대전화	O	O		O	O	O	O
CD 드라이브	O	O		O	O	O	O
액정 프러젝터	O	O	O	O	O	O	O
전동공구	O	O			O		O
낚시 릴	O	O			O		O

표 10-13 용도별 마그네슘 합금의 화학조성과 기계적 성질

구분	합금명		표준화학조성	인장강도 (MPa)	항복력 (MPa)	연신율 (%)
	ASTM	JIS				
압연재용	AZ31C	MP1	Al3.0, Zn1.0, Mn0.15	220	105	11
	ZK10A	MP4	Zn1.2, Zr0.6	240	160	5
	ZK30A	MP5	Zn3.3, Zr0.6	250	160	6
	AZ21	MP7	Al2.0, Zn1.0, Mn0.05	190	90	13
주조용	AZ63A	MC1	Al6.0, Zn3.0, Mn0.15 (T6)	275	130	5
	AZ91A	–	Al8.0, Zn0.7, Mn0.13 (T4)	275	83	15
	AZ91C	MC2	Al8.7, Zn0.7, Mn0.13 (T4)	275	90	15
다이캐스트용	AZ91D	MDC1D	Al9.0, Zn0.7, Mn0.13 (F)	250	160	7
	AM60	MDC2	Al6.0, Mn0.13 (F)	240	130	13

제 11 장 용융아연도금

11.1 용융아연도금 개요

용융아연도금은 뛰어난 방식효과와 경제성이 우수하여 외국에서는 이미 구조물의 방식대책으로 가장 일반화되어 있는 방식이다. 희생적 방식특성이 있는 아연이 철과 합금층을 이루며, 견고히 부착되기 때문에 치밀한 보호피막을 형성한다. 이러한 용융아연도금의 특징을 요약하면 다음과 같다.

1) 도금표면에 형성된 치밀한 보호피막과 희생적 방식작용을 하므로 내식성이 매우 우수하다.
2) 못과 같은 경량품에서 부터 10톤에 이르는 제품까지 용융아연도금 조에 침적 가능한 제품은 모두 도금이 가능하다.
3) 철과 아연이 합금층을 이루므로 부착력이 매우 뛰어나다.
4) 긴 내부, 가느다란 절곡형태 등 손이 닿지 않는 부위나 보이지 않는 부위에도 도금이 되므로 신뢰성 있는 완벽한 방식처리가 가능하다.
5) 강재 자체의 기계적강도 변화가 거의 없으므로 최초 설계 그대로의 강재 사용이 가능하다.
6) 법규상 필요한 도장 또는 주변과의 조화를 위해 다양한 페인트 처리가 가능하므로 그 적용범위가 넓다.
7) 시공현장에서 방식을 위한 도장처리가 필요 없으므로 건설공기를 대폭 단축시킬 수 있다.
8) 다른 방청법과 비교하여 건설 초기비용에서도 충분히 경쟁력이 있으며, 특히 장기간 유지보수가 필요 없으므로 경제성이 훨씬 높다.

용융아연도금의 적용부품으로는 전력산업과 관련하여 고압선철탑자재, 케이블트레이, U-찬넬, 주물종류, 완금자재, 통신용 강관주 등, 도로공사와 관련해서는 고속도로표지판, 강관지주, 교량, 상판연결용철판, 교량점검용 자재, 강관주, 방음벽 지주, 가드레일 등. 철도산업과 관련해서는 전철용 지주, ,스페이스용 파이프, 전선도관용 파이프, 기타구조물 등. 토목공사와 관련해서는 철근 앙카, 앙카볼트, 닥트앵글, 그레이팅, 엘보류 등. **그림 11-1-1**

아연의 원자량은 65.38이며 비중은 7.14 용융점은 419.5℃ 비등점은 907℃ 항장력 11.4~13.5kg/mm^2 신율30~70% 표준전위가 -0.763V 이다. 또한 희생적 방식작용 으로 아연이 철에 대하여 희생적 방식작용을 하므로 기계적 손상 기타 무도금으로 아연도금 일부의 철이 노출 되어도 (2mm한도 내) 습기, 기타 전도성의 용액으로서 그 결손 개소는 전기 화학적인 작용으로 활성화 되어, 아연은 양극(+)이 되고 철은 음극(-)이 되어 부식을 방지하는 전기가 구성되며, 이것은 철강을 보호하기 위하여 아연이 희생되므로 희생적 방식작용이라 말한다.

그림 11-1 용융아연도금 사례

11.2 용융아연도금 피막조직

용융아연도금의 내식성은 그 도금층의 조직구조에 기인한다. 도금층의 단면을 현미경으로 보면 용융아연도금과 철의 반응에 의해 형성된 금속간 화합물 합금층과 도금조에서 인양할 때 합금층 위에 부착된 아연층으로 되어있다. 도금조직은 철소지에 가까운 방향으로 부터 감마층(γ : 21~28% Fe), 델타층(δ : 7~11% Fe), 제타층(ζ : 5.8~6.7% Fe)의 합금층과 순수아연층인 이타층(η : 0.03% Fe)으로 형성되어 있다.

η 층 (0.03% Fe)	부드럽고 연성부, 아연순도 98.5%이상, 조밀육방정계
ζ 층 (5.8~6.7% Fe)	결정이 대칭성이고, 결합이 약함. 주상조직
δ 층 (7~11% Fe)	치밀한조직 인성부, 도금피막 가장내부, 복잡한 육방정계
γ 층 (21~28% Fe)	철소지에 접합. 엷은층, 부서지기 쉬운성질, 입방정계
Fe 소재	

· γ 층 : 철소지에 접하는 층으로 보통 대단히 엷은 층이다. 결정은 입방정계로 Fe3Zn10의 화합물로 생각할 수 있으며, 단단하여 부서지기 쉬운 성질을 가지고 있다. 경도는 마이크로피커스 경도로 500 가까이 된다.(보통의 강재는 100~200) 다른 층과의 관계에서 이층은 식별되지 않는 것이 보통이다.

· δ 층 : 통상의 도금피막에서는 가장 내부에서 볼 수 있는 것으로 치밀한 조직을 가지며 인성이 풍부하다. 결정은 복잡한 육방정형으로 FeZn7의 화합물로 생각할 수 있으며, 철의 함유량은 7~11%이다. 경도는 마이크로피커스로 250 이상으로 알려지고 있으며, 철의 함유량도 많기 때문에 이층까지 부식이 진행되면 반점상태로 적갈색을 띄는 경우도 있지만 강재 자체의 붉은 녹과는 다른 것이다.

· ζ 층 : 피막중에서 가장 현저한 결정을 가지며 주상조직이다. 도금의 부착두께가 많을 때는 이층이 두터울 경우가 많다. 이층은 다른 층과 비교하여 결정이 대칭성이 낮고 결합이 약하기 때문에 무르고 가공할 경우에 균열이 발생하기 쉽다. 경도는 마이크로피커

스로 200 전후이다. 조성은 FeZn13이며, 철의 함유량은 6% 정도이다.

· η층 : 이것은 용융아연액으로부터 강재를 인양할 때 부착되는 것으로 결정은 순아연과 같은 조밀 육방정계에 속하고, 부드럽고 연성이 풍부하여 변형가공을 받아도 찢어지는 일이 없다. 아연순도가 98.5%이고, 도금로 성분에 의한 Pb이 1%정도 포함되는 것이 보통이며 경도는 50 이하이다.

이상의 각 층이 철소지로부터 연속하여 형성되어 있기 때문에 밀착성이 대단히 우수하다. 또 도금한 제품의 외관은 오로지 가장 외층의 η층에 의한 것이고, 도금 직후는 광택을 갖지만 수개월 경과하면 광택을 잃고 회색으로 변해가는 것이 보통이다. 이것은 염기성 탄산아연 등을 주 성분으로 하는 고내식성의 보호피막이 도금표면에 형성되어 있기 때문이고 성능 상 전혀 문제가 되지 않는다.

용융아연 도금층 화학 조성(%)

Zn	Pb	Al	Cd	Fe	Cu
99.995	0.0023	-	0.0005	0.0004	0.0009

철-아연 합금층의 성질

피막층	경 도(Hv)	인장강도 (kg/mm^2)	화학식	철 분 (wt%)	비 중 (g/cm^3)	결정격자
γ 층	493	-	Fe_4Zn_{21}	21-28	7.36	체심입방
δ 층	326	2 - 5	$FeZn_7$	7.4-11	7.25	육 방
ζ 층	231	-	$FeZn_{13}$	5.75-6.25	7.18	단 사
Zn	35	5 - 7	Zn	0.03	7.14	조밀육방

11.3 용융아연도금의 내식성

아연금속은 본래 대단히 활성인 양성금속으로 부식하기 쉬운 성질을 가지고 있지만, 표면에 치밀한 $Zn(OH)_2$나 ZnO의 부동태 피막을 형성하거나 불용성의 염기성 탄산아연 피막을 만들기 때문에 강한 내식성을 나타낸다. 그러나 이러한 피막의 생성을 방해하기도 하고 또 용해성 박막을 생성하는 환경하에서는 아연도금은 급속히 부식된다. 따라서 부식환경이 열악한 경우에는 아연도금위에 도장 등으로 2중 방식할 필요가 있다. 이처럼 아연도금은 사용되는 환경에 의해 내식성은 큰 변화를 갖게 되며 아연도금제품을 사용하는 강구조물을 설계할 때 그 주변 환경을 확인하는 것에 의해 각 환경하의 각지에서 실시된 폭로시험결과로부터 구조물의 내용 년수를 추정하는 것이 가능하다. 대기 중의 아연도금은 대기오염물질의 아황산가스, 산화 등에 의해 그 내식성이 크게 좌우되고 부식인자로 다음과 같은 것이 있다.

1) 습기와의 접촉시간과 온도
2) 표면의 건조속도
3) 대기중의 공업오염물질 및 해수의 염분 등.

위와 같이 사용 환경이나 조건에 의해 내식성은 달라지지만 아연도금 부착량과 내식성과의 관계는 동일환경, 동일조건에서 또 동일환경 하에서 실내는 실외에 비해 3~5배의 내용 년수를 기대할 수 있으며, 내용 년수는 아연 부착량에 비례한다. 대기 중의 내용 년수를 예측하는 경우 사용 환경에 의한 도금의 부식속도와 아연 부착량으로 부터 다음과 같이 계산한다.

$$\text{내용년수} = \frac{\text{아연부착량}(g/cm^2)}{\text{부식속도}(g/m^2/\text{년})}$$

이 식은 아연피막이 10%가 남아있는 시점에서 철소지로부터 녹이 발생한다고 가정한 값이다.(JIS H 8641 용융아연도금 해설) 일본 도로공사의 자료에 의하면 교량의 경우 주요부재의 년평균 아연도금 부식막 두께 감량은 약 1.85μm/년으로 동일한 속도로 부식이 진행될 경우 아연부착량 600g/m^2(84μm)의 90%가 부식된 경우 41년(84×0.9/1,85=41년)의 내용 년수가 산출된다. 하지만 실제적으로 200μm 이상의 아연도금 막두께로 작업이 가능하여 실제 교량은 상당한 내용 년수를 가지고 있다. 일본 용융아연 도금협회의 대기폭설

환경시험에 의한 추정 아연도금 내용 년수는 아래와 같다.

용융아연도금의 추정 내용년수

	400g/m²		500g/m²		600g/m²	
	부식량(g/m²/년)	내용년수	부식량(g/m²/년)	내용년수	부식량(g/m²/년)	내용년수
중공업 지대	31.1	11.6	32.8	13.7	31.1	17.4
해 안 지대	12.4	29.0	12.5	36.0	12.3	43.9
교 외 지대	7.1	50.7	7.2	62.5	6.7	80.6
도 시 지대	15.7	22.9	16.0	28.1	15.9	34.0

11.4 도금 공정도

공정		조건	관리	기록
원재료	→	·소재 – 외관검사 ·지금 – 성분검사		▲ 납품처 시험성적서
⬇				
수 세	→	·공업용수 ·상온, 2분	– 1day 체크	▲ 공정관리일지
⬇				
산세조	→	·HCL 10% ·10-25℃, 30분	– 농도관리 – 1day 체크	▲ 공정관리일지
⬇				
수 세	→	·공업용수 ·상온, 2분	– 1day 1체크	▲ 공정관리일지
⬇				
Flux조	→	·공업용수 ·55-75℃, 3분	– 농도, 온도관리 – 1week 1체크	▲ 공정관리일지
⬇				
용융도금조	→	·Zn 지금 ·450±10℃, 10분	– 온도관리 – 1day 2체크	▲ 공정관리일지
⬇				
냉각조	→	·공업용수 ·70℃ 이하, 10분	– 온도관리 – 1week 1체크	▲ 공정관리일지
⬇				
제 품	→			▲ 제품관리일지

1) 산처리 및 탈지 작업

−녹제거 및 기타 불순물 제거 →염산 또는 황산을 사용함. 지체시간은 물건상태에 따라 20~60분 소요, 혼산 사용의 경우는 HCl 3.5% + HF 1.8%

$$Fe + 2HCl = FeCl_2 + H_2$$

그림 11-2는 산처리 공정을 보여준다.

그림 11-2 산처리 공정

2) 수세

− 산처리한 제품을 씻어냄

3) 후럭스 처리

−철 표면에 모든 불순물을 제거하고 피도금물 표면에 아연산화물을 없애는 역할을 함. 온도는 80℃정도에서 1분정도 소요. 후럭스로 염화암모늄을 사용하는 경우의 반응은 다음과 같다. **그림 11-3**은 후럭스 처리공정을 보여준다.

$$Fe + 2NH_4Cl = FeCl_2 + H_2 + 2NH_3$$

$$FeCl_2 + 14Zn = ZnCl_2 + \underline{FeZn_{13}(\text{dross생성물})}$$

⬇

$$Fe + 2NH_4Cl + 14Zn = ZnCl_2 + \underline{FeZn_{13}} + H_2 + 2NH_3$$

그림 11-3 후럭스 처리공정

4) 건조

-도금조에 들어가기전에 후럭스 처리한것을 잘 건조하여 피도금물 표면의 상태점검 및 도금조에 들어가기 위한 준비공정

5) 도금공정

-탈지, 산세, 수세, 후럭스 처리한 제품을 치구에 걸러서 약 440℃~465℃정도의 온도에 맞추어 제품을 담궈 도금 작업을 함. 이때 아연의 비산손실 과 다량의 증기발생.

그림 11-4는 용융도금공정이다.

그림 11-4 용융도금 공정

6) 냉각

-도금조에서 나온 물건을 냉각, 또는 세척작용을 함

7) 후처리 및 검사

-도금 후 이상유무를 점검하고 고객의 요구 및 규정 적용상태를 점검함

11.5 용융아연도금 공정별 폐수배출 흐름도

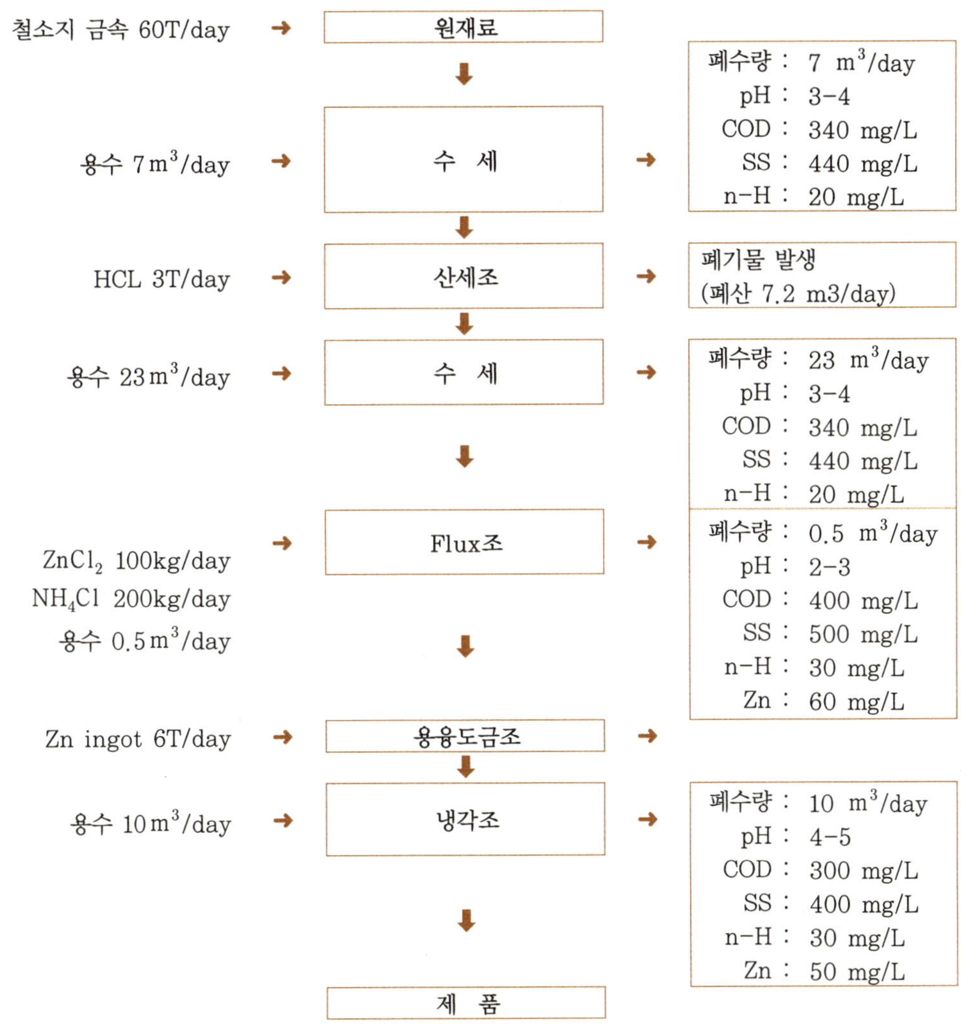

1) 흡수탑시설

유입		시설		폐수
용수 $2\,m^3/day$ 물분무량 108 m^3/hr * 2	→	Scrubber 1	→	폐수량 : 2 m^3/day pH : 4-5 COD : 250 mg/L SS : 350 mg/L n-H : 20 mg/L
		↓		
용수 $0.5\,m^3/day$ 물분무량 54 m^3/hr * 1	→	Scrubber 2	→	폐수량 : 0.5 m^3/day pH : 5-6 COD : 300 mg/L SS : 400 mg/L n-H : 20 mg/L Zn : 40 mg/L

제12장 도금액의 관리

12.1 도금액의 분석 및 시험

1. 분석과 시험의 목적

도금액의 분석 및 시험의 목적은 도금 제품의 균질화와 돌발적 사고 및 결함을 방지하기 위해서이다. 공장의 주요 제품에 가장 적합한 표준 공정과 도금액 및 중간 처리의 표준을 결정하고 매일 도금액을 작업 표준 범위 내에 유지하도록 화학분석 및 헐셀 시험 등에 의해서 관리한다. 도금액의 관리는 일반적으로 화학분석을 주로 하고 있으나, 도금액에는 상당한 농도 범위가 있으므로 정도가 높은 분석값을 구하는 것보다는 현장에서 간단하고 신속하게 할 수 있는 것이 중요하다. 그 한가지 방법으로서는 우선 액성분 중에서 용이하게 분석할 수 있는 성분을 화학분석에 의해서 관리하고, 그 밖의 주성분은 비중에 의해 관리하는 방법이 있다.

도금액에는 보통 주성분 이외에 미량의 광택제나 첨가제, 습윤제를 품고 있으며, 또한 미량의 불순물(아연, 구리 등)의 양에 의해서도 광택, 평활도, 결정입도, 균일전착성, 내부응력, 취성 등에 큰 영향을 주는 경우가 많다. 이 때문에 이들 광택제, 첨가제 및 불순물의 분석 관리도 필요하나, 함량이 적으므로 화학분석을 하려면 고도의 기술과 시간 및 기기를 필요로 한다. 따라서 헐셀 전해시험 및 비색시험 등의 방법을 이용하는 것이 현장으로서는 보다 신속, 적절한 판단이 행하여진다. 요컨대 도금액의 분석 및 시험은 능률이 좋고 양질의 도금을 얻도록 관리하는 것이 목적이며, 화학분석에 너무 집착하지 말고 전 공정을 제품의 목적에 따라 중점적으로 관리하는 것이 중요하다.

2. 도금액의 분석법

도금액의 분석은 성분의 분석과 불순물 등의 분석으로 분류할수 있다. 성분 분석의 경우는 많은 방법이 있으나 주로 습식 분석이 주류를 이루고 있다. 습식 분석은 분석 단가가 상대적으로 저렴하고 분석에 필요한 기기들이 비교적 간단할 뿐만아니라 기기분석에 비해 고도의 숙련기술이 요하지 않아 널리 이용 되고 있다. 그러나 불순물 함량이나 유기화합물계통의 첨가제, 도금피막에 영향을 끼치는 양이온 음이온의 정량은 미량의 것을 분석하게 되는 것이므로 현대화된 기기의 도움 없이는 분석이 불가능하다. 따라서 일반화된 분석항목들은 습식(정량)분석법을 택하는 것이 좋으며, 그 외의 정밀 분석은 최신 기기를 활용하여 분석하여야 한다.

1) 분석용 기구

일반적으로 현장에서 분석에 사용하고 있는 필요한 기구는 다음과 같다.

(1) 분석저울

무게분석이나 각종 적정법 등 모든 분석조작에는 질량을 측정하는 과정이 반드시 필요하다. 전자저울(electronic balance)은 기계적인 조작이나 진동 등으로 인한 오류를 줄일 수 있고 감도가 좋기 때문에 질량 측정의 표준기기로 사용되며, 여러 가지 부수적인 조작이 필요하지 않기 때문에 그만큼 측정오차와 실험자의 피로를 줄일 수 있다. 특히 용기의 질량을 상쇄시키는 'tare' 기능이 있어 매우 편리하다. 전자저울은 저울접시 위에 얹혀진 물체로 인해 저울접시(balance pan)가 평형위치로부터 이동된 변위를 측정하여 원래의 위치로 다시 복원시키는데 소요되는 전자기 복원력을 계산하여 물체의 무게를 그램단위의 디지털 수치로 표시한다. 전자저울은 측정 가능한 질량 범위에 따라 아래와 같이 분류한다.

- macro balance 150g ± 0.1mg
- semimicro balance 30g ± 0.01mg
- micro balance 20g ± 1μg
- ultramicro balance 5g ± 0.1μg

무게를 달 때에는 다음 사항에 주의한다.

- 저울에 부과할 수 있는 최대 하중을 넘지 않도록 한다.
- 저울은 항상 청결하게 관리하며 저울접시나 부속품의 먼지를 제거할 때는 부드러운 솔을 이용한다.
- 무게를 달아야 할 물체를 손으로 직접 잡아서는 안되며 집게나 깨끗한 실험용 장갑을 이용한다.
- 무게를 달아야 할 물체는 저울과 온도를 같게 하여야 한다. 따라서 만일 무게를 달기 이전에 물체를 가열했었다면 반드시 적절한 방법으로 상온까지 냉각해야 한다.
- 냉각 조건은 시료의 크기와 가열 온도에 따라 다르지만, 보통 데시게이터 안에서 약 30~40분간 방치하여 두는 것으로 족하다.
- 고체나 액체시약을 저울접시 위에 직접 놓아서는 안된다. 무게를 달 때에는 항상 무게다는 병(weighing bottles)이나 적당한 크기의 비이커, 시계접시(watch glasses) 등을 이용해야 한다.
- 무게 다는 조작을 마친 후 저울접시 위에는 어떤 물체도 놓아 두어서는 안 된다.

(2) 메스플라스크

메스플라스크는 주로 진한 농도의 용액을 일정 비율로 희석하기 위한 용도로 사용하거나, 또는 고체나 액체시약을 이용하여 일정한 농도의 용액을 조제하기 위해 사용한다. 고체의 경우 칭량한 물질을 플라스크 안에 넣고 먼저 소량의 용매로 용해시킨 후 표선까지 정확하게 묽힌다. 표선에 근접해서는 피펫과 같은 기구를 이용하여 용액이 표선을 넘지 않도록 주의한다. 표선까지 용매를 채운 후에는 마개를 꼭 닫고 플라스크를 거꾸로 하여 여러 번 흔들어 용액을 완전하게 혼합한다. 유리로 된 용기는 극 미량의 화학물질을 흡착한다. 양이온의 경우는 특별히 용기의 내벽에 단단하게 고착된다. 따라서 미량의 물질을 분석하는 경우에는 산을 이용하여 주기적으로 세척해야 한다. 보통 방법으로 오염물질을 세척한 유리용기를 3~6M HCl 수용액에 1시간 이상 침적하고 증류수로 세척한다. 수소이온(H+)은 용기 내벽에 붙어 있는 양이온과 치환된다.

(3) 피펫

피펫은 일정 부피의 액체를 이동(옮김피펫, transfering pipette)하거나, 일정량의 액체를 분취 또는 유출(눈금피펫, measuring pipette)하는 데에 쓰인다. 옮김피펫을 사용할 때 피펫에 남은 마지막 한 방울의 액체는 불어내지 않도록 주의한다. 단 혈청용 피펫(Ostwald-Folin pipette)은 마지막 방울을 불어내어야 한다. 일반적으로 옮김피펫이 눈금피펫보다 더 정확하다.

피펫을 사용할 때에는 용액을 입으로 빨지 말고, 반드시 고무로 된 피펫필러(pipette filler)를 사용한다. 액을 빨아올릴 때에는 피펫의 선단을 완전히 액중에 담그고 액면을 주시하면서 빨아올린다. 옮김피펫의 경우는 표선을 지나도록 용액을 취한 후에 메니스커스의 밑바닥이 표선과 일치하도록 과잉량의 용액을 유출하도록 하는 것이 좋다. 용액을 비이커에 옮길 때에는 피펫의 선단부를 비이커의 벽에 대고 용액이 벽면을 따라 유출되도록 하여 용액이 튀거나 손실되지 않도록 하여야 한다. 비이커의 벽면을 따라 유출된 후 피펫에 남은 용액은 비이커에 불어넣지 말고 그대로 두어야 한다. 소량(1~1000μL)의 액체를 다룰 때에는 마이크로피펫이나 주사기를 사용한다. 이들은 보통 1~2%의 정확도와 0.5~1% 범위의 정밀도를 유지한다.

(4) 뷰렛(Burette)

분석실험에서 가장 많이 사용되는 기구는 아마 뷰렛일 것이다. 부피분석이 특히 그렇다. 뷰렛은 유출된 액체의 부피를 재는데 사용되는 기구로써, 각종 적정에 없어서는 안될 기본적인 유리기구중 하나이다. 전형적인 뷰렛은 테프론이나 유리로 된 마개꼭지(stopcocks)가 달려 있다. 뷰렛속에 담긴 액체의 부피를 읽을 때에는 시차로 인한 오차를 피하기 위하여 액체의 맨 위쪽과 눈의 높이가 수평이 되도록 한다. 대부분의 액체 표면은 오목한 메니스커스(meniscus)가 생기는데 이때 메니스커스의 밑바닥을 기준으로 액체의 높이를 읽어야 한다. 액체의 높이와 뷰렛의 눈금 표선이 일치하지 않을 경우 가장 가까운 눈금을 10등분하여 계측한다. 뷰렛으로부터 용액이 분출된 양을 읽을 때에는 눈금 읽는 방법을 일관성 있게 하는 것이 중요하다. 미리 정해진 양을 연속하여 자동적으로 분출하는 전자뷰렛도 시판되고 있다. 전자뷰렛은 대개 시약병(reagent bottle) 상단에 장착하여 사용하는데 1회 방출량이 최소 0.01mL, 그리고 방출용량은 99.99mL에 이른다.

(5) 메스실린더

메스실린더는 액체를 담을 때 대기에 노출되는 영역이 넓기 때문에 메스플라스크에 비해 정확도가 떨어진다. 따라서 용액의 부피를 대략적으로 취급할 때 사용한다. 메스실린더의 용량은 50~2000mL 범위이다.

(6) 비이커

비이커는 액체를 담거나 옮기는 조작, 또는 고체물질을 용해시켜 용액을 조제하는데 사용된다. 비이커에 담긴 용액을 가열할 때 시계접시로 비이커를 덮는데 이때 비이커 상단의 분출구(spout)를 통해 용액으로부터 형성된 증기나 가스가 방출된다. 또 용액을 혼합하기 위해 사용하는 자석막대(magnetic stirrer)도 이 분출구로 넣는다. 흔히 사용하는 비이커의 용량은 100~1000mL이다.

(7) 코니컬 플라스크

코니컬 플라스크는 외관에서 알 수 있듯 이 비이커와 유사한 용도로도 사용할 수 있으나, 주로 적정용 반응용기로 쓰인다. 100~500mL 용량이 있다.

(8) 데시게이터(Desiccator)

데시게이터는 무게분석할 때 흔히 사용된다. 침전물을 여과하고 오븐에서 건조한 후에는 데시게이터 안에서 상온까지 냉각해야 한다. 그렇지 않으면 침전물은 대기로부터 수분을 흡수하여 칭량 시 높은 결과를 얻게 된다. 데시게이터는 뚜껑이 있는 크고 두꺼운 유리 보관용기로써 가열조작을 마친 물체를 습기와 같은 각종 오염 분위기로부터 격리한 상태에서 상온까지 냉각시키기 위해 또는 특정 물질을 오염 분위기와 차단하여 장시간 보관하기 위해 사용한다. 데시게이터 내부에는 중간쯤에 물건을 올려놓을 수 있도록 지지기구를 설치하며, 통상 그 밑에 습기제거제를 넣어 데시게이터 내부의 습기를 제거한다. 뚜껑과 몸체가 닿는 부분에는 바셀린(white Vaseline)이나 진공 그리스(vacuum grease)를 발라 공기의 유입을 차단한다. 데시게이터는 다음과 같이 사용한다.

① 데시게이터와 뚜껑을 비누물과 물로 잘 세척하고 증류수로 잘 닦은 후 건조시킨다.
② 데시게이터 바닥에 염화칼슘 무수물($CaCl_2$)을 약 1인치 정도 넣고 도가니로 된 지지판을 정해진 위치에 올려놓는다.
③ 데시게이터 뚜껑과 몸체가 닿는 부분에 적당한 윤활제(진공 그리스와 같은)를 바른다.
④ 약간 힘을 주어 비틀면서 뚜껑을 닿는다.
⑤ 뚜껑을 열 때에는 뚜껑을 밀면서 위로 잡아당긴다.

2) 부피분석(적정)(titration)

이온세기(또는 농도)를 정확하게 알고 있는 표준용액을 적정제로 첨가하여 그 소모량으로부터 시료중의 목적성분을 정량하는 방법을 부피분석법, 또는 적정법이라고 한다. 이 경우 분석물질은 적정제와 화학양론적으로 빠르고 완전하게 반응하여야 한다. 분석물질의 농도는 적정제의 소모량으로부터 계산한다. 부피분석법은 다른 분석법보다 단순하고 빠르며 분석단가가 저렴하기 때문에 표면처리용액의 분석에 널리 사용된다.

산화–환원반응, 산–염기반응, 착화합물 형성반응, 그리고 침전반응 등이 부피분석에 이용된다. 반응의 종말점은 용액의 갑작스런 색 변화, 침전물의 형성이나 용해 등으로 검출한다. 각종 지시약(산화–환원 지시약, 산–염기 지시약, 금속이온 지시약)들이 반응의 종말점을 검출하기 위하여 반응 보조시약으로 사용된다. 그러나 부피분석법은 반응의 종말점을 지시하여 주는 적절한 지시약이 확보되어야 하고, 적정제와 분석물질 사이의 반응에 간섭을 일으킬 수 있는 간섭물질들을 적절한 방법으로 반드시 제거해야 하는 등의 제한이 따른다.

부피분석(volumetric analysis)에서는 분석할 분석시료용액(analyte)과 반응하는 데 소모된 적정용액(titrant)의 부피를 측정한다. 적정용액은 분석용액과 적정용액 사이의 반응이 완결될 때까지 가한다. 적정법(titrimetric analysis)은 농도를 정확하게 알고 있는 용액(표준용액; standard solution)을 이용하여 일정 부피의 분석물질과 정량적으로 반응하는데 소모된 표준용액의 부피를 측정하는 정량화학분석방법이다. 분석물질의 양은 적정에 소모된 표준용액의 부피와 두 용액간의 화학반응, 그리고 반응물질의 상대분자량으로부터 계산하여 결정한다. 적정법에서 농도를 알고 있는 표준용액을 적정제(titrant)라 하고 적정되는 물질을 시료(analyte)라고 부른다.

적정할 때 표준용액은 뷰렛(burette)을 사용하여 적가한다. 반응이 종료되는 순간까지 표준용액을 적가하는 조작을 적정(titration)이라 한다. 시료 용액에 포함된 분석 대상물질이 적정제와 반응하여 그 반응이 종료되는 점을 당량점(equivalence point) 또는 이론적, 혹은 화학양론적 종말점(theoretical or stoichiometric end point)이라고 한다. 적정의 종료 여부는 용액내에서 일어나는 물리적 변화를 관찰하거나, 반응과 관련된 독특한 물리적 측정을 하거나 또는, 지시약이라고 알려진 반응 보조시약을 첨가하여 알아낸다. 지시약을 사용할 경우 분석물질과 표준용액간의 반응이 종료되면 지시약은 적정되는 용액내에서 가시적인 변화를

(즉, 용액의 색을 변화시키거나 용액이 혼탁해짐) 일으킨다. 이런 변화가 일어나는 때를 적정의 종말점으로 한다.

적정법은 비교적 정밀도가 높고(1/1000 단위) 무게분석법 보다 유리하다. 분석장비가 간단하고 분석에 소요되는 시간이 짧고 물질들의 분리조작 같은 고도의 숙련된 기술이 필요하지 않으며, 방법만 정확하다면 분석조작은 분석결과에 큰 영향을 미치지 않는다. 적정을 하기 위해서 대개 다음과 같은 장비들이 필요하다.

- 뷰렛, 피펫, 메스플라스크 등 용액을 다룰 수 있는 유리용기
- 표준용액을 조제하기 위한 순도를 알고 있는 물질
- 반응의 종료 여부를 검출하기 위한 지시약 또는 종말점을 검출할 수 있는 기기

3) 종말점과 지시약

부피분석에서 분석시료는 세기(또는 농도)를 알고 있는 반응제로 처리한다. 이때 반응제는 분석대상물질의 양과 화학적으로 등량이 될 때까지 첨가되어야 한다. 이와 같은 반응에서 두 물질이 화학적으로 등량이 된 때를 당량점이라고 한다. 부피분석에서는 당량점을 알아내기 위해 지시약(indicator)이라고 하는 반응 보조제를 사용한다. 지시약은 당량점에 이르렀을 때 용액의 색을 변화시키거나, 용액을 갑자기 혼탁하게 하거나 하여 신호를 준다. 지시약은 보통 매우 복잡한 유기화합물인 경우가 많아 기호 "In"으로 나타낸다. 지시약의 정확한 분자구조를 이해하는 것은 도금액을 분석하는 우리의 경우에 중요하지 않다. 두 가지 서로 다른 특징, 즉, 용액의 pH와 산화-환원전위에 민감한 지시약이 널리 사용된다. pH에 민감한 지시약은 산형(acidic type)과 알칼리형(alkaline type)으로 구분한다.

산형 지시약;

$$HIn \Leftrightarrow H^+ + In^-$$

분해되지 않은 형태, 산성용액에서 안정하며 산성형의 색을 띤다.	분해된 형태, 알칼리성 용액에서 존재하며 알칼리형 색을 띤다.

페놀레드(phenol red)는 산형 지시약이다. 이 지시약은 HIn일 때 노란색이나 알칼리 용액에서는 자발적으로 In^-가 형성됨으로 인해(In^-의 농도가 상대적으로 증가하여) 붉은색으로 된다.

알칼리형 지시약;

$$OHIn \Leftrightarrow OH^- + In^+$$

분해되지 않은 형태, 알칼리용액에서 안정하며 알칼리형의 색을 띤다.	분해된 형태, 산성 용액에서 존재하며 산형 색을 띤다.

메틸오렌지는 용액의 pH가 4.4보다 높을 경우 알칼리성의 노란-오렌지색을 나타내나 이보다 산성일 때에는 In^+ 형태로 존재하여 맑은 붉은색 용액으로 만든다. 산화-환원지시약의 반응형태는 다음과 같다.

$$In(ox) + ne^- \Leftrightarrow In(red)$$

여기에서 In(ox)는 지시약이 산화된 형태이고 In(red)은 환원된 형태로써 이 두 가지 형태의 색이 서로 다르다. ne^-는 산화-환원반응과 관련된 전자의 수이며 정수 n은 지시약의 종류에 따라 각각 다르다.

지시약의 두 형태 사이의 전환은 전자들을 잃거나 얻는 과정이 수반되기 때문에 지시약의 산화-환원전위에 관한 정보가 필요하다. 예를 들면 페로인(ferroin, o-phenanthroline ferrous complex)은 산화된 형태에서 옅은 푸른색이고 환원형은 붉은색을 띠는데, 이 지시약의 산화-환원표준전위는 1.06V이다. 따라서 이 지시약의 변색 반응은 반응제의 농도 변화보다는 그에 따르는 전체 반응계의 산화-환원전위 변화에 관련된다.

산화-환원적정에 사용되는 반응제에 본질적으로 의존하는 산화-환원지시약도 있다. 삼요오드이온(tri-iodide ion)과 짙은 푸른색 착화합물을 형성하는 녹말지시약이 대표적인 예이다. 이 경우 삼요오드이온은 적정에 의해 반응계 내에 형성되거나 소모된다.

4) 용액의 제조와 희석방법

액체의 부피를 표시하는 SI단위는 dm^3(큰 단위)나 cm^3(작은 단위)이다. 그러나 아직까지는 리터(liter; L) 단위가 더욱 널리 사용되는데 1리터는 4℃의 물 1Kg이 차지하는 부피로 정의되어 있다. 따라서 이 두 단위의 관계는 아래와 같다.

$$1\ liter(L) = 1.000028\ dm^3$$

$$1\ milliliter(mL) = 1.000028\ cm^3$$

주어진 농도의 용액을 만드는 방법은 순수한 고체 시약의 정확한 양을 취하여 용매에 녹인 후 원하는 부피로 묽히는 것이다. 묽힘과정(희석)은 보통 메스플라스크에서 한다. 용액을 제조할 때 주의해야 할 사항은 적량(계산량)의 용매를 미리 취하고 나서 용질을 용해시켜서는 안된다는 것이다. 즉, 1.00M의 H_2SO_4를 만들 때 1.00 mol의 H_2SO_4와 1.00L의 물을 혼합시키는 것이 아니다. 왜냐하면 이 경우는 용액의 전체 부피가 1.00L를 초과하기 때문에 실제 농도는 1.00M에 이르지 못하게 된다. 한편 진한 용액으로부터 묽은 용액의 시약을 만들고자 할 때에 아래의 식이 유용하게 이용된다.

$$MV = M'V' \left(\begin{array}{l} M : \text{진한} \\ V : \text{진한} \\ M' : \text{묽은} \\ V' : \text{묽은} \end{array} \right.$$

표준용액의 희석에 사용되는 시약은 시약으로부터의 오염을 최소화하기 위해 ACS (American Chemical Society)규격 또는 특급시약 이상의 순도를 갖는 것을 사용한다. 만일, ppm 이하의 농도를 분석하는 경우는 비등점 이하에서 증류(sub-boiling still)한 산이나 초고순도 산을 사용하여 표준용액을 만들거나 희석하여야 한다. 용액을 희석할 때 사용되는 물의 순도는 18MΩ/cm정도의 저항을 갖는 증류수, 이온 교환수 또는 이온 교환 증류수 등을 사용해야 한다. 희석에 사용되는 피펫의 용량도 5.0mL 이상인 것을 사용하여 피펫으로 취할 때의 오차를 최소화하여야 하고, 이와 아울러 희석비율도 오차가 가능한 한 작도록 희석횟수를 조절하여야 한다. 표준용액은 성분(원소)에 따라 알칼리성에 안정한 것이 있고, 산성에서 안정한 것이 있으므로 미리 파악하여 최종 희석 표준용액의 알칼리 및 산의 농도를 충분히 유지(산인 경우는 0.1N이상)시켜야 한다.

일반적으로 금속 표준용액은 플라스틱 용기(보통 폴리에틸렌 수지)에 보관하면 안전하다. 유리로 만든 용기인 경우는 유리로부터 용출된 불순물이 오염의 원인이 될 수도 있다. 한편 유기용매를 사용한 경우에는 플라스틱 용기를 사용하면 안되고, 수은인 경우는 폴리에틸렌 병에 흡착되므로 주의하여야 한다. 희석 표준용액의 최종 농도가 0.5mg/mL~10mg/mL의 범위에 있다면, 수 주일 또는 수 개월 동안 보존이 가능하나, 대부분의 경우는 농도가 낮기 때문에 농도의 변화없이 안정하게 사용하려면 다음과 같은 점에 유의하여야 한다.

- 묽은 표준용액(10ppm수준)은 1주일 이상 사용하지 않을 것.
- 아주 묽은 표준용액(1ppm)은 사용할 때마다 새로 만들어 사용할 것.

- 안정도를 높이기 위해 최종 희석 표준용액의 산 및 알칼리의 농도를 일반적으로 0.1N 이상이 되게 유지할 것.
- 햇빛이 닿지 않는 곳, 온도변화가 크지 않은 먼지가 없는 곳에 보관할 것.

〈예〉 적정용 일차표준용액(primary standard)을 제조하는 방법

중크롬산칼륨 표준용액을 제조하기 위해 "시약급 중크롬산칼륨 무수물($K_2Cr_2O_7$) 약 15그램을 밀리그램 단위까지 칭량" 하는 방법은 일반적으로 다음과 같은 순서를 따른다.

① 깨끗하고 건조시킨 50~100mL용량의 비이커를 준비한다.

② 이 비이커에 시약급 중크롬산칼륨을 전체의 2/3 정도 되도록 채운다.

③ 분석용 저울을 이용하여 비이커와 시약의 전체 양을 잰다. 칭량된 값을 밀리그램 단위까지 기록한다. 예를 들면 37.017g처럼 기록한다.

④ 깨끗하게 건조한 유리깔때기(깔때기의 직경이 약 3~4인치 정도인 것)를 깨끗하게 준비한 1리터용 메스플라스크 입구에 넣는다.

⑤ 미리 준비한 시약의 10~13그램을 예상하여 유리깔때기 안으로 주의하여 넣는다. 시약 분말 입자들이 깔때기의 목 내부에 붙을 수도 있으나 이들을 떨어내려고 할 필요는 없다.

⑥ 비이커를 저울 위에 다시 올려놓고 무게를 잰다. 만일 무게가 처음 칭량한 값보다 14.5~15.5그램 정도 작아졌다면 무게를 밀리그램 단위까지 정확하게 기록한다.

⑦ 만일 새로 칭량한 값이 위의 범위에 들지 않는다면 5, 6단계를 반복한다.

⑧ 최종 칭량값에서 처음에 잰 단계 3의 값을 뺀다.

⑨ 증류수를 채운 세척병을 이용하여 깔때기의 목안에 붙은 시약을 메스플라스크 안으로 씻어 내린다. 이때 증류수가 약 30~40mL 정도 소모된다.

⑩ 깔때기를 메스플라스크 목 위까지 거의 들어올리고 깔때기의 바깥벽면에 묻은 시약을 씻어 내린다.

⑪ 깔때기를 제거하고 플라스크 목안에 묻은 시약을 플라스크 안으로 씻어 내린다. 시약 입자들을 모두 씻어 내린 후 플라스크 총 량의 절반까지 증류수로 채운다. 플라스크를 잘 흔들어 시약이 모두 용해되도록 한다.

⑫ 세척병을 이용하여 플라스크의 표선까지 증류수를 채운다.

⑬ 이렇게 준비한 용액을 적절한 방법으로 표정한다.

⑭ 상비시약과 특수시약

명칭	기호	농도	비중	설명
진한 염산	conc. HCl	12*N*	1.19	
희석 염산	dil. HCl	6*N*	1.10	conc. HCl을 2배로 희석한다.
진한 질산	conc. HNO_3	16*N*	1.42	
희석 질산	dil. HNO_3	6*N*	1.20	conc. HNO_3를 6m*l* 대 H_2O 10m*l*로 혼합.
진한 황산	conc. H_2SO_4	36*N*	1.84	
희석 황산	dil. H_2SO_4	6*N*	1.18	conc. H_2SO_4 6m*l* 대 H_2O 30m*l*로 혼합.
초산	CH_3COOH	6*N*	1.04	시판(99.5%) 350m*l*와 H_2O 650을 1*l*로 만듦.
가성소다	NaOH	6*N*	1.22	NaOH 240g을 H_2O로서 1*l*로 만듦
희석 암모니아수	dil. NH_4OH	6*N*	0.96	conc. NH_4OH 400m *l*와 H_2O 600m*l*로서 1*l*로 만듦
염화암모늄	NH_4Cl	3*N*		160g을 H_2O로 1*l*
탄산소다	$Na_2CO_3 \cdot 10\ H_2O$	3*N*		430g을 H_2O로 1*l*
염화바륨	$BaCl_2 \cdot 2H_2O$	2*N*		240g을 H_2O로 1*l*
질산은	$AgNO_3$	0.1*N*		16.99g을 H_2O로 1*l*
과산화수소	H_2O_2	30%		시판물

도금액	성분	시약	농도	조제법
황산구리도금액	구리(EDTA법)	1) EDTA 시약 2) MX 3) 완충액	0.01*M*	EDTA 2 나트륨 3723g을 물로 용해시켜 1*l*로 한다. MX(0.2g)+NaCl(100g) $NH_4OH(1M)+NH_4Cl(1M)$
	황산	4) 메틸오렌지(MO) 5) 가성소다	0.2% 0.5*N*	0.2g을 온수에 용해하고 냉각시켜 100m*l*로 한다. 20g을 물로 용해시켜 1*l*로 한다.
시안화구리도금액	구리(EDTA법)	EDTA MX 완충액 6) 질산은	0.01*M* 0.1*M*	1)과 동일함 2)와 동일함 3)과 동일함 16.99g을 물을 용해시켜 1*l*로 한다.
	유리청화물	7) 요오드화칼륨 질산은	10% 0.1*N*	10g을 100m*l*로 만든다. 25g을 물에 용해하여 1*l*로 한다.
	탄산소다	8) 염화바륨 9) 메틸오렌지 10) 염산	포화 0.2% 0.1*N*	온수에 염화바륨을 넣어서 불용 부분이 있으면 냉각 보존한다. 0.2g을 물로 100m*l*로 만든다. 농 HCl 8.3m *l*를 물 100m*l*로 함.
니켈도금액	니켈(EDTA법)	EDTA MX 완충액	0.01*M*	1)과 동일함. 2)와 동일함. 3)과 동일함.
	염화물	중탄산소다 중크롬산소다 질산은	분말 1% 0.1*N*	소량 1g을 물에 용해시켜 100m*l*로 한다. 25g을 물에 용해시켜 1*l*로 한다.
	붕산	11) 가성소다 12) 혼합지시약	0.1*N*	3g을 취하여 빨리 물로 3회 씻어버리고 물로 전용 500m*l*로 한다. 수산소다 35g을 물 400m*l*에 가열하면서 용해시킨 후, 따로 100m*l* 메틸알콜에 2g의 페놀프탈레인을 용해시켜서, 두 액을 혼합한 후 글리세린 400m*l*를 넣고 물을 채워 1*l*로 만든다.
크롬도금액	크롬산 및 3가크롬	13) 가성소다 14) 과산화소다 15) 황산제일철암모늄 과망간산칼륨	20% 고체 0.1*N* 0.1*N*	200g을 H_2O에 용해시켜 1*l*로 함. 40g을 H_2O에 용해시켜 1*l*로 함. 3.2g을 H_2O에 용해시켜 1*l*로 함.
	황산	16) 에틸알콜 17) 염화바륨	 0.1*N*	 122.2g을 H_2O에 용해시켜 1*l*로 함.

도금액	성분	시약	농도	조제법
시안화 아연 도금액	아연(EDTA법)	18) 농축액 19) BT 지시액 20) 포르말린 21) EDTA	0.05*M*	염화암모늄 54g을 H_2O에 용해시키고 암모니아수 350m *l*와 H_2O를 가하여 1*l*로함. BT(에리오크롬블랙 T)0.5g과 염산히드록실아민 4.5g을 무수알콜에 용해시켜 100m*l*로 함(갈색병에 넣어 보존). 보존기간3개월 시판의 35%포르말린을 2배로 희석시킨다. 1)보다 5배의 EDTA를 물에 용해한다.
	전시안화물	22) 가성소다 요오드화 칼륨	10% 10%	100g을 H_2O에 용해시켜 1*l*로 함. 고체
시안화 아연 및 시안화 카드뮴 도금액	전알칼리	23) 황혈염 24) 질산은 25) 페놀프탈레인 26) 염산	5% 5% 1% 1N	5g을 H_2O 100m*l*에 용해시킴. 5g을 H_2O 100m*l*에 용해시킴. 1g을 알콜 60m*l*에 용해 H_2O로 100m*l*로 함. 80m*l*를 H_2O로서 1*l*로 함

12.2 각종 도금액의 분석

1. 구리 도금액의 분석법

1) 분석항목

Cu^{2+}	산화-환원(간접요오드)적정
Cu^{2+}	착물화법적정
H_2SO_4(황산구리 액)	산-염기적정
NH_3(피로인산구리 액)	Kjeldahl 증류, 산-염기적정
$H_4P_2O_7$(피로인산구리 액)	산-염기적정
H_3PO_4(피로인산구리 액)	무게분석
CO_3^{2-}(시안화구리 액)	산-염기적정
CN^-(시안화구리 액)	침전적정

■ Cu^{2+} 분석(산화-환원적정)

분석항목 : Cu^{2+}

구리는 오랫동안 요오드-티오황산염을 이용한 간접 요오드 적정으로 정량하여왔다. 시료용액에 과량으로 첨가된 요오드이온(I^-)은 구리이온과 반응하여 요오드(I_2)로 되는데, 이때 형성된 요오드의 양은 시료에 존재하는 구리이온과 비례한다. 이와 같이 구리이온에 의해 형성된 요오드는 티오황산 표준용액으로 적정 한다. 이 경우 지시약으로는 요오드에 민감한 녹말이 사용된다. 이 방법은 황산액, 시안화액, 플루오로붕산액, 피로인산액 등에 적용할 수 있다.

• 필요한 약품 : 수용성 녹말(지시약, soluble starch), 아세트산(CH_3COOH), 티오황산나트륨($Na_2S_2O_3$), 요오드화칼륨(KI), 황산(H_2SO_4), 질산(HNO_3), 염산(HCl), 암모니아수(NH_4OH)

• 분석방법

① (모든 도금액) 피펫을 이용하여 도금액 3.0mL를 취해 250mL 코니칼플라스크에 넣는다.
② (시안화구리 도금액) 시안화구리 도금용액의 경우, 약 3mL의 황산과 질산 1mL를 넣고 후드 안에서 흰색 기체(삼산화황)가 다량 방출할 때까지 가열한다. 기체가 모두 방출되면 용액이 맑아진다. 필요하다면 2~3mL의 질산을 더 가하고 용액이 맑아질 때까지 가열한다.
③ (모든 도금액) 증류수 약 100mL를 가한다.
④ (시안, 플루오로붕산, 황산구리 도금액) 용액이 약한 알칼리성으로 될 때까지 암모니아수(NH4OH)를 넣고(리트머스지로 확인한다), 아세트산을 7mL 정도 가한다.
⑤ (피로인산구리 도금액) 진한 염산 3mL를 가한다.
⑥ (모든 도금액) 시약급 요오드화칼륨을 약 3g 정도 넣고 완전히 용해시킨다.
⑦ (모든 도금액) 용액이 담황색으로 변할 때까지 티오황산표준용액으로 적정한다.
⑧ (모든 도금액) 녹말지시약을 3mL 가한다. 이 조작으로 용액이 짙은 푸른색으로 되는데, 이 상태에서 티오황산 표준용액으로 계속 적정 한다. 적정의 종말점은 푸른빛이 완전히 소멸되는 점으로 한다.

• 계산

mL $Na_2S_2O_3 \times NNa_2S_2O_3 \times 21.18 =$ g/L Copper

■ Cu^{2+} 분석(시안화구리 도금액, 착물화법적정)

분석항목 : 시안화구리 도금액 중 CuCN 분석

적정제로써 EDTA를 사용하는 전형적인 킬레이트 적정법을 적용한다.

• **필요한 약품** : EDTA, 진한 질산(conc. HNO_3), 암모니아수(conc. NH_4OH), PAN, 완충용액(pH 4)

• **분석방법**

① 피펫을 이용하여 도금액 2.0mL를 취해 250mL 코니칼플라스크에 넣는다.
② 진한 질산 15mL를 넣는다.
③ 용액이 푸른색으로 될 때까지 가열한다.
④ 증류수를 약 100mL 가한다.
⑤ 용액이 짙은 푸른색으로 될 때까지 암모니아수를 가한다.
⑥ 60℃까지 용액을 가열한다.
⑦ 완충용액을 넣어 용액의 pH를 약 4로 조절한다.
⑧ 지시약으로 0.2% PAN을 약 4~5 방울 가한다.
⑨ 0.1M EDTA를 사용하여 용액이 초록색으로 될 때까지 적정한다.

• **계산**

g/L CuCN = mL EDTA × M EDTA × 44.717

■ Cu^{2+} 분석(황산, 피로인산, 붕불산구리 도금액, 착물화법적정)

분 석 항 목 : 황산(피로인산, 붕불산)구리 도금액 중 Cu 분석

적정제로써 EDTA를 사용하는 전형적인 킬레이트 적정법을 적용한다.

• **필요한 약품** : EDTA, 암모니아수(conc. NH_4OH), PAN, 완충용액(pH 4)

• **분석방법**

① 피펫을 이용하여 도금액 2.0mL를 취해 250mL 코니칼플라스크에 넣는다.
② 증류수를 약 100mL 가한다.
③ 용액이 짙은 푸른색으로 될 때까지 암모니아수를 가한다.
④ 60℃까지 용액을 가열한다.
⑤ 완충용액을 넣어 용액의 pH를 약 4로 조절한다.
⑥ 지시약으로 0.2% PAN을 약 4~5 방울 가한다.
⑦ 0.1M EDTA를 사용하여 용액이 초록색으로 될 때까지 적정한다.

• **계산**

g/L Cu = mL EDTA × M EDTA × 31.723

g/L $CuSO_4 \cdot 5H_2O$ = Cu(g/L) × 29.432

■ H_2SO_4 분석(산-염기적정)

분석항목 : H_2SO_4

황산구리 도금용액에 함유된 황산은 단순한 산-염기 적정으로 정량한다. 적정의 종말점은 적당한 산-염기 지시약을 이용하여 검출한다.

• 필요한 약품 : 메틸오렌지(지시약, $C_{14}H_{15}N_3O_3S$), 수산화나트륨(NaOH)

• 분석방법

① 도금액 10.0mL를 피펫으로 취해 250mL 메스플라스크에 넣는다.

② 증류수 150mL를 넣고 0.1% 메틸오렌지 지시약을 약 10 방울 정도 가한다.

③ 1.0N 수산화나트륨 표준용액을 50mL 용량의 뷰렛에 채우고 적정 한다.

④ 용액이 옅은 초록빛으로 될 때 까지 적정한다.

• 계산

mL NaOH × N NaOH × 4.90 = g/L H_2SO_4

■ NH_3 분석(Kjeldahl 증류, 산-염기적정)

분 석 항 목 : NH_3

시료의 질소함량을 정량하기 위해 Kjeldahl(켈달) 분석이 사용된다. 1883년에 개발된 이 기법에서는 Kjeldahl 증류장치로 도금용액을 증류하여 암모니아를 분리하고 산-염기적정으로 암모니아를 정량한다.

• 필요한 약품 : Kjeldahl 증류장치, 수산화나트륨(NaOH), 황산(H_2SO_4), 메틸레드 지시약($C_{15}H_{15}N_3O_2$)

• 분석방법

① Kjeldahl 증류장치를 준비한다.

② 증류액을 모으는 집기병(receving flask)에 황산 표준용액 25.0mL를 넣고 증류수 150mL와 0.1% 메틸레드 지시약을 3~4 방울 정도 넣는다.

③ 도금액 10.0mL를 취해 Kjeldahl 플라스크에 넣고 증류수 125mL와 비등석, 그리고 약 5g 정도의 수산화나트륨을 넣는다.

④ 수산화나트륨을 넣자마자 바로 플라스크를 다른 장치와 연결한다. 냉각(응축)기에 찬 수돗물을 공급하고 플라스크 안의 용액이 2/3 정도 증발될 때까지 플라스크를 가열한다. 이 조작에 의해 플라스크에서 증발된 용액이 집기병으로 옮겨진다.

⑤ 플라스크 안의 용액이 2/3 정도 증발되면 버너를 끄고, 어댑터 안에 잔류된 용액을 모두 집기병으로 모은다. 40~50mL의 증류수로 어댑터의 내부를 세척하는데, 이때 세척 액도 집기병에 함께 모은다.

⑥ 50mL 뷰렛에 수산화나트륨 표준용액을 채우고 집기병 안의 용액을 적정 한다. 종말점은 용액의 색이 분홍빛에서 노란빛으로 변하는 점으로 한다.

• 계산

[(25mL×N H2SO4)-(mL NaOH×N NaOH)]×1.703 = g/L NH_3

■ $H_4P_2O_7$(피로인산구리 액)분석(산-염기적정)

분석항목 : $H_4P_2O_7$

이 분석 방법에서 피로인산의 함량을 결정하려면 시료 중 구리의 함량을 알고 있어야 한다. 그러나 이 방법은 매우 간단하고 신속하다.

• 필요한 약품 : 수산화나트륨(NaOH), 황산(H_2SO_4), 황산아연($ZnSO_4$)

• 분석방법

① 도금액 10.0mL를 피펫으로 취해 100mL용 메스플라스크에서 표선까지 희석하고 잘 혼합한다.

② 희석한 용액을 피펫으로 10.0mL 취해 250mL용 코니칼플라스크에 넣고 증류수를 25mL 가한다.

③ 자석 교반장치와 pH 측정장치를 준비하고 용액의 pH가 3.8로 될 때까지 1N 황산용액을 가한다. 용액을 약 5분 정도 계속 교반하면서 pH 변화를 주시한다. 만일 pH가 변화되면 pH가 3.8로 안정될 때까지 1N 황산이나 0.1N 수산화나트륨을 이용하여 조절한다.

④ 10% 황산아연 용액을 30mL 넣고 5~10분간 교반한다.

⑤ 0.1N 수산화나트륨 표준용액으로 용액의 pH가 3.8로 될 때까지 적정 한다.

• 계산

(mL NaOH × N NaOH × 86.98) + (g/L Cu × 1.37) = g/L $P_2O_7^{4-}$

■ H_3PO_4 분석(피로인산구리 도금액, 무게분석)

분석항목 : H_3PO_4

이 분석에서는 암모니아 염기성 용액에 염화마그네슘과 염화암모늄을 첨가하여 용액 중의 모든 인산을 인산암모늄마그네슘($MgNH_4PO_4$)의 형태로 침전시키고 피로인산마그네슘($Mg_2P_2O_7$)으로 칭량한 후 그 침전무게로부터 인산을 정량한다.

• **필요한 약품** : 염화마그네슘($MgCl_2$), 염화암모늄(NH_4Cl), 질산암모늄(NH_4NO_3), 페놀프탈레인($C_{20}H_{14}O_4$), 수산화암모늄(암모니아수, NH_4OH), 아세트산암모늄(NH_4CH_3COO), 황산(H_2SO_4), 염산(HCl)

• **분석방법**

① 도금액 3.0mL를 피펫으로 취해 400mL 비이커에 넣고 증류수 200mL와 진한 황산 2mL를 가한다. 용액이 약 25mL 정도 남을 때까지 가열하고 충분히 식힌다.
② 증류수를 75mL 가하고 페놀프탈레인 용액 약 7 방울을 넣고 용액이 분홍색을 띨 때까지 진한 암모니아를 한 방울씩 가한다.
③ 분홍색이 소멸될 때까지 진한 염산을 한 방울씩 가한다. 진한 염산을 10mL 더 넣는다.
④ 아세트산암모늄 5g을 넣고, 염화마그네슘–염화암모늄 혼합용액 50mL를 가한다. 가열장치를 설치하고 용액을 격렬하게 교반하면서 거의 끓을 때가지 가열한다.
⑤ 가열장치를 제거하고 용액이 분홍색으로 될 때까지 암모니아를 다시 한 방울씩 가한다.
⑥ 결정형태의 침전이 형성될 때까지 약 4~5분 동안 용액을 교반한다. 용액을 냉각하고 진한 암모니아 35mL를 가한다.
⑦ 약 4시간동안 용액을 방치한 후 무게를 알고 있는 유리필터(또는 정량분석용 No. 40 Whatman 여과지)에 침전물을 여과한다. 여과할 때 10% 암모니아수를 이용하여 침전물을 세척하고 질산암모늄 포화용액 약 2mL로 다시 세척한다. 침전물을 90℃에서 약 1시간 동안 건조한다.
⑧ 전기로를 이용하여 600℃에서 30분간 강열한다. 항량이 되었으면 데시게이터 내에서 침전물을 상온까지 건조한다.
⑨ 침전의 무게를 정확하게 측정한다.

• **계산**

$(mg\ Mg_2P_2O_7 \times 0.29) - (g/L\ P_2O_7^{4-} \times 1.1) = g/L\ H_3PO_4$

■ CO_3^{2-} 분석(시안화구리 도금액, 산-염기적정)

분석항목 : CO_3^{2-}

이 분석에서는 무게분석과 부피분석의 원리가 함께 적용된다. 먼저 시료중에 존재하는 탄산이온들을 바륨을 첨가하여 용액으로부터 침전, 분리하고 침전물질을 재용해시킨 후 유리된 탄산이온을 염산 표준용액으로 적정 한다.

• 필요한 약품 : 질산바륨($Ba(NO_3)_2$), 염산(HCl), 메틸오렌지($C_{14}H_{15}N_3O_3S$)

• 분석방법

① 도금액 10.0mL를 피펫으로 취해 250mL용 비이커에 넣고 증류수 100mL를 가한 후 약 40℃로 가열한다.

② 용액을 교반하면서 10% 질산바륨 용액 약 5mL를 가해 침전물을 형성시킨다. 침전물을 가라앉히고 투명한 상층액에 질산바륨을 다시 가한다. 이때 침전이 더 이상 형성되지 않으면 침전이 완료된 것이다. 그러나 만일 침전이 형성되면 이 조작을 반복한다.

③ 적당한 정성분석용 여과지를 이용하여 침전물을 여과한다.

④ 뜨거운 증류수 약 20mL를 비이커에 넣고 비이커 표면을 세척한 후 이 용액을 여과지에 부어 침전물을 세척한다. 여과액은 버린다.

⑤ 침전물과 여과지를 비이커에 옮기고 증류수 50mL, 메틸오렌지 지시약 5방울을 가한다.

⑥ 0.1N 염산 표준용액으로 적정 한다. 종말점은 용액이 분홍색으로 변하여 원래의 색으로 돌아오지 않는 점으로 한다.

• 계산

$\text{mL HCl} \times \text{N HCl} \times 3.0 = \text{g/L } CO_3^{2-}$

■ CN^- 분석(시안화구리 도금액, 침전적정)

분석항목 : CN^-

적정제로써 시료에 첨가되는 은이온은 시안이온과 작용하여 물 속에서 디시아노은[$Ag(CN)_2^-$] 착이온을 형성한다. 종말점에서 용액에 미리 첨가한 요오드와 은이 반응하여 불용성 요오드화은(AgI)이 침전된다(Liebig method).

• 필요한 약품 : 수산화나트륨(NaOH), 요오드화칼륨(KI), 질산은(AgNO3)

• 분석방법

① 도금액 5.0mL를 피펫으로 취해 250mL용 코니칼플라스크에 넣는다.

② 증류수 약 100mL를 가하고 20% 수산화나트륨 용액 5mL와 10% 요오드화칼륨 용액 5mL를 넣는다.

③ 질산은 표준용액으로 적정 한다. 종말점은 불용성 침전이 형성되어 혼탁해진 용액이 몇 초간 지속되는 점으로 한다.

• 계산

mL $AgNO_3 \times NAgNO_3 \times 10.41 = g/L\ CN^-$

2. 무전해 구리 도금액 분석

1) 분석항목

Cu	킬레이트적정
NaOH	중화적정
HCHO	중화적정

■ Cu 분석(킬레이트적정)

분석항목 : Cu

• 분석방법

1. 도금액 채취량	20mL
2. 적정제	0.1M EDTA
3. 분석절차	
① H_2O	100mL
② conc. NH_4OH	짙은 푸른색이 될 때까지
③ 가열	60℃
④ 완충	pH~4.0으로, 완충용액
⑤ 0.2% PAN	4~5방울
⑥ 적정	
4. 종말점	자주색 ⇒ 초록색

• 계산

Cu(g/L) = 적정제 소모량(mL) × 3.177 × M EDTA

■ NaOH 분석(중화적정)

분석항목 : NaOH

•분석방법

1. 도금액 채취량	5mL
2. 적정제	0.1N HCl
3. 분석절차	
① H_2O	150mL
② 적정	pH 10.5까지(pH 미터 이용)

•계산

NaOH(g/L) = 적정제 소모량(mL) × 8.0 × N

■ HCHO 분석(중화적정)

분석항목 : HCHO

•분석방법

1. 도금액 채취량	5mL
2. 적정제	0.1N HCl
3. 분석절차	
① H_2O	100mL
② 적정(1)	pH 9.0 까지
③ sodium sulfite solution	25mL
④ 교반	1분
⑤ 적정(2)	H 9.0까지
⑥ (주의)	적정(2)에 소모된 양만 계산 함.

•계산

HCHO(g/L) = 적정제 소모량(mL) × 16.232 × N

3. 니켈 도금액 분석

1) 분석항목

Ni^{2+}	착물화법적정
Cl^-	침전적정(Mohr법)
SCN^-	침전적정(Volhard법)
H_3BO_3	중화적정
Zn^{2+}	침전적정(Fajans법

■ Ni^{2+} 분석(착물화법적정)

분석항목 : Ni^{2+}

금속-유기착화합물 형성을 유도하여 시료용액 중 금속이온을 정량할 수 있다. 적정제로 사용하는 착화제는 여러자리 리간드(즉, 킬레이트제)로써 EDTA를 사용한다. 지시약으로는 금속이온과의 결합여부에 따라 색이 변화되는 금속이온지시약인 뮤렉사이드(MX)를 사용한다. EDTA를 이용하는 여러 가지 적정기술, 즉 직접적정 이외에 역적정, 대치적정, 중화적정(EDTA가 금속과 반응할 때 수소이온이 형성된다) 등의 기법과 지시약 및 용액의 pH 조절기법 등을 효율적으로 이용하면 대부분의 금속을 비교적 쉽고 빠르게 정량할 수 있다.

• 필요한 약품 : EDTA·2Na, 뮤렉사이드(지시약, Mrexide; MX), 암모니아(NH_3), 염화암모늄(NH_4Cl)

• 분석방법

① 도금액 2.0mL를 피펫으로 취해 250mL 코니컬플라스크에 넣는다. 증류수 약 100mL를 넣는다.
② pH가 약 10 정도 되는 완충용액 10mL를 가한다.
③ 약 0.1g의 분말형 뮤렉사이드 혼합지시약을 가한다.
④ EDTA 표준용액으로 적정한다. 용액이 자주색으로 되는 점을 종말점으로 한다.

• 계산

mL EDTA × N EDTA × 14.68 = g/L Ni^{2+}

■ Cl^- 분석(침전적정, Mohr법)

분석항목 : Cl^-

시료용액에 존재하는 염화이온(Cl^-)은 전형적인 침전적정의 하나인 Mohr법으로 정량할 수 있다. 염화이온은 적정제로 첨가되는 질산은에 의해 불용성 염화은으로써 침전된다. 당량점을 지나 과잉으로 첨가되는 은이온은 지시약으로 첨가되어 있던 크롬산칼륨(K_2CrO_4)과 반응하여 적갈색의 크롬산은(Ag_2CrO_4)으로 침전한다. 이때를 종말점으로 이용한다.

• 필요한 약품 : 크롬산칼륨(K_2CrO_4), 질산은($AgNO_3$), 탄산수소나트륨($NaHCO_3$)

• 분석방법

① 도금액 5.0mL를 피펫으로 취해 250mL 코니칼플라스크에 넣는다.

② 증류수 100mL와 탄산수소나트륨($NaHCO_3$) 약 2g을 넣고 용해시킨다.

③ 크롬산칼륨 지시약을 2~3mL방울 정도 첨가한다. 만일 노란 오렌지색 침전물이 형성되어도 이것은 크롬산아연이 침전되는 것이므로 이를 무시하고 용액이 약간 노란색으로 될 때까지 계속 첨가한다(아연도금의 경우, 침전이 형성되지 않는다면 위의 상황이 나타날 때까지 지시약을 계속 가한다).

④ 질산은 표준용액으로 적정 한다. 적정의 종말점은 붉은색의 침전물(Ag_2CrO_4)이 나타나는 시점이다. 적정하는 동안 용액을 잘 교반한다.

• 계산

$$mL\ AgNO_3 \times N\ AgNO_3 \times 7.09 = g/L\ Cl$$

■ SCN^- 분석(침전적정, Volhard법)

분석항목 : SCN^-

시료용액에 존재하는 티오시안이온(SCN^-)은 질산은 표준용액을 이용하여 적정할 수 있다. 지시약으로는 철백반(ferric alum, $NH_4Fe(SO_4)_2$, Fe^{3+} 이온을 얻을 때 사용)을 사용한다. 철백반 대신 질산철($Fe(NO_3)_3$)도 지시약으로 사용할 수 있다. 이때 종말점은 적갈색의 $Fe(SCN)^{2+}$ 착이온이 은(Ag^+)에 의해 소멸되는 점으로 인지한다.

• 필요한 약품 : 질산은($AgNO_3$), 황산철(III)암모늄(철백반, $NH_4Fe(SO_4)_2$), 황산(H_2SO_4)

• 분석방법

① 도금액 10.0mL를 피펫으로 취해 250mL 코니칼플라스크에 넣고 증류수 100mL를 첨가한다.

② 이 용액에 리트머스지가 붉게 변할 때까지 진한 황산을 한 방울씩 넣는다.

③ 철 백반 지시약을 5mL 정도 넣는다.

④ 질산은 표준용액(0.1N)을 적정제로 하여 적갈색 용액이 투명하게 될 때까지 적정 한다.

• 계산

$$mL\ AgNO_3 \times N\ AgNO_3 \times 5.809 = g/L\ SCN^-$$

■ H_3BO_3 분석(중화적정)

분석항목 : H_3BO_3

붕산은 매우 약한 산(첫 번째 이온화상수; $k_1 = 5 \times 10^{-10}$)이기 때문에 붕산을 정확하게 직접 적정하기 어렵다. 그러나 다가히드록시계 유기화합물(polyhydroxyl organic compounds)을 첨가하여 붕산과 착화합물을 형성시켜 줄 경우 강한 염기를 적정제로 하여 예민한 종말점을 유도할 수 있다. 만니톨(mannitol)이나 솔비톨(sorbitol), 또는 글리세롤(glycerol) 등이 이런 목적으로 사용된다.

•필요한 약품 : 수산화나트륨(NaOH), 페놀프탈레인($C_{20}H_{14}O_4$), 구연산나트륨, 만니톨(mannitol)

•분석방법

① 도금액 2.0mL를 피펫으로 취해 250mL 코니칼플라스크에 넣고 증류수 50mL와 구연산나트륨(sodium citrate) 2g을 첨가한다.

② 시약급 만니톨 5~6g을 넣고, 페놀프탈레인 지시약 4~5 방울 가한다.

③ 수산화나트륨 표준용액으로 적정 한다. 종말점은 용액이 보라색이나 분홍색으로 변하는 점이다.

•계산

mL NaOH × N NaOH × 30.92 = g/L H_3BO_3

■ Zn^{2+} 분석(침전적정, Fajans법)

분석항목 : Zn^{2+}

이 분석에서는 니켈이온으로 인한 간섭을 억제하는 것이 중요하다. 분석용액에 시안화이온(CN^-)을 이용하여 니켈-시안화착물의 형태로 고립하고, 황화나트륨을 첨가하여 아연을 황화아연으로 침전시켜 아연만을 분리한다. 분리된 황화아연을 용해시킨 후 페로시안화이온($Fe(CN)_6^{4-}$) 표준용액으로 적정 한다.

•필요한 약품 : 황화나트륨(Na_2S), 시안화나트륨(NaCN), 페로시안화칼륨($K_4Fe(CN)_6$), 진한 염산(HCl), 아세트산우라닐(UO_{22})

•분석방법

① 도금액 5.0mL를 피펫으로 취해 250mL 코니칼플라스크에 넣고 시안화나트륨용액 약 20mL를 넣는다. 만일 용액이 맑아지지 않는다면 시안화나트륨용액을 더 가한다.

② 용액이 거의 끓을 때까지 가열한 후 황화나트륨용액을 약 25mL 넣는다. 이때 용액을 잘 저어주어야 한다.

③ 침전물이 바닥에 가라앉으면 용액이 식지 않은 상태에서 여과지(No.40 Whatman, 또는 이와 등가)로 침전을 여과한다. 약 10mL 정도의 더운 물로 침전을 2~3회 세척하고 여과액에 황화나트륨용액을 몇 방울 가해 침전이 완전히 되었는지 확인한다.

④ 여과지와 침전물을 플라스크에 옮기고 고체 황화나트륨 결정과 진한 염산 약 10mL를 넣는다.

⑤ 몇 분 동안 용액을 조용히 끓이고 증류수 약 150mL를 가한 후 용액이 끓기 직전까지 가열한다.

⑥ 페로시안화칼륨 표준용액으로 적정 한다(용액이 75℃ 이하로 떨어지지 않도록 주의한다). 이 적정에서 지시약으로는 아세트산우라닐을 외부 지시약의 형태로 사용한다. 즉, 홈이 있는 유리판(porcelain spotting plate)에 지시약을 몇 방울 정도 넣고 종말점 부근에서 유리막대에 분석용액을 묻혀 지시약이 있는 홈 속에 몇 방울 가한다. 약 두 방울 정도의 혼합으로 지시약이 옅은 갈색을 띠게 되는 점을 종말점으로 한다.

• 계산

mL $K_4Fe(CN)_6$ × N $K_4Fe(CN)_6$ × 28.75 = g/L $ZnSO_4$, $7H_2O$

4. 무전해 니켈 도금액 분석

1) 분석항목

Ni^{2+}	착물화법적정
NaH_2PO_2, H_2O	산화–환원적정

■ Ni^{2+} 분석(착물화법적정)

분석항목 : Ni

• 분석방법

1. 도금액 채취량 5mL
2. 적정제 0.1M EDTA
3. 분석절차
   ① H_2O 100mL
   ② conc. NH_4OH 20mL
   ③ Murexide powder 0.1g
   ④ 적정
4. 종말점 오렌지색 ⇒ 자주색

• 계산

Ni(g/L) = 적정제 소모량(mL) × 11.728 × M EDTA

■ $NaH_2PO_2 \cdot H_2O$ 분석(산화–환원적정)

분석항목 : $NaH_2PO_2 \cdot H_2O$

• 분석방법

1. 도금액 채취량 5mL
2. 적정제 0.1N $Na_2S_2O_3$
3. 분석절차
   ① Glass-stoppered iodine flask
   ② conc. H_2SO_4 5mL
   ③ 0.1N I_2 50mL
   ④ 교반
   ⑤ 보관 어두운 곳, 30분
   ⑥ 10% 녹말용액 5mL
   ⑦ 적정
4. 종말점 푸른색 ⇒ 무색

• 계산

$NaH_2PO_2 \cdot H_2O\,(g/L) = (mL\ I2 \times N\ I2 - mL\ Na_2S_2O_3 \times N\ Na_2S_2O_3) \times 10.582$

5. 금 도금액 분석

1) 분석항목

Au^{3+}	산화–환원적정
Au^{3+}	무게분석
CO_3^{2-}(시안화금 도금액)	산–염기적정
CN^-(시안화금 도금액)	침전적정

■ Au^{3+} 분석(산화–환원적정)

분석항목 : Au^{3+}

금은 티오황산나트륨을 이용하는 간접요오드 적정으로 쉽게 분석된다. 적당한 침전제로 금을 침전시켜 무게분석하는 경우도 있으나 간접요오드 적정이 더욱 빠른 결과를 지시하여 준다.

• 필요한 약품 : 요오드화칼륨(KI), 티오황산나트륨($Na_2S_2O_3$), 수용성 녹말(soluble starch), 질산(HNO_3), 염산(HCl)

• 분석방법

① 도금액 10.0mL를 피펫으로 취해 250mL 코니칼플라스크에 넣는다. 질산 5mL와 염산 5mL를 넣고 용액이 시럽처럼 될 때까지 후드 안에서 끓인다. 이때 용액이 마르지 않도록 주의한다.
② 용액을 냉각하고 증류수 100mL와 요오드화칼륨 15mL를 넣는다.
③ 녹말 용액 5mL를 넣고 용액이 무색으로 될 때까지 티오황산나트륨 표준용액으로 적정 한다.

• 계산

mL $Na_2S_2O_3$ × N $Na_2S_2O_3$ × 6.567 = g/L Au^{3+}

■ Au^{3+} 분석(무게분석)

분석항목 : Au

금을 침전시켜 무게분석한다.

• 필요한 약품 : conc. H_2SO_4, H_2O_2

• 분석방법

① 도금액 20.0mL를 취하여 250mL 비이커에 넣는다.
② 진한 황산을 25mL 가하고 흰색 증기가 날 때까지 가열한다.
③ 상온까지 냉각한 후 30% 과산화수소를 10mL 가한다.
④ 위 ②, ③ 과정을 한 번 더 실시한다.
⑤ Au 스펀지가 형성되어 엉키고 용액이 투명해질 때까지 이 과정을 반복한다.
⑥ 상온까지 냉각한 후 증류수를 100mL 가한다.
⑦ 60℃에서 5분 동안 가열한다.
⑧ 미리 칭량한 Gooth 도가니로 침전물을 여과하고 침전을 더운물로 세척한다.
⑨ 110℃로 유지된 전기오븐에서 건조하고 침전의 무게를 단다.

• 계산

Au(g/L) = 침전의 무게(g) × 50.0

■ CO_3^{2-} 분석(시안화금 도금액, 산-염기적정)

분석항목 : CO_3^{2-}

이 분석에서는 무게분석과 부피분석의 원리가 함께 적용된다. 먼저 시료중에 존재하는 탄산이온들을 바륨을 첨가하여 용액으로부터 침전, 분리하고 침전물질을 재용해시킨 후 유리된 탄산이온을 염산 표준용액으로 적정 한다.

• 필요한 약품 : 질산바륨($Ba(NO_3)_2$), 염산(HCl), 메틸오렌지($C_{14}H_{15}N_3O_3S$)

• 분석방법

① 도금액 10.0mL를 피펫으로 취해 250mL용 비이커에 넣고 증류수 100mL를 가한 후 약 40℃로 가열한다.

② 용액을 교반하면서 10% 질산바륨 용액 약 5mL를 가해 침전물을 형성시킨다. 침전물을 가라앉히고 투명한 상층액에 질산바륨을 다시 가한다. 이때 침전이 더 이상 형성되지 않으면 침전이 완료된 것이다. 그러나 만일 침전이 형성되면 이 조작을 반복한다.

③ 적당한 정성분석용 여과지를 이용하여 침전물을 여과한다.

④ 뜨거운 증류수 약 20mL를 비이커에 넣고 비이커 표면을 세척한 후 이 용액을 여과지에 부어 침전물을 세척한다. 여과액은 버린다.

⑤ 침전물과 여과지를 비이커에 옮기고 증류수 50mL와 메틸오렌지 5방울 가한다.

⑥ 0.1N 염산 표준용액으로 적정 한다. 종말점은 용액이 분홍색으로 변하여 원래의 색으로 돌아오지 않는 점으로 한다.

• 계산

mL HCl × N HCl × 3.0 = g/L CO_3^{2-}

■ CN^- 분석(시안화금 도금액, 침전적정)

분석항목 : CN^-

적정제로써 시료에 첨가되는 은이온은 시안이온과 작용하여 물 속에서 디시아노은[$Ag(CN)_2^-$] 착이온을 형성한다. 종말점에서 용액에 미리 첨가한 요오드와 은이 반응하여 불용성 요오드화은(AgI)이 침전된다(Liebig method).

• 필요한 약품 : 요오드화칼륨(KI), 질산은($AgNO_3$)

• 분석방법

① 도금액 10.0mL를 피펫으로 취해 250mL용 코니칼플라스크에 넣는다.

② 증류수 약 100mL를 가하고 10% 요오드화칼륨 용액 5mL를 넣는다.

③ 질산은 표준용액으로 적정 한다. 종말점은 불용성 침전이 형성되어 혼탁해진 용액이 몇 초간 지속되는 점으로 한다.

• 계산

mL $AgNO_3$ × N $AgNO_3$ × 5.204 = g/L CN^-

6. 납 도금액 분석

1) 분석항목

Pb^{2+}	무게분석
Pb^{2+}	착물화법적정
BF_4^-(플루오로붕산 도금액)	산-염기적정

■ Pb^{2+} 분석(무게분석)

분석항목 : Pb^{2+}

이 분석은 전형적인 무게분석으로써 시료용액에 황산을 가해 황산납($PbSO_4$)의 형태로 납을 침전시키고 침전 무게로부터 납을 정량한다.

• 필요한 약품 : 황산(H_2SO_4), 이소프로필알콜($(CH_3)_2CHOH$)

• 분석방법

① 피펫을 이용하여 도금액 10.0mL를 취해 깨끗한 400mL 비이커에 넣고 증류수 200mL를 가한다.
② 용액을 85℃ 정도로 가열하고 약간 식힌 후 5% 황산용액을 100mL정도 천천히 넣는다.
③ 비이커 상단을 적당한 기구로 덮고, 침전물이 충분하게 응집되도록 약 1시간 정도 방치한다.
④ 무게를 알고 있는 유리필터(또는 정량분석용 No. 40 Whatman 여과지)에 침전물을 여과한다. 약 15mL의 증류수로 침전물을 두 세 번 세척하고 50% 이소프로필알콜 용액 15mL로 다시 한 번 세척한다.
⑤ 전기로나 건조기를 이용하여 약 110℃의 온도에서 침전물을 건조하고 데시게이터에서 상온까지 냉각한 후 무게를 달아 침전물의 질량이 일정하게 될 때까지 가열과 냉각을 반복한다.
⑥ 황산납의 질량으로부터 납의 양을 계산한다.

• 계산

$g/L\ PbSO_4 = g\ PbSO_4 \times 68.3$

■ Pb^{2+} 분석(착물화법적정)

분석항목 : Pb(킬레이트 적정)

적정제로써 EDTA를 사용하는 전형적인 킬레이트 적정법을 적용한다.

• 필요한 약품 : EDTA, 롯셀염, pH 10 완충용액(암모니아-염화암모늄 계), EBT

• 분석방법

① 피펫을 이용하여 도금액 1.0mL를 취해 250mL 코니컬플라스크에 넣는다.
② 증류수 100mL를 가한다.
③ 롯셀염 용액을 25mL 가한다.
④ pH 10 완충용액을 약 10mL 가한다.
⑤ 0.1% EBT 지시약을 4~5방울 정도 넣는다.
⑥ 0.1M EDTA를 이용하여 용액이 파란색으로 될 때까지 적정한다.

• 계산

g/L Pb = mL EDTA × M EDTA × 206.884

■ BF_4^- 분석(플루오로붕산 도금액, 산-염기적정)

분석항목 : H_3BF_4

이 분석은 전형적인 산-염기 중화적정의 원리가 적용된다. 수산화나트륨 표준용액을 가하여 시료용액 중에 형성되는 금속-수산화물 침전을 종말점 검출에 이용하기도 하는데, 이 분석에서는 크레졸레드를 지시약으로 이용한다.

• 필요한 약품 : 수산화나트륨(NaOH), 크레졸레드($C_{21}H_{18}O_5S$)

• 분석방법

① 도금액 10.0mL를 피펫으로 취해 250mL 코니칼플라스크에 넣고 증류수 약 100mL를 넣는다.
② 크레졸레드 지시약 4~5 방울을 넣고 수산화나트륨 표준용액으로 적정 한다. 이때 수산화나트륨은 가능한 한 천천히 가하여야 한다. 종말점은 용액이 노란색에서 붉은색으로 변화되는 점이다.

• 계산

mL NaOH × N NaOH × 8.783 = g/L HBF_4(50%)

7. 로듐(Rhodium, Rh) 도금액 분석

1) 분석항목

Rh	기기분석(전기분해법)
H_2SO_4	중화적정

■ Rh 분석(기기분석, 전기분해법)

분석항목 : Rh

이 책은 고전적인 "습식"분석에 초점을 맞추고 있다. 로듐의 분석법은 이 책에서 다루는 전반적인 분석개념(즉, 간단한 "습식"분석)에서 벗어나 있다. 그러나 로듐은 분석의 정확도와 신뢰성 등을 고려할 때 전기화학적인 분석법이 가장 믿을만하다. 황화물 형태로 침전시켜 무게분석을 하는 경우 불순물이 공침되고 여과가 만족스럽지 못하여 분석의 신뢰도에 영향을 끼친다. 비색법(colorimetry)도 매우 정확한 결과를 얻을 수 있다.

• 필요한 약품 : 메탄올

• 분석방법

① 도금액 25.0mL를 취해 250mL 분석용 비이커에 넣고 증류수 75mL를 넣는다.
② 전기화학분석장치를 갖추고 나선형 양극과 무게를 알고 있는 백금 망(음극)을 비이커에 설치하고 2암페어에서 1시간 30분 동안 도금한다. 둘로 나누어진 시계접시를 이용하여 비이커를 덮어야 한다.
③ 증류수가 담긴 세척병으로 비이커의 옆면을 세척하고 1.0~1.2암페어로 5~6시간 동안 계속 도금한다.
④ 백금 망을 꺼내 증류수로 세척하고 메탄올에 3~4시간 가량 담근다.
⑤ 약 100℃에서 10분 동안 백금 망을 건조시키고 데시게이터 안에서 상온으로 냉각 한 후 무게를 단다.

• 계산

늘어난 무게(mg) × 0.04 = g/L Rh

■ H_2SO_4 분석(중화적정)

분석항목 : H_2SO_4

전형적인 산-염기 중화적정을 적용한다.

• 필요한 약품 : 수산화나트륨(NaOH), 메틸오렌지 지시약

• 분석방법

① 도금액 1.0mL를 취해 250mL용 코니컬비이커에 넣고 증류수 60mL를 가한다.
② 메틸오렌지 지시약을 2~3방울 넣고 수산화나트륨 표준용액으로 적정한다. 종말점은 붉은색 용액이 오렌지색으로 변하는 점이다.

• 계산

mL NaOH × N NaOH × 4.90 = g/L H_2SO_4

8. 백금 도금액 분석

1) 분석항목

Pt	무게분석

■ Pt 분석(무게분석)

분석항목 : Pt

적절한 약품을 이용하여 유리된 상태로 백금을 환원, 침전시키고 여과와 칭량을 하여 그 무게로부터 정량한다.

• 필요한 약품 : 염산, 아세트산나트륨, 포름산

• 분석방법

① 도금액 10.0mL를 취해 250mL용 비이커에 넣고 시약급 진한 염산 5mL를 가한 후 용액이 거의 마를 때까지 가열판(hot plate)위에서 가열한다(폭발할 위험이 있으므로 매우 주의한다. 알콜램프와 같은 기구로 직접 열을 가하는 것은 더욱 위험하다).
② 진한염산을 약 5mL 정도 넣고 용액이 거의 마를 때까지 가열판(hot plate)위에서 다시 가열한다.
③ 증류수 100mL를 넣고 아세트산나트륨 5g과 포름산 1mL를 첨가한다.
④ 비이커를 시계접시로 덮고 120~140℃로 유지된 중탕기에서 5~6시간 방치한다(삭임).

⑤ Whatman No.42 여과지(또는 이와 등가)에 침전을 여과하고 약 10mL 정도의 증류수로 침전을 수 차례 세척한다.
⑥ 여과액에 아세트산나트륨과 포름산을 더 넣어보아서 침전이 일어나면 4번 과정과 같은 삭임을 하고 침전을 모은다.
⑦ 무게를 알고 있는 자기(磁器) 도가니에 침전물을 여과지와 함께 넣고 분젠버너를 이용하여 여과지가 마를 때까지 약하게 가열한다. 버너의 온도를 올려 여과지를 태워버리고 10~20분 동안 침전을 건조시킨다.
⑧ 데시게이터에서 상온까지 식힌 다음 항량(일정한 질량)이 될 때까지 건조와 칭량을 반복한다.

• 계산

g/L Pt = mg Pt ÷ 10

9. 아연 도금액 분석

1) 분석항목

Zn^{2+}	침전적정
Zn^{2+}	착물화법적정
OH^-	산-염기적정
CN^-	침전적정
Cl^-	침전적정

■ Zn^{2+} 분석(침전적정)

분석항목 : Zn^{2+}

아연과 카드뮴은 산성이나 중성 용액에서 페로시안화이온($Fe(CN)_6^{4-}$) 표준용액으로 직접 적정에 의해 쉽게 정량된다. 이 방법은 시안화아연액이나 황산아연액에 적용된다.

• 필요한 약품 : 진한 황산(H_2SO_4), 황산암모늄($(NH_4)_2SO_4$), 진한 염산(HCl), 페로시안화칼륨($K_4Fe(CN)_6$), 아세트산우라닐(UO_{22})

• 분석방법

① 도금액 5.0mL를 피펫으로 취해 250mL 코니칼플라스크에 넣고 증류수 100mL를 가한다.

② 황산 액의 경우 25% 황산 35mL, 황산암모늄 15g을 넣고 용액이 거의 끓을 때까지 가열한다. 시안화 액(후드 안에서)은 약 50mL의 진한 염산을 넣고 몇 분 동안 가열한 후 황산암모늄 15g을 넣고 용액을 약간 식힌다.

③ 용액의 온도가 75℃ 이하로 떨어지지 않도록 주의하면서 페로시안화칼륨 표준용액으로 적정 한다. 이 적정에서 지시약으로는 아세트산우라닐을 외부 지시약의 형태로 사용한다. 즉, 홈이 있는 유리판(porcelain spotting plate)에 지시약을 몇 방울 정도 넣고 종말점 부근에서 유리막대에 분석용액을 묻혀 지시약이 있는 홈 속에 몇 방울 가한다. 약 두 방울 정도의 혼합으로 지시약이 옅은 갈색을 띠게 되는 점을 종말점으로 한다.

• 계산

mL $K_4Fe(CN)_6$ × N $K_4Fe(CN)_6$ × 6.54 = g/L Zn

■ Zn^{2+} 분석(착물화법적정)

분석항목 : Zn^{2+}(킬레이트 적정)

적정제로써 EDTA를 사용하는 전형적인 킬레이트 적정법을 적용한다.

• 필요한 약품 : EDTA, 포르말린, EBT, 완충용액(pH 10)

• 분석방법

① 도금액 2.0mL를 피펫으로 취해 250mL 코니칼플라스크에 넣고 증류수 100mL를 가한다.

② pH 10인 완충용액(암모니아-염화암모늄 완충계)을 약 10mL 가한다.

③ 0.1% EBT 지시약을 약 4~5 방울 가한다.

④ 10% 포르말린을 15mL 가한다.

⑤ 0.1M EDTA를 적정제로 하여 용액이 푸른색으로 될 때까지 적정한다.

• 계산

Zn(g/L) = mL EDTA × M EDTA × 32.637

■ OH^- 분석(산-염기적정)

분석항목 : OH^-

이 분석은 전형적인 산-염기 중화적정의 원리가 적용된다.

• 필요한 약품 : LaMotte Sulfo-Orange(또는 트로페올린 O), 진한 염산(HCl)

• 분석방법

① 도금액 5.0mL를 피펫으로 취해 250mL 코니칼플라스크에 넣고 증류수 10mL와 LaMotte sulfo-orange 지시약 7~9 방울을 넣는다.

② 염산 표준용액으로 적정 한다. 종말점은 용액이 오렌지색에서 노란빛으로 변화되는 점이다.

• 계산

mL HCl × N HCl × 3.40 = g/L OH-

■ CN^- 분석(침전적정)

분석항목 : CN^-

적정제로써 시료에 첨가되는 은이온은 시안이온과 작용하여 물 속에서 디시아노은[$Ag(CN)_2^-$] 착이온을 형성한다. 종말점에서 용액에 미리 첨가한 요오드와 은이 반응하여 불용성 요오드화은(AgI)이 침전된다(Liebig method).

• 필요한 약품 : 수산화나트륨(NaOH), 요오드화칼륨(KI), 질산은($AgNO_3$)

• 분석방법

① 도금액 5.0mL를 피펫으로 취해 250mL용 코니칼플라스크에 넣는다.
② 증류수 약 100mL를 가하고 20% 수산화나트륨 용액 5mL와 10% 요오드화칼륨 용액 5mL를 넣는다.
③ 질산은 표준용액으로 적정 한다. 종말점은 불용성 침전이 형성되어 혼탁해진 용액이 몇 초간 지속되는 점으로 한다.

• 계산

mL $AgNO_3$ × N $AgNO_3$ × 10.41 = g/L CN^-

■ CN^- 분석(침전적정)

분석항목 : Cl^-

시료용액에 존재하는 염화이온(Cl^-)은 전형적인 침전적정의 하나인 Mohr법으로 정량할 수 있다. 염화이온은 적정제로 첨가되는 질산은에 의해 불용성 염화은으로써 침전된다. 당량점을 지나 과잉으로 첨가되는 은이온은 지시약으로 첨가되어 있던 크롬산칼륨(K_2CrO_4)과 반응하여 적갈색의 크롬산은(Ag_2CrO_4)으로 침전한다. 이와 같은 상황을 종말점으로 이용한다.

• 필요한 약품 : 크롬산칼륨(K_2CrO_4), 질산은($AgNO_3$), 탄산수소나트륨(중탄산나트륨, $NaHCO_3$)

• 분석방법

① 도금액 5.0mL를 피펫으로 취해 250mL 코니칼플라스크에 넣는다.

② 증류수 100mL와 탄산수소나트륨($NaHCO_3$) 약 2g을 넣고 용해시킨다.

③ 크롬산칼륨 지시약을 2~3mL 첨가한다. 만일 노란 오렌지색 침전물이 형성되어도 이것은 크롬산아연이 침전되는 것이므로 이를 무시하고 용액이 약간 노란색으로 될 때까지 계속 첨가한다(아연도금의 경우, 침전이 형성되지 않는다면 위의 상황이 나타날 때까지 지시약을 계속 가한다).

④ 질산은 표준용액으로 적정 한다. 적정의 종말점은 붉은색의 침전물(Ag_2CrO_4)이 나타나는 시점이다. 적정하는 동안 용액을 잘 교반한다.

• 계산

$$mL\ AgNO_3 \times N\ AgNO_3 \times 7.09 = g/L\ Cl$$

10. 은 도금액 분석

1) 분석항목

Ag^+	침전적정
CO_3^{2-}(시안화은 도금액)	산-염기적정
CN^-(시안화은 도금액)	침전적정

■ Ag^+ 분석(침전적정)

분석항목 : Ag^+

은은 티오시안산나트륨을 표준용액으로 한 침전적정으로 정량한다. 시료 용액으로부터 은을 분리하기 위해 황화나트륨으로 침전 분리한다. 종말점은 3가 철(Fe^{3+})이온을 이용하여 붉은 색 티오시아노철(III)착이온($Fe(SCN)^{2+}$)의 형성을 유도한다.

• 필요한 약품 : 황화나트륨(Na_2S), 티오시안산나트륨(NaSCN), 황산철(III)암모늄($NH_4Fe(SO_4)_2$), 질산(HNO_3)

• 분석방법

① 도금액 10.0mL를 피펫으로 취해 250mL 코니칼플라스크에 넣는다. 증류수 50mL를 가하고 용액이 미지근하게 될 정도로 가열한다.

② 황화나트륨 용액 15mL를 즉시 가하고 약 10분 정도 방치한 후 황화나트륨 1 방울을 더 가한 다음 침전이 더 일어나는 지 관찰한다. 만일 침전이 일어나면 황화나트륨 5mL를 더 가한다. 용액에서 침전이 더 일어나지 않을 때까지 이 조작을 반복한다.
③ 적당한 여과장치로 침전을 여과하고 더운 증류수 약 15mL로 침전을 세척한다.
④ 침전을 깨끗한 코니칼플라스크에 옮기고 진한 질산 5mL를 가한 후 갈색 기체가 방출되지 않을 때까지 용액을 가열한다.
⑤ 용액을 냉각하고 증류수 100mL와 황산철(III)암모늄 지시약 2mL를 가한다.
⑥ 티오시안산나트륨 표준용액으로 적정한다. 종말점은 용액이 붉은 갈색으로 변하는 점으로 한다.

• 계산

mL NaSCN × N NaSCN × 10.78 = g/L Ag^+

■ CO_3^{2-} 분석(시안화은 도금액, 산-염기적정)

분 석 항 목 : CO_3^{2-}

이 분석에서는 무게분석과 부피분석의 원리가 함께 적용된다. 먼저 시료중에 존재하는 탄산이온들을 바륨을 첨가하여 용액으로부터 침전, 분리하고 침전물질을 재용해시킨 후 유리된 탄산이온을 염산 표준용액으로 적정 한다.

• 필요한 약품 : 질산바륨($Ba(NO_3)_2$), 염산(HCl), 메틸오렌지($C_{14}H_{15}N_3O_3S$)

• 분 석 방 법

① 도금액 10.0mL를 피펫으로 취해 250mL용 비이커에 넣고 증류수 100mL를 가한 후 약 40℃로 가열한다.
② 용액을 교반하면서 10% 질산바륨 용액 약 5mL를 가해 침전물을 형성시킨다. 침전물을 가라앉히고 투명한 상층액에 질산바륨을 다시 가한다. 이때 침전이 더 이상 형성되지 않으면 침전이 완료된 것이다. 그러나 만일 침전이 형성되면 이 조작을 반복한다.
③ 적당한 정성분석용 여과지를 이용하여 침전물을 여과한다.
④ 뜨거운 증류수 약 20mL를 비이커에 넣고 비이커 표면을 세척한 후 이 용액을 여과지에 부어 침전물을 세척한다. 여과액은 버린다.
⑤ 침전물과 여과지를 비이커에 옮기고 증류수 50mL와 메틸오렌지 5방울을 가한다.
⑥ 0.1N 염산 표준용액으로 적정 한다. 종말점은 용액이 분홍색으로 변하여 원래의 색으로 돌아오지 않는 점으로 한다.

• 계산

mL HCl × N HCl × 3.0 = g/L CO_3^{2-}

■ CN^- 분석(시안화은 도금액, 침전적정)

분석항목 : CN^-

적정제로써 시료에 첨가되는 은이온은 시안이온과 작용하여 물 속에서 디시아노은[$Ag(CN)_2^-$] 착이온을 형성한다. 종말점에서 용액에 미리 첨가한 요오드와 은이 반응하여 불용성 요오드화은(AgI)이 침전된다(Liebig method).

• 필요한 약품 : 수산화나트륨(NaOH), 요오드화칼륨(KI), 질산은($AgNO_3$)

• 분석방법

① 도금액 5.0mL를 피펫으로 취해 250mL용 코니칼플라스크에 넣는다.
② 증류수 약 100mL를 가하고 20% 수산화나트륨 용액 5mL와 10% 요오드화칼륨 용액 5mL를 넣는다.
③ 질산은 표준용액으로 적정 한다. 종말점은 불용성 침전이 형성되어 혼탁해진 용액이 몇 초간 지속되는 점으로 한다.

• 계산

$$mL\ AgNO_3 \times N\ AgNO_3 \times 10.41 = g/L\ CN^-$$

11. 주석 도금액 분석

1) 분석항목

Sn^{2+}	산화–환원(요오드)적정
Total Sn	산화–환원(요오드)적정
OH^-(알칼리 도금액)	산-염기적정
BF_4^- (플루오로붕산 도금액)	산-염기적정

■ Sn^{2+} 분석(산화–환원적정)

분석항목 : Sn^{2+}

주석(Sn^{2+})은 요오드를 적정제로 하여 직접적정 한다. 종말점을 검출하기 위해 트리요오도착화합물(I_3^-)과 파란색 착화합물을 형성하는 녹말을 사용한다.

• 필요한 약품 : 요오드(I_2), 수용성 녹말(지시약, soluble starch), 진한 염산(HCl), 탄산수소나트륨($NaHCO_3$)

• 분석방법

① 피펫을 이용하여 도금액 5.0mL를 취해 250mL용 코니칼플라스크에 넣고 증류수 100mL와 진한 염산 50mL를 넣는다.

② 시약급 탄산수소나트륨을 1g과 녹말 지시약 5mL를 넣는다.

③ 용액이 파랗게 될 때까지 요오드 표준용액으로 적정 한다.

• 계산

Sn^{2+}(g/L) = mL I_2 × N I_2 × 11.878

■ Total Sn 분석(산화–환원적정)

분석항목 : Total Sn

이 분석에서는 실제로 2가 주석(Sn^{2+})을 분석한다. 시료용액에 평형적으로 존재하는 4가 주석은 철 분말을 이용하여 환원시킨다. 분석 방법은 2가 주석의 분석법과 동일하다.

• 필요한 약품 : 철 분말(iron powder), 요오드(I2), 수용성 녹말(지시약, soluble starch), 진한 염산(HCl)

• 분석방법

① 피펫을 이용하여 도금액 5.0mL를 취해 500mL용 코니칼플라스크에 넣고 증류수 200mL와 진한 염산 50mL를 넣는다(플루오로붕산 액이나 황산 액은 25~30mL를 넣는다).

② 철 분말 2~3g을 넣는다(플루오로붕산 액이나 황산 액은 1g을 넣는다).

③ 용액을 끓여 철 분말이 완전히 용해되도록 한 후 플라스크를 덮어 공기와의 접촉을 차단하고 플라스크의 벽면에 찬 수돗물을 흘려 용액을 상온까지 빨리 냉각한다.

④ 5mL의 녹말 지시약을 넣고 용액이 파랗게 될 때까지 요오드 표준용액으로 적정 한다.

• 계산

Total Sn(g/L) = mL I_2 × N I_2 × 11.878

■ OH^- 분석(알칼리 도금액, 산-염기적정)

분석항목 : OH^-

이 분석은 전형적인 산-염기 중화적정의 원리가 적용된다.

• 필요한 약품 : LaMotte Sulfo-Orange(또는 트로페올린 O), 진한 염산(HCl)

• 분석방법

① 도금액 5.0mL를 피펫으로 취해 250mL 코니칼플라스크에 넣고 증류수 10mL와 LaMotte sulfo-orange 지시약 7~9 방울을 넣는다.

② 염산 표준용액으로 적정 한다. 종말점은 용액이 오렌지색에서 노란빛으로 변화되는 점이다.

• 계산

mL HCl × N HCl × 3.40 = g/L OH^-

■ BF_4^- 분석(플루오로붕산 도금액, 산-염기적정)

분석항목 : BF_4^-

이 분석은 전형적인 산-염기 중화적정의 원리가 적용된다. 수산화나트륨 표준용액을 가하여 시료용액 중에 형성되는 금속-수산화물 침전을 종말점 검출에 이용하기도 하는데, 이 분석에서는 크레졸레드를 지시약으로 이용한다.

• 필요한 약품 : 수산화나트륨(NaOH), 크레졸레드($C_{21}H_{18}O_5S$)

• 분석방법

① 도금액 10.0mL를 피펫으로 취해 250mL 코니칼플라스크에 넣고 증류수 약 100mL를 넣는다.

② 크레졸레드 지시약 4~5 방울을 넣고 수산화나트륨 표준용액으로 적정 한다. 이때 수산화나트륨은 가능한 한 천천히 가하여야 한다. 종말점은 용액이 노란색에서 붉은색으로 변화되는 점이다.

• 계산

mL NaOH × N NaOH × 8.783 = g/L HBF_4

12. 철 도금액 분석

1) 분석항목

Total Iron	산화–환원적정
Fe^{2+}	산화–환원적정
free HCl (염화철, 황산철)	산–염기 적정

■ Total Iron 분석(산화–환원적정)

분석항목 : 전 철($Fe^{2+} + Fe^{3+}$)

2가의 철(Fe^{2+})은 중크롬산이온($Cr_2O_7^{2-}$)으로 직접 적정할 수 있다. 시료용액 중 3가 상태로 철이 존재할 경우, 이것은 중크롬산에 의해 적정되지 않으므로 음의 오차를 일으킨다. 이 방법은 산화제로 중크롬산칼륨을 이용하는 산화–환원적정으로써 염화물액, 황산액, 또는 플루오로붕산 용액으로부터 철이온을 분석하는데 사용한다.

• 필요한 약품 : 중크롬산칼륨($K_2Cr_2O_7$), 염화주석(II)($SnCl_2$), 염화수은(II)($HgCl_2$), 술폰산디페닐아민 나트륨염($C_{12}H_{11}NO_3S$, sodium salt), 황산(H_2SO_4), 인산(H_3PO_4)

• 분석방법

① 도금액 5.0mL를 피펫으로 취해 400mL 비이커에 넣고 시약급 염산 약 20mL를 천천히 가한다.
② 용액의 전체 양이 200mL 되도록 증류수로 희석한다.
③ 철(III)–염소 착화합물로 인한 노란색이 사라지는 시점까지 염화주석(II)용액을 천천히 가한다. 색이 변하는 점에서 염화주석(II)용액을 한 방울 더 과량으로 가한다. 이때 피펫을 이용한다.
④ 염화수은(II)용액 10mL 정도를 즉시 가한다. 흰색이나 흰색에 가까운 침전물이 소량 생성되면 환원과정이 적절하게 진행된 것이다. 만일 침전이 생성되지 않거나(환원제 부족), 검은색 침전물이 생성되면(환원제 과다) 용액을 버리고 다시 시작한다.
⑤ 황산–인산의 혼합산 15mL를 천천히 가한다.
⑥ 술폰산디페닐아민 지시약을 3~4 방울 가한다.
⑦ 중크롬산칼륨 표준용액을 적정제로 하여 용액의 색이 보라색이나 푸른 보라색으로 될 때까지 적정 한다.

• 계산

mL $K_2Cr_2O_7$ × N $K_2Cr_2O_7$ × 11.17 = g/L Fe^{2+}

■ Fe^{2+} 분석(산화–환원적정)

분석항목 : Fe^{2+}

2가의 철(Fe^{2+})은 중크롬산이온($Cr_2O_7^{2-}$)으로 직접 적정할 수 있다. 분석방법은 3가 철(Fe^{3+})의 환원과정을 제외하면 앞에서 다룬 전 철(total iron)의 분석과 동일하다. 적정제로는 중크롬산칼륨을, 그리고 지시약으로는 술폰산디페닐아민을 사용한다.

• 필요한 약품 : 중크롬산칼륨($K_2Cr_2O_7$), 술폰산디페닐아민 나트륨염($C_{12}H_{11}NO_3S$, sodium salt), 황산(H_2SO_4), 인산(H_3PO_4)

• 분석방법

① 도금액 2.0mL를 피펫으로 취해 250mL 코니칼플라스크에 넣고 황산–인산의 혼합산 20mL를 천천히 가한다.

② 술폰산디페닐아민 지시약을 3~4 방울 가한다.

③ 중크롬산칼륨 표준용액을 적정제로 하여 용액의 색이 보라색이나 푸른 보라색으로 될 때까지 적정 한다.

• 계산

mL $K_2Cr_2O_7$ × N $K_2Cr_2O_7$ × 27.93 = g/L Fe^{2+}

■ free HCl 분석(염화철, 황산철 도금액, 산–염기 적정)

분석항목 : free HCl(염화철, 황산철 도금액)

이 분석은 시료용액의 산도를 분석하는 단순한 중화적정으로 수소이온의 분석결과를 단순히 염산의 질량으로 환산한다.

• 필요한 약품 : 수산화나트륨(NaOH), 브로모페놀블루우(bromophenol blue, $C_{19}H_{10}Br_4O_5S$)

• 분석방법

① 도금액 25.0mL를 피펫으로 취해 250mL 코니칼플라스크에 넣고 증류수 약 60mL를 가한다.

② 브로모페놀블루우 지시약 5~10 방울 넣는다.

③ 용액이 노란색에서 자주색(또는 짙은 쑥색)으로 변하여 약 20~45초 정도 유지될 때까지 수산화나트륨 표준용액으로 적정 한다.

• 계산

mL NaOH × N NaOH × 1.46 = g/L HCl(100%)

mL NaOH × N NaOH × 3.95 = g/L HCl(37%)

13. 크롬 도금액 분석

1) 분석항목

$CrO_3(Cr^{6+})$	산화-환원(간접요오드)적정
$Cr_2O_3(Cr^{3+})$	산화-환원(간접요오드)적정
SO_4	무게분석
F	침전적정

■ $CrO_3(Cr^{6+})$ 분석(산화-환원적정)

분석항목 : 6가 크롬, $CrO_3(Cr^{6+})$

이 분석은 I^-를 사용하여 시료에 존재하는 Cr^{6+}을 Cr^{3+}로 환원시키고, 이 과정에서 생성된 산화생성물, I_2,을 정량함으로써 CrO_3(또는 Cr^{6+})을 정량하는 전형적인 간접 요오드적정이다. I_2를 정량하기 위해 환원제로써 $S_2O_3^{2-}$을 사용한다.

• 필요한 약품 : 수용성 녹말(지시약, soluble starch), 불화수소암모늄(NH_4HF_2), 티오황산나트륨($Na_2S_2O_3$), 진한 염산(conc. HCl), 요오드화칼륨(KI)

• 분석방법

① 피펫을 이용하여 도금액 10.0mL를 취해 깨끗한 500mL 메스플라스크에 넣고 증류수로 표선까지 희석하고 잘 혼합한다. 이 용액 10.0mL를 다시 피펫으로 취해 250mL 코니칼플라스크에 넣고 증류수를 약 100mL정도 넣는다.

② 불화수소암모늄(NH_4HF_2) 약 2g과 시약급 염산 15mL를 첨가하고 용액을 교반하면서 10% 요오드화칼륨 용액 약 10mL를 가능한 한 천천히 가한다.

③ 깨끗하고 잘 건조된 50mL 뷰렛에 표준화한 티오황산나트륨 용액을 채우고, 용액의 어두운 갈색이 사라지기 시작할 때까지 적정 한다.

④ 녹말 지시약 약 5mL 정도를 용액에 넣고(이 조작으로 용액이 파란빛을 띠게 됨) 이 파란색이 소멸되어 적어도 30초 이상 지속되는 시점까지 적정을 계속한다.

⑤ 적정제(0.1N $Na_2S_2O_3$)의 소모량을 기록하고 크롬산(CrO_3)의 양을 계산한다.

• 계산

$CrO_3(g/L) = mL\ Na_2S_2O_3 \times N\ Na_2S_2O_3 \times 166.8$

■ $Cr_2O_3(Cr^{3+})$ 분석(산화–환원적정)

분석항목 : 3가 크롬, $Cr_2O_3(Cr^{3+})$

앞에서 6가 크롬 분석에 대하여 다루었다. 적당한 산화제를 사용하여 용액 중의 3가 크롬을 모두 6가 상태로 산화시킨 후 6가 상태의 전체 크롬 농도를 결정한다. 이후에 이미 알고 있는 6가 크롬의 농도를 빼면 산화제에 의해 산화된 3가 크롬의 농도를 결정할 수 있다. 6가 크롬의 분석방법은 앞의 과정과 동일하다.

즉, I^-를 이용하여 용액 중의 Cr^{6+}을 Cr^{3+}로 환원시키고, 이 과정에서 생성된 산화생성물, I_2,을 정량함으로써 CrO_3(또는 Cr^{6+})을 정량한다. 전형적인 간접 요오드적정이며, I_2를 정량하기 위해 환원제로써 $S_2O_3^{2-}$을 사용한다.

• 필요한 약품 : 수용성 녹말(지시약, soluble starch), 불화수소암모늄(NH_4HF_2), 진한 염산(conc. HCl), 티오황산나트륨($Na_2S_2O_3$), 요오드화칼륨(KI), 과산화나트륨(Na_2O_2)

• 분석방법

① 피펫을 이용하여 도금액 10.0mL를 취해 깨끗한 500mL 메스플라스크에 넣고 증류수로 표선까지 희석하고 잘 혼합한다. 이 용액 10.0mL를 다시 피펫으로 취해 250mL 코니칼플라스크에 넣고 증류수를 약 100mL정도 넣는다.

② 과산화나트륨(Na_2O_2) 약 0.2g을 넣고 20~30분간 조용히 가열한다.

③ 용액의 전체 부피가 100mL 되도록 증류수로 희석한 후 상온까지 냉각한다.

④ 불화수소암모늄(NH_4HF_2) 약 2g과 시약급 염산 15mL를 첨가하고 용액을 교반하면서 10% 요오드화칼륨 용액 약 10mL를 가능한 한 천천히 가한다.

⑤ 깨끗하고 잘 건조된 50mL 뷰렛에 표준화한 티오황산나트륨 용액을 채우고, 용액의 어두운 갈색이 사라지기 시작할 때까지 적정 한다.

⑥ 녹말 지시약 약 5mL 정도를 용액에 넣고(이 조작으로 용액이 파란빛을 띠게 됨) 이 파란색이 소멸되어 적어도 30초 이상 지속되는 시점까지 적정을 계속한다.

⑦ 적정제의 소모량을 기록하고 크롬산(Cr_2O_3)의 양을 계산한다.

• 계산

Total CrO_3(g/L) = mL $Na_2S_2O_3$ × N $Na_2S_2O_3$ × 166.8

Cr^{3+}(g/L) = 0.52 [Total CrO_3(g/L) − CrO_3(g/L, Cr6+)]

■ SO_4 분석(무게분석)

분석항목 : SO_4^{2-}

크롬 도금용액으로부터 황산 음이온(SO_4^{2-}, sulfate ion)을 정량하기 위해 사용하는 분석기법은 무게분석이다. 그러나 침전제로 사용하는 바륨(Ba^{2+})은 황산 음이온뿐만 아니라 크롬이온과도 반응하여 불용성 크롬산바륨으로도 침전되기 때문에 바륨으로 황산 음이온을 침전시키기 이전에 시료 용액 중에 존재하는 크롬 이온을 먼저 제거하여 간섭을 없애야만 한다. 이와 같은 간섭 현상은 바륨뿐만 아니라 납(Pb^{2+})이나 은(Ag^{+})을 침전제로써 사용하여도 동일하게 나타난다.

• **필요한 약품** : 진한 염산(HCl), 아세트산(CH_3COOH), 에틸알코올(C_2H_5OH), 염화바륨($BaCl_2$, $2H_2O$)

• **분석방법**

① 피펫을 이용하여 도금액 25.0mL를 취해 깨끗한 500mL 비이커에 넣고 환원용액 약 250mL를 천천히 첨가한다.
② 핫 플레이트를 이용하여 용액의 전체 부피가 70mL 정도로 남을 때까지 끓인다.
③ 10% 염화바륨 용액 10mL 정도를 넣고 비이커를 핫 플레이트로부터 다른 곳으로 옮긴 후 증류수 약 250mL를 넣는다.
④ 비이커 상단을 적당한 기구로 덮고, 침전물이 충분하게 응집되도록 약 4시간 정도 방치한다.
⑤ 용액이 거의 끓을 때까지 가열하고 무게를 알고 있는 유리필터(또는 정량분석용 No. 40 Whatman 여과지)에 침전물을 여과한다. 여과할 때 따뜻한 염산용액(1:50)을 이용하여 침전물을 여러 번 세척한다.
⑥ 전기로를 이용하여 약 900℃의 온도에서 침전물을 강열하고 데시게이터에서 상온까지 냉각한 후 무게를 달아 침전물의 질량이 일정하게 될 때까지 가열과 냉각을 반복한다.
⑦ 황산바륨의 질량으로부터 황산의 양을 계산한다.

• **계산**

g/L H_2SO_4(100%) = g $BaSO_4$ × 16.8

g/L H_2SO_4(93.5%) = g $BaSO_4$ × 17.97

g/L 66°(baume) H_2SO_4 = g $BaSO_4$ × 17.97

■ F 분석(침전적정)

분석항목 : F(fluoride)

1956년까지만 해도 플루오르화물은 과염소산이나 황산을 이용하여 플루오르를 플루오로규산(H2SiF6)의 형태로 증류하여 정량하였다. 그러나 증류법은 분석에 오랜 시간이 소요되고 노련한 기술이 필요하기 때문에 적당한 분석방법으로 권장할 만 하지 못하다.

Branciaroli와 Coleman이 1956년 5월에 제시한 토륨을 이용한 적정법은 크롬용액에서의 플루오르 정량에 적합하다.

• 필요한 약품 : 진한 염산(HCl), 아세트산(CH_3COOH), 에틸알코올(C_2H_5OH), 염화바륨($BaCl_2$, $2H_2O$)

• 분석방법

① 피펫을 이용하여 도금액 5.0mL를 취해 깨끗한 250mL 비이커에 넣고 증류수 100mL를 가한다. 붉은 색 리트머스지가 파란색으로 될 때까지 1N 수산화나트륨 용액을 천천히 가한다(용액을 중화한다).

② 약 10%의 질산은 용액 약 50mL를 가한다. 이때 형성된 침전물이 가라앉은 후 용액의 노란빛이 소멸(더 이상 침전이 없을 때까지)될 때까지 질산은 용액을 가한다.

③ 적당한(540 Whatman 또는 이와 유사한) 여과지를 이용하여 침전물을 여과하고 여과액을 250mL 코니칼플라스크에 모은다. 여과지 안의 침전물을 10mL 정도의 증류수로 3~4번 세척하고 세척된 액도 함께 모은다. 여과된 침전물은 버린다.

④ 여과액에 알리자린 지시약을 약 10 방울 넣고 용액이 노란 색으로 될 때까지 묽은 질산(1:30)을 천천히 가한다.

⑤ 모노클로로아세트산 버퍼 용액을 약 2.5mL 첨가하고 질산토륨 표준용액으로 적정 한다. 이때 적정의 종말점은 용액이 노란 색에서 분홍빛으로 변하는 점이다.

• 계산

$$g/L\ fluoride = mL\ Th^{4+} \times N\ Th^{4+} \times 3.80$$

$$g/L\ sodium\ fluoride = mL\ Th^{4+} \times N\ Th^{4+} \times 8.40$$

$$g/L\ hydrofluoric\ acid = mL\ Th^{4+} \times N\ Th^{4+} \times 3.992$$

$$g/L\ fluosilicic\ acid = mL\ Th^{4+} \times N\ Th^{4+} \times 14.41$$

12.3 할셀시험

1) 개요

할셀 시험은 1935년경 미국 Richard O, Hull에 의해 고안되어 "할(Hull)"은 발명가의 이름을 따고 "셀(Cell)"은 도금을 하기 위한 작은 시험용기를 지칭하여 "할셀"이라고 부르게 되었다. 최근 다른 어떤 종류의 시험기구 보다도 할셀은 도금분야에서 가장 많이 사용되고 있는 작은 규모로 축소된 도금시험 장치이며, 특히 전기도금에 있어서 도금액관리나 도금 기술 개발에는 할셀 시험이 많이 사용되고 있다.

할셀 시험에서 음극면은 양극면에 대해서 평행이 아닌 경사면(29°)이 되도록 할셀에 설치하는데 그 이유는 양극 표면을 기준하여 음극 표면의 경사면이 양극에서 멀어질수록 전류밀도가 적어지게 하여 공급되는 총 전류가 양극에서 가까운 곳과 먼 곳의 표면에 규칙적으로 변화된 전류밀도로 형성 되어지게 하기 위해서 일정한 경사면이 되도록 규정지어진 것이다.

이러한 이유로 높은 전류밀도에서부터 낮은 전류밀도에 이르기까지 규칙적인 전류밀도로 1개의 음극표면에 도금 되도록 하여 도금된 표면을 관찰함으로써 도금상태를 비교평가 할 수 있게 한 것이다.

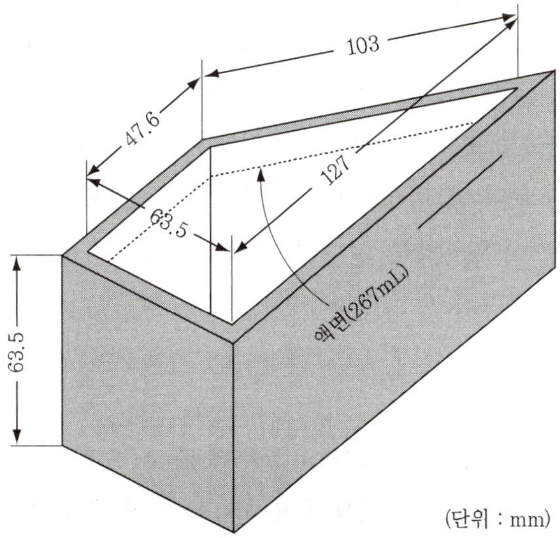

그림 12-1 할셀조 개략도

2) 할셀 시험의 활용

할셀 시험을 통하여 각종 도금액에 대한 다음과 같은 정보를 얻을 수 있다.

1) 도금액의 주성분과 첨가제의 과부족 상태 확인.

2) 광택제 및 기타 첨가약품에 대한 광택범위 결정.

3) 유기물, 분해생성물 금속불순물의 종류 확인 및 도금에 미치는 영향력

4) 도금액의 온도, pH, 교반비율 등 확인.

5) 적정 전류밀도범위 결정.

6) 균일전착성, 피복력 기타 물리적, 기계적 성질

1. 사다리꼴 할셀

할셀은 특수한 사다리꼴형(경사각 29°)의 시험조이며 형태는 **그림 12-1**과 같고 도금액량은 대표적으로 267ml이지만 250ml, 320ml 등 여러 가지로 사용되고 있다.

미국에서 사용되는 단위인 갤론(U.S Gallon=3.78531)마다 1온스(Once)첨가하는 비율이 되도록 267ml 할셀을 만들어 2g 첨가는 1갤론에 1온스 첨가하는 것으로 편리하게 사용하지만, 이러한 계산은 C,G,S 계량단위를 사용하는 나라(한국, 일본 등)는 g/L를 사용하고 있으므로 다음과 같이 환산해서 사용해야 된다. 267ml 할셀에 1g첨가 → 3.75g/L 이므로 0.267g첨가 → 1g/L 의 관계가 된다. 국내에서는 250ml와 267ml로 할셀에 도금액량 표시눈금이 2가지로 표시되어 있으며 250ml눈금에 맞게 도금액을 채우고 시험 한다면 0.25g첨가 → 1g/L가 되므로 쉽게 환산할 수 있다.이는 267ml일 때보다 도금액이 17ml 만큼 적게 넣는 결과가 된다. 그러므로 한국에서는 오래전부터 17ml 적은 250ml 할셀을 권장하고 있다. 즉 250ml 할셀에는 1g/250ml Hull cell = 4g/L=400g/100L가 된다.

2. 양극, 음극

양극(Anode)의 크기는 65mm × 64mm / 두께 5mm 이하이며 종류는 전기동, 니켈, 납, 아연, 주석, 금, 은, 스텐레스, 티타늄 등을 사용하며 양극과 음극면적이 1:1 이 아니기 때문에 표면적이 큰 파형면(크롬도금용), 요철면(니켈도금)을 사용하기도 한다.

음극판(Cathode)의 크기는 일반적으로 100cm × 65cm, 두께 약 0.5mm(0.5± 0.1mm)

사용하며 재질은 정보를 얻고자하는 도금의 종류와 같은 Iron, brass, copper 등을 사용한다.

3. 할셀 음극판의 전류분포

할셀시험에 의한 도금의 결과를 이용하기 위해서는 먼저 음극면 각 부분에 형성되는 전류밀도 분포를 알고 있어야 된다. 할셀 눈금 높이 까지 도금액을 채우고, 양극을 설치한 후 양극에 대해서 음극을 경사면(29°)에 설치하고, 전류를 가하면 도금이 된다. 이때 도금되는 음극 표면에는 전극배치 관계상 전류밀도 분포가 양극에서 멀어질수록 경사면에 따라 음극 전류밀도가 감소하게 된다. 주의할 점은 전류 밀도를 A/dm^2로 계산할 때 거리 x를 cm로 A/ft^2로 계산할 때는 거리 x를 inch단위로 구분해서 적용해야 되며, 전해질 계수도 물론 달라지게 된다. 가장 보편적으로 많이 이용되고 있는 것은 독일 규격에 채택된 내용이며 수식은 다음과 같다.

$$D_k = I\ (C_1 - C_2\ \ 10g\ x)$$

여기서 D_k = 전류밀도(A/dm^2)

I = 총 전류(Ampere)

C_1, C_2= 도금액의 고유계수

X = 거리(Cm)

250ml 할셀의 경우 Dk = A/dm^2 = I (5.10−5.24 logx cm)

267ml 할셀의 경우 inch Dk = A/ft^2 = I (27.7−48.7 logx inch)

1000ml 할셀의 경우 Dk = A/dm^2 = I (3.26−3.04 logx cm)

Dk = A/ft^2= I (18.8−28.3 logx inch)

표 12-1 250ml 할셀에서 총전류(I)에 대한 음극판의 전류밀도 분포(D_k=A/dm^2)

총전류(I) / 음극거리 cm	1A	2A	3A	4A	5A
1.0	5.1	10.0	15.3	20.4	25.5
2.0	3.5	7.0	10.6	14.1	17.6
3.0	2.6	5.2	7.8	10.4	13.0
4.0	1.9	3.9	5.8	7.8	9.7
5.0	1.4	2.9	4.3	5.7	7.2
6.0	1.0	2.0	3.1	4.1	5.1
7.0	0.7	1.3	2.0	2.7	3.4
8.0	0.4	0.7	1.1	1.4	1.8
9.0	0.1	0.2	0.3	0.4	0.5

4. 할셀 시험의 전류밀도 계산

할셀 시험을 실시하면 총전류(A)세기에 따라 음극판에는 규칙적인 전류분포가 이루어지면서 음극표면 위에 도금이 된다. 양극에서 가까운 곳(좌측)으로부터 멀어질수록(우측방향으로)전류밀도는 급격히 줄어들게 되며, 일반적으로 6cm 거리 이전은 총전류(A)보다 높은 전류밀도(A/dm^2)가 흐르고 6cm 보다 멀어질수록 낮은 전류밀도가 흐르게 된다. 임의 지점(거리 cm 또는 inch)에 흐르는 전류밀도로 환산하여 할셀 음극판의 도금표면을 비교하려면 일일이 계산하기 힘들기 때문에 편리하게 만들어진 자 (Hull cell scale 할셀 전류밀도 계산자)를 사용하여 각 부분의 전류밀도, 즉 고전류밀도 부분부터 저전류밀도 부분까지 전체적인 전류밀도를 각각 한번에 살펴볼 수 있다.

미국에서 사용되는 도금액 조성 표시를 OZ/Gal(ounse)로, 전류밀도는 A/ft^{2}로 표기하여 사용하고 있으나, 일본과 한국의 국가계량단위는 CGS체계이므로 도금액 조성 표시는 g/L로, 전류밀도는 A/dm^{2}로 사용하고 있다.

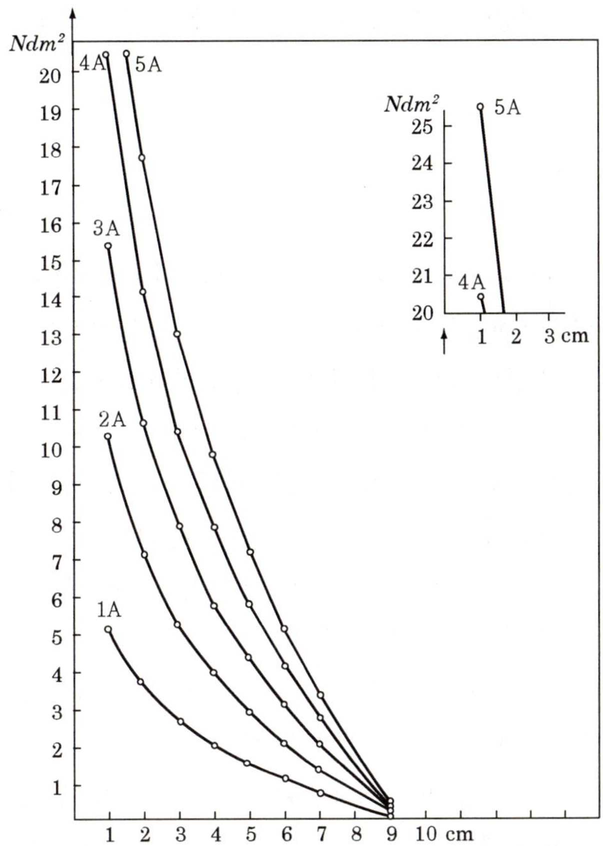

그림 12-2 총전류(I)에 대한 음극거리에 따른 전류밀도

5. 할셀 전류밀도 계산자

할셀자의 사용방법은 음극시험편 하단부와 할셀 계산자 하단부가 일치되도록 시편위에 올려놓고, 시편 좌측 끝 부분이 0cm되게 맞추고 cm눈금을 보면서 총전류 칸에 있는 숫자를 읽으면 그 거리에 따른 전류밀도(A/dm^2)가 된다. 할셀에는 위/아래 두 개의 눈금이 그어져 있는데 상단눈금중앙부는 267ml 하단눈금, 중앙부분은 250ml를 나타내므로 시험할 때 사용한 눈금에 맞게 할셀 계산자를(250ml할셀 눈금과 267ml할셀 눈금 모두 각각의 계산공식으로 환산하여 만들어진 계산자)선택해서 사용하면된다. 할셀시험 시 총 전류를 0.3A 한다면 음극의 전류밀도를 읽을 때는 전전류 3A칸에 나오는 값에 0.1을 곱해서 읽으면 되고,

반대로 10A 총전류로 시험했다면 총전류 1A칸에 나오는 전류 밀도 값에 10을 곱해서 읽으면 된다.

6. 할셀 시험의 활용

할셀시험 결과를 정확하게 평가하기 위해서는 관찰하고자하는 내용이 음극판 표면에 정확하고 재현성 있게 도금되어져야 한다. 전체 표면이 균일하게 광택 연마된 음극판을 정상적인 전처리 과정을 거친 후 시험된 것이어야 된다. 소재 표면이 불균일하거나 전처리가 완전히 못하면 동일조건으로 여러 번 시험해도 그 때마다 각기 다르게 불규칙한 도금상태로 나타나기 때문에 평가하기 곤란하게 된다. **그림 12-2**는 할셀 시험 할 때 통해주는 총전류(Total current)에 대해서 음극판에 형성되는 전류밀도를 나타낸다.

할셀 시험후 음극 시편을 전류밀도가 높은 부분에서 탐, 까짐, 분말상, 수지상, 균열 등을 파악하고 도금상태가 비교적 양호한 중 전류 밀도지역에서 광택, 반광택 무광택, 표면얼룩, 줄무늬, 구름 낌 부분과 오염상태 그리고 핏트, 핀홀, 부풀음, 거칠음 등을 파악하고 저 전류밀도 지역에서 불순물의 영향과 무도금상태 등을 관찰하면, 고, 중, 저 전류밀도지역의 표면상태를 비교, 평가하는데 도움이 된다. 최적전류밀도 범위는 **그림 12-3**에서와 같이 도금된 음극시험편의 도금된 아래부분에서 24mm 높이의 선을(할셀측면 벽에 대한 평행으로 도금된 음극표면의 중앙선)기준으로 평가하게 되며, 도금물성에 관한 시험은 도금된 음극시편 자체로 하던가 유효부분을 오려내서 필요한 시험을 할 수도 있다. 또한 **그림 12-4**의 예시와 같이 도금상태 표시용 부호를 사용하여 기록으로 남기어 참고한다.

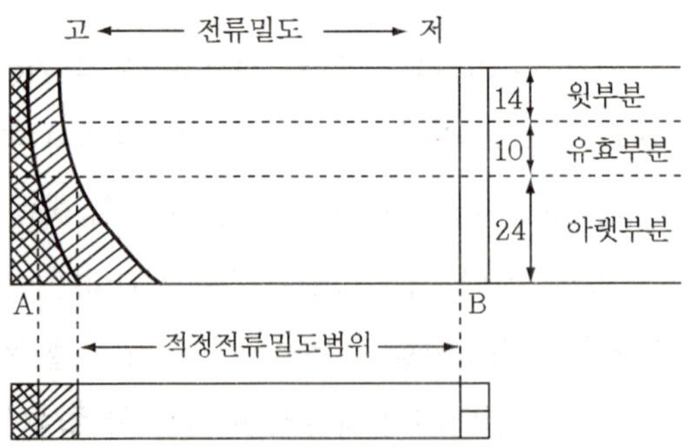

그림 12-3 음극시험편의 유효면

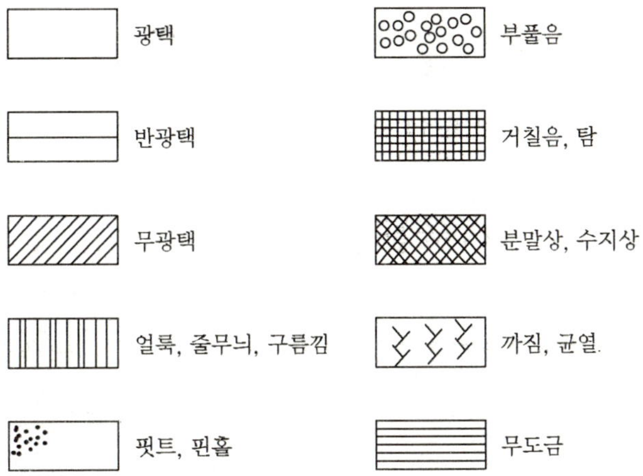

그림 12-4 도금상태 표시용 부호(예)

제13장 도금 표면검사법

13.1 도금피막의 두께 측정

도금두께의 측정은 도금피막을 파괴하는 방법과 파괴하지 않는 (비파괴) 방법으로 이루어지고 있으며 KS D 0264 (도금 두께 측정방법) 에 준하여 행하여지고 있다.

1) 현미경 단면 시험(파괴식 시험)

도금 층의 수직단면을 현미경으로 관찰하여 도금 두께를 구하는 방법으로서 일반적인 측정방법은 **표 13-1**과 같다.

표 13-1 도금층의 현미경 단면시험 공정

공 정 명	공 정 설 명
시험편 채취 (Sample Cutting)	1) 시험편을 도금 층이 수직이 되도록 절단 2) 가열을 방지하기 위하여 냉각수 사용하여 절단
시험편 매립 (Mounting)	마운팅은 현미경관찰이 용이하도록 하는 작업으로서 습식법과 건식법으로 구분되며 현장에 알맞은 것을 선택하여 시행함 1) 습식법 : PVC 파이프를 적당한 크기로 절단한 후 시험편을 고정시키고 합성수지 또는 저융점 합금에 넣어 경화 시킴 2) 건식법: 마운팅 프레스와 레진을 사용하여 시행
거친 연마 (Coarse grinding)	1) sand paper #80~150을 사용하여 scrach와 burr제거 2) 시편을 90°씩 돌려가며 연마, 가열을 방지하기위하여 물을 분사하며 할 것
고운 연마 (Fine grinding)	sand paper #220~800을 사용하여 scrach제거
경면작업 (Polishing)	1) 폴리싱 머신을 이용하여 관찰 면이 거울 면이 되도록 작업 2) 연마제(알루미나, 산화크롬 등)를 사용 경면이 될 때까지 작업

표 13-1 도금층의 현미경 단면시험 공정(계속)

공 정 명	공 정 설 명
부식 (Etching)	1) 도금 층과 소지와의 경계면을 뚜렷이 구분하기위한 공정으로 각 도금 층 별 에칭 액의 종류는 표2와 같다.
현미경 관찰 (MIcroscopy)	1) 완전히 건조된 시편을 수직조명장치가 부착된 현미경을 사용하여 도금 층을 관찰한다. 2) 저배율부터 고배율로 관찰,
사진촬영 (Photograph)	적정배율로 도금층이 관찰되면 촬영하고자 하는 곳을 지정하여 사진을 촬영한다.

표 13-2 부식액의 보기

적용	부식액 조성	
철강상의 니켈 또는 크롬 도금 (철강의 부식액)	질산(비중1.38) 에틸알콜(95w/o)	5mℓ 95mℓ
철강, 구리 및 그 합금상의 금, 납, 은, 니켈 또는 구리도금 (철강, 철강, 구리 및 그 합금,의 부식액)	염화 제이철 (6수화물) 염산(비중 1.16) 에틸알콜(95w/o)	10mℓ 2mℓ 98mℓ
철강, 구리 및 그 합금상의 니켈의 다층도금 (니켈층이 각각 무광택,반광택,광택으로 분류되어있는 경우) (철강, 철강, 구리 및 그 합금,의 부식액)	질산(비중1.38) 빙초산	50mℓ 50mℓ
구리 및 그 합금상의 주석 또는 그 합금도금 (구리 및 그 합금,의 부식액)	황산 암모늄 수산화암모늄(비중0.85) 순수	10g 2mℓ 90mℓ
알루미늄 및 그 합금상의 니켈 또는 구리도금 (알루미늄 및 그 합금,의 부식액)	질산(비중1.38) 플루오르화수소산(비중 1.14) 순수	5mℓ 2mℓ 98mℓ
아연 및 그 합금상의 니켈 또는 구리도금 철강상의 아연 또는 카드뮴 도금 (아연 및 그 합금,카드뮴의 부식액)	무수크롬산 황산나트륨 순수	20g 1.5g 100mℓ

2) 전해식 시험 방법(파괴식 시험)

이 방법은 정전류 전해에 의해 도금 층의 일정면적을 양극적으로 용해해서 제거하는데 걸리는 시간을 패러데이 법칙에 의하여 환산하여 두께를 측정하는 방법이다. 이것은 특히 뒤에 설명할 비파괴적 방법으로는 측정할 수 없는 황동상의 엷은 은도금이나 광택 크롬도금 등과 같은 엷은 도금의 두께를 측정할 수가 있다. **그림 13-1**은 전해식 측정기의 개략도이다. 아연과 같이 크로메이트를 한 면에는 5% 아세트산으로 피막을 제거한 후 측정을 해야 한다. 이 방법은 다루는게 간단하고 다층도금의 두께가 측정가능하기 때문에 넓게 사용되고 있다. 이 장치의 특징은 최종도금(최상도금)에서 아래방향도금으로 두께를 순차적으로 측정할 수 있으며 시료는 판상, 선상 중 어느 것이든 측정 가능하다.

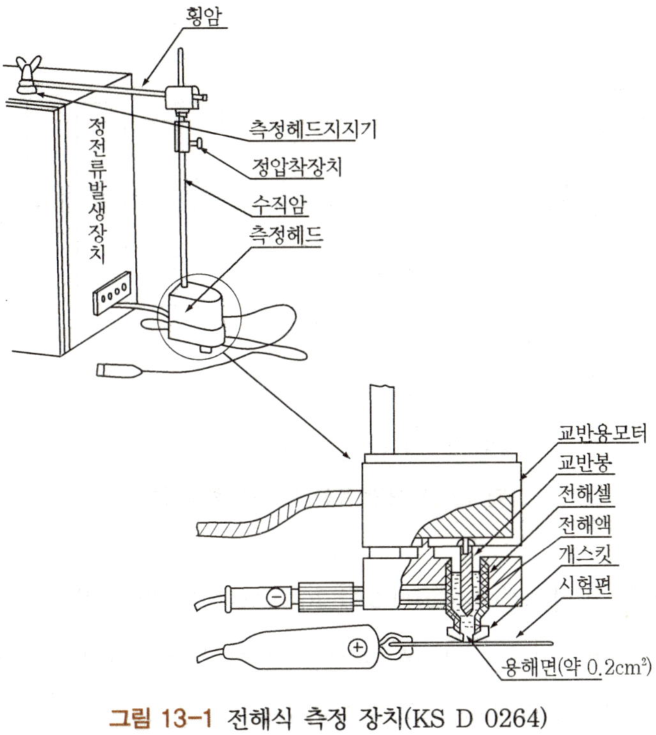

그림 13-1 전해식 측정 장치(KS D 0264)

3) 형광 X선식 시험방법(비파괴식)

그림 13-2에서 나타내는 장치를 사용하여 시료에 X선을 조사한다. 도금에서 방사되는 형광X선량을 측정해서 도금두께를 구하는 방법이다. 금속 소지상, 또는 비금속 소지상의 도금 두께를 비파괴적으로 측정할 수 있으며 짧은 측정시간과 우수한 정밀도로 현재 가장 많이 이용되고 있으나 측정기의 가격이 너무 고가라는 단점이 있다.

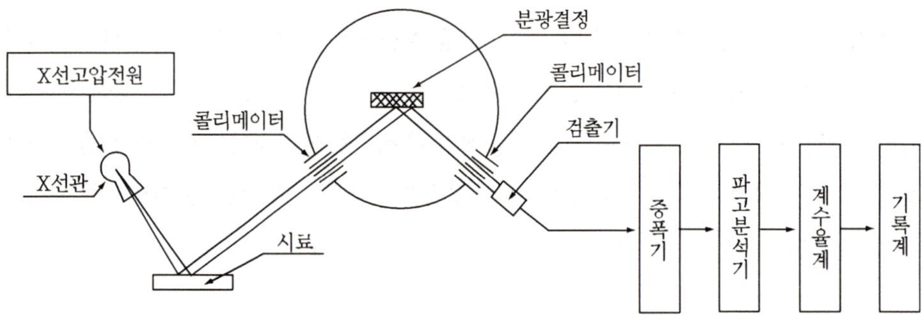

(a) 형광X선 두께 측정장치 (파장 분산형)의 보기

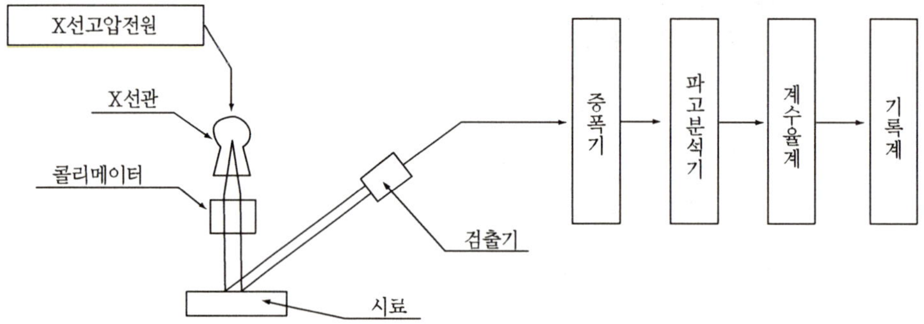

(b) 형광X선 두께 측정장치 (에너지 분산형)의 보기

그림 13-2 형광 X선식 두께 측정장치

4) 와전류식 시험 방법(eddy current method)(비파괴식)

이 방법은 접촉 코일(probe-coil) 에 고주파 전류를 흐르게 하여 피측정 도금층의 표층부에 와전류(유도와전류의 리액턴스, 코일에 교류가 흘렀을 때 생기는 저항과 같은 성질을 가진 것)를 생기게 하여 전도도, 두께, 모양 등에 의해 변화하는 와전류 량을 측정하여 도금의 두께를 구하는 방법이다.

소지금속 A 위에 다른 금속 B의 층이 있을 때는 접촉 코일의 임피던스는 이 층의 두께에 의해서 변화한다. 충분히 높은 주파수를 사용할 때는, 표피작용에 의해서 접촉 코일의 전장은 금속 A에는 도달하지 않으므로 이 측정 방법은 B의 어느 두께의 범위 내에서는 소지 금속에는 관계가 없다. 와전류의 투과심도=저항/$\sqrt{주파수}$ 이므로 측정값은 금속의 전도도에 비례하고 있다. 따라서 두께 측정에는 항상 표준시편과 비교하게 되어 있다.

일반적으로 정확도는 구리에는 ±3~5%, 니켈에서는 5~10%라고 하며, 측정 범위 중 정확도가 위의 범위에 속하는 것은 Al의 산화피막, 도장피막 등 비자기성 피막에서는 2~60 μm, 구리, 은 등은 0.8~200μm, 니켈은 2.0~75μm, 아연은 2.0~110μm 등이라 한다. 방법에 따라서는 중첩된 도금층도 측정할 수 있다.

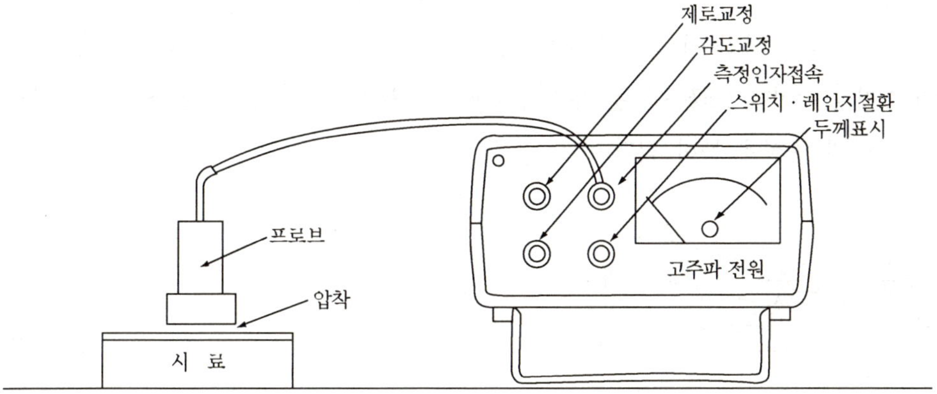

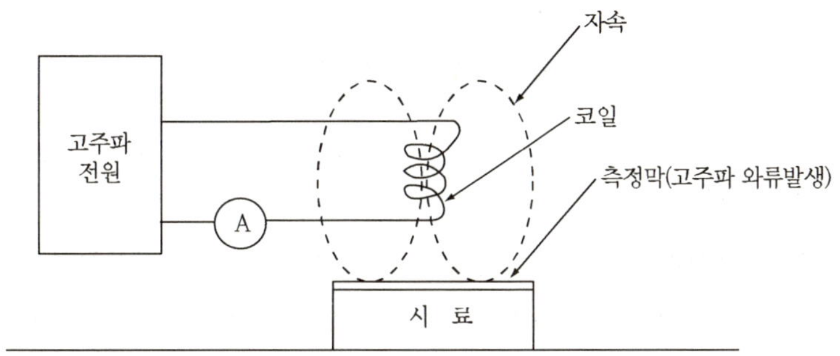

그림 13-3 와전류식 측정장치

5) β선에 의한 방법(β-ray backscattering method) (비파괴식)

이 방법은 β-선 발생장치(스트론튬 90, 프로메튬 60$\left[{}^{147}_{61}\mathrm{Pm}\right]$ 등의 동위원소)에서 β-선(고속도 전자)을 발생시켜 **그림 13-4**와 같이 도금층을 때리게 된다. 도금층이 얇으면 β-선이 통과하는 수가 많아지고, 두꺼우면 통과하는 수가 적다. 통과하지 않은 전자는 도금층의 전자와 충돌해서 반사한다. 이 반사된 수와 도금의 두께와는 비례하게 되며, 소지금속과 도금금속과의 종류에 따라 이 성질은 물론 다르나 표준시편을 이용해 보정하고 있다. 이것은 어떠한 소지 금속이나 도금층 또는 유기피막에도 적용이 가능하며 금, 은과 같은 귀금속층의 얇은 도금막의 측정에 특히 적합하다.

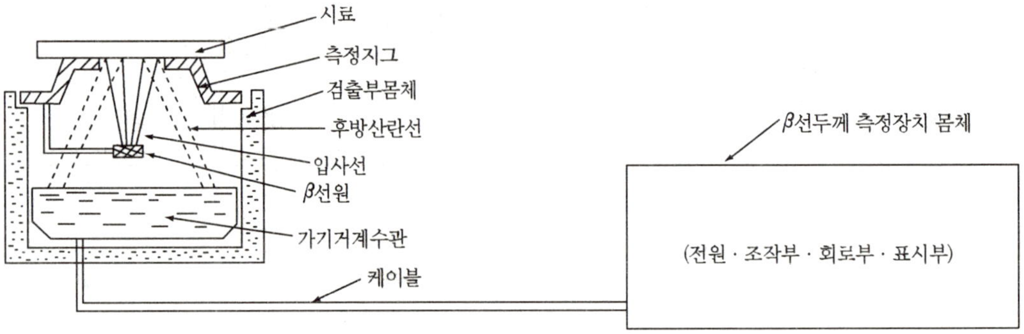

그림 13-4 β선식 측정장치

6) 자력식 시험 방법

그림 13-5에서 나타내는 장치를 사용해 자성 소지 금속위의 비자성금속(아연, 동, 크롬, 무전해니켈도금 등) 도금의 두께 차이에 의해 변화하는 자석과 소지금속의 자기력의 변화량에서 두께를 구하던가 도금층과 소지금속을 통과하는 자속의 자기저항을 측정하여 두께를 측정하는 방법이다. 측정 조작은 간편하지만 소지금속이 이미 자화되어있는 경우 이 방법은 사용할 수 없다는 단점이 있다.

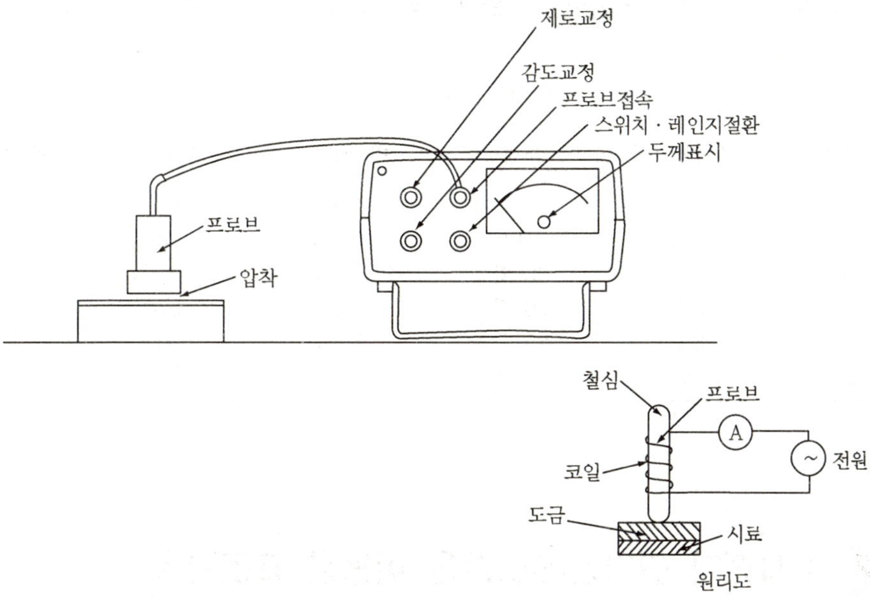

그림 13-5 자력식 두께 측정장치

7) 질량계측에 의한 도금 부착량 시험 방법

이방법은 (1)도금파괴 질량법, (2)도금파괴 분석법, (3)소지파괴법, (4)비파괴법 등으로 구분되어 지고 있으나 여기서는 가장 많이 이용되고 있는 비파괴법에 대해서만 설명하고자 한다.

(1) 중량차에 의한 도금부착량 시험방법(비파괴법)

이 시험 방법은 일정한 면적의 시료에 대해서 도금 전후에 중량의 차(W)를 소수점 3자리 이상 측정 가능한 전자저울을 사용하여 구한 후, 도금층의 비중(d)과 도금표면적(A)으로부터 평균도금 두께를 계산하는 방법이다.

도금층의 비중(g/㎤) = (도금후 중량 - 도금전 중량)/도금 표면적×도금두께

이것을 정확히 계산하면 1%까지의 정확성을 얻을 수 있으나, 대개는 표면적이 측정한 것보다 커서 $d=\frac{W}{AS}$의 식으로 계산한 두께는 항상 약간 커진다.

이 방법의 결점은 평균값만을 알 수 있다는 것과 전자저울을 사용하므로 전체의 무게가

200g 이상의 것은 측정이 곤란하다는 점이다. **표 13-3**은 주요 도금층의 비중을 나타내었다.

표 13-3 각 도금층의 비중

도금층	비중(g/㎤)	도금층	비중(g/㎤)	도금층	비중(g/㎤)
Al	2.7	Fe	7.86	Pb	11.97
Cd	8.64	Pb	11.34	꼬	12.4
Cr	6.95	63 황동	8.44	Ag	10.5
Co	8.83	70 황동	8.54	Sn	7.28
Cu	8.93	85 황동	8.74	Ti	4.54
Au	19.3	Ni	8.5	Zn	7.1

13.2 주사전자 현미경(SEM)을 이용한 표면관찰

1) 주사전자 현미경(SEM)이란?

SEM은 Scanning Electron Microscope의 준말로써 기존의 광학현미경이 빛을 이용하여 시료를 분석하였으나, SEM은 광원대신 전자를 이용하여 시료에 주사시켜 나오는 data를 분석하여 시료의 표면분석, 정성분석, 정량분석을 할 수 있게 하는 장치로써 광원대신 전자를 이용함으로써 광학현미경에 비하여 시료를 확대하여 볼 수 있는 능력이 매우 뛰어날 뿐 아니라 부가적인 다른 분석이 가능함으로 인해 매우 큰 운용효과를 가진 장비이다. SEM은 작동 원리적 특징으로 전도체만 사용가능하나 스퍼터링(sputtering)을 통하여 Au나 Pt를 코팅함으로써 금속뿐만 아니라 세라믹, 폴리머와 같은 비전도체와 생체재료, 바이러스 같은 매우 관찰하기 힘든 시료까지 분석할 수 있어 많은 분야에 적용되고 있다.

2) SEM의 원리

SEM 이란 10^{-3}Pa이상의진공 중에 놓여진 시료표면을 1-100nm정도의 미세한 전자선으로 x-y의 이차원방향으로 주사하여 시료표면에서 발생하는 2차 전자, 반사전자, 투과전자, 가시광선, 적외선, X선, 내부전기력 등의 신호를 검출하여 음극선관(브라운관) 화면상에 확대화상을 표시하거나 기록하여 시료의 형태, 미세구조의 관찰이나 구성원소의 분포, 정성, 정량 등의 분석을 행하는 장치이다. 주로 금속 등의 도체, IC, 산화물 등의 반도체,

고분자재료나 세라믹 등의 절연물의 고체, 분말, 박막시료가 표본이 된다. 주로 2차 전자가 시료의 형태관찰, 반사전자나 X선이 성분분석에 사용된다.

전자선은 **그림 13-6**과 같이 전자총부의 원통내의 음극(Filament)을 가열하여 발생한 전자가 양극으로 가속되어진다. 통상, 0.5~30kV로 가속되어진 전자선은 집속렌즈와 대물렌즈의 전자 렌즈의 작용으로 최종적으로 1~100nm의 직경까지 미세해지며 시료표면에 조사 된다. 이렇게 미세해진 전자선을 전자 probe라고 부른다. 전자 probe는 주사 코일에 의해 시편 표면상의 X와 Y의 2차원방향으로 새롭게 설정된 면적만큼 주사 각각의 신호로 변환시킨 검출기에서 검출, 증폭하여 영상으로 보여준다. 브라운관화상은 전자 probe의 주사면적을 작게 할수록 확대되어진다. 이 화상을 사진으로 촬영하거나 컴퓨터로 전송하여 시편의 사진을 얻게 된다. 전자 probe를 주사하지 않고, 시료상의 한 점에 고정하여 얻어지는 X선을 추가로 설치된 EDX등을 통하여 조사점의 원소분석이 가능하다.

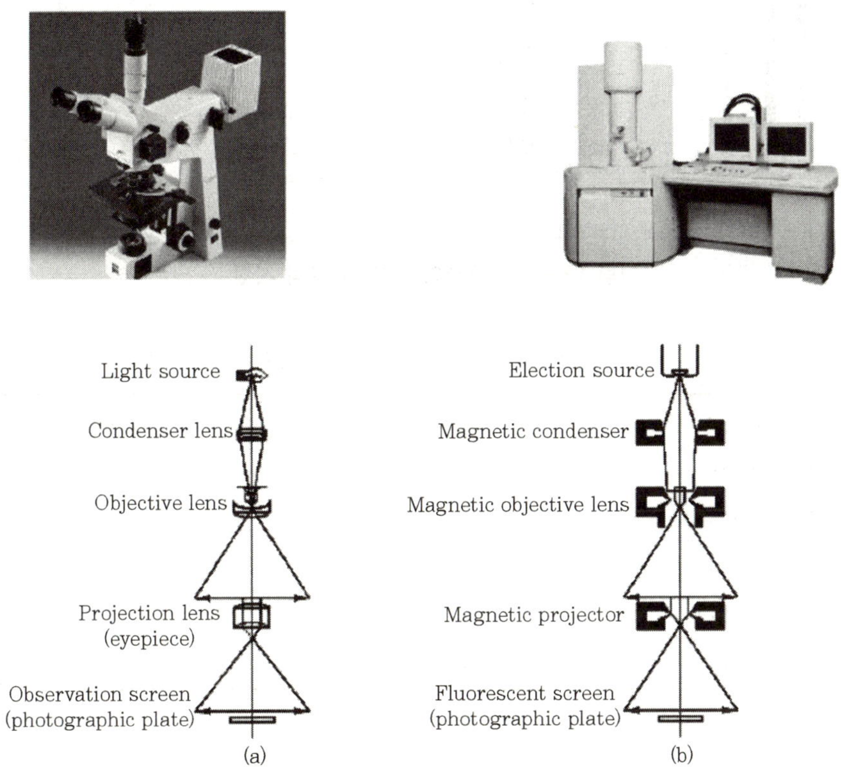

그림 13-6 광학현미경의 원리 주사전자 현미경(SEM)의 원리

예을 들어 무전해Ni-W합금도금층을 EDX로 분석하면 각 원소의 분석치가 **그림 13-7**과 같이 나오며, 각 원소의 함량은 **표 13-4**와 같이 나오므로 간단히 분석이 되어 편리하다. 다만 표에서 보는 바와 같이 수소 같이 가벼운 원소나, %이하의 미량의 함량은 곡선이나 표에 나타나지 않아서 분석이 되지 않는다. 다만 그림에서 Al이 표시된 것은 알루미늄소지에 무전해도금을 한 것으로 도금층이 엷어서 소지가 미량으로 분석되어 표에는 나타나지 않았다.

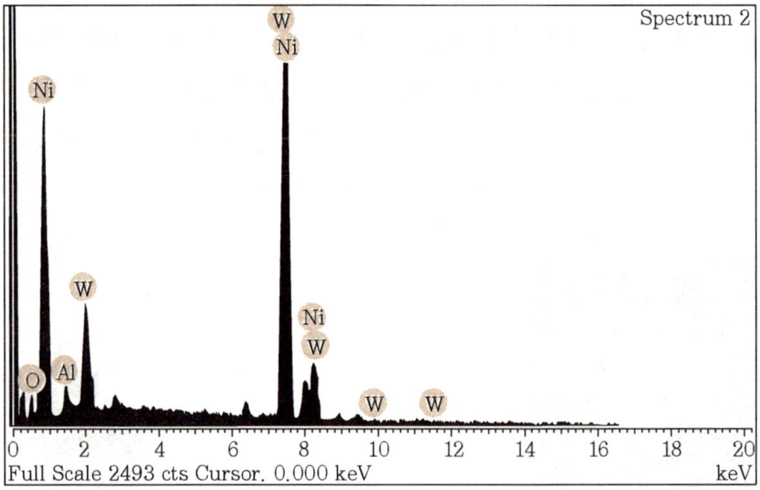

그림 13-7 도금층의 EDX의 분석 사진

표 13-4 상기 EDX사진의 문석표

Element(원소)	Weight(중량)%	Atomic(원자)%
O K (산소)	3.34	8.00
P K (인)	7.82	3.68
Ni K (니켈)	71.52	73.93
W M (탕그스텐)	16.33	14.40
Total(합계)	100.00	

13.3 도금피막의 내식성 시험

도금은 소지에 금속성을 부여해 장식성과 함께 제품의 수명을 길게 할수 있다. 또, 이것들은, 자원절약으로 이어지기 때문에 자원을 가지지 못한 나라로서는 꽤나 중요한 기술이다.

내식성을 부여하는 도금으로는, 아연, 아연합금, 카드뮴 등이 있고 장식성과 내식성을 부여할수 있는 것 중에서는, 동-니켈-크롬, 니켈-니켈-크롬도금이 있다.

강철위의 아연도금은 아연에 강철위에 도달하는 핀홀(미세공)이 있어도 아연이 남아있으면 강철은 녹이 생기지 않는다. 따라서 아연도금의 내식성은 도금된 아연의 질량에 비례한다.

일반적으로 아연도금은 그대로인 상태로 사용되는 경우는 없고, 그위에 크로메이트피막을 생성시켜 사용하고 있다. 이 크로메이트 피막은 크게 나눠서 광택과 유색이 있다. 광택크로메이트는 거의 내식성이 없다. 유색크로메이트는 그 색에 따라 크로메이트피막의 두께(단위면적당 질량)가 달라 내식성도 다르게 되어있다. 동-니켈-크롬, 니켈-니켈-크롬도금 등의 도금도 그 두께 및 공정에 따라 내식성에 차가 생기는 경우가 있다.

KS D 8334 (도금의 내식성 시험방법)에 의한 도금내식성 시험방법으로는, (1) 중성 염수분무 시험방법 (2) 아세트산 산성염수 분무 시험 방법, (3) 캐스 시험, (4) 콜로이드 코팅 시험 방법 (5) 아황산 가스 시험 방법 등이 있으나 일반적으로 중성염수 시험방법(KS D 9502)를 많이 채용하고 있다.

1) 중성 염수분무 시험방법(KS D 9502)

도금피막의 내식성 시험의 방법 중 가장 널리 이용되는 시험 방법으로 염수 분무 시험장치를 사용해 pH 6.5~7.2로 조정된 5% 염화나트륨수용액을 분무한 분위기에 두고, 도금의 내식성을 알아보는 방법이다. 추천하는 시험시간은 8시간의 배수로, 구체적으로는 8시간, 16시간, 24시간, 48시간, 96시간, 240시간, 480시간, 720시간이 있으며 보고서는, 시험장치의 명칭. 형식. 시험편의 채취방법. 형상. 치수, 기호, 시험조건(염화나트륨 농도. pH. 압축공기압. 분로량. 온도), 시험시간, 측정결과를 명기하여야 한다

또한 평가판정은 시험면에 발생한 부식결함(녹 등)의 종류 및 그 형태와 KS D 9502에 있는 레이팅 넘버(RN) 조견표를 사용하여 전부식 면적률에 따른 레이팅 넘버(RN)를 구하든가 혹은 질량감소법에 따라 판정한다.

표 13-5에 각종 내식성 시험 액조성과 조건을 나타내었다.

표 13-5 내식성 시험 조건

조건	염수분무시험 KS D 9502	아세트산산성 염수분무시험 ASTMB-287-57T	캐스(CASS)시험 ASTMB-368-61T (KS D 9504)
식염수 농도	5±1%	5±1%	5%± 염화제이구리 결정 0.206g/L
식염수의 pH	6.5~7.2	3.1~3.3	3.0~3.2
공급 공기압력	0.7~1.8kg/cm^2	10~25psi	15±1 psi
분무 집적 속도 (mℓ/80 ㎠/h)	1.5~3.0	0.75~2.0	1.5±0.5
시험기 내의 온도	3±2℃	35±1.5℃	50±1℃
분무시간	연속분무(24h)	연속분무(24h)	연속분무(8~16h)

2) 아세트산 산성 염수분무 시험방법

염수 분무 시험 장치를 사용해 초산으로 pH 3으로 조정된 5%염화나트륨 수용액을 분무한 분위기에 두고 도금의 내식성을 알아보는 방법이다.

시험조건으로는 **표 13-5**와 같고 일반적으로 시험시간은, 중성염수분무시험과 동일하며 판정은 RN(rating number)로 한다.

이 시험방식은 니켈-크롬도금의 내식성 평가방법으로 중성염수분무 시험 대신으로 유럽 각국에서 주로 행해지고 있다.

3) 캐스(CASS) 시험

캐스시험장치를 사용해서 초산으로 pH3으로 조정된 5%염화나트륨 수용액에 염화제2동을 0.268g/l 첨가한 용액을 분무한 분위기에 두고, 도금의 내식성을 알아보는 방법이다.

시험조건은 **표 13-5**에 나타내었고 일반적인 시험 시간은, 2시간, 4시간, 8시간, 16시간, 24시간, 48시간 및 96시간이 있으며 판정은 RN으로 한다.

4) 콜로이드 코티(corrodkote) 시험 방법

이 시험은 시험편 면에 콜로이드 코팅 반죽(질산구리 용액 7 ml, 염화제2철 용액 33ml 및 염화 암모니아 용액 10ml를 혼합해, 이것에 백도토 30g을 추가해 혼합한 진흙)을 균일하게 도포하고 건조 후 온도 38℃, 상대 습도 80~90%의 습기조 내에 두고 16시간을 1사이클로 도금의 내식성을 알아보는 방법이다.

폭로후의 시험편은 즉시 주의 깊게 꺼내 깨끗하고 부드러운 천 및 스폰지 등을 사용해 흐르는 물에서 진흙은 제거한 후, 깨끗하고 부드러운 흡수성 있는 천 및 종이 등을 사용해 물기를 제거해 건조시킨다. 철 소지인 경우는 부식 결함을 재현시키기 위하여 다시 2시간, 습도 100%의 습기조내에서 폭로한뒤 꺼내어 녹, 부기 ,균열 등이 소지에 도달해있는가 판정한다. 판정은 국부적 부식률, 전체적 부식률로 평가한다.

5) 아황산 가스 시험 방법

이산화유황 시험 장치를 사용해 이산화유황농도(체적비 25~1000ppm)를 선택하고 온도 40±1℃, 습도 90±5% RH 인 분위기에 유입해 도금의 내식성을 알아보는 방법이다.

시험시간으로 권장되는 것은 4시간, 8시간, 16시간, 24시간, 48시간, 96시간 및 240시간이다. 또 위험방지를 위해 시험의 도중에 중단하거나, 시험조를 개폐하거나 하지는 않는 것이 원칙이며 판정은 RN에 따른다.

13.4 도금피막의 밀착성 시험(KS D 0254)

도금이 벗겨진다는 표현이 자주 쓰이는데, 이는 도금업계의 가장 민감한 사항이며 이는 소재와 도금의 밀착이 나쁘기 때문에 박리을 일으키는 것이다. 밀착불량의 요인은 여러 가지가 있지만, 첫째 소재표면에 불순물(기름, 유기물, 먼지 등)이 존재하는 것, 두번째는 소재표면에 산화물층이 존재하는 것, 세번째는 플라스틱이나 세라믹의 표면에 갈고리 효과 혹은 감응기의 구축을 할 수 없었던 것이 있다. 밀착불량에 따른 박리는 도금 후 즉시 생기는 경우, 도금제품의 가공에 따라 생기는 경우, 혹은 사용 중에 생기는 경우가 있다.

도금 후 즉시 생기는 경우는 도금현장에서 불량원인을 해석해서 대응하는 것이 가능하다. 도금제품의 가공 시에 생기는 경우는 도금 후 어떤 가공에 견딜 수 있는 소재와 도금 금속과의 관계를 당사자간에 정하는 것이 필요하다. 특히 소재와 도금금속의 열팽창계수에 차가 있는 경우는, 가공 시에 박리가 일어나는 원인이 된다.

사용중에 박리가 생기는 경우는 사용 환경에 대해서 적절한 도금이 되어있지 않는 경우가 많다. 소재와의 관련으로 도금금속이 부적절한 경우, 두께가 얇은 경우 등 예를 들면 플라스틱 상의 도금에 있어서 밀착성을 중요시하는 거라면, 하지도금으로는 유연성이 있는 동도금을 행한 후에 니켈도금, 크롬도금을 실시하는 것이 좋다. 어찌되었건 당사자간에 충분히 검사를 행하는 것이 필요하다. 이러한 생산자와 소비자간의 분쟁을 명확히 하기 위하여 한국산업규격 에서는 KS D 0254 (도금의 밀착성 시험 방법)에 규정해 놓고 있으며 그종류는 다음과 같다.

(1) 음극전해 시험방법
(2) 압출 시험 방법
(3) 괘선 시험 방법
(4) 연삭 시험방법
(5) 정 박기 시험방법
(6) 열 시험방법
(7) 배럴 연마 시험방법
(8) 당겨 벗기기 시험방법
(9) 인장 시험방법
(10) 굽힘 시험방법
(11) 감아 붙이기 시험

이중 가장 많이 사용되고있는 것들에 대해서만 설명 한다.

1) 굽힘 시험방법

이 시험은 시료를 꺾어 굽혀서 도금의 밀착성을 조사하는 것이나 소지 금속의 두께가 2mm 이상인 경우에는 적합하지 않다.

(1) 시료를 **그림 13-8**과 같이 굽힘 반지름 4-10mm 인 받침대를 사용하여 단단히 끼워서 고정한후 90° 굽혀서 원래대로 되돌린다.
(2) 다음에 시료를 반대쪽으로 굽혀서 원래대로 되돌린다.
(3) 이 조작을 정해진 회수 만큼 되풀이한다.
(4) 굽힘 횟수는 도금의 종류, 제품의 사용 상태 등을 고려하여 결정 한다.
(5) 판정 방법은 시험 위치를 육안으로 관찰하여 도금의 박리 또는 부풀음이 명확할 때는

밀착불량으로 간주한다. 육안으로 밀착성의 양·불량을 판정하기 곤란할 대는 시험 위치를 배율 약 4배의 확대경을 써서 관찰하여 도금의 밀착성을 조사한다.

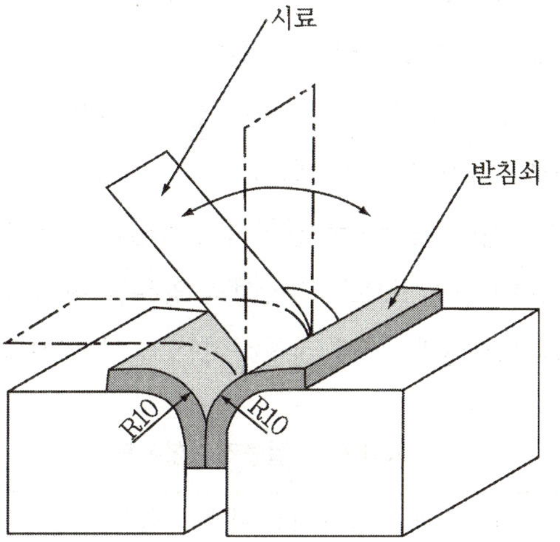

그림 13-8 굽힘시험의 보기

2) 당겨 벗기기 시험방법

이 시험은 도금면에 접착성이 있는 테이프를 눌러 이것을 급속으로 강력하게 잡아 당겨 벗겨짐에 따라 도금의 밀착성을 조사하는 것으로 비교적 얇은 도금, 귀금속의 도금 등에 적합하나 경도가 크고 두꺼운 도금에는 적합하지 않다.

(1) 도금면이 되도록 평평한 면을 골라서 시험용 테이프를 도금면에 붙인다. 이때 기포가 생기지 않도록 주의 하면서 손가락으로 강하게 눌러 붙인다.

(2) 붙어 있지 않는 부분을 30-50mm 남기고 약 10초간 눌러준다.

(3) (2)에서 남긴부분의 테이프를 가지고 도금면에 수직이 되도록 강하게 잡아 당겨 테이프를 순간적으로 당겨 벗긴다.

(4) 이시험을 엄격하게 할때는 테이프를 붙이기 전에 예리한 날로 도금면에 한변이 2mm인 정사각형이 되도록 소지까지 도달하는 자극을 만들고 시행하기도 한다.

(5) 판정 방법은 시험 위치를 육안으로 관찰하여 도금의 박리 또는 부풀음이 명확할 때는 밀착불량으로 간주한다. 육안으로 밀착성의 양·불량을 판정하기 곤란할 대는 시험 위치를 배율 약 4배의 확대경을 써서 관찰하여 도금의 밀착성을 조사한다.

3) 열 충격 시험방법

이 시험은 시료를 가열-급냉하는 열 충격에 의해 도금의 밀착성을 조사하는 것이다.

(1) **표 13-6**와 같은 시험온도에서 ±5℃의 범위로 유지되는 가열로를 사용하여 해당 온도로 가열하고 시료를 가열로내에 방치한다.

(2) 시료의 온도가 규정온도에 달하면 되도록 빨리 꺼내어 상온의 물속에 넣어 급냉 한 후 건조하여 도금의 밀착성을 조사한다.

(3) 판정 방법은 시험 위치를 육안으로 관찰하여 도금의 박리 또는 부풀음이 명확할 때는 밀착불량으로 간주한다. 육안으로 밀착성의 양부를 판정하기 곤란할 대는 시험 위치를 배율 약 4배의 확대경을 써서 관찰하여 도금의 밀착성을 조사한다.

표 13-6 열충격시험온도

도금종류 / 소지금속	크롬, 니켈, 니켈+크롬 동 및 주석-니켈	주석, 아연, 납, 카듐, 금
강	250℃	150℃
아연합금	150℃	150℃
구리 및 구리합금	250℃	150℃
알루미늄합금	200℃	150℃

4) 냉열반복시험

플라스틱상의 도금에 대해서 행해지는 이 시험은 플라스틱과 도금층과의 열팽창율 차를 이용해 밀착성을 알아보는 방법이다.

시험은 미리 시험 장치 내부를 저온(-20, -30, -40, ℃ 중에서 고른다.) 혹은 고온(70, 75, 80, 90℃중에서 고른다.)으로 한 상태에서 각 1시간, 실온에서 0.5시간의 시료 폭로를 3회 반복한다.

예를 들면 -30℃(1시간) → 20℃(0.5시간) → 80℃(1시간) → 20℃(0.5시간)을 1회(1사이클)로 한다.

판정방법은 박리, 팽창, 균열, 변형이 있는 경우 밀착불량으로 한다. 단 시험온도는 플라스틱재료를 고려해 선정하는 것이 필요하다.

13.5 도금의 내마모성 시험(KS D 8335)

도금의 기능적 용도는 내식성 다음으로 내마모성이 중요하다. 내마모성을 목적으로 한 도금으로는 공업용크롬도금, 무전해 니켈도금, 공업용 전기니켈도금, 전주니켈, 니켈계복합도금 등이 있다.

도금의 내마모성은 경도시험의 결과에 따라 정도 평가가 가능하지만, 상관관계가 반드시 높다고는 할 수 없다. 단 내마모성시험은 시간이 걸리기 때문에 시험결과의 재현성이 나쁜것도 있어, 경도시험에서 얻어진 따른 평가로 대체되는 경우가 많다.

최근의 제품 평가는 사용환경 혹은 그것에 준하는 상황에서 행해지는 것이 바람직하나, 내마모성시험을 사용 환경에서 실시하는 경우에는 실험에 장시간을 필요로 하고 또한 , 마모에 관계된 인자가 복잡해서 평가가 곤란하기 때문에 시험결과의 재현성이 좋은 방법을 많이 채택하고 있다. 도금의 내마모성 시험에서는 다음과 같이 내마모성 시험을 제시하고 있으나 이중 일반적으로 많이 행해지고 있는 시험 방법에 대해서 설명 하고자 한다.

① 모래낙하마모시험, ② 분사 마모시험 ③ 왕복운동마모시험 ④ 평판회전마모시험 ⑤ 양륜구동마모시험

1) 왕복운동마모시험

이 시험은 연마지를 붙인 마찰륜과 시료 사이에 접촉하중을 주어 왕복운동 마찰을 하여 도금의 내마모성을 조사하는 방법이다.

(1) 공업용크롬등의 딱딱한 도금은 시험하중 15~25N으로 연마지의 입도 #240~#320으로 행하며 그 외의 도금은 시험하중 15N이하로 연마지의 입도#320~#600으로 행한다.

이 시험에서는 항상 새로운 연마면에 마찰을 가하는 것과 함께 마찰에 따라 탈락한 연마제 및 시험금속이 시험면에 잔존하지 않도록 주의 하여야 한다.

(2) 판정 방법

① 무게변화 또는 도금 두께 변화에 의한 판정

내마모성은 다음 식에 따라 산출한다.

$$WR = N/(w_2 - w_1)$$

WR : 내마모성(DS/mg)

N : 시험 DS(double stroke) 수, 1 왕복은 1 DS(일)임

w_1 : 마모후 시료의 무게

w_2 : 마모전 시료의 무게

② 소지노출을 중점으로 하는 판정

내마모성은 정해진 시험 횟수 내에 소지가 노출되었는가를 육안으로 조사 한다. 다만 마찰륜의 회전에 의해 과잉으로 마모된 부분은 제외한다.

13.6 도금 층의 경도 시험

경도 시험은 도금피막의 내마모성을 알아보는 방법으로서 넓게 사용되고 있다. 내마모성을 부여하는 도금으로는 공업용 크롬도금, 무전해 니켈 도금,합금도금 등이 있다. 공업용크롬도금은 내마모성을 필요로 하는 분야에서 넓게 사용되고 있다. 예를 들면 제지산업, 고분자산업, 철강산업, 비철산업, 세라믹산업 등의 소재산업의 가공용 부품에 적용하여 사용되고 있으며 기계, 자동차, 전기 전자기기, 사진기기 등의 공업제품에도 많이 사용되고 있다. 무전해니켈도금 및 합금도금은 내마모성 뿐만 아니라 내식성, 납땜성 등과 균일전착성을 필요로 하는 복잡한 제품의 가공에 사용되고 있다.

1) 마이크로 비이커스 경도시험(Micro-Viekers)

대면각 136도의 다이아몬드 정4각형추압자를 사용해 시험면에 하중을 가해 압흔을 만들어, 압흔의 대각선 길이를 읽어내 현미경으로 측정, 그 평균치에서 경도를 구하는 방법이다. 일반적으로 시험하중에 따라 분류되어있는 표를 사용해, 압흔 길이의 평균치에 따라 구한다. 도금두께는 압흔의 대각선의 길이의 1.5배 이상이 아니면, 하지도금 혹은 소지의 영향을 받아 제대로 된 경도 값을 구하는 것이 불가능하다. 또 압흔의 대각선의 길이가 10미크론 이하의 경우에는 측정 오차가 커진다. 단단하고 얇은 도금, 부드러운 도금 등의 경도를 구하는 경우는, 현미경 두께측정과 동일한 공정으로 작업하여 절단면을 관찰하면 보다 소지도금 또는 소지의 영향을 제거하는 방법이다.

2) 마이크로 누프 경도시험(Micro-Knoop)

대면각이 172.5도와 130도의 횡단면이 마름모형의 다이아몬드 4각형 추압자를 사용해 시험면의 하중을 가해 압흔 만들어, 압흔의 긴쪽의 대각선의 길이를 읽어내 현미경으로 측정해 경도를 구하는 방법이다. 일반적으로 시험하중에 따라 분류되어있는 표를 사용해서 압흔의 길이로부터 구한다. 도금두께는 압흔 대각선 길이의 0.3배 이상으로 한다.

13.7 도금의 유연성 시험

도금후의 가공을 행한 경우, 소재와 도금피막의 밀착성은 굉장히 중요한 요인중 하나다. 밀착성이 좋아도 도금피막이 딱딱해 늘어나지 않는 경우는, 도금피막에 균열이 발생해, 소재를 보호하는 것이 불가능 하다. 소재를 보호하는것이 불가능한 도금피막은, 도금후의 가공에 따른 압출이나 잡아당기는 것 등에 적합하지 않다. 도금은 제품의 최종마무리뿐 아니라, 도금후의 가공을 포함한 중간가공에 위치하는 경우가 많아질것이라 예상된다. 그 일례로서 아연도금동판, 동제품상의 주석도금, 분말상의 도금, 알루미늄상의 도금 등이 있다. 이것들은, 어느 것이든 도금금속으로서 부드러운 금속이 사용되어있지만, 외견을 중시하는 것을 고려해, 광택제를 첨가하는 것으로 응력을 증가시켜 유연성이 떨어질 위험이 있기 때문에 주의가 필요하다. 시험의 종류는 다음과 같다.

1) 잡아당기기 시험
2) 마이크로 메터 구부리기 시험
3) 접어 구부리기 시험
4) 기계적 발지 시험
5) 잡아당기기 시험에 따른 전기저항의 변화시험
6) 연성 시험(Ductility test)
7) 내부응력시험(stress test)

도금을 행하면 다소의 두께가 생기며, 소지금속층에 의해서 속박이 되면 도금층이 수축하느냐 팽창하느냐에 따라 인장 또는 압축의 힘이 생긴다. 원인으로서는 물 분자가 결정결합

내에 들어간 원인 또는 도금액의 표면장력 저하에 의한 도금층의 전위(dislocation)의 원인이라는 등의 여러 가지 설이 있다. 이 내부응력으로 인해서 밀착 불량, 부풀음, 균열, 엷은 소지금속의 일그러짐(왜곡), 피로강도의 감소 등의 해를 받게 된다.

측정 방법으로는 대체로 다음과 같은 3가지 방법이 있다.

1) 굴곡도 또는 이것을 바로잡는 데 요하는 힘을 측정하는 방법

2) 내부응력에 의한 자외력을 측정하는 방법

3) 격자의 꼬임을 측정하는 방법

이 중 보통 1)의 방법을 주로 사용하고 있다.

1) 도금 중 소지판의 굴곡에 의한 방법(Stoney method)

길이 3~6인치, 폭 1.5인치, 두께 0.01~0.15인치의 강판을 탈지한 후 이 강판의 굴곡을 측정하고 일면을 유기도료로 도포한다. 그리고 이것을 일단을 고정해서 굴곡을 측정할 수 있게 설치한다. 도금을 할 때는 일단은 지지해서 전기를 접촉시키고 다른 쪽이 자유롭게 상하로 구부러지게 한다(수평으로 놓는 때도 있다. **그림 13-9** 참조).

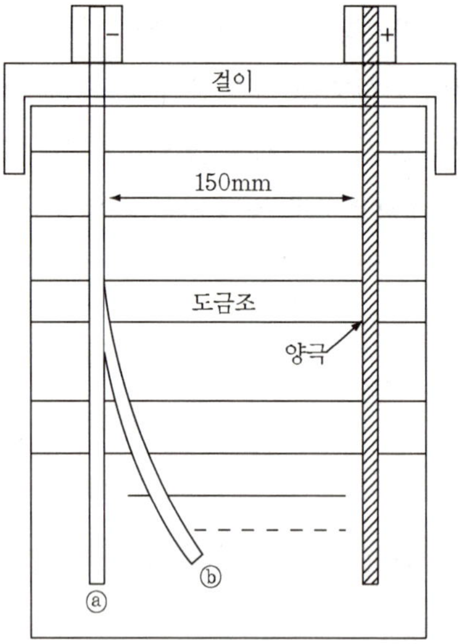

ⓐ 원상의 강판, ⓑ 도금 후의 판의 위치

그림 13-9 내부응력측정장치(Stoney 법)

이 때 도금의 두께는 최소한 7.5μ은 되어야 하며, 도금 후에는 수세, 건조 후 래커를 제거하고 굴곡도를 다시 측정한다. 이 때의 평균내부응력을 다음 식에 의해서 계산할 수 있다.

$$S_a = \frac{4Et^3 \triangle Y}{3dL^2}$$ [휘어짐(deflection)만을 측정했을 때]

$$S_a = \frac{Es^2}{6d}\left(\frac{1}{r_a} - \frac{1}{r_b}\right)$$ [굴곡도(curvature)만을 측정했을 때]

여기서, S_a : 도금층 내의 평균응력(psi)

t : 소지금속판의 두께(인치)

L : 도금된 판의 길이(인치)

d : 도금층의 두께(인치)

E : 소지 금속의 영(Young)률(탄성계수)

r_b : 도금 전의 강판의 반지름(인치)

r_a : 도금 후의 강판의 반지름(인치)

$\triangle Y$: 도금 전후의 중심의 휘어짐의 차이 $= Y_a - Y_b$(인치)

이것은 방법도 간단하고 장치도 필요 없다. 다만 준비에 시간이 요하는 것, 탄성계수가 압연방향에 따라서 30%까지의 차가 있다는 것, 얇은 도금막에서는 자주 나타나지 않는 것, 전류 분포가 균일하지 않다는 것 등의 결점이 있다.

2) 스파이럴응력을 측정하는 방법(spiral test)

이것은 도금을 하면 응력이 다이얼 게이지에 나타나게 되어 있어 편리하다. 시편은 다이얼 게이지의 밑부분에 있는 스파이럴로 된 부분이며, 이것을 다시 박리하여 사용하게 되어 있다.

13.8 광택 및 레벨링(leveling) 시험

1) 광택계에 의한 방법

이 방법은 시험편의 도금 전의 광의 반사율과 도금 후의 광의 반사율과를 비교하는 방법이다. 반사율의 측정에는 광택계 등이 사용된다. 다만 광의 반사율은 금속에 따라 다르므로 현재의 광택 도금은 이 방법으로 비교하는 것은 곤란한 점이 있다. 오히려 **그림 13-8**과 같이 육안으로 비교하는 편이 잘 알 수 있을 때가 있다.

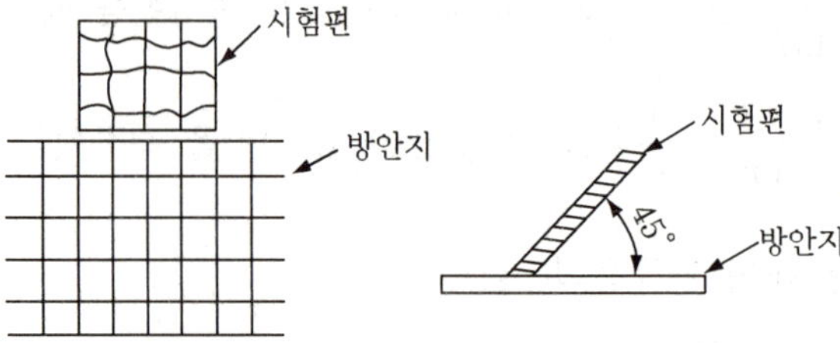

그림 13-10 육안에 의한 광택시험

2) 완성가공면 검사기(조도계)에 의한 방법

시험편을 적당한 조도의 페이퍼로 연마하여 조도계로 평균조도를 측정하고 그 후 일정한 두께의 도금을 한 다음 다시 조도계로써 조도를 측정하는 방법이며, 프로필커어브(profile curve)로서 나타내고 있다. **그림 13-11, 그림 13-12**은 프로필 커어브의 한 예를 나타낸 것이다.

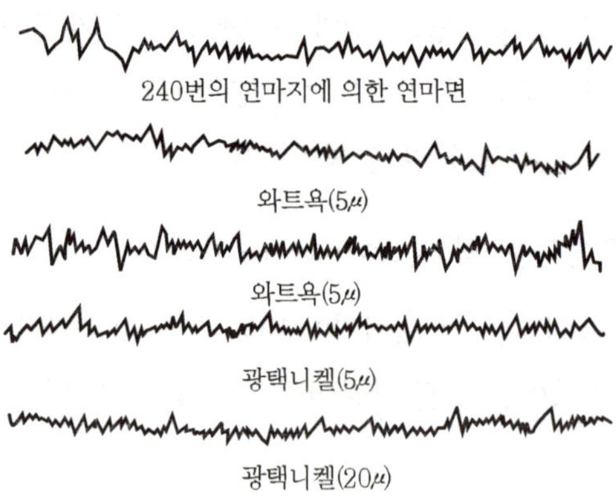

그림 13-11 니켈도금면의 프로필 커어브

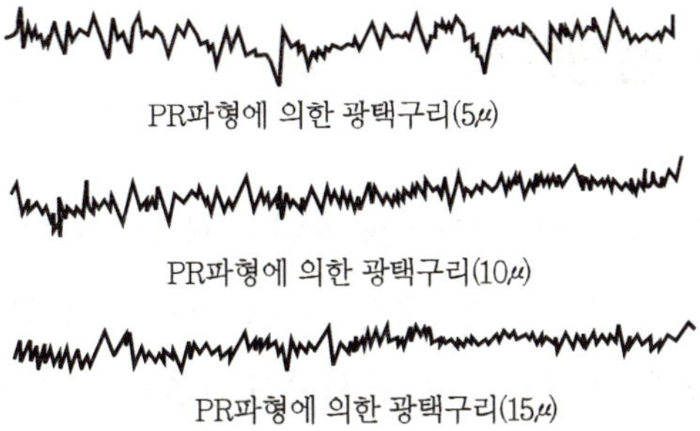

그림 13-12 구리도금면의 프로필 커어브

3) 현미경시험에 의한 방법

시험편에 일정한 깊이와 각도의 홈을 파고, **그림 13-13**과 같이 그 위에 도금(X-Y 값 또는 h_2/h_1 값으로) 후에 시험편을 절단하여 현미경시험을 하고, 홈의 메워지는 정도에 의해서 레벨링(leveling, 평활도)을 나타낸다. 시험편에 일정한 깊이와 각도의 홈을 만들기가 힘들 때는 헐셀판을 사용하여 #800~1200 정도의 에머리페이퍼로 줄을 헐셀판 길이로 만든 다음, 헐셀도금하여 메워진 정도로 레벨링을 비교한다. **그림 13-14**는 이의 한 예이다.

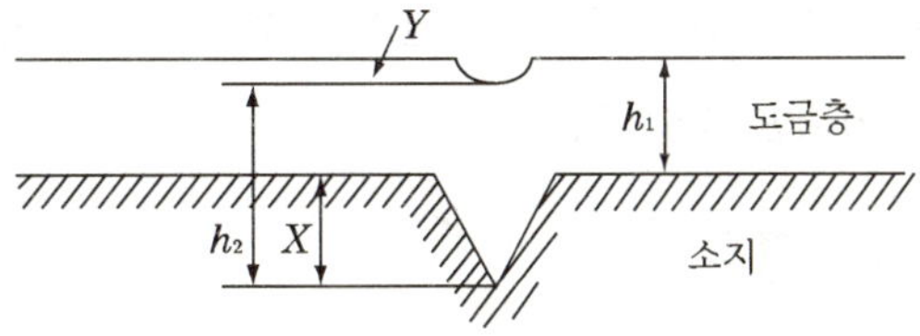

그림 13-13 레베링시험 개념도

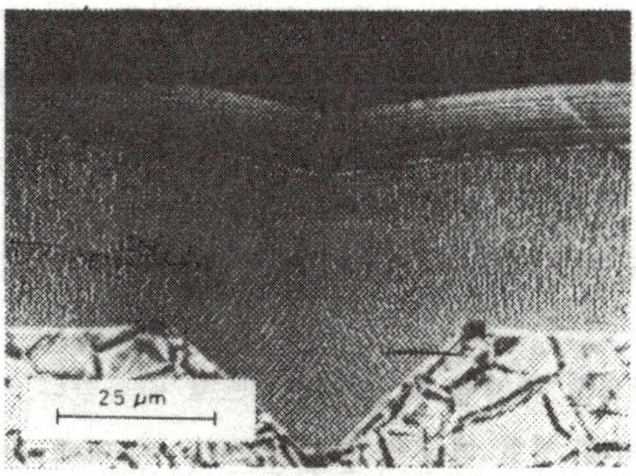

그림 13-14 반광택 니켈, 광택 니켈도금의 현미경시험

13.9 도금피막의 정성분석

도금피막이 어떠한 도금으로 되어 있는가를 시험할 필요가 때때로 생기므로, 여기서는 이것을 분별하는 방법을 기술하기로 한다. 우선 도금표면에 붙어 있는 도료 피막, 기름 또는 더러움을 용제나 산화마그네슘을 탈지면에 묻혀서 도금면을 닦고 청결히 한다. 질산을 물로 1 : 1의 비율로 희석하여 이것을 도금면에 칠해서 반응을 관찰한다. 그 결과에 의해서 다음과 같이 하여 정성적으로 알아낸다.

1) 질산에 의해서 부식이 되지 않을 때

도금피막은 알루미늄, 크롬, 금 또는 백 금속으로 생각된다.

(1) **금** : 도금피막이 금색 또는 착색이 되어 질산에 침해당하지 않으면 금 및 금합금 도금이다.

(2) **알루미늄** : 도금피막을 10% 가성소다로서 처리한다. 이 때 침식당하면 알루미늄이다.

(3) **크롬** : 도금피막에 진한 염산을 작용시킨다. 이 때 염산에 침식되어 녹색이 되면 크롬 도금이다.

(4) **백금속** : 백색이며 진한 염산 및 진한 질산에 작용시켜도 반응하지 않으면 백금속(백금, 로듐, 팔라듐, 이리듐 등)이다.

2) 질산에 의해 부식되는 경우

(1) 부식이 청색 또는 녹색이 되었을 때

i) **구리** : 부식액을 증발 건조시킨다. 20%(용량) 황산 약 1ml로 용해하여 물로 약 100ml로 희석하고, 이 중에 철편을 넣어서 약 4시간 방치한다. 방치한 후 철편 상에 적색의 석출물이 있으면 구리 및 구리 합금이다.

ii) **니켈** : 부식액의 리트머스 시험지로써 알칼리성이 되도록 진한 암모니아수를 넣는다. 1%의 디메틸글리옥심, 95% 메틸알콜 용액 1ml를 가한다. 적색 또는 핑크색 침전이 생기면 니켈도금이다.

iii) **크롬** : 니켈 및 구리의 시험을 해도 나오지 않았을 때는 크롬도금이다.

(2) 부식액이 백탁으로 되었을 때 주석도금으로 생각된다.

도금면에 진한 염산을 작용시켜서 이 액에 카코텔린(cacotheline) 분말을 미량 넣는다.

액이 적자색이 되면 주석합금이다.

(3) 부식액이 무색 투명인 경우

카드뮴, 아연, 은, 납으로 생각이 된다.

i) 아연 – 부식액에 리트머스 시험지로써 알칼리성이 될 때까지 진한 암모니아수를 가하고, 그 중 10% 황화소다 용액을 가한다. 백색 침전이 생기면 아연도금이다.

ii) 카드뮴 – 부식액에 아연과 같이 해서 10% 황화소다를 가하고 약간 가열해서 황색침전이 생기면 카드뮴 도금이다.

iii) 은 – 부식액에 10% 가성소다를 가해서 알칼리성으로 한다. 이 때 흑갈색의 침전이 생기면 은도금이다.

iv) 납 – 아연이나 카드뮴이 없을 때에는 부식액을 10% 가성소다로써 알칼리성으로 했을 때 백색 침전이 생기면 납도금이다.

13.10 도금층의 결함 현상

1) 정상적인 도금층

도금 층의 현미경 단면사진 1

도금층	사진	부식액	사진해설
연강소지/ Cu-Ni-Cr	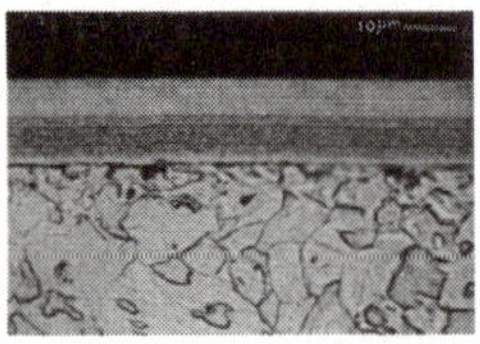	질산 : 초산 = 1 : 1	Cu층 8μm, Ni층 7 μm, Cr층은 너무 얇아서 사진으로는 알기 어렵다. Cu, Ni층 모두 수평방향으로 석출된 층상 조직이다
황동소지/ Ni-Cr	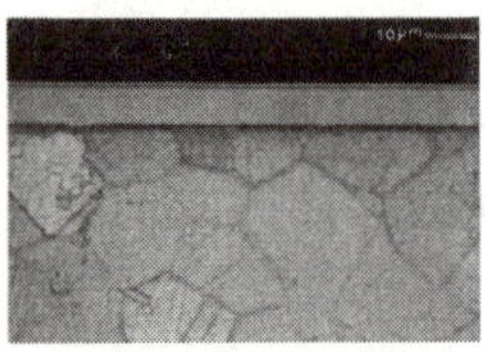	옥시플 +암모니아수용액	황동소지상 Ni층 7μm, Cr층 1μm이하. 소지에서는 결정립계의 에칭으로 인하여 결정립면의 요철과 콘트라스트가 확실히 보이고 쌍정과 입계에서의 석출물등이 보인다
은소지/ Cu-Ni-Au		진한질산	순은 소지상에 Cu층 5μm, Ni층 15 μm, Au층 1μm 은백색의 소지와 짙은 홍색의 Cu층, 짙은Ni층, 황금색의 Au층을 판별할수 있다.
양백(양은)/Ag		질산:초산 = 1:1	Cu70%, Ni18%, Zn10%합금으로된 양백 소지에 Ag층 38μm
알루미늄 양극산화피막	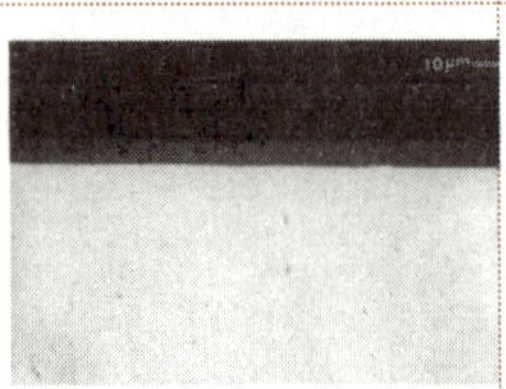	없음	알루미늄 판재에 양극산화 피막이 8μm으로 되어 있다. 피막은 유리모양의 투명한 산화 알루미늄(알루미나, Al_2O_3) 이고 피막은 투명하여 반사광이 거의 없기때문에 암회색으로 된다.

2) 부풀음 현상

도금 층의 부풀음 현상(현미경 사진)

도금층	사 진	사진해설
이중Ni-Cr도금 부풀음 평면	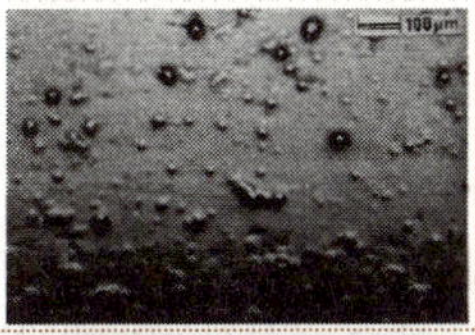	아래 사진과 동일한 물건의 평면사진 이중Ni-Cr도금된 것으로 소지와 반광택 Ni층의 계면으로부터 발생한 반광택 Ni도금 층의 부풀음이다.
이중Ni-Cr도금 부풀음 단면	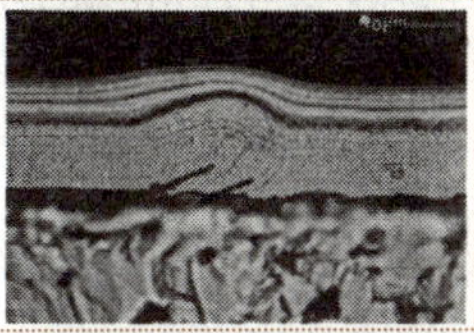	반광택Ni층 13μm, 광택Ni층 7μm, Cr층 1μm이하 반광택Ni층과 소지사이에 기점이 있어 그곳을 중심으로 발생되어 있다.
Zn도금 유색크로메이트상에서의 박리에 의한 부풀음 평면사진		18-20과 동일한 물건의 특정부분 평면사진 시안화 아연도금의 것으로 Zn층은 약25μm이고 이정도의 부풀음이 되면 부풀음의 선단은 얼마간의 균열이 나타나 벌어지게 된다.
Cu-Ni-Cr도금의 거친 부풀음		손으로 만져 보아도 거치름을 감지할 수 있을 정도의 거친 도금이다.
도금 박리에 의한 부풀음	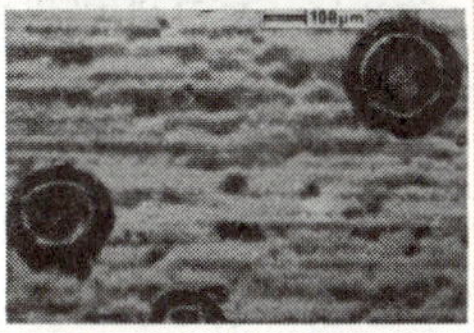	Cu층과 Sn층 사이에 층간 박리가 있어 일단 크게 부풀고 그후 그의 중앙부가 다시 Cu층에 밀착되었다고 짐작되는 흔적이 있다.
Cu-Ni-Cr 도금의 부풀음 단면	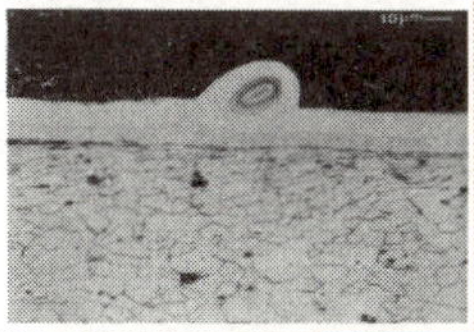	Cu층에 이상석출이 보이고 부풀음의 핵으로 되어 있는 Cu의 독립된 타원형의 물질에는 석출시 조직이라 보여지는 층이 확인 된다. Cu가 얇고 긴 돌기상으로 석출되어진 이상석출로 되었다고 짐작되어 진다.
Cu-Ni-Cr 도금의 부풀음 단면	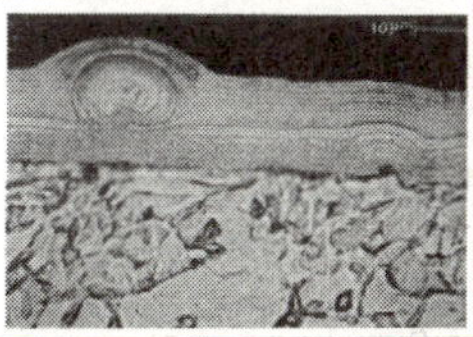	Cu층의 이상석출에 의해 돌출되고 좌우측으로 구부러져 있으며 그 밑에 Ni도금이 휘감고 있는 것이 보인다. 이Ni도금은 레벨링이 꽤 양호하지만 돌기가 크므로 완만한 곡면의 부풀음으로 되어 있다.

도금 층의 부풀음 현상(현미경 사진) 계속

도 금 층	사 진	사 진 해 설
수지판상 Cu도금의 거친 도금단면	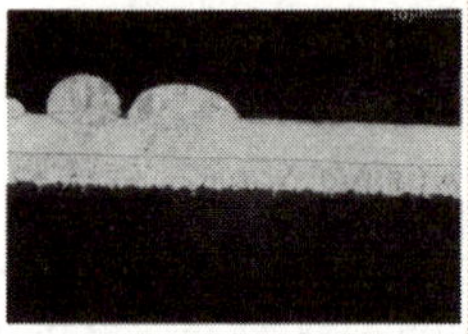	유리섬유로 강화한 수지판(유리 에폭시 재료)상에 화학동 및 피로인산 동 도금한 것이다.화학동 도금층 12μm, 전기동도금층 16μm이며 이차 동도금층에 부풀음이 발생하고 있다.
Ni-Cr 도금의 부풀음 단면	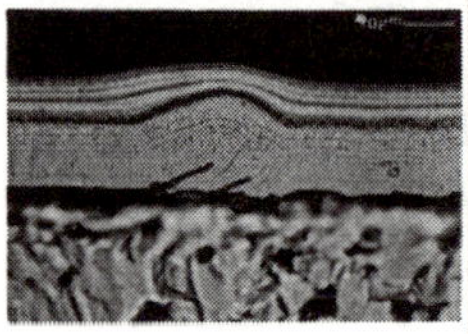	소지는 냉간 인발한 신선재이며 반광택Ni층 과 소지사이에 기점이 있어 그곳을 중심으로 발생되어 있다. 소지는 판별하기 어려우나 부풀음의 기점은 소지조직의 박리로 들떠 있고 냉간 가공된 소지조직이 관계하고 있음을 알 수 있다.

3) 피트

도금 층의 피트 현상 현미경 사진

도 금 층	사 진	사 진 해 설
Cu-Ni-Cr 도금의 피트 평면사진		신선재상의 Cu-Ni-Cr 도금에 발생한 특이한 형상의 피트이다. Cu도금의 공정 중에 문제로 보여진다.
탄소강상의 Ni도금의 반점형태의 피트평면사진		S45C탄소강판상에 Ni층 표면에 부식에 의해 발생한 것으로 여겨지는 반점 형태의 피트가 존재한다.
연강상의 이중 Ni-Ni-Cr도금의 피트	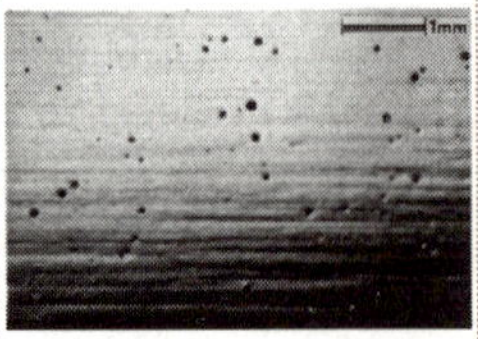	연강판상에 반광택 Ni층, 광택 Ni층, Cr층이 존재한다. 피트는 같은 형태의 것이 크고 작게 산재되어 있다. Ni층 내에 문제의 원인이 존재하고 있다.

도금층	사 진	사진해설
연강상 이중 Ni-Cr 도금의 피트단면	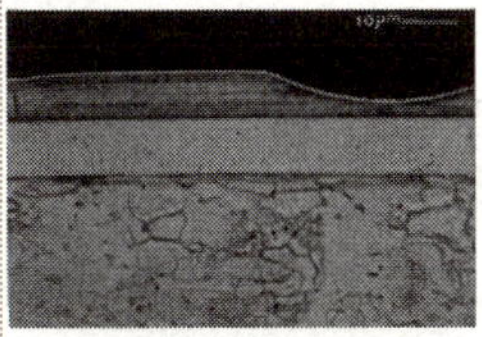	결함부분의 평면 검경에서는 ϕ70mm정도의 원형 피트가 있다. 반광택 Ni층에는 문제가 된 피트의 단면조직으로부터 반광택Ni도금이 끝나는 곳에서부터 광택Ni도금의 시작부분까지 사이에 불순물의 부착 및 전기적문제가 일어났다고 사료된다.
연강상Cu-Ni-Cr 도금의 피트단면	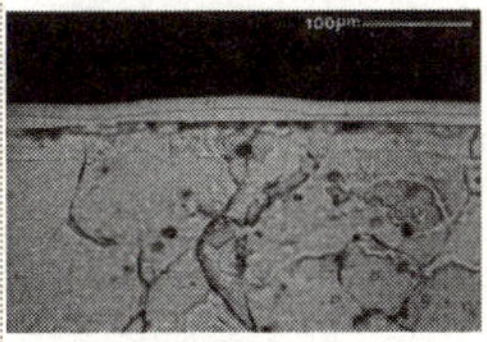	선재상 Cu층 15μm, Ni층 11μm, Cr층은 너무 얇아 판별하기 어렵다. 동 도금 공정 중 중간위치에서 전류 단속 등의 문제가 일어났을 것으로 사료된다.
이중Ni-Cr 도금의 무도금 단면	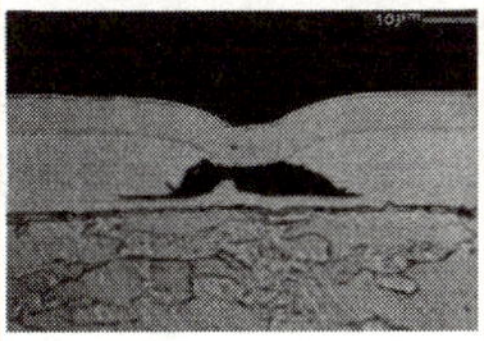	도금과 소재의 계면에 문제는 반광택 Ni공정 개시후 초기의 불순물 부착과 전원의 문제 등이 결함원인이다. 이경우는 연속식 도금 장치에서 일어나며 반광택Ni층의 결함부위에서 부터 도금조의 긴방향의 어떤위치로 발생되어 있는것이 판별되므로 그위치에서 원인을 조사하여 대책을 세워야 한다.

4) 벌어짐, 크랙, 박리 현상

도금 층의 벌어짐, 크랙, 박리 현상 현미경 사진

도금층	사 진	사진해설
탄소강상의 Ni-공업용Cr의 벌어짐, 박리	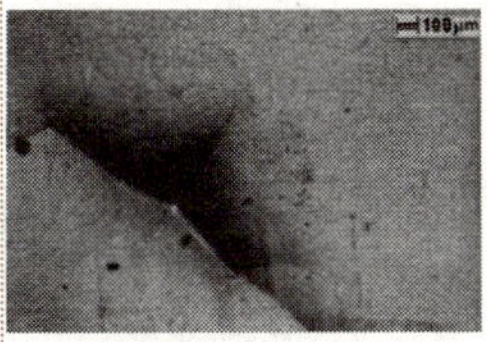	Cr도금의 표면 및 그 하층에 존재하는 크랙이 그물형태로 일어나 있을 것이라 짐작된다. 소지는 S45C정도의 탄소량 것이며 소지와 광택Ni계면으로부터 박리가 발생하고 있다.
공업용Cr 도금의 크랙	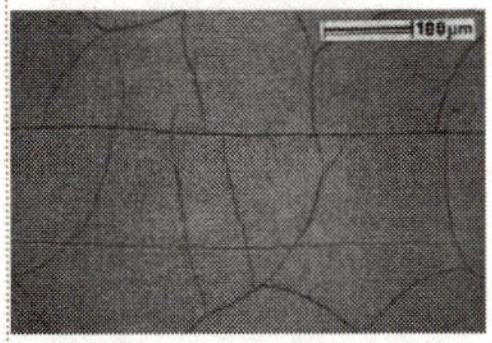	Cu 판재상의 공업용Cr도금을 15μm 부착한것의 평면크랙 상황이다. 표면의 미세한 조립면을 볼수 있다.
공업용Cr 도금의 크랙	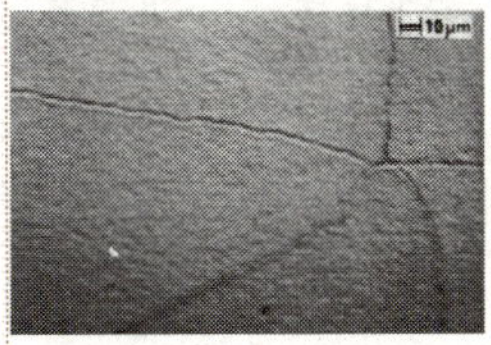	앞의 사진을 고배율로 본것이다. 이경우 크랙은 깊어져있고 틈새모양으로 되어 있는 것으로 보인다. 또한 틈새의 폭은 넓은것과 좁은것이 있고 크랙이 표면의 수축에 의해 발생되면 발생의 시기가 다르기 때문이라고 해석 가능하다.

도금층	사 진	사진해설
Cu상 공업용Cr 도금의 단면	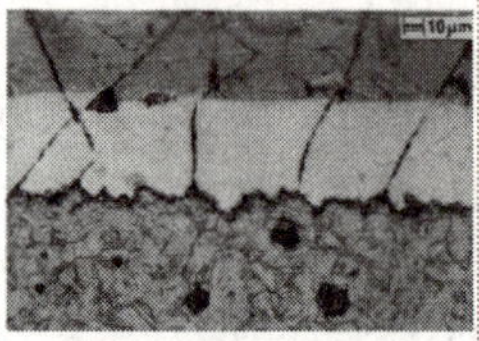	이 경우 크랙은 도금표면으로 부터 도금두께 방향의 하단까지 구부러져 있다.
황동상 Ni도금의 응력에의한 벌어짐 단면	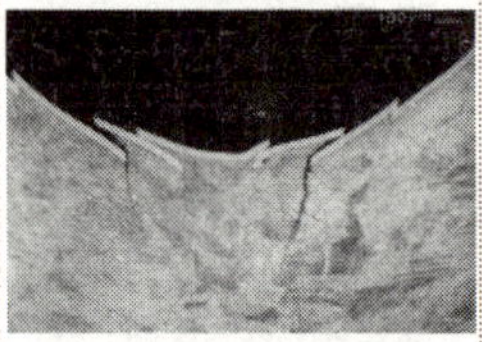	판 두께 1mm의 황동판에 Ni 도금30μm정도의 것이지만 내면에 접혀 굽혀짐에의해 Ni도금층은 벌어져있다.
황동소지상 Cu-Ni-Cr 도금의 응력에 의한 벌어짐 단면	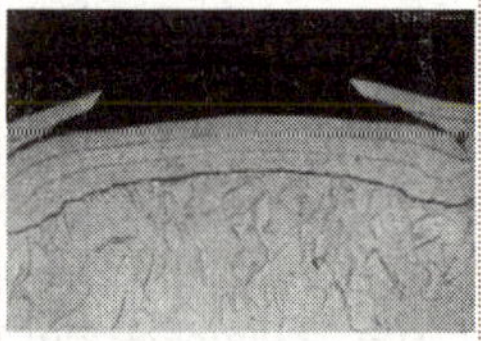	황동판에 Ni층, Cr층으로 도금되어 있으며 도금면에 압축응력이 일어난 방향으로 구부러져 있다. 취약한 Ni층은 구부러진 응력으로 분할되어 단층에 엇갈려 있다. 또한 하지도금의 Cu층은 연하므로 소성변형되어 벌어짐은 나타나지 않고 있다.
탄소강상 Ni- 공업용 도금의 벌어짐,박리 단면	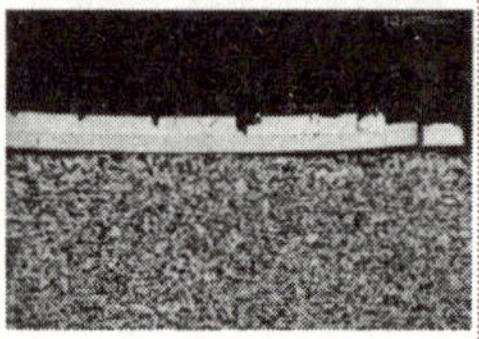	S45C정도의 탄소강에 Ni층 7μm, 공업용Cr층 8μm의 것으로 소지와 Ni층 사이에 박리가 발생되고 있다. 또한 Cr도금의 표면에 얼마간의 크랙도 보인다.

제 14 장 부식

14.1 부식 및 방식

1. 부식

1) 정의

물체의 표면에 접하는 환경 중의 물질과 불필요한 화학반응에 의해 물체가 소모되어 가는 현상을 부식(corrosion)이라고 한다. 대부분의 금속은 지구상에서 존재하고 있는 광석으로부터 큰 에너지를 사용하여 강제적으로 추출하여 불안정한 상태에 있게 된다. 따라서 부식으로부터 한층 안정한 상태로 되돌아가려고 하는 것이다.

2) 부식의 종류

금속의 부식은 여러 가지로 나눌 수 있다.

① 직접부식(direct corrosion)

② 전기화학적 부식(electro-chemical or galvanic corrosion)

③ 금속의 고온부식

④ 도금제품의 부식

이에 대해 자세히 설명하면 다음과 같다.

(1) 직접부식

이것은 수분을 수반하는 경우의 부식인 일종의 습식(wet corrosion)이며 수용액에 의한 화학적 부식을 말한다. 예를 들면 철강을 산세(pickling)할 때 철강표면을 산이 용해하는

현상이 직접부식이며, 이 때 이온의 수는 화학반응이 일어나는 곳에서 일어난다. 즉

$$Fe + 2H^{+} \rightarrow Fe^{2+} + H_2(가스) \qquad (14-1)$$

(2) 전기화학적 부식

전기화학적 부식도 습식의 일종이며, 국부전지(local or galvanic cell)에 의하여 부식이 일어나는 현상을 말한다. 이것을 크게 나누면 다음과 같다.

① **수용액 중에서 일어나는 가장 일반적인 부식 : 그림 14-1**은 가장 전형적인 수용액 중에서 철 구리를 접촉시켰을 때의 전기화학적으로 일어나는 부식현상을 나타내고 있다. 이 때 양극에서의 화학반응을 보면 다음과 같다.

$$Fe + 2H^{+} \rightleftharpoons Fe^{2+} + 2H \qquad (14-2)$$

$$Fe \rightarrow Fe^{2+} + 2e^{-} \qquad (14-2a)$$

$$2e^{-} + 2H^{+} \rightarrow 2H \qquad (14-2b)$$

이 때 생긴 수소는 다음의 두 가지 반응에 의해 제거된다.

$$2H + \frac{1}{2}O_2 \rightarrow H_2O \qquad (14-3a)$$

또는 수소가스로 되어 제거된다.

$$2H \rightarrow H_2 \uparrow \qquad (14-3b)$$

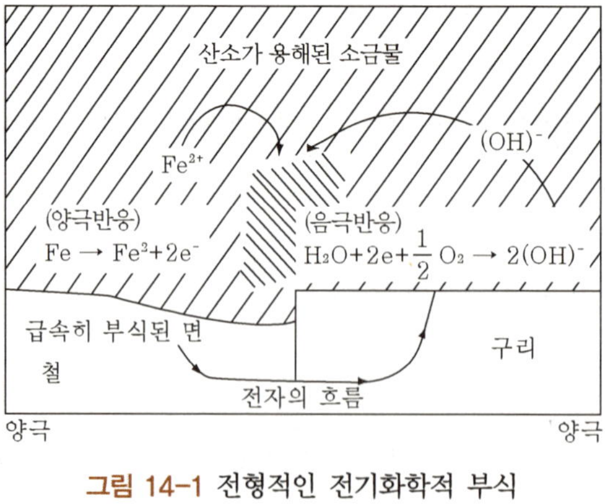

그림 14-1 전형적인 전기화학적 부식

또 중성이나 알칼리수용액에서는 식(14-3a)의 반응이 주로 일어나고, 산성수용액에서는 식 (14-3b)의 반응이 주로 일어난다. 따라서 중성이나 알칼리 수용액에서는 용해된 산소의 양에 따라 철의 부식은 비례적으로 증가한다는 것을 추측할 수 있으며, **그림 14-2**는 이것을 Walker와 Speller가 실측에 의해서 증명한 것이다.

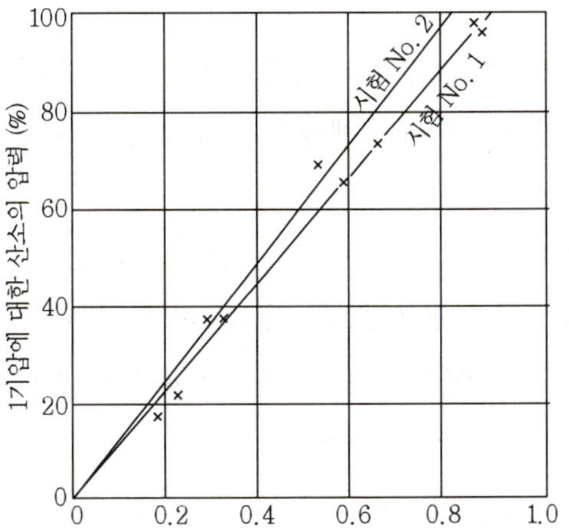

그림 14-2 각 산소압력에 따른 증류수 중에서의 철의 부식

$$H_2O + 2e^- + \frac{1}{2}O_2 \rightarrow 2(OH)^- \tag{14-4}$$

의 반응이 일어나고, 양극에서 용해된 철이 이온에 의하여 다음 반응이 일어난다.

$$Fe^{2+} + 2(OH)^- \rightarrow Fe(OH)_2 \tag{14-5}$$

그러나 산소가 없을 때는 식(14-2a)에서 생긴 전자는 수중의 H^+에 의하여

$$2e^- + 2H^+ \rightarrow 2H \rightarrow H_2 \tag{14-6}$$

로 되나, $2H \rightarrow H_2$의 반응이 점점 느리게 되어 철의 용해가 점차 감소한다. 또한 **그림 14-1**에서 구리와의 접촉이 없을 때는

$$Fe + 2HOH \rightarrow Fe(OH)_2 + H_2 \tag{14-7}$$

로 되고, 이것이 수중 또는 공기 중의 산소에 의해 다음 반응에 의해서 붉은 녹이 된다.

$$2Fe(OH)_2 + \frac{1}{2}O_2 + H_2O \rightarrow 2Fe(OH)_3 \quad (14-8)$$

따라서 결과적으로 붉은 녹은

$$4Fe + 3O_2 + 6H_2O \rightarrow 4Fe(OH)_3 \quad (14-9)$$

에 의해 생긴다.

그림 14-1과 같이 두 금속이 접촉 또는 혼합되었을 때는 전기화학적 계열(이온화경향)에 의해 비(base)한 금속이 양극이 되어 용해하고, 귀(noble)한 쪽의 금속은 음극이 되어 보호된다.

② **합금의 부식** : 금속재료는 대부분 합금일 경우가 많고, 만일 완전고용합금일 때도 불순물의 존재가 있어서 다상일 때도 있으나, 불순물이나 다른 합금 원소가 있든 없든 간에 단일상이 되어 있을 때도 있어, 이때는 다음에 분류하는 단일상에 속하게 되므로 순수금속은 단일상 금속에서 종합적으로 논하기로 한다.

1) **다상조직일 때** – 현미경에 있어서 다상으로 존재할 때는 화합물을 이룬 상(Fe_3C)은 음극이 되고, 순금속(Fe) 또는 고용체를 이룬 상(α)은 양극이 되어 용해되고 이 곳이 부식을 이루게 되어 현미경적 부식이 된다. 여기서 한 개의 고용체상은 양극이 되고, 다른 상(Al–Si의 화합물)은 음극이 되어 있다. 위에서와 같이 고용체상과 화합물상이 공존하고 있는 합금금속은 부식이 잘 되지 않을 때가 있다.

이와 동일하게 서로 다른 합금이나 금속이 혼합 조립 또는 접착되었을 때, 즉 macro-structure로 혼합되었을 때는 **표 14-1**과 같이 합금 자체간에 일정한 전기 화학적 계열을 이루게 된다. 따라서 납땜, 용접, 리베팅 또는 볼트와 너트로 조립할 때는 **표 14-1**을 고려해야 한다. 즉 가능하면 이 표에서 서로 가까운 금속끼리 조립하도록 한다.

2) **단상합금의 조직** – 위에서 설명한 바와 같이 다상조직은 서로 다른 상이 각기 다른 부식 전위를 갖고 있기 때문에 전위가 높은 상이 양극이 되어 부식이 일어나지만, 단상일 때는 이러한 전위차가 없기 때문에 부식이 훨씬 적어진다.

예를 들면 18–8 스테인리스강에서도 austenite의 단일고용체로 되어 있을 때는 화학적으로 안정된 내식성이 우수한 재료이나 탄화물 등이 내부에 석출되어 있는 재료는 내식성이 현저히 감소된다.

③ **응력에 의한 부식** : 응력(stress)을 받은 부분은 다른 부분보다 에너지가 높기 때문에

원소와 화합하려고 하는 힘이 커서 양극이 되어 부식 소멸한다.

그림 14-3은 micro-corrosion을 일으키는 현상을 나타낸 것이며, 결정입계는 용체에서부터 결정이 생길 때 응력을 받고 있기 때문에 내부 금속보다 높은 위치에너지(자유에너지)를 가지고 있으므로 양극이 되어 부식되어 간다.

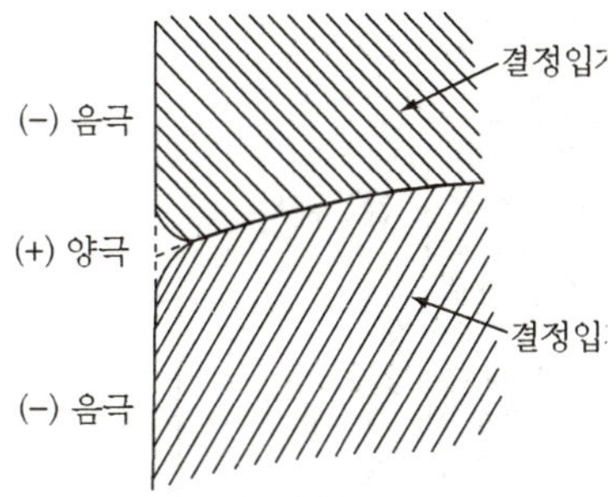

그림 14-3 결정입자의 부식

또한 기계적으로 응력을 받은 부분도 양극이 되어 부식된다.

다음의 **그림 14-4**는 이것을 설명한 것이다.

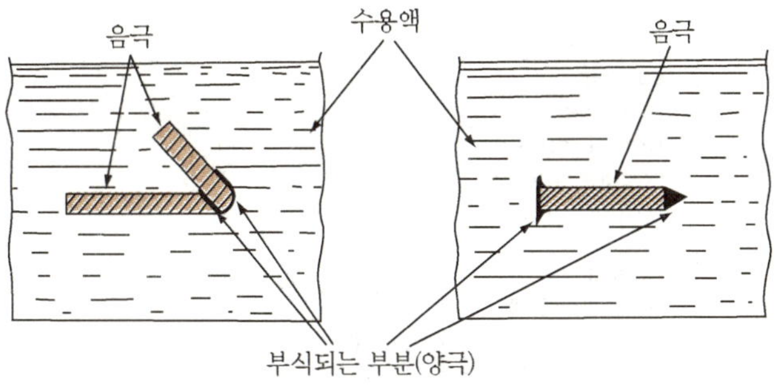

그림 14-4 냉간가공을 받은 금속의 부식

표 14-1 일반합금의 전기화학 계열*

양성 ↑ 부식잘됨	magnesium	
	magnesium 합금	
	zinc	
	aluminum, 28	
	cadmium	
	aluminum 합금, 17S-T	
	carbon steel	
	copper steel	
	cast-iron	
	4~6% Cr 강	
	12~14% Cr 강	활성상태
	16~18% Cr 강	활성상태
	23~30% Cr 강	활성상태
	Ni-내산성 재료	활성상태
	7% Ni, 17% Cr 강	활성상태
	8% Ni, 18% Cr 강	활성상태
	14% Ni, 23% Cr 강	활성상태
	20% Ni, 18% Cr 강	활성상태
	12% Ni, 18% Cr, 3% Mo 강	활성상태
	lead-tin solder	
	lead	
	tin	
	nickel	
	60% Ni, 15% Cr	활성상태
	inconel	활성상태
	80 Ni, 20% Cr	활성상태
	brasses	
	copper	
	bronzes	
	nickel-silver	
	copper-nickel	
	monel metal	
	nickel	
	60% Ni, 15% Cr	수동태
	inconel	수동태
	80% Ni, 20% Cr	수동태
	12~14% Cr 강	수동태
	16~18% Cr 강	수동태
	7% Ni, 17% Cr 강	수동태
	8% Ni, 18% Cr 강	수동태
	14% Ni, 23% Cr 강	수동태
	23~30% Cr 강	수동태
	20% Ni, 25% Cr 강	수동태
	12% Ni, 18% Cr, 3% Mo	수동태
음성 ↓ 부식잘안됨	silver	
	graphite	

*C.A. Zapffe, *Stainless Steel*, Cleveland : American Society for Metals.

④ **농도분극에 의한 부식** : 농도분극에 따른 부식에 있어서도 부식되는 금속 자체의 이온 농도의 대소에 따라 분극이 생기는 것은 다를 수도 있고, 그 수용액 내에 용해되어 있는 부식제 또는 산소농도의 다소에 따라 부식 정도를 구분할 수도 있다. 따라서 이러한 것을 구별하여 다음과 같이 설명하기로 한다.

1) 금속이온 농도의 차이에 의한 부식 – 전극전위는 용액의 농도에 좌우되는 것은 우리가 이미 잘 알고 있는 사실이며, **그림 14–5**는 이 금속 이온의 농도차이에 의한 전지 구성의 대표적인 예이다. 즉 부식하는 금속의 이온의 농도가 낮은 극은 Cu가 Cu^{2+}으로 되어서 용해(부식)되기 때문에 양극이 되고, 농후한 극은 음극으로 되어 Cu^{2+}이 Cu로 석출한다.

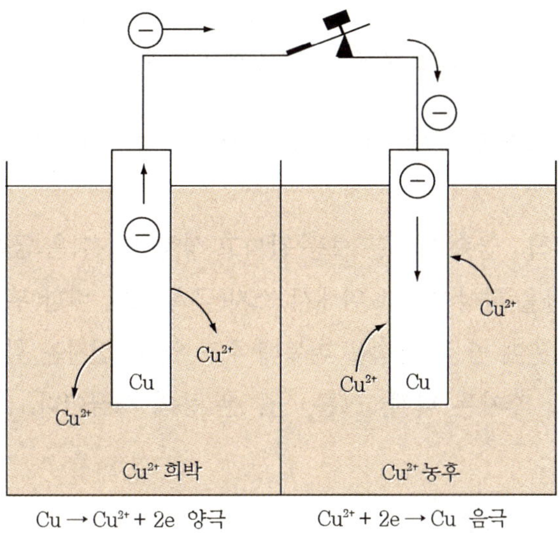

그림 14–5 농담전지

2) 산소의 농도 차이에 의한 부식 – **그림 14–6(a)**의 금속이온의 농담전지보다는 산소형의 농담전지에 의한 부식이 훨씬 중요한 위치를 차지하고 있으며, 공기 중이나 수용액 중에 항상 산소가 존재하여 부식을 촉진시키기 때문이다.

더구나 산소의 농도차가 심할수록 부식은 현저히 촉진된다. 산소의 역할은 식(14–4)에서와 같이

$$2H_2O + O_2 + 4e \rightarrow 4(OH)^-$$

으로 되므로 음극반응은 산소가 필요하게 되며, 음극 금속면에서 전자를 제거해 준다. 이

와 같이 산소가 적은 것은 전자의 공급원이 되므로 양극이 된다. **그림 14-6**은 산소의 농담에 의한 부식상태를 나타낸 것이며, 산소의 농도가 낮은 곳이 항상 양극이 되어 부식하는 것을 입증해 주고 있다.

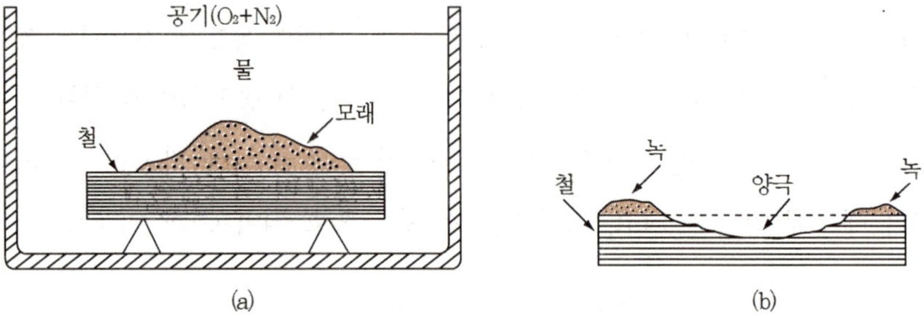

그림 14-6 산소농담에 의한 부식

산소의 농도가 낮은 모래 밑에 양극이 되어 부식하고, 녹(rust)은 산소가 많은 철면(음극)에 생긴다.

⑤ **도금된 물품의 부식** : 금속 제품은 보통 값싸고 성형하기 쉬운 금속으로 제품을 만들고, 그 위에 내식성과 미관을 향상시키기 위해서 소지(금속)보다 비한(부식성이 큰) 금속 또는 귀한(내식성이 크고 미관에 좋은) 금속을 피복해 주고 있다. 전자는 철소지상의 아연이나 카드뮴 도금의 경우이고, 후자는 니켈, 크롬, 금, 은 등의 도금이다.

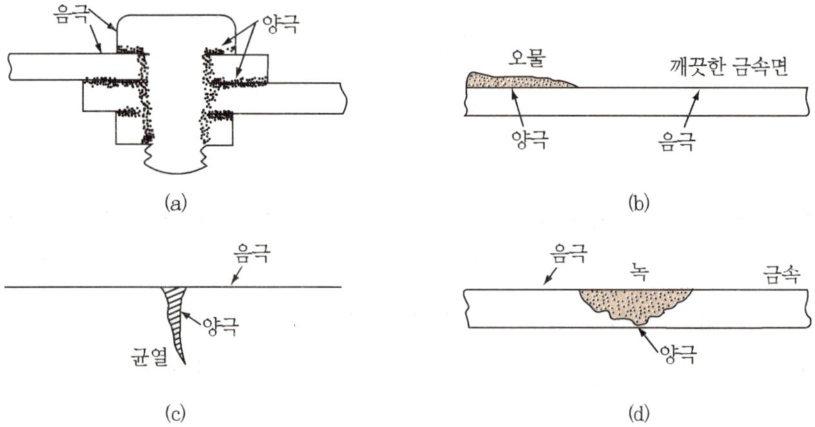

그림 14-7 산소분극에 의한 부식(양극 부분이 항상 부식된다)

1) 철소지상의 아연 또는 카드뮴 도금 - **그림 14-8**은 철소지 위에 비한 금속인 아연 또는 카드뮴을 도금한 물체의 흠에 의한 부식상태를 나타내고 있다. 이 때 약간의 흠이 있더라도 피복된 금속이 이온화 경향이 커서 우선적으로 부식하면서 소지금속을 보호해 준다.

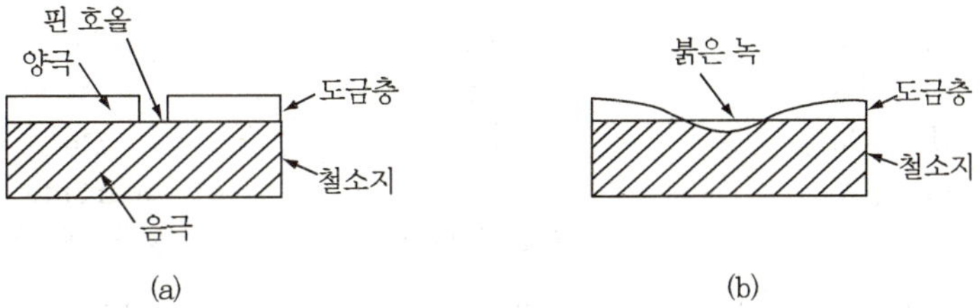

그림 14-8 소지금속보다 비한 금속을 도금한 경우의 부식상태

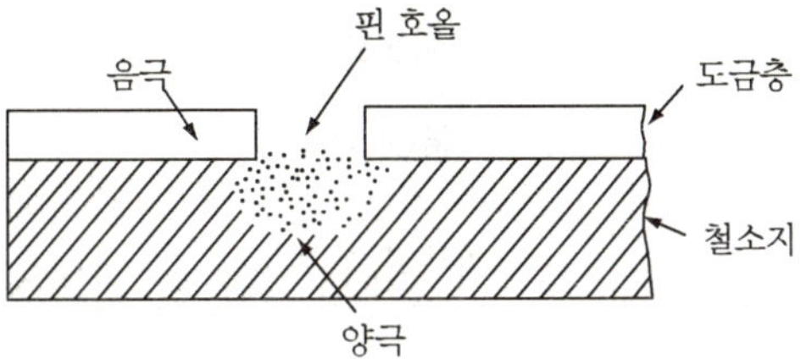

그림 14-9 소지금속보다 귀한 금속으로 도금한 경우

2) 철소지상의 구리, 니켈, 크롬, 주석 등의 도금 - **그림 14-9**와 같으며, 도금된 금속에 흠이 있으면 소지금속이 이온화 경향이 크기 때문에 소지 금속의 부식이 전기화학적으로 일어난다. 따라서 **그림 14-8**의 경우는 도금 층에 약간의 흠이 있어도 소지금속은 부식되지 않지만 **그림 14-9**의 경우는 극히 적은 흠이 있더라도 소지금속의 부식이 생기기 때문에 핀 홀이나 균열이 없는 완전무결한 도금을 할 필요가 있다.

이상의 모든 전기화학적 부식을 종합적으로 나타내면 **표 14-2**와 같다.

표 14-2 전기화학적 부식 일람표

예	양극	음극
	baser phase	nobler phase
Fe : Ni Zn : Fe Fe : H_2 H_2 : Cu pearlite	Fe Zn Fe H_2 α 높은 에너지	Ni Fe H_2 Cu carbide 낮은 에너지
결정입계 결정입자의 크기 응력 응력부식	결정립계 미세한 입자 냉간가공 부분 응력을 받은 부분	결정 내부 조대한 입자 annealing 부분 응력을 받지 않은 부분
	저농도	고농도
전해질 산화 오물 또는 녹	묽은 액 저O_2 피복된 부분	진한 액 고 O_2 깨끗한 부분

(3) 금속의 고온부식

공기 중의 산소는 금속표면에 작용하여 산화물을 만들어 주지만, 물이 없을 때는 200℃ 이하에서는 안정한 화합물이 되어 금속체를 부동태화시키기 때문에 부식이 그 이상 진행되지 않는다. 이 때 산화물 층은 대단히 얇기 때문에 광택도의 저하는 별로 없다. 그러나 200℃ 이상이 되면 금속체 내에서의 산소나 금속 자체의 확산현상이 활발해져서 화합물 층이 성장, 즉 부식이 진행되어 소모된다.

금속이 100℃이상 고온에 놓이게 되면 전기화학적 작용에 의한 부식보다는 화학적 산화반응에 의한 부식이 더 빠르게 진행된다.

이와 같이 화학반응에 의하여 형성 된 아연, 마그네슘 등과 같은 금속은 매우 다공성이며 부착성이 없는 산화막을 형성 하므로 보호막으로서 작용하지 못한다.

그러나 알루미늄, 구리, 철, 크롬, 주석, 납 등 금속의 산화 피막은 치밀하여 추가의 부식을 효과적으로 억제하는 작용을 하며 일반적으로 스케일(Scale)이라고 한다.

철을 575℃이하로 가열하여 산화시켰을 때에는 대부분 자철광(Fe_2O_3)층이 얻어진다. 그러나 온도가 575℃ 이상이 되면 뷔스타이트(FeOx)와 자철광 및 적절광(Fe_2O_3)이 공존하여 **그림 14-10**과 같이 세 가지 산화물이 공존하는 형태의 산화막이 얻어진다.

이 산화물의 대부분은 뷔스타이층이며 뷔스타이층 내부에는 냉각시 공석변태에 의하여 약간의 자철광이 산재하여 존재한다.

고온의 대기 중에 황화수소, 염소, 이산화황 등과 같은 성분이 존재하면 화합물을 만들어 보호막을 만들지 못하므로 방식이 되지 않는다.

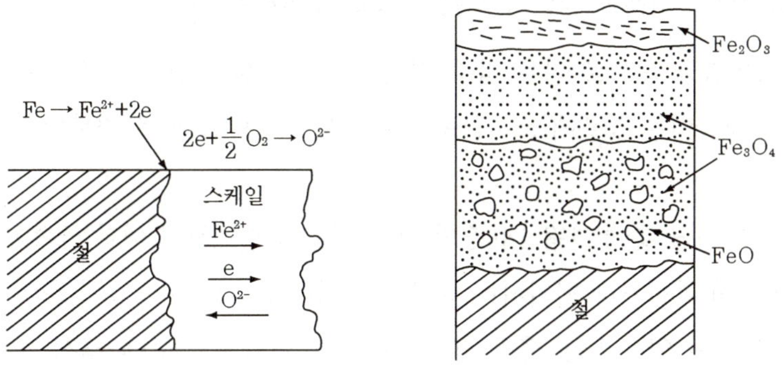

(a) 철의 스케일이 생기는 기구　　(b) 산화 피막의 구성

그림 14-10 철강의 고온산화 현상

Al은 산소와의 친화력이 Fe보다 강력하지만, Al의 산화 막은 그 벽이 매우 치밀하게 밀착되어 확산이 거의 되지 않기 때문에 산화속도는 급속히 감소한다.

① Al과 산소의 결합이 매우 강력하기 때문에 Al의 이온이 이 산화 막을 뚫고 산소가 있는 표면으로 확산할 수 없다.

② 산화알루미늄과 Al의 결정구조가 금속 Al의 원자반지름이 1.431Å이고, 산소이온은 1.32Å으로서 거의 같으므로 밀착된 구조를 가져서 한 개의 상에서 다른 상으로 완전히 연속적인 결정을 이루고 있다고 생각된다. 따라서 이때는 산화알루미늄과 Al 금속과의 강력한 결합력이 작용하고 있다.

(4) 도금 제품의 부식

각종 금속 제품은 일반적으로 가공하기 쉽고 기계적 성질이 우수하면서 비교적 가격이 저렴한 금속으로 제조한 다음 그 위해 표면처리를 행하고 있다.

① 소지금속보다 이온화 경향이 큰 금속을 도금하는 경우

철강에 아연을 용융도금 하는 목적은 철 대신 아연이 부식되게 함으로서 철강을 보호하려는 그 목적이 있다.

이온화 경향 차에 따라 아연이 철에 비해 우선 산화되는 특성이 있으므로 **그림 14-8**(a)와 같이 초기에 아연 도금 층에 핀홀이 존재하더라도 **그림 14-8**(b)와 같이 아연이 대신 산화되면서 철강의 산화를 저지하므로 철강의 부식을 최소한으로 보호할 수 있다.

② 소지 금속보다 이온화 경향이 작은 금속을 도금하는 경우

황동이나 아연합금 등으로 만든 각종 장신구에 장식성 향상을 목적으로 금, 백금, 로듐 등의 귀금속을 도금하는 경우에 소지금속의 이온화 경향이 크므로 내부의 금속이 우선 부식된다.

따라서 귀금속 도금 층에 **그림 14-9**와 같이 핀홀이 존재하면 내부 금속이 부식됨에 따라 사용 중 도금 면이 부풀거나 벗겨지는 현상이 일어난다. 따라서 귀금속을 도금 할 경우에는 매우 치밀하고 흠이 없는 도금 층을 형성하여야만 내식성 향상에 크게 기여할 수 있다.

14.2 방식

방식(corrosion prevention), 즉 부식 방지의 근본개념은 다음과 같다.

1) 그 재료에 가장 적합한 사용 조건을 준수한다는 것

2) 사용하는 재료의 성분이나 조직이 완전히 균등하도록 한다는 것

3) 다른 물질로 피복되었을 때에도 완전히 균일하게 되어 있어야 한다는 것

이상의 3가지 조건을 공업적으로 완전무결하게 적용시켜서 사용한다는 것은 불가능하므로 되도록 이것에 가깝도록 해야 할 것이다. 이러한 목적으로 아래와 같은 3가지 방법을 생각할 수가 있다.

① 방식피막으로 재료(전극)를 부식제(전해액)로부터 차단시킨다.

② 전기화학적 부식(국부 전지의 형성)이 생기지 못하도록 방지하여 준다.

③ 인공적 방법에 의해 전기화학적으로 부식을 방지하여 준다.

1. 방식피막

방식피막(protective coating)을 만들어 주는 방법으로는 크게 다음의 5가지로 나눌 수 있다.

① 유기도장을 하는 방법
② 내식성 또는 부식성 금속피막을 입히는 방법
③ 화성피막을 금속표면에 만들어 주는 방법
④ 세라믹(Ceramic) 또는 플라스틱코팅(plastic coating)을 만들어 주는 방법
⑤ 기화성 방청제(rust inhibitor)를 사용하는 방법

1) 유기도장

유기질 도료는 금속표면에 액상으로 바른 후 고화시켜서 밀착시킨 피복층이며, 도막을 만들어 줌으로써 환경 차단을 하게 한 것이다. 도료(paint)는 도막의 매체(vehicle)과 안료로 분류된다. 유성도료는 액상으로서 그 자신이 산화하여 고화해서 도막을 만들어 주나 도막을 형성하는 물질이 고체인 경우에는 이것을 용제에 녹여서 액상으로 해서 바르고, 용제의 휘발에 의해서 도막을 만들어 준다.

① 도막형성물질에 의한 도료의 분류

ⓐ 유성방청도료 – 보일(boil)유, 합성건성유, 유성바니시(와니스) 등을 피막형성 요소로 한 것
ⓑ 비튜멘(bitumen)도료 – 아스팔트, 코올타르를 주로 한 것
ⓒ 고무도료 – 염화고무, 염산고무, 네오프렌 등을 비히클(vehicle)로 한 것으로 이것은 내약품성이 크다.
ⓓ 합성수지도료 – 합성수지는 치밀하고 내약품성이 크다. 합성수지로서는 페놀 수지, 프탈산 수지, 멜라민 수지, 에폭시 수지, 실리콘 수지, 염화비닐 수지, 플루오르 수지(불연성), 알킬 수지 및 섬유소 도료 등이 있다.

② 안료에 의한 도료의 분류

이들 안료는 비히클 내에 있으면서 도막에 물이 침투하는 것을 방지하거나 침투한 물에

녹아서 철면을 수동태화시키든가 함으로써 도료의 방식 효과를 높이고 있다. 안료의 종류를 보면 다음과 같다.

1) 도막을 치밀하게 해 주면서 녹을 억제해 주는 산화아연(아연화) 및 산화철
2) 납(연)비누 등을 만들어서 도막을 치밀하게 하여 방청 효과를 갖게 하는 이산화납(Pb_2O), 사산화납(Pb_3O_4)
3) 용융도금과 비슷한 효과를 주는 아연분말, 알루미늄 분말
4) 도막에 들어간 수분과 더불어 철면을 수동태화시키며 그 자신은 염기성 탄산아연이 되는 징크크로메이트($ZnCrO_4$) 등이 있다.

도장에 있어서 철강소지의 경우에는 방식의 향상과 도막의 박리를 방지하기 위해서 아연, 주석 등의 금속도금 또는 인산염피막 등을 한 위에 도장을 한다.

2) 내식성 및 부식성 금속의 피막(도금)

금속을 도금하는 방법으로는 다음의 6가지가 있다.

① 화학도금 ② 전기도금 ③ 용융도금 ④ 진공 및 용사도금 ⑤ 침투도금 ⑥ 금속합판(metal clading) 등의 방법이 있다.

3) 화성피막

화성피막은 화학반응에 의해서 금속표면에 보호 피막이 생긴 것을 말한다. 다음에 어떠한 경우에 이러한 보호피막(내식성피막)이 생기는가를 살펴보면 다음과 같다.

① 금속체의 활성상태와 수동태 : 금속원소의 원자는 일반적으로 갖고 있는 에너지가 커서 환경 중의 에너지가 작은 원소, 예를 들면 산소, 황, 할로겐원소 또는 원자단(SO_4^{2-}, NO_3^-, CN^- 등)과 결합하는 경향이 있다.

금속표면의 금속원자가 환경 중의 물질과 반응해서 용해하든가 조잡한 화합물의 층을 만들면서 금속자신이 소모해 가는 상태를 활성(activity)이라 하며, 환경 중의 물질과의 에너지의 차가 작아서 반응하지 않을 때를 부동태(inactive state)라고 하는데 이 때 화학적으로 안정하다. 또한 환경 중의 물질을 끌어들여 반응하여 수동적인 상태에서 안정한 화합물의 얇은 층을 만들고, 그 후에는 더 이상 변화하지 않는 상태로 되는 것을 수동태(passive state)라고 한다. 환경의 에너지와의 차가 금속체의 반응의 가능성을 **그림 14-13**에 나타내었다. 금속재료의 내식성이 환경에 지배되는 것은 이 때문이며, 환경에 의해서 부동태상이

나 수동태상으로 되는 금속체는 내식적(non-corrosive)이다.

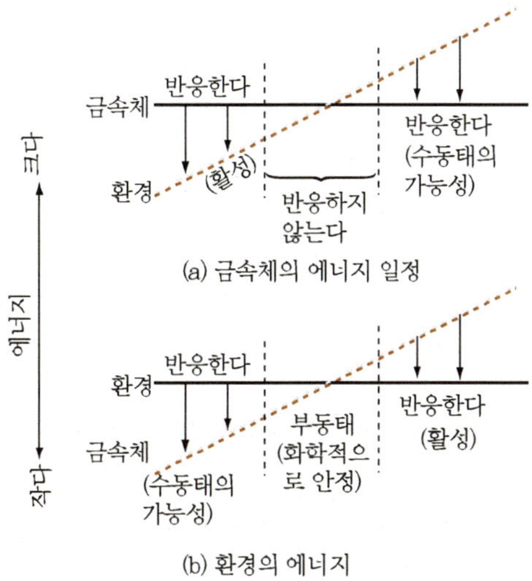

그림 14-13 **환경과 금속체와의 반응의 가능성**

예를 들면 알루미늄(Al)이 공기 중에서 산화하여 Al_2O_3로 되었을 때와 Fe가 공기 중 400℃ 내외에서 템퍼색(temper color)을 얻었을 때이며, 또한 합금의 예로서는 산화성 환경 중에서의 스테인리스강을 들 수가 있다. 스테인리스강에서는 크롬 성분이 충분히(13% 이상)있으면 산소에 의해서

$$Cr + 2O_2 + 2e^- \rightarrow (CrO_4)^{2-}$$

의 산화크롬 피막이 스테인리스강의 표면 전체에 **그림 14-14**과 같이 피복되어 부식을 방지해 준다. 만일 산화성 환경이 아닐 때, 예를 들면 HCl, HF 등과 접촉하고 있을 때는

$$Cr \rightarrow Cr^{2+} + 2e^-$$

와 같이 되어 Cr은 부식하기 때문에 하등의 내식성이 없다.

그러면 내식성이 없는 금속에 내식성이 있는 금속을 얼마만큼 합금해야 내식성이 있는 합금이 되는가를 생각해 보면, **그림 14-15**와 같이 합금 중 내식성 있는 원래의 원자가 규칙적으로 배열되어 부식하기 쉬운 금속 원자로 둘러싸여 있으며, 부식하기 쉬운 금속원자가 환경 중의 물질과 반응해 버린 후에 내식성이 있는 원소가 나타나 합금체를 내식성으로 만들어 준다.

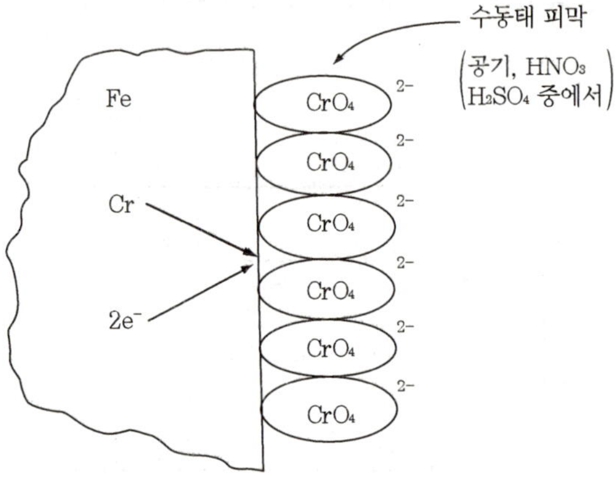

그림 14-14 산화크롬피막에 의한 방식

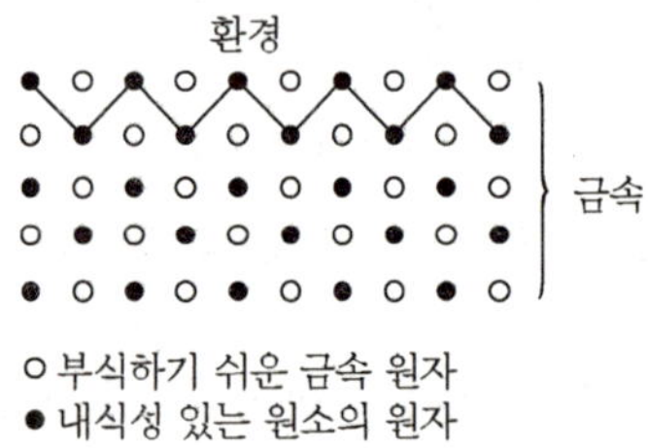

그림 14-15 합금에 의한 내식성 향상의 개념

합금의 결정 내의 원자는 입방체의 집합이라고 생각될 때가 많고, 입방체 모서리의 8개의 원자의 몇 개가 내식성 원자로 대치되었는가에 따라서 내식성의 유무를 나타내게 된다. 따라서 전원자 수의 $n/8$을 기본으로 해서 1/8몰 또는 이 배수의 내식성 원자로 바꾸면 내식성이 있는 합금이 될 것이다.

예를 들어 철에 크롬 1/8몰을 합금하면

$$\begin{aligned} \text{Cr} &: \ 52.01 \times 1 = \ \ 52.01 \\ \text{Fe} &: \ 55.84 \times 7 = 390.88 \\ &\qquad\qquad\quad \overline{\ 442.89\ } \end{aligned}$$

따라서

$$\text{Cr의 중량(\%)} = \frac{52.01}{442.89} \times 100 = 11.74(\%)$$

즉 Cr 11.74%, Fe 88.26%의 철 합금인 크롬 13% 이상이 스테인리스강의 성분으로 되어 있는 것은 이 때문이다. 또한 철 니켈 합금에서는 2/8몰인 26.53%, 즉 Ni 27% 이상이면 니켈과 같은 정도의 내식성이 있고, 18-8 스테인리스강에서는 Ni 1/16몰, Cr 1/8몰 이상이며, 오스테나이트의 균일한 조직이 됨으로써 13% 크롬보다 큰 내식성을 갖게 한다. 이와 같이 1/8몰 아니면 2/8몰과 같이 $n/8$몰이라는 한도가 있게 되며, 이것을 합금에서 내식성 향상의 작용한(作用限)이라고 한다.

4) 기화성 방청제

기화성방청제(Vapor inhibitor)라고 하는 것은 보통 VPI(vapor phase inhibitor)라고 하며, 경한 기화성을 가진 분말상의 방청제이다. 즉 나프탈렌과 같이 상온에서 기화한 가스가 금속표면에 눈에 보이지 않는 얇은 피막을 만들어 줘 포장을 한 내부에 스며든 습기에도 용해하여 습기가 있어도 방청력이 있는 강력한 화학적 방청제이다. 이것으로 방청을 할 수 있는 금속은 철, 니켈, 크롬, 알루미늄 등이며 구리에 사용하면 흑색으로 변한다.

2. 국부전지 형성방지

단일 금속만을 사용하면 국부 전지의 형성을 방지할 수가 있으나 공업상 합금체가 가장 많이 사용되고 있다. 합금체로서 스테인리스강의 예를 들면 Cr이 13~27% 들어 있는 것은 Cr이 부동태화 면을 만들어 주기 때문이다. Ni은 Fe보다 한층 noble하기 때문에 넣는다. **그림 14-16**은 18-8스테인리스강의 탄소량에 의한 상태도이다. 특히 탄소의 함유량이 매우 적으면 austenite(γ)의 단일상을 얻을 수가 있으나, 0.1%가 되면 1000℃ 정도에서 급냉을 하지 않으면 탄화물이 석출하여 국부 전지가 생기게 된다. 이 탄화물($Fe_3C + Cr_4C$)은 주로 크롬 화합물이며 **그림 14-17**과 같이 결정립계에 집중 석출되므로 결정립계는 수동태에 의한 Cr양이 크게 부족하게 되어, 탄화물은 γ상과 국부전지를 이루기 때문에 부식이 입계로부터 심하게 생기게 된다.

이러한 부식을 방지해 주기 위해서는 γ가 단일상이 생기도록 급랭해주든가 0.03% C 이하의 스테인리스를 선정한다. 또한 Cr보다 탄소와의 친화력이 큰 원소, Ti, Ta, Nb 등을 품고 있는 강을 사용한다.

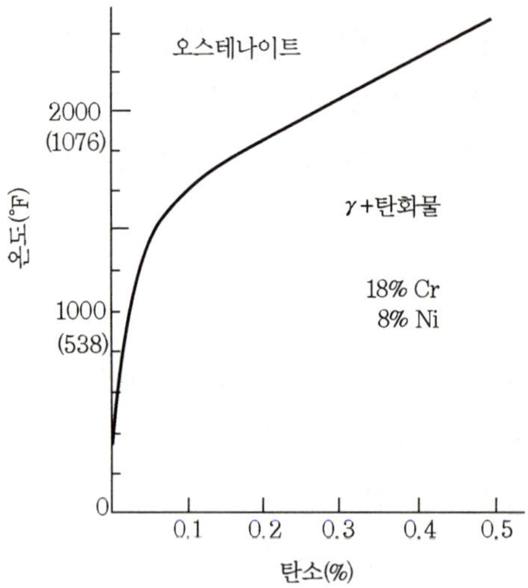

그림 14-16 austenite stainless steel의 탄소 용해도

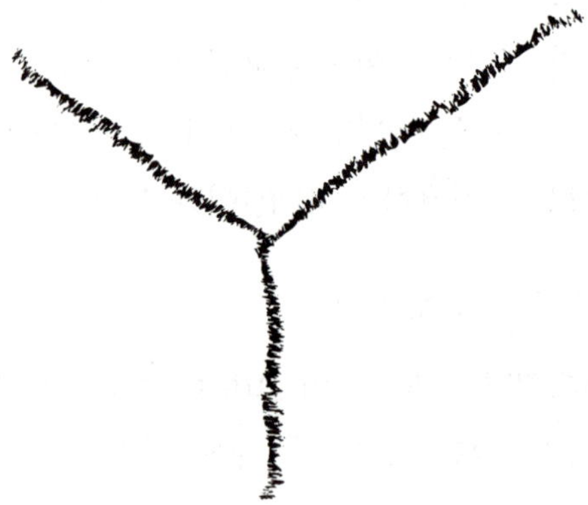

그림 14-17 0.1% C의 18-8 stainless steel의 탄화크롬의 석출(550℃에서 수초간 유지한 것) 탄소는 Cr을 10배 가량 소모시킨다.

3. 전기화학적 방식

① 희생양극을 사용하는 방법

부식을 방지하려고 하는 극을 음극으로 하고 Zn, Mg 등을 양극으로 하여 **그림 14-18**과 같이 지하 파이프, 선박, 물탱크 등을 보호하여 주는 방법을 말한다. 이 때 Zn이나 Mg은 용해 소모하면서 음극인 철판을 보호하여 주고 있다. 즉

$$Mg \rightarrow Mg^{2+} + 2e^-$$

파이프(음극을 만든다)

$$Zn \rightarrow Zn^{2+} + 2e^-$$

선박의 철판(음극을 만든다)

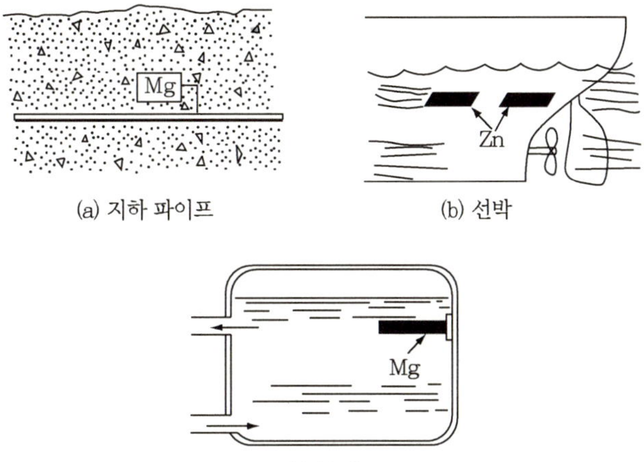

(a) 지하 파이프 (b) 선박 (c) 물 탱크

그림 14-18 희생양극에 의한 방식

② 외부전원에 의한 음극방식

①보다 더 효과적인 방법이며, **그림 14-19**과 같이 정류기를 사용하여 실지로 전류가 흐르게 한다. 이로써 철 파이프는 음극으로 되어 부식하는 것을 방지하여 주게 된다.

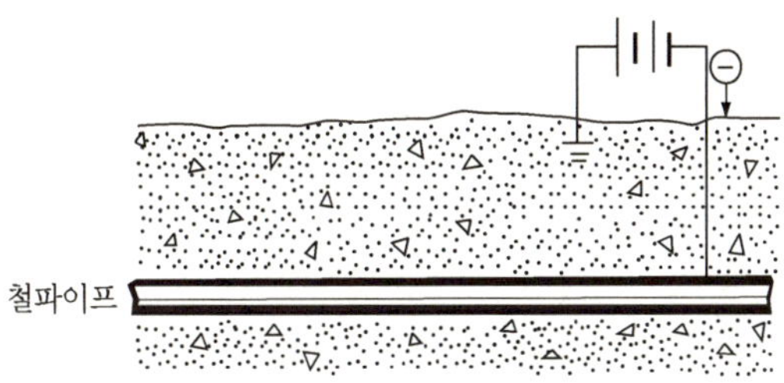

그림 14-19 외부전원식 방식

제 15 장 안전관리 및 위험물 취급법

15.1 약품 취급시 주의사항

1. 약품 취급시 공통 주의사항

① 독극물은 별도의 책임자를 정하고 그 밖의 사람들은 손을 대지 않는다.

② 약품을 사용한 후 병이나 캔의 마개와 뚜껑을 완전히 막고 지정 된 장소에 다시 놓아둔다.

③ 라벨(Label)을 명확히 기록하여 부착하고 독극물인 경우에는 표시를 해 둔다.

④ 독극물을 사용시에는 사용한 월, 일, 사용양 등을 기록하고, 잠금 장치로 보관한다.

⑤ 약품 취급 후 손, 발, 얼굴 등을 흐르는 물로 닦는다.

⑥ 약품이 손이나 옷에 닿지 않도록 고무장갑, 앞치마, 고무장화 등을 착용하고 가루약품은 마스크를 착용하고 취급한다.

⑦ 도금액을 만들 때는 반드시 물에 약품을 조금씩 첨가해 가면서 만든다.

⑧ 병마개를 열 때에는 병의 입구 부분이 얼굴을 향하지 않도록 열어야 한다.

⑨ 가스가 발생하는 경우에는 반드시 배기가 잘되는 장소에서 작업을 하고, 가스 마스크를 착용한다.

⑩ 대부분의 약품을 혼합할 때에는 발열이 일어나므로 반드시 한쪽 또는 양쪽을 묽게 한 다음 혼합한다.

⑪ 독극물의 빈병이나 캔은 깨끗하게 세척 후 지정된 장소에 버린다.

⑫ 불필요하거나 버려야 할 약품의 폐기는 해가 없도록 폐수처리 등을 한 후 버려야 한다.

⑬ 시안화물은 산과 혼합되지 않도록 해야 한다.

⑭ 불필요한 약품의 폐기는 충분히 무해처리를 한 후 지정 된 곳에 폐기 처리한다.

도금공장에서 일어나는 사고의 종류

① 약품에 의한 피부나 그 밖의 상해

② 약품의 유해 가스와 분무에 의한 중독과 상해

③ 버프 연마 등에 의한 기계적 상해

④ 전기에 의한 감전사고

⑤ 인화물, 위험물에 의한 화재사고

⑥ 물품이동, 운반, 낙하 등에 의한 상해 등이 있다.

기계적 사고는 주로 부주의에서 오나 약품에 의한 상해는 이에 대한 지식의 결여로 오는 수가 많으므로 이에 대한 취급 방법을 다루겠다. 위험한 약품에는 강산, 강알칼리, 시안화물과 같이 인체에 접촉하면 부식 또는 화상의 염증을 일으키거나 극소량을 마셔도 죽음을 가져오는 독물과 트리클로르에틸렌, 벤젠 등과 같이 장기간 그 증기를 들여 마셨을 때 직접 인체에 상해를 주거나 발화 또는 인화하기 쉬운 것, 혹은 수소와 같이 화염 또는 폭발에 의해 상해를 주는 위험물이 있다.

2. 일반적 재해와 안전관리

(1) 재해의 시기

사계절을 통해 여름철이 가장 많이 발생하며, 매주 휴일 직 후의 출근 일에 재해가 많이 발생 된다. 여름철은 기온이 높고 습기가 많아 땀이 많이 나므로 엷은 의류를 입게 된다. 또한 식욕이 감퇴되어 수면이 부족하여 쉽게 피로가 겹치게 된다.

(2) 재해 다발자

도금 작업에만 한정 된 것이 아니라 재해를 입은 사람을 보면 계속 사고를 당한 사람인 경우가 많다. 이러한 경우를 잘 관찰해 보면 복장은 다름 사람과 별 차이가 없으나 작업태도가 불안전하고 주의력이 결핍되어 있는 경우가 많다. 이러한 사람은 비교적 위험성이 적은 단순 작업을 시키는 것이 필요하다.

(3) 설비에 대한 안전

① 공장 내부는 항상 청결하고 환기장치를 충분히 가동하여 냄새가 없도록 하여야 한다.
② 공장 내의 조명은 충분한 밝기로 해야 한다.
③ 실내온도는 작업에 알맞은 온도로 유지되어야 한다.
④ 기계나 기계류는 항상 정비하여 정상적으로 작동하도록 하여야 한다.
⑤ 위험하다고 생각되는 장비는 안전장치를 설치하여야 한다.

(4) 부주의에 의한 재해

① 기계장치, 약품취급 방법을 충분히 숙지하지 하도록 한다.
② 회사의 규정을 잘 지키도록 하여야 한다.
③ 작업 중 실수가 있더라도 즉시 감정적으로 대하지 않는다.

(5) 신체적 재해

① 신체가 약하여 그 작업에 적합하지 않을 경우
② 장애를 갖고 있는 사람이 작업 할 경우
③ 수면이 부족하거나 야간작업으로 피로할 때
④ 질병이나 부상 등으로 신체를 다쳤을 경우

3. 산류

염산, 황산, 질산, 아세트산, 크롬산, 옥살산, 플루오르산 등의 취급에는 다음과 같은 주의가 필요하다.

① 보호기(고무장갑, 고무 앞치마, 고무장화 등)를 사용한다.
② 산과 물을 혼합할 때, 즉 산에다 물을 부를 때는 많은 열을 발생하므로 반드시 물에다 산을 넣어 혼합한다. 특히 황산은 발열반응이 심하므로 더욱 주의를 요한다.
③ 산에 증기를 흡입하는 것은 위험하므로 피해야 한다. 배기가 좋은 장소에서 작업을 해야 하며, 증기가 발생하는 장소에서 작업할 경우에는 항상 가스 마스크를 사용한다.
④ 산을 큰 병에서 따라낼 때에는 사이펀을 사용한다. 이 때 펌프 또는 아스피레이터로 흡입해 낸다. 압축공기를 사용하거나 쥐어 올려서 따르거나 피펫이나 사이펀을 입으로

빨아내는 것은 위험하다.

⑤ 공병은 사용 후 곧 물로 완전히 닦아낸다.

⑥ 큰 병의 마개를 열 때는 병의 주둥이를 얼굴에 향하지 않도록 한다.

⑦ 강산과 강알칼리가 혼합하면 발열한다. 때로는 폭발적 발열을 일으키므로 혼합시킬 때 한쪽 혹은 양쪽을 묽게 해서 혼합한다.

만일 사고가 났을 때 응급처치는 다음과 같이 한다.

① 산이 피부에 접촉되었을 때 : 될수록 빨리 다량의 물로 씻어 내고 다음에 중조수(포화용액)로 닦아낸다.

② 의류에 부착했을 때 : 옷을 벗어서 물에 세탁한다. 다량의 산이 묻었을 때는 물을 끼얹으며 벗어서 중조수에 세탁한다.

③ 산이 눈에 들어갔을 때 : 매우 위험하므로 즉시 15분 정도 깨끗한 물로 충분히 닦아낸다. 이 때 눈은 커다랗게 뜨고 닦는다. 다음에 급히 안료의의 치료를 받는다.

④ 잘못하여 마셨을 때 : 급히 입 안을 헹구고 200~500ml의 우유 또는 흰자위 6~15개와 마그네시아를 마시도록 하여 급히 의사의 치료를 받는다. 토제를 사용하거나 위세정을 해서는 안 되고 또한 중조수를 마셔도 안 된다.

4. 알칼리류

수산화나트륨(가성소다), 수산화칼륨(가성가리), 탄산칼륨, 탄산나트륨, 암모니아수 등의 취급상 주의 사항은 다음과 같다.

① 보호기(고무장갑, 고무 앞치마, 고무장화 등)을 사용한다.

② 입상 수산화나트륨, 수산화칼륨을 분말상으로 할 때에는 마스크를 쓴다.

③ 알칼리를 물에 용해할 때나 알칼리 용액을 묽게 할 때는 물에다 서서히 알칼리를 넣도록 한다.

④ 알칼리 용액을 가열 또는 전해할 때나 가열된 상태에서 사용할 때는 배기후드 아래에서 하지 않으면 안 된다.

만일 사고시에 응급처치는 다음과 같이 한다.

① 피부에 접촉했을 때 : 될수록 빨리 흐르는 물에 닦아내고, 다음에 아세트산의 100배 희석액, 붕산 등으로 닦아서 중화한다.

② 의류에 부착했을 때 : 옷을 벗어서 물에 세탁한다. 다량의 알칼리를 묻혔을 때에는 물을 끼얹으면서 벗어서 붕산, 아세트산의 100배 희석액으로 중화한다.

③ 눈에 들어갔을 때 : 즉시 15분 정도 깨끗한 물로 충분히 닦고 급히 안과의의 치료를 받는다.

④ 잘못하여 마셨을 때 : 즉시 입 안을 헹구고 200~500ml의 우유 또는 흰자위 6~15개에 100배 희석의 아세트산을 마시게 하고 급히 의사의 치료를 받는다. 토제를 쓰거나 위세정을 해서는 안 된다.

5. 시안화물, 플루오르화물, 크롬류

(1) 시안화나트륨, 시안화칼륨, 시안화구리, 시안화카드뮴, 시안화아연, 시안화은, 시안화금 등의 취급상 주의 사항

① 시안화물이 산에 접촉되면 무색의 풋내가 조금 나는 맹독성의 시안산가스를 발생하므로 산과 시안화물을 혼합해서는 안 된다.

② 시안화물 용액은 끓을 때까지 가열해서는 안 된다.

③ 시안화물을 다룰 때는 보호기(고무장갑, 고무 앞치마, 고무장화 등)를 사용한다.

④ 배기설비가 있는 장소에서 작업을 한다.

⑤ 시안화물 용액은 절대로 입으로 빨아서는 안 된다.

만일의 사태가 발생했을 대의 응급처치는

① 피부에 접촉되었을 때 : 될수록 빨리 흐르는 물에 닦는다. 온수를 사용하면 더욱 좋다.

② 의류에 부착했을 때 : 옷을 벗어서 온수에 세탁한다. 많은 양이 묻었을 때는 하이포 용액으로 해독하여 물로 세탁한다.

③ 눈에 들어갔을 때 : 즉시 15분 정도 깨끗한 물로 충분히 닦고, 급히 안료의의 치료를 받는다.

④ 잘못하여 마셨을 때 : 비눗물, 겨자 물을 먹여 토해내도록 한다. 다음에 아질산아밀의 앰플을 나누어 흡입시킨다. 다음에 1%의 하이포 용액 0.5l을 마시게 한다. 이상의 처치를 15분마다 반복한다. 필요하면 의사가 올 때까지 인공호흡을 시킨다. 응급처치와 동시에 의사를 부른다. 생사는 30분 이내에 결정되므로 즉시 처치를 하지 않으면 안 된다.

(2) 플루오르산, 규소플루오르산, 규소플루오르화나트륨 등의 취급상의 주의 사항

① 약품을 취급할 때는 고무 장갑, 고무 앞치마, 고무장화, 안전 안경을 사용하고 용기는 사용 직전에, 보관하기 전에 수세 건조하여 늘 깨끗한 상태로 해서 쓴다.

② 수용액을 가열 또는 전해할 때는 배기에 충분히 주의하고 마스크를 사용한다.

③ 바닥이나 기구에 엎질렀을 때는 암모니아수 또는 소다회 수용액, 석회수 등으로 바로 중화하여 수세한다.

만일 잘못하여 플루오르산이 피부에 접촉하였을 때는 즉시 물로 닦고, 염화칼슘수용액 또는 우유로 다시 닦고 의사의 치료를 받는다. 중독시에는 칼슘제를 사용한다.

(3) 무수크롬산, 중크롬산칼륨, 중크롬산소오다 등의 취급상 주의 사항

① 크롬산의 수용액이나 비말은 피부나 점막을 상하게 하고 심하면 뼈까지 상하게 되므로 취급할 때는 보호구를 사용한다.

② 황산 등의 산과 별도장소에 보관하고 곁에 가연물을 놓아두지 않도록 주의한다.

③ 전해할 때는 배기에 충분히 주의하고 마스크를 쓴다.

만일 피부에 묻었을 때의 응급처치는 즉시 깨끗한 물에 닦은 다음, 3%정도의 과산화수소로 닦고 물로 씻은 다음, 하이포 수용액으로 닦는다. 잘못하여 마셨을 경우에는 위세정을 하고, 우유 또는 중조수를 마시거나 급히 의사의 진료를 받는다.

6. 트리클로르에틸렌, 퍼클로르에틸렌 등 유기용제류

① 유기용제는 휘발성과 독성을 가지고 있으므로 배기가 잘 되는 장소에서 보호구를 착용하고 취급하여야 한다.

② 증기를 장시간 또는 반복하여 흡입하는 것은 위험하므로 배기설비가 좋은 장소에서 보호구를 사용한다.

③ 물이 혼입된 그대로 고온에서 작업하면 분해하여 유해 가스를 발생하므로 물이 들어가지 않도록 한다.

④ 눈이나 피부에 접촉되지 않도록 한다. 산이나 알칼리와 같이 바로 통증을 느낄 수 없으므로 소홀히 여기는 경향이 많으니 특히 주의해야 하며,

사고시의 응급처치는 다음과 같다.

① 피부에 접촉되었을 때 : 피부염을 방지하기 위해서 경질 비누로 닦아낸 후 라놀린을 함유한 유성 크리임을 바른다.

② 눈에 들어갔을 때 : 즉시 물에 15분 정도 닦고 안과의의 치료를 받는다.

③ 잘못하여 마셨을 때 : 즉시 토해내든가 위세정을 하고 급히 의사의 치료를 받는다.

7. 기타

(1) 전해가스

전해탈지, 크롬도금 등의 경우, 음극으로부터 다량의 수소 가스와 동시에 알칼리나 크롬산 미스트가 발생한다. 수소 가스가 실내에 충만하면 전기 스파크, 담뱃불 등에 의해 대폭발을 일으킨다. 대체로 공기 중에 미스트가 40~75% 존재하면 폭발한다. 이들을 취급할 때 주의 할 점은 다음과 같다.

① 배기를 잘 하여 가스가 충만 되지 않도록 주의한다.

② 전해탈지, 크롬 도금 작업 중에는 마스크를 쓴다.

③ 만일 가스가 충만하였을 경우에는 작업을 중단하고 환기를 한다. 또 음극 혹은 양극의 스파크나 발열에 주의한다.

(2) 광택침지처리 가스(아질산가스)

광택침지처리를 하면 액 중의 질산 때문에 아질산 가스(갈색)가 발생한다. 아질산 가스를 흡입하면 호흡곤란과 현기증을 일으키고 심할 때는 질식사한다. 이들의 취급상의 주의 점은 다음과 같다.

① 배기를 잘 하여 가스가 충만하지 않도록 한다.

② 현기증이 일어나면 신선한 공기를 마시며 휴식을 취한다.

③ 계속해서 작업을 하지 말고 조금씩 시간을 두고서 맑은 공기를 교환해 가면서 한다.

(3) 약품보관방법

① 산과 알칼리, 산과 암모니아수, 산과 시안화물, 염산과 황산은 함께 같이 놓아두어서는 안 된다.

② 액체약품은 될 수 있는 대로 선반 위에 올려놓지 않도록 한다.

③ 약품은 다습한 곳이나 고온인 곳에 놓아두어서는 안 된다.

④ 약품은 오래된 것부터 사용한다.

⑤ 약품은 사용 후 반드시 마개를 닫는다.

위험물질의 종류 및 특성을 잘 알아두고 보관할 때에는 특별히 주의를 하여야 한다. 도금 공장에 있어서 약품에 의한 중독이나 기타의 증상을 다음 **표 15-1**에 나타내었다. 그리고 위험 물질의 종류와 그 특성을 **표 15-2**에, 공존하면 위험한 약품을 **표 15-3**에 나타내었다.

표 15-1 약품에 의한 재해

상해	증상	예방 및 대책	재해 받기 쉬운 작업
납중독	두통, 현기증, 식액감퇴, 복통	고무장갑착용, 액이 묻으면 바로 수세한다.	납도금, 납-주석합금
크롬산중독	가래, 기침, 코건조, 피부가 진무름 콧구멍천공	배기를 완전히 한다. 분무방지재 첨가, 고무장갑 착용, 상품보호, 미리 피부에 와셀린, 글리세린 등을 발라둔다.	크롬도금, 크로메이트 처리, 전해연마
질산기중독(질산 및 아질산)	기침, 현기증, 호흡곤란, 피부 화상	공기유통이 좋은 곳에서 작업 배기장치를 완전히 한다. 고무장갑 착용	광택침지, 화학연마, 도금의 박리
황산, 염산중독	기침, 호흡곤란, 피부화상	공기유통이 좋은 곳에서 작업 배기장치를 완전히 한다. 고무장갑 착용	산세
시안화물중독	토기, 두통, 현기증, 심장 박동 극심, 호흡마비(피부로도 호흡된다)	배기를 충분히 하고, 활성제로 분무방지, 고무 장갑착용, 산과 혼합 방지	시안화액도금, 알칼리탈지
용제중독(벤젠 등)	두통, 현기증, 토기, 식액부진	배기를 충분히 하고, 다른 적당한 방법으로 바꾼다.	용제탈지
황화수소중독	기침, 호흡곤란, 토기, 실신	공기유통이 좋은 곳에서 한다.	도금박리, 분석
산, 알칼리에 의한 화상	피부가 진무름	작업복이나 장갑 등을 착용하고 몸에 묻지 않도록 한다.	산세, 알칼리 탈지, 도금액의 조성시

표 15-2 위험물질의 종류와 특성

종류	품명	특성	소화물	주의점
1류	염소산염, 과염소산염, 과산화물, 질산염, 과망간산염	이물혼입, 충격으로 폭발한다.	젖은 모래	폭발성
2류	황인, 적인, 황화 금속분	황인은 30℃에서 발화한다. 금속분도 물에 산화하여 자연 발화한다.	젖은 모래	공기 중에서 자연발화
3류	칼륨, 나트륨, 카바이드, 생석회, 폭화석회	칼륨, 나트륨은 물에서 발화 폭발한다. 카바이드, 인화석회는 물에서 가열, 가스를 발생한다. 생석회는 물에서 발열한다.	모래	물에서 자연발화
4류	에테르, 황화탄소, 아세톤, 알콜류, 테레빈유, 석유류	전부 액체로서 증발 가스는 공기와 혼합하여 폭발성으로 된다.	발포성소화제, 가스성소화제, 모래 등으로 공기의 차단한다.	인화성
5류	질산에스테르, 셀룰로이드, 니트로화합물	발화성, 연소성이 있다. 충격, 화기에 주의를 요한다.	잔모래	인화성(혼합물, 폭발성)
6류	질산, 황산, 무스크롬산, 클로르술포산	물을 가하면 발열한다.	모래, 가스성 소화제	부식성(플루오르산, 수산화알칼리도 같음)

표 15-3 함께 보관하면 위험한 약품

약품명	공존하면 위험한 약품
아세톤	농질산, 질산혼액
알칼리, 알칼리 토류금속	수은, 염소, 요오다, 브롬, 플루오르화수소, 차아염소산
염소산염	칼슘암모늄염, 산, 금속분, 황, 유기물분말 등의 가열물
염소산칼륨	산류
과산화수소	구리, 크롬, 철 등의 금속과 그 염화물, 가열물
수은	아세틸렌, 전산, 암모니아
은	아세틸렌, 옥살산, 전산, 암모니아, 주석산
농질산	크롬산, 시안화물, 아세트산, 니트로화 되는 물질
황산	염소산염, 과염소산염, 과망간산염, 크롬산
플루오르화수소산	암모니아 가스, 암모니아수
액체산소, 압축산소	유류, 그리스, 가열물(특히 수소가스)
아세트산	크롬산, 질산, 과산화물, 과망간산염, 과염소산, 수산기함유화합물
요오드	아세틸렌, 암모니아, 수소
탄화수소(벤젠, 프로판, 가솔린, 테레빈 등)	플루오르, 염소, 브롬, 크롬산, 과산화나트륨, 산화제등

부록

각종 제표

1. 환산도표

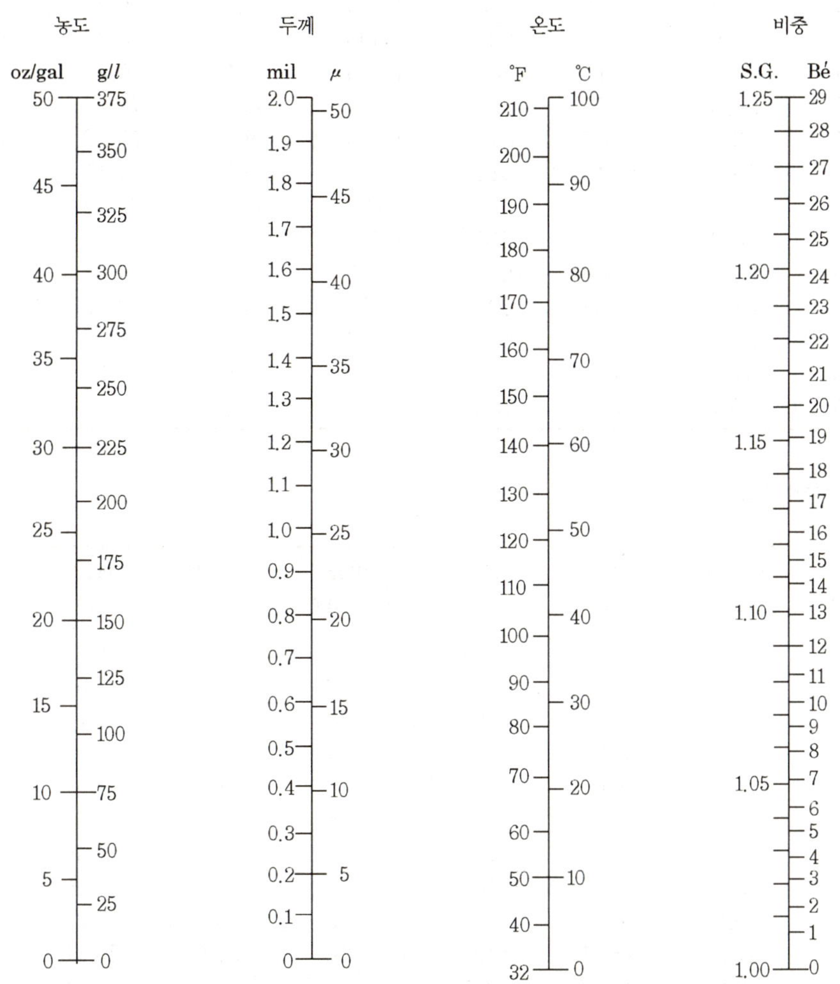

$oz/gal \times 7.489 = g/l$ $\text{mail} \times 25.4 = \mu$ $(°F - 32) \times \frac{5}{0} = ℃$ $S.G. = \frac{144.3}{144.3 - Bé}$

2. 수용액의 비중

(1) 황산비중표

비중 15℃/4℃	보오메 (도)	H_2SO_4 (%)	H_2SO_4 (g/l)	비중 15℃/4℃	보오메 (도)	H_2SO_4 (%)	H_2SO_4 (g/l)
1.000	0	0.09	1	1.450	44.8	55.03	798
1.025	3.7	3.76	39	1.475	46.4	57.37	846
1.050	6.7	7.36	77	1.500	48.1	59.70	896
1.075	10.0	10.90	117	1.525	49.7	62.06	946
1.100	13.0	14.35	158	1.550	51.2	64.26	997
1.125	16.0	17.66	199	1.575	52.7	66.53	1,048
1.150	18.8	20.91	239	1.600	54.1	68.70	1,099
1.175	21.4	24.12	283	1.625	55.5	70.85	1,151
1.200	24.0	27.32	328	1.650	56.9	72.97	1,204
1.225	26.4	30.48	373	1.675	58.2	75.08	1,257
1.250	28.8	33.43	418	1.700	59.5	77.17	1,312
1.275	31.1	36.29	462	1.725	60.6	79.36	1,369
1.300	33.3	39.19	510	1.750	61.8	81.56	1,427
1.325	35.4	42.08	557	1.775	63.0	84.02	1,491
1.350	37.4	44.82	605	1.800	64.2	86.92	1,564
1.375	39.4	47.47	653	1.824	65.2	90.80	1,656
1.400	41.2	50.11	702	1.840	65.9	95.60	1,759
1.425	43.1	52.63	750				

(2) 염산비중표

비중 15℃/4℃	보오메 (도)	HCI (%)	HCI (g/l)	비중 15℃/4℃	보오메 (도)	HCI (%)	HCI (g/l)
1.00	0.0	0.16	1.6	1.11	14.2	21.92	243
1.01	1.4	2.14	22	1.12	15.4	23.82	267
1.02	2.7	4.13	42	1.13	16.5	25.75	291
1.03	4.1	6.15	63	1.14	17.7	27.66	315
1.04	5.4	8.16	85	1.15	18.8	29.57	340
1.05	6.7	10.17	107	1.16	19.8	31.52	366
1.06	8.0	12.19	129	1.17	29.9	33.46	391
1.07	9.4	14.17	152	1.18	22.0	35.39	418
1.08	10.6	16.15	174	1.19	23.0	37.23	443
1.09	11.9	18.11	197	1.20	24.0	39.11	469
1.10	13.0	20.01	220				

(3) 질산비중표

비중 15℃/4℃	보오메 (도)	HNO_3 (%)	HNO_3 (g/l)	비중 15℃/4℃	보오메 (도)	HNO_3 (%)	HNO_3 (g/l)
1.000	0	0.10	1	1.220	26.0	35.28	430
1.015	2.1	2.80	28	1.245	28.4	39.05	486
1.030	4.1	5.50	57	1.265	30.2	42.14	533
1.045	6.0	8.13	85	1.285	32.0	45.18	581
1.060	8.0	10.68	113	1.310	34.2	49.07	643
1.075	10.0	13.15	141	1.333	36.0	52.80	704
1.090	11.9	15.53	169	1.360	38.2	57.57	783
1.110	14.2	18.67	207	1.383	40.0	61.92	857
1.125	16.0	21.00	236	1.410	42.0	67.50	952
1.145	18.3	24.08	276	1.440	44.1	74.68	1075
1.165	20.3	27.12	316	1.470	46.1	82.90	1219
1.180	22.0	29.38	347	1.500	48.1	94.09	1411
1.200	34.0	32.36	388	1.520	49.4	96.92	1515

(4) 가성소오다 비중표

비중 15℃/4℃	보오메 (도)	NaOH (%)	NaOH (g/l)	비중 15℃/4℃	보오메 (도)	NaOH (%)	NaOH (g/l)
1.263	30	23.50	296.8	1.347	41	36.36	507.9
1.274	31	24.48	311.9	1.410	42	37.65	530.9
1.285	32	25.50	327.7	1.429	43	39.06	556.2
1.297	33	26.58	344.7	1.438	44	40.47	582.0
1.308	34	27.65	361.7	1.453	45	42.02	610.6
1.320	35	28.83	380.6	1.468	46	43.58	619.8
1.332	36	30.00	399.6	1.483	47	45.16	619.7
1.345	37	31.20	419.2	1.498	48	46.73	700.0
1.357	38	32.50	441.0	1.514	49	48.41	732.9
1.380	39	33.73	462.1	1.530	50	50.10	766.5
1.383	40	35.00	494.1				

도금용 주요금속(염) 제성질표

금속염	분자식	분자량	금속 (%)	색	용해성		
					수	산	알칼리
○은	Ag	107.88					
염화은	$AgCl$	143.34	75.3	백	불	불	용 CN
시안화은	$AgCN$	133.90	80.5	백	불		용 CN
질산은	$AgNO_3$	169.89	63.5	무	용		
시안화은칼륨	$KAg(CN)_2$	199.01	54.2	무	용		
시안화은나트륨	$NaAg(CN)_2$	182.91	58.9	무	용		
○알루미늄	Al	26.97					
염화알루미늄(무수)	$AlCl_3$	133.34	20.2	무	용		
염화알루미늄	$AlCl_3 \cdot 6H_2O$	241.43	11.1	무	용		
산화알루미늄	Al_2O_3	101.94	52.9	백	불		
황산알루미늄칼륨	$AlK(SO_4)_2$	258.19	10.4	무	용		
"	$AlK(SO_4)_2 \cdot 12H_2O$	474.38	5.7	무	용		
"	$AlK(SO_4)_2 \cdot 24H_2O$	690.57	3.9	무	용		
황산알루미늄(무수)	$Al_2(SO_4)_3$	342.12	15.8	백	용		
황산알루미늄	$Al_2(SO_4)_3 \cdot 18H_2O$	666.41	8.1	무	용		
○금	Au	197.2					
염화제2금수소산	$HAuCl_4 \cdot 4H_2O$	412.10	47.9	황			
염화제2금	$AuCl_3$	303.57	65.0	황갈	용		
시안화제1금	$AuCN$	232.66	84.8	황	불		용 CN
시안화제1금칼륨(무수)	$KAu(CN)_2$	288.33	68.3	백	용		
시안화제1금칼륨	$KAu(CN)_2 \cdot 2H_2O$	324.36	60.7	무	용		
시안화제1금나트륨(무수)	$NaAu(CN)_2$	272.21	72.5	무	용		
○카드뮴	Cd	112.41					
시안화카드뮴	$Cd(CN)_2$	164.43	68.4	백	불		용 CN
붕소플루오르화카드뮴	$Cd(BF_4)_2$	296.05	37.9	일	용		
질산카드뮴	$Cd(NO_3)_2 \cdot 4H_2O$	308.49	36.4	무	용		
산화카드뮴	CdO	128.41	87.5	갈	미	용	용
황산카드뮴	CdO_4	208.47	54.0	무	용		
○코발트	Co	58.94					
황산코발트암모늄	$Co(NH_4)_2(SO_4)_2 \cdot 6H_2O$	395.24	14.9	적홍	용		
탄산코발트	$CoCO_3$	118.95	49.5	담적	불	용	
염화코발트	$CoCl_2 \cdot 6H_2O$	237.95	24.8	적홍	용		
황산코발트	$CoSO_4 \cdot 7H_2O$	281.11	21.0	적	용		
○구리	Cu	63.57					
산화제1구리	Cu_2O	143.1	88.8	적갈	불	용	용
수산화제1구리	$CuOH$	80.58	78.9	황	불	용	용 CN
염화제1구리	$CuCl$	99.03	64.2	백	용	용	용

시안화제1구리	$CuCN$	89.59	70.9	백	불		용
산화제2구리	CuO	79.57	80.0	흑	불	용	용
수산화제2구리	$Cu(OH)_2$	97.59	65.1	청록	불	용	용
염기성탄산구리	$CuCO_3 \cdot Cu(OH)_2$	222.17	67.4	록	불	용	용 CN
아세트산구리	$Cu(CH_3COOH)_2 \cdot H_2O$	299.67	31.8	청록	용		
염화제2구리	$CuCl_2$	135.48	47.3	청록	용		
질산제2구리	$Cu(NO_3)_2 \cdot 3H_2O$	241.63	26.3	청	용		
피로인산구리	$Cu_2P_2O_7 \cdot 3H_2O$	355.15	35.8	일	용		
황산구리	$CuSO_4 \cdot 5H_2O$	249.71	25.4	청록	용		
○철	Fe	55.85					
환산제1철암모늄	$FeSO_4(NH_4)_2SO_4 \cdot 6H_2O$	392.16	14.2	담록	용		
염화제1철	$FeCl_2 \cdot 2H_2O$	144.78	38.6	무	용		
황혈염	$K_4Fe(CN)_6$	422.39	13.4	황	용		
황산제1철	$FeSO_4 \cdot 7H_2O$	278.03	20.1	담록	용		
염화제2철	$FeCl_3$	162.22	34.4	회흑	용		
질산제2철	$Fe(NO_3)_3 \cdot 9H_2O$	404.02	13.8	담자	용		
적혈철	$K_3Fe(CN)_6$	329.25	16.9	적	용	용	
수산화제1철	$Fe(OH)_2$	89.86	62.2	백	불	용	
수산화제2철	$Fe(OH)_3$	106.86	52.3	적리	불	용	
산화제1철	FeO	71.84	77.7	흑	불	미	
산화제2철(산화철)	Fe_2O_3	159.68	70.0	적	불		
○수은	Hg	200.61					
염화제1수은	$HgCl$	236.07	84.4	백	용		
질산제1수은	$HgNO_3 \cdot H_2O$	280.63	71.5	백	용		
황산제1수은	Hg_2SO_4	497.28	80.5	무	용		
염화제2수은	$HgCl_2$	271.52	47.0	백	용		
시안화제2수은	$Hg(CN)_2$	252.65	79.4	무	용		
질산제2수은	$Hg(NO_3)_2 \cdot H_2O$	342.65	58.6	백	용		
산화제2수은	HgO	216.61	92.7	등적	미	용	
황산제2수은	$HgSO_4$	296.67	67.7	무	용		
○니켈	Ni	58.69					
황산니켈록용암모늄	$NiSO_4(NH_4)_2SO_4 \cdot 6H_2O$	394.99	14.9	록	용		
아세트산니켈	$Ni(CH_3COO)_2 \cdot 4H_2O$	248.84	23.6	록	용		
염기성탄산니켈	$2NiCO_3 \cdot 3Ni(OH)_2 \cdot 4H_2O$	587.58	50.0	록	불	용	용
염화니켈	$NiCl_2 \cdot 6H_2O$	237.70	24.7	록	용		
시안화니켈	$Ni(CN)_2 \cdot 4H_2O$	182.79	32.1	담록	불	불	용
개미산니켈	$Ni(HCOO)_2 \cdot 2H_2O$	184.76	31.8	담록	용		
수산화니켈	$Ni(OH)_2$	92.71	63.3	담록	불	용	용
시안화니켈칼륨	$K_2Ni(CN)_4$	240.98	24.2	담홍	용	용	용
산화니켈	NiO	74.69	78.6	회	불	용	
"	Ni_2O_3	165.36	71.0	황	불	용	용 CN
"	Ni_3O_4	240.04	73.4	흑	불	용	
황산니켈	$NiSO_4 \cdot 6H_2O$	262.85	22.3	청록	용		
"	$NiSO_4 \cdot 7H_3O$	280.87	20.9	록	용		

○납	Pb	207.21		백			
아세트산납	$Pn(CH_3COOH)_2 \cdot 3H_2O$	379.35	54.6	백	용		
염기성탄산납	$PbCO_3 \cdot Pb(OH)_2$	775.67	80.1	갈	불	용초	
이산화납	PbO_2	239.21	86.6	황	불	산	용
산화납	PbO	233.31	92.8	백	불	용	
질산납	$Pb(NO_3)_2$	331.24	62.6	일	용		
술폰산납	$Pb(SO_3)NH_2)_2$	399.39	51.9	무	용		
규소플루오르화납	$PbSiF_6$	463.27	44.7				
○주석	Sn	118.70		무			
주석산칼륨	$K_2Sn(OH)_6$	298.94	39.7	무	용		
주석산나트륨	$Na_2Sn(OH)_6$	266.74	44.5	무	용		
염화제1주석	$SnCl_2 \cdot 2H_2O$	225.65	52.7	백~	용		
황산제1주석	$SnSO_4$	214.76	55.3	황	용		
산화제1주석	SnO	134.70	88.1	청흑	불	용	
○아연	Zn	65.38					
염화아연암모늄	$ZnCl_2 \cdot 2NH_4Cl$	243.29	26.9		용		
염화아연	$ZnCl_2$	136.29	47.9	백	용		용
시안화아연	$Zn(Cn)_2$	177.39	55.7	백	불		
붕소플루오르화아연	$Zn(BF_4)_2$	239.02	27.4	일	용		
산화아연	ZnO	81.38	80.4	백	난		용
황산아연	$ZnO_4 \cdot 7H_2O$	287.56	22.8	무	용	용	

각종 금속도금용 계수표

원소	영명	화학기호	분자량	원자가	1A시의 석출량 (g)	비중	$1dm^2 \times 1\mu$의 중량 (mg)	$1dm^2$ 당 1μ 시의 전착에 필요한 A·h
아연	zinc	Zn	65.38	2	1.2195	7.1	71.0	0.058
알루미늄	aluminium	Al	26.97	3	0.3354	2.7	27.0	0.081
안티몬	antimony	Sb	121.76	5	0.9058	6.68	66.3	0.074
				3	1.5141	6.68	66.3	0.044
이리듐	iridium	Ir	193.1	4	1.8001	22.42	224.2	0.125
				3	2.4012	22.42	224.2	0.094
인듐	indium	In	114.3	3	1.4271	7.31	73.1	0.051
카드뮴	cadmium	Cd	112.4	2	2.097	8.64	78.4	0.041
갈륨	galium	Ga	69.72	3	0.8670	5.9	59.0	0.068
금	gold	Au	197.2	3	2.4522	19.3	193.0	0.079
				2	3.6783	19.3	193.0	0.053
				1	7.3567	19.3	193.0	0.026
은	silver	Ag	107.88	1	4.0245	10.5	105.0	0.026
크롬	chromium	Cr	52.01	6	0.323	7.1	71.0	0.22
				3	0.646	7.1	71.0	0.110
게르마늄	germanium	Ge	72.60	4	0.6771	5.35	53.5	0.079
				2	1.3542	5.35	53.5	0.039
코발트	cobalt	Co	58.94	2	1.099	8.9	89.0	0.081
주거	tin	Sn	118.7	4	1.1070	7.3	73.0	0.066
				2	2.2141	7.3	73.0	0.033
셀렌	selenim	Se	78.9	4	0.7364	4.81	48.1	0.065
탈륨	thallium	Tl	204.39	1	7.6249	11.85	118.5	0.016
철	iron	Fe	55.84	2	1.042	7.9	79.0	0.067
텔루르	tellurium	Te	127.61	4	1.1901	6.25	62.5	0.053
				2	2.3803	6.25	62.5	0.026
구리	copper	Cu	63.57	2	1.186	8.92	89.2	0.075
				1	2.372	8.92	89.2	0.037
납	lead	Pb	204.2	2	3.865	11.3	113.0	0.029
니켈	nickel	Ni	58.69	2	1.095	8.9	89.0	0.081
백금	platinum	Pt	195.23	4	1.8208	21.4	214.0	0.117
				2	3.6416	21.4	214.0	0.059
팔라듐	palladium	Pd	106.7	4	0.9951	12.0	120.0	0.121
				3	1.3268	12.0	120.0	0.041
				2	1.9903	12.0	120.0	0.061
비소	arsenic	As	74.91	5	0.5598	5.73	57.3	0.102
				3	0.9315	5.73	57.3	0.061
비스무트	bismuth	Bi	209.0	5	1.5594	9.8	98.0	0.063

				3	2.5990	9.8	98.0	0.038
망간	manganese	Mn	54.93	2	1.0246	7.2	72.0	0.070
레늄	rhenium	Re	186.31	7	0.9929	20.53	205.3	0.207
로듐	rhodium	Rh	102.9	4	0.9598	12.5	125.0	0.131
				3	1.2797	12.5	125.0	0.098
				2	1.9196	12.5	125.0	0.065

찾아보기

ㄱ

ㄴ

• 저자소개

염희택

- 한국표면처리연구소 소장(1977~현재)
- 한국표면기술 회장(2009~현재)
- 서울대학교 금속공학과 교수(1952~1976)
- 태양금속공업주식회사 연구소장(1980~1993)
- 삼성전기주식회사 기술고문(1981~2009)
- 서울대학교 공과대학 금속공학과 졸업(1949)
- 서울대학교 공과대학 공학박사(1970)
- 한국표면공학회 창설 및 회장(1963~1972)
- 국제표면처리연맹 회장(2006~20010)

- 저서: 금속표면처리(1967), 최신금속표면처리(1977)
  도금 · 표면처리(1989), 기타 금속공학 관련 5종

유황룡

- 인천재능대학교 신소재표면처리과 교수(1987~현재)
- 국민대학교 금속공학과 공학 박사
- 한국표면공학회 정회원
- 한국부식공학회 정회원

박영서

- 경기과학기술대학교 자동차 · 에너지 학부 교수(1999~현재)
- 한국생산기술연구원(1989~1998)
- 한국기계연구소(1986~1988)
- 연세대학교 금속공학과 박사(1995~2002)
- 한국표면공학회 총무이사(2001~2002)
- 금속표면처리기술사(1995)

황환일

- 한국폴리텍Ⅱ 대학 화성캠퍼스 표면처리학과(1991~현재)
- 천일B · B(주)외 (1979~1991)
- 강원대학교 대학원 석사 졸
- 표면처리 기능장(1995)